CC2430을 이용한

USN 설계와 응용

남상엽 · 이경근 · 하이버스(주) 기술연구소 공저

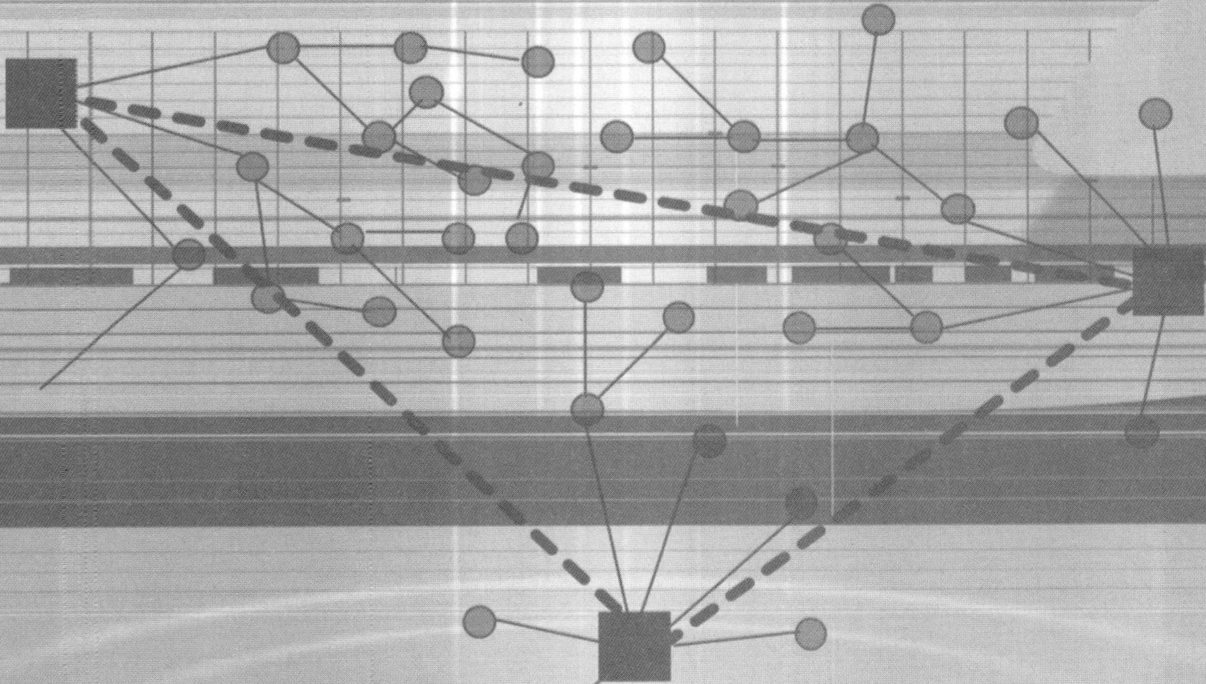

도서출판 상 학 당

머리말

IT 기술의 급격한 성장으로 '유비쿼터스 센서 네트워크 시대'가 출현하고 있다. 유비쿼터스 사회에서 사람들은 어느 장소에서나 스마트폰, PDA, 텔레매틱스 단말기 등 임의의 단말장치를 이용하고 유무선 통신망을 접속하여 그들이 원하는 모든 정보에 쉽게 접근할 수 있게 된다. 이러한 유비쿼터스 사회가 성공적으로 실현되려면 사람들이 어느 곳(Any Place)에서 어떤 장비(Any Device)를 이용하여 모든 정보(Any Information)에 대한 접근하고 있다.

유비쿼터스 센서 네트워크 기술은 지식정보시대 생존의 필수요소라 일컫는 정보의 입수, 전달, 공유 및 처리에서 전 지구화를 실현하는 차세대 신개념의 첨단기술이다. 유비쿼터스 센서 네트워크 기술은 새로운 컴퓨팅 패러다임인 유비쿼터스 컴퓨팅의 진입기술로 중요한 의미가 있다. 이런 새로운 컴퓨팅 패러다임의 기술이 성공적으로 발전하기 위하여 진입기술의 확산이 중요하다. 유비쿼터스 네트워크 기술군의 범위 안에 RFID, USN 및 AMI 등의 기술들이 있다.

유비쿼터스 센서 네트워크 기술은 유비쿼터스 사회에서 사회적 기반 환경이 될 중요한 기술 중의 하나로서, 이를 통해 전반적인 산업구조 및 시장구조의 큰 변화를 주도할 기술로써 정부의 신성장동력 인프라인 BcN, IPv6, USN의 통합이 이루어져야 한다. 이를 위해서는 포괄적인 IT기술 및 주변기술 분야의 바탕이 되는 핵심기술의 고도화와 네트워크화가 무엇보다 필요하다고 생각된다.

유비쿼터스 센서 네트워크는 유비쿼터스 네트워크에 적용되는 범위로 실생활의 모든 분야에 적용할 수 있다. 스마트폰, 스마트 그리드, 물류/유통, ITS, 헬스케어, 국방, 환경, 로봇, 자동차, 공장자동화, 친환경 에너지 등에 주로 응용한다.

USN이 기존의 Ad-Hoc 네트워크와 다른 가장 큰 특징은 배터리와 같이 제한된 자원을 갖는 1칩 센서 디바이스(센서+통신 모듈+MCU+배터리)를 활용하여 서비스가 구현한다. USN에서 사용되는 프로토콜인 ZigBee 기술은 IEEE 802.15.4를 활용하여 망계층 및 라우팅 기술, 그리고 보안기술 및 응용계층 등의 상위계층 기술을 말한다.

특히 CC2430칩은 2.4GHz IEEE 802.15.4와 ZigBee 응용 타깃을 위해 개발된 칩으로서 2.4GHz CC2420과 8051MCU가 통합된 칩으로 구성되어 있다. CC2430을 이용한 USN 타깃 시스템인 Hmote2430을 이 책에서는 사용하여 응용실습하도록 구성하였다. 이 실습에서 구현을 위한 환경구축에 필요한 S/W는 4개의 디렉토리인 Cygwin : Cygwin 설치파일, JDK : Java SDK 설치 파일, RPMS : AVR, MSP430, NesC Compiler, TinyOS-2.x Source, Toolchain, Tool : SmartRF04 프로그래머 설치 파일 및 CC2430 Driver으로 구성되어 있다. 구현에 따른 여러

가지 제약을 없애기 위하여 Hmote2430을 위한 TinyOS-2.x 패치(Patch) 파일과 나노스택(NanoStack) 환경구축을 위한 설치 파일과 소스(Source), 패치 파일이 포함되어 있다.

이러한 유비쿼터스 센서 네트워크 기술시대에 USN 시스템 응용 기술력이 필요해짐에 따라 《CC2430을 이용한 USN 설계와 응용》을 이론과 응용실습 중심으로 구성하여 발간하게 되었다.

특히 이 교재는 각 과정의 핵심적인 기본이론을 숙지하고 응용 USN 시스템 구성, 표준, 보안 및 환경설정을 이해를 통하여 이론을 검증 16가지 응용실습하는 데 주안점을 두었다.

또한 컴퓨터, 전자, 제어, 통신 분야 관련 학생 및 초보 개발자를 대상으로 한 USN 시스템에 대한 응용실습을 위한 교재로서, 처음 USN 시스템을 응용하고자 하는 학생에게 쉽고 빠르게 접근할 수 있도록 하는 데 초점을 맞추어 편찬되었다.

따라서 USN 시스템 개발 및 응용 환경구축에 대하여 실습을 통해 USN 시스템의 작동원리에 대한 이해와 감각을 키우는 데 부족함이 없을 것이라 생각된다. 특히 전반적인 이해를 통하여 해당 USN 실습 타깃 시스템인 Hmote2430 키트를 통해 이론 및 응용과 실습을 접목해 보면 보다 많은 이해와 응용 능력향상에 도움이 될 것으로 판단된다.

이 책의 제Ⅰ부는 USN의 구성 및 환경구축으로 1장 유비쿼터스 센서 네트워크의 개요, 2장 유비쿼터스 센서 네트워크 운영체제, 3장 NesC 프로그래밍, 4장 무선통신과 TinyOS 스텍, 5장 멀티홉 메시 네트워크, 6장 CC2430의 구성 및 특징으로 구성되어 있다.

제Ⅱ부는 CC2430의 실습으로 16가지로 구성되어 있다. 즉, 실습 1 Cygwin과 TinyOS-2.x 및 관련 소프트웨어 설치, 실습 2 Task를 이용한 간단한 LED 제어 실습, 실습 3 Task와 타이머를 이용한 LED 제어 실습, 실습 4 Serial I/O 제어 실습, 실습 5 Internal Flash Read/Write 제어 실습, 실습 6 조도 센서 제어 실습, 실습 7 내부 온도 센서 및 배터리 잔량 체크 실습, 실습 8 온·습도 센서 제어 실습, 실습 9 간단한 RF 송·수신 실습, 실습 10 RF 패킷 구조 분석 실습, 실습 11 센서를 이용한 RF 송·수신 실습, 실습 12 CC2430 RF 모듈의 Autoack 설정 및 Address Filter 실습, 실습 13 CC2430의 RSSI와 LQI 실습, 실습 14 Simple-Hop 프로토콜 실습, 실습 15 기초 멀티홉 프로토콜 실습, 실습 16 센서 네트워크를 위한 FreeRTOS 기반의 NanoStack 포팅과 IPv6 기반의 6LoWPAN UDP 실습으로 구성되어 있다. 실질적인 실험 실습을 통해 다양한 기능과 특징을 실습을 통해 확인해봄으로써 센서 네트워크의 빠른 이해를 얻을 수 있다.

끝으로 이 교재를 집필하는 데 많은 도움을 주신 USN 관련 기존 도서를 출판하신 교수님들, 기존 USN 관계자 여러분 및 USN 관련 분야의 전문가의 조언과 자료제공에 대하여 깊이 감사드린다. 그리고 하이버스(주)의 김태형 사장님과 김원호 이사님, 이경섭 부장님, 기술연구소의 이석환 주임연구원, 마케팅의 노성동 차장님 및 관계자 여러분께 감사의 말씀을 전하고, 도서출판 상학당의 관계자 여러분에게 감사의 마음을 전한다.

저 자 씀

차 례

제 I 부 USN의 구성 및 환경구축

제 II 부 CC2430의 실습

제 I 부

USN의 구성 및 환경구축

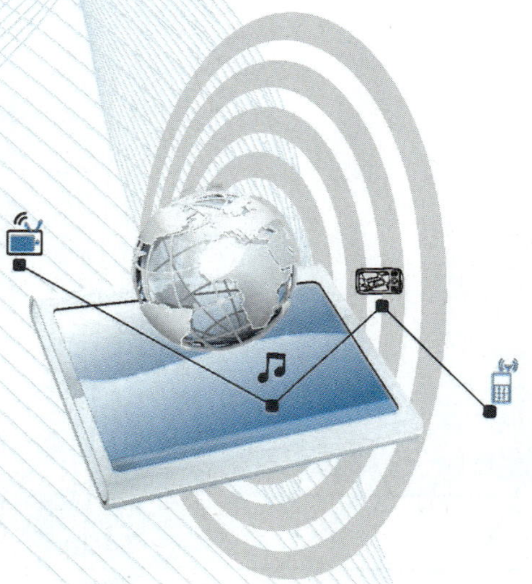

1장

유비쿼터스 센서 네트워크의 개요

1.1 유비쿼터스 사회의 개요
1.2 유비쿼터스 컴퓨팅의 핵심기술
1.3 유비쿼터스 센서 네트워크의 개요
1.4 유비쿼터스 센서 네트워크의 주요 프로젝트 및 응용

1.1 유비쿼터스 사회의 개요

우리나라의 IT산업 경쟁력 강화 및 세계 시장 선도를 위해 신성장 동력의 3대 첨단 인프라 중 하나인 RFID/USN은 미래의 유비쿼터스 사회실현을 위한 핵심 기반 구조이다.

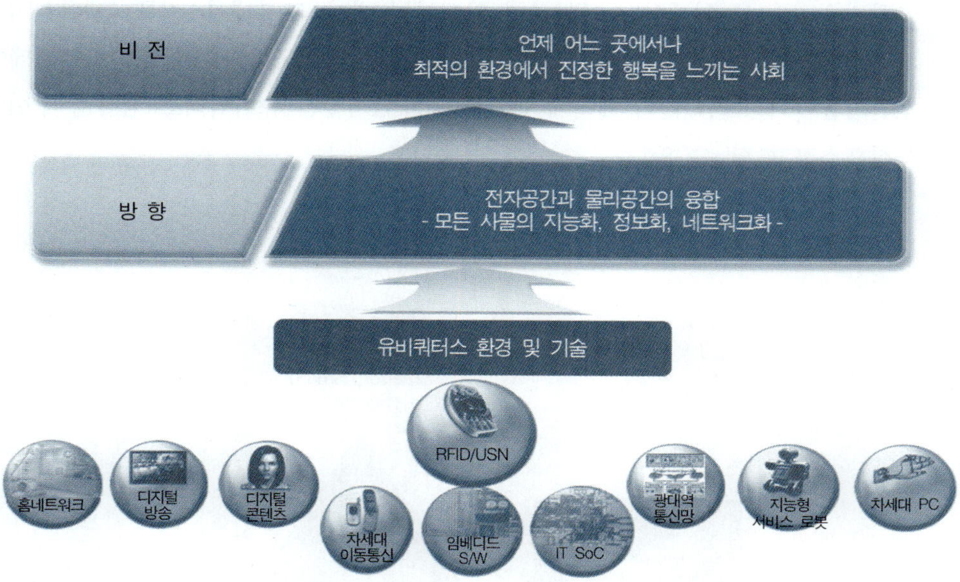

[그림 1-1] 유비쿼터스 사회

향후 USN 기술은 가정, 물류/유통, 교통, 행정, 보건, 복지 그리고 환경 등의 다양한 분야에 적용될 것이고, 다가올 미래 사회의 기반 인프라로 자리잡게 될 것이다. USN이 구축된 사회에서는 모든 사물의 지능화로 자율적으로 주변 환경을 센싱하여 주변 상황을 인식하고 이들을 제어할 수 있는 정보 네트워크가 형성된다.

센서노드는 대부분 사물에 내장되기 때문에 일반적으로 배터리로 동작하며 그 크기가 작고 전력소모가 적어야 한다.

그리고 외부의 환경 변화에도 가능한 영향을 받지 않아야 하며, 센서노드에 탑재되는 미들웨어는 제한된 메모리와 CPU 자원을 최대한 활용할 수 있어야 한다.

1.2 유비쿼터스 컴퓨팅의 핵심기술

유비쿼터스 혁명을 가져오는 원동력은 정보통신기술의 혁신이라고 볼 수 있다. 유비쿼터스 컴퓨팅을 구현하는 데 특히 중요시되는 [그림 1-2]처럼 기술의 컨버전스로 다섯 가지 핵심기술인 센서, 프로세서, 커뮤니케이션, 인터페이스, 보안이다.

환경을 스스로 인지하고 판단하기 위해서는 센서, 프로세서, 커뮤니케이션이라는 세 가지 기술이 결합되어야 하며, 자연스럽게 커뮤니케이션하기 위해서는 인터페이스 및 보안기술이 필요하다. 이 때문에 이 다섯 가지 기술은 유비쿼터스 컴퓨팅 구현에 있어 핵심요소라고 할 수 있다.

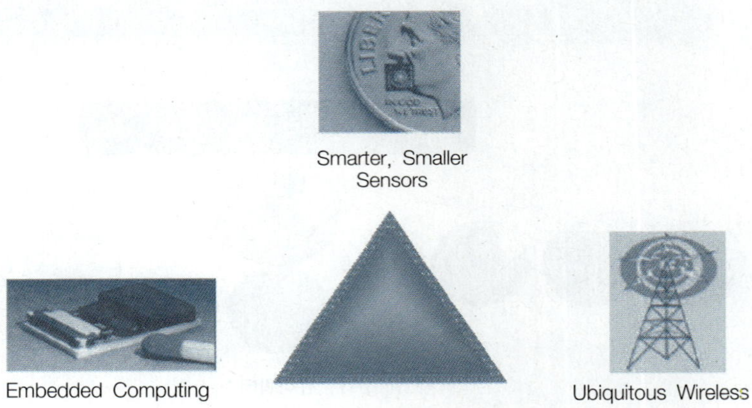

[그림 1-2] 유비쿼터스 컴퓨팅 기술의 컨버전스

1 센 서

외부의 변화를 감지하는 것으로서 유비쿼터스 컴퓨팅 환경에서 입력장치 역할을 하게 되고 센서는 시청각 정보는 물론 빛, 온도, 냄새 등 물리적 · 화학적 에너지를 전기신호로 바꾸는 역할을 하며, 유비쿼터스 컴퓨팅을 구성하는 가장 기본단위가 된다.

센서는 인터페이스 기술과 함께 기존 컴퓨팅 환경과 가장 크게 구분되는 기술이다. 기존 컴퓨팅에서는 인터페이스와 센서의 기능을 인간이 대신하는 형태이지만 유비쿼터스 컴퓨팅에서는 이것이 전자화되는 것이다. 예를 들어 현재는 사람이 '어둡다'라고 인지하고 나서 전등을 켜지만, 유비쿼터스 컴퓨팅에서는 센서가 어둡다는 것을 판단하여 자동으로 전등을 켜게 되고, 또 사용자가 침대에 누워 책을 보다가 잠이 드는 경우 센서가 사용자의 움직임, 시간 등을 감지해서 자동으로 불을 끄는 식이다.

센서가 널리 쓰이기 위해서는 소형화, 저가화, 저전력화가 필수 선결 조건이다. 그런데 최근 USN, 즉 Ubiquitous Sensor Network가 유비쿼터스 시대의 센서 네트워크로 급부상하고 있다.

USN은 필요한 모든 것(곳)에 전자태그(RFID : Radio Frequency Identification)를 부착하여 사물의 인식정보와 주변의 환경정보(온도, 습도, 오염정보, 균열정보 등)를 탐지하여 실시간으로 네트워크에 연결하여 정보를 관리하는 것이다.

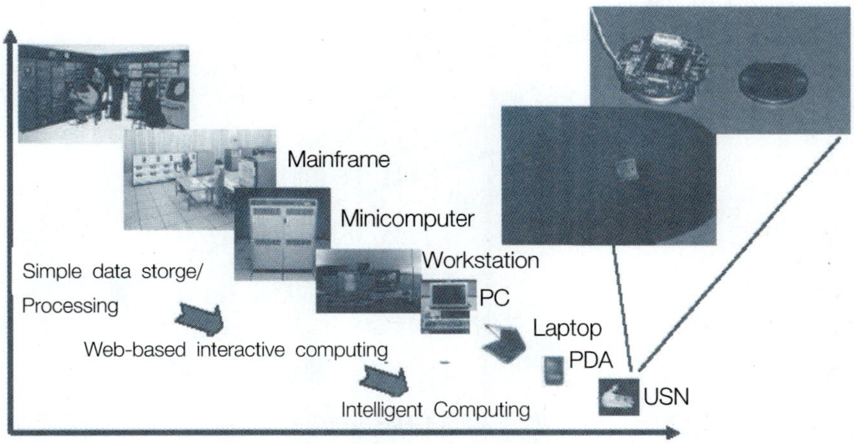

[그림 1-3] 유비쿼터스 컴퓨팅 진화과정

2 프로세서

프로세서는 센서를 통해 얻은 데이터를 분석하고 판단하는 역할이다. 프로세서가 유비쿼터스 컴퓨팅 환경에서 원활히 사용되기 위해서는 운영체제가 간단하고 실시간 처리가 가능해야 한다. 이러한 특성으로 인해 현재 TinyOS, TRON, Nucleus 등의 RTOS 운영체제가 유비쿼터스 시대의 OS로 주목받고 있다.

3 커뮤니케이션

커뮤니케이션은 사용자와 사물, 사물과 사물 간의 상호작용이나 의사소통을 위해서는 이를 지원할 수 있는 근거리 무선통신기술, 즉 커뮤니케이션 기능이 필수적이다. 유비쿼터스 시대에는 수많은 사물들이 유선으로 연결되는 것은 사실상 불가능할 것으로 보이기 때문에 근거리 무선통신기술인 지그비(ZigBee), 블루투스(Bluetooth), UWB(Ultra-Wide Band) 등의 기술이 대안으로 떠오르고 있다. 또한 시시각각 위치가 변하는 사물들을 동적으로 연결하기 위한 Ad-Hoc 네트워크 기술이 필요하게 되었다.

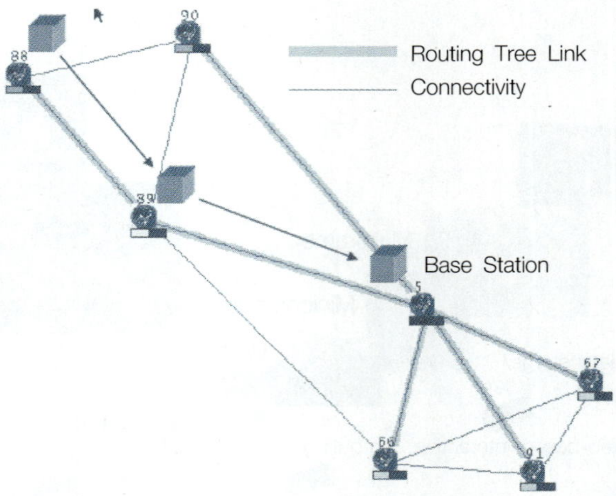

[그림 1-4] Ad-Hoc 네트워크

[그림 1-4]의 Ad-Hoc 네트워크는 이동단말들이 중계국과 단말의 기능을 동시에 수행하여 이동단말들만으로 네트워크를 구성하는 시스템으로서, 사막이나 네트워크 기반 인프라가 취약한 곳에서 효과적으로 네트워크를 확장할 수 있다.

아울러 모든 사물에 주소를 할당하기 위한 IPv6, 즉 Internet Protocol Version 6의 확산도 필수선결과제 중 하나이다. 유비쿼터스 컴퓨팅 환경 아래에서는 정보단말기의 수가 폭발적으로 증가할 것이기 때문에 향후 IP 주소 수요 역시 큰 폭으로 증가할 것이다.

따라서 현재의 32비트 방식 IP 주소체계인 IPv4로는 수년 내에 전세계적인 IP 주소 고갈상태에 이를 것으로 보인다. 현재의 IPv4로는 약 43억개 정도의 IP 주소할당이 가능한데, 폭발적으로 증가하는 컴퓨팅 디바이스수로 인한 IP 주소 수요증가에 턱없이 부족할 것이다. 128비트 방식의 차세대 주소체계인 IPv6 도입이 추진되고 있다. IPv6에서는 거의 무한대에 가까운 340간(澗)개의 주소를 확보할 수 있다. '간'은, 즉 2의 128승을 표시한다.

4 인터페이스

인터페이스(Interface), 즉 인간 친화적이고 지능화되어 있는 인터페이스는 유비쿼터스 컴퓨팅 구현에 핵심 관건이다. 정보이용 인터페이스 환경은 점차 '키보드, 마우스, 화면' 중심에서 '음성, 동작, 문자, 표정' 등으로 다양화하고 있다. 디스플레이도 사용자가 움직이면 화면정보가 주변의 디스플레이로 중계되는 '유비쿼터스 디스플레이 네트워크'로 발전할 것으로 예상된다.

5 보안 및 프라이버시

보안 및 프라이버시는 유비쿼터스 컴퓨팅 시대의 도래로 인해 정보가 도처에 존재함에 따라 보안 및 프라이버시도 중요한 이슈로 부각되고 있다. 도처에 편재된 정보의 분실 · 왜곡 · 도용 등을 방지하기 위해서는 유비쿼터스 시대에 알맞은 보안기술이 필요하다. 유비쿼터스 시대에는 보안 및 프라이버시 욕구를 충족시켜줄 수 있는 적절한·관련 기술개발이 핵심요소로 등장한다.

1.3 유비쿼터스 센서 네트워크의 개요

1 유비쿼터스 센서 네트워크의 기본개념

유비쿼터스 센서 네트워크(USN) 기술은 새로운 컴퓨팅 패러다임인 유비쿼터스 컴퓨팅의 진입기술로 중요한 의미를 갖는다. 이런 새로운 컴퓨팅 패러다임의 기술이 성공적으로 발전하기 위하여 진입기술의 확산이 중요하다.

[그림 1-5]의 유비쿼터스 네트워크 기술군의 범위 안에 RFID, USN 및 AMI의 기술 발전과정을 볼 수 있다.

센서 네트워크는 물리공간의 상태인 빛, 소리, 온도, 움직임 같은 물리적인 데이터를 센서노드에서 감지하고 측정하여 중앙의 기본 노드(base-station 혹은 sink)로 전달하는 센서노드들로 구성되는 네트워크이므로 멀티홉(Multi-Hop) 무선 네트워크 형태의 다수의 분산 센서노드들로 구성된다.

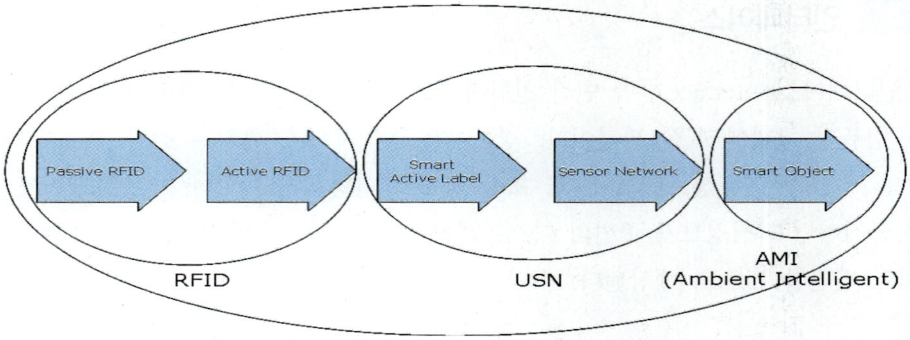

[그림 1-5] 유비쿼터스 센서 네트워크

센서 네트워크는 통상적으로 특정 지역에 소형의 센서노드를 설치하여 주변정보 또는 특정 목적의 정보를 획득하고, 베이스스테이션이 정보를 수집하여 이를 활용하기 위한 서비스 환경을 말한다. 센서 네트워크가 기존의 네트워크와 구분되는 점은 기본 목적이 상호간의 정보 전달보다는 자동화된 원격정보의 수집에 있다는 것이다.

즉, 각 센서노드가 특정 목적을 위해 필요한 주변정보를 센싱하고, 센싱된 정보를 센서노드간의 무선통신을 이용하여 특정 지점으로 자동화된 방식으로 전달함으로써, 사용자가 센서필드 주변의 정보를 원격으로 수집하여 활용할 수 있다는 것이다. 이러한 센서 네트워크의 전통적인 개념은 무선의 센서필드 개념을 중심으로 불특정 공간에 배포된 센서로부터 수집된 정보를 일괄적으로 활용하는 무선 센서 네트워크(WSN : Wireless Sensor Network)를 의미한다. 센서 네트워크의 장점은 낮은 사양의 하드웨어를 이용하여 무선 Ad-Hoc 네트워크를 구성할 수 있는 점이다.

예를 들어 지금까지 개발된 블루투스, 무선 랜 등의 무선 네트워크 기술들은 반드시 컴퓨터, PDA 같은 고급 컴퓨팅 장치를 필요로 하는데 센서 네크워크 노드는 독자적으로 네트워크를 구성한다. 이런 네트워크 구성의 용이성 때문에 유비쿼터스 컴퓨팅 환경의 기반기술로 사용될 수 있는 것이다.

국내에서는 이러한 WSN과 RFID를 통칭하여 USN이라고 부르기도 한다. 현재 WSN과 관련된 연구는 하드웨어, 운영체제, 통신, 미들웨어, 애플리케이션 등의 분야에서 활발히 진행되고 있는데, 우선 센서노드 하드웨어 플랫폼 분야에서는 센싱, 정보처리, 통신의 기본 기능 이외에 위치추적, 이동성 관리, 전원관리 기능 등이 포함된 비용이 저렴한 스마트 기기개발이 진행되고 있다.

운영체제 분야에서는 CPU 자원, 메모리, 전원 등의 제한된 자원환경에서 통신 및 시스템을 관리하는 기본적인 기능 이외에, 상황인식, 이벤트 처리, 실시간 데이터 처리 등을 수행할 수 있는 연구들이 진행되고 있다. 통신기술 분야는 현재 WSN에서 연구가 가장 활발히 진행되고 있는 분야로서, 센서 네트워크 프로토콜 스펙을 물리계층, 데이터링크 계층, 네트워크 계층, 애플리케이션 계층으로 구분하여 센서노드의 에너지 소모와 관련된 연구들이 중점적으로 수행되고 있다. 미들웨어 분야에서는 저통신비용의 질의처리 방법, 이질적인 센서노드간의 상호운용 지원방법, 에이전트를 통한 보안/제어방법, 센서노드간의 시간 동기화 방법, 소프트웨어 원격 배포/갱신방법 등의 전반적인 연구들이 진행되고 있다.

센서 네트워크는 RFID/USN을 미래 유비쿼터스 사회의 신성장 동력 인프라의 하나로 선정하여 RFID/USN 핵심기술개발, 응용 서비스 모델 도출, 시범사업 수행에 많은 투자를 진행하고 있으며, 최근에는 건교부에서도 루프 검지기, 비컨, 영상 등을 이용한 고비용의 기존 교통정보 수집체계를 RFID/USN 기술을 이용한 새로운 교통정보 수집체계로 대체하기 위한 핵심기술개발 및 시범사업을 추진하고 있다.

센서 네트워크에 사용되는 센서는 무인으로 동작되거나 사람이 접근하기 힘든 환경에서 동작하는 경우가 대부분이다. 또한 다량의 센서를 유포하여 센서 네트워크를 형성하는 경우가 많아 센서노드의 크기가 작고 가격이 저렴해야 하므로 노드의 소모전력량과 데이터 처리능력에 제한이 있게 된다. 이런 센서의 제약사항들과 센서 네트워크의 용도에 따라 네트워크에서 원활한 통신을 위해 충족되어야 할 설계 요구조건 및 적합한 라우팅 알고리즘이 다르게 된다.

센서 네트워크의 주요 네트워크 구조(토폴로지) 및 특징은 센서노드의 제한된 자원(배터리 등) 등으로 인해 대부분의 경우에 1홉(Hop) 간의 통신이 아니라 멀티홉 라우팅

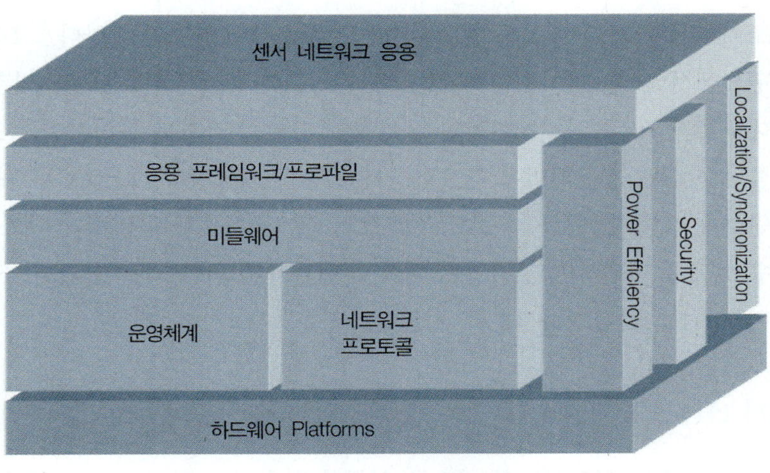

[그림 1-6] 센서노드의 소프트웨어 컴포넌트 구조

을 통하여 산재해 있는 센서들간 통신이 이루어지게 되고, 최종적으로 싱크노드(sink node)를 통해 센서로부터 취득한 데이터를 취합하게 된다. 여기서 싱크노드는 센서 네트워크에서 이루어지는 센싱 정보를 위한 통신의 최종 목적지로서, 기존의 전통적인 유무선 네트워크와 센서 네트워크의 게이트웨이 역할을 한다.

IEEE 802.15.4는 2003년 표준화된 저속, 저전력의 PAN(Personal Area Network) 기술로서 센서 네트워크를 중요한 응용 분야로 고려하고 있다.

스타, 클러스터-트리, 그리고 메시 등 다양한 토폴로지를 지원하여 다양한 센서 네트워크 응용에 사용될 수 있으며, 무엇보다도 중요한 특징으로서 비컨을 사용하고 슈퍼프레임이라고 하는 프레임 구조를 가진다는 것인데, 슈퍼프레임은 비컨주기 동안 일정 시간만 활성화(active)되고, 나머지 시간은 비활성화(inactive)됨으로써 배터리 기반의 센서노드의 전력소모를 최소화시킬 수 있다.

또한 ZigBee 컨소시엄에서는 유비쿼터스 컴퓨팅을 위한 IEEE 802.15.4 기반의 네트워크 및 응용계층의 규격을 제안하고 있고, 100여개 이상의 많은 참여 회사들이 직간접적으로 사업에 참여함으로써 기술발전이 매우 빠르고, 다양한 응용기술이 개발될 것으로 보인다.

2 USN의 특징

1) 초소형 운영체제

유닉스(UNIX)같은 일반적인 운영체계는 50~100MHz의 속도로 Mbit RAM과 Gbit 이상의 보조기억장치를 가지고 32비트 마이크로프로세서에서 동작한다. 그러나 무선 센서 네트워크에서 사용하는 운영체계는 적은 크기와 적은 전력소모를 갖추고 있다.

이에 대표적인 TinyOS는 제한적인 물리적인 자원을 가지고 동시처리를 조절할 수 있는 통합적인 시스템 제어기법에 필요한 기본기능을 제공한다. TinyOS는 태스크의 동시성을 지원한다. 단순한 큐를 기반으로 태스크 스케줄러는 사용자에게 태스크로 함수를 호출할 수 있도록 지원하며 인터럽트 처리 루틴과 연동되어 작은 크기의 스케줄러로 무선 네트워크 기능을 동작시키도록 지원한다.

2) 센서 네트워크 플랫폼

Mote와 TinyOS는 시스템들의 이슈를 연구하고 초기에 실제 테스트 응용을 배치하기 위해 널리 사용되고 있다. Mote의 마이크로컨트롤러는 적당한 양의 RAM과 프로그램을 위한 공간을 제공하고 내부에 ADC를 포함한다. 넓은 주파수 범위의 모뎀을 가지고 있고 무선 송수신 모듈은 네트워크를 구성하기 위한 연결성을 제공한다.

3) 자율구성 네트워크

하나의 네트워크는 다른 노드들에 연결하는 다중의 링크들을 가지고 각각 많은 노드들을 구성한다. 정보는 생성지점부터 사용되는 지점까지 하나의 라우트를 통해 홉에서 홉으로 이동한다. 무선 센서 네트워크에서 각 노드들은 노드 근처에 통신 링크들의 한 집합을 제공하는 무선 송수신기를 가지고 있다.

(1) 무선 네트워크 연결성

무선 센서 네트워크의 네트워크 기능은 계층을 나눠 처리하여 성능을 향상시킬 수 있다.

(2) 분산 네트워크 및 데이터 수집

센서 네트워크 사용자들은 노드들의 집합이 노드들의 동작을 통합하고 데이터 정보를 전송, 처리하는 것을 허용하는 프로토콜을 수행하기 위해 이러한 기초적인 통신 능력을 사용한다.

(3) 무선통신 에너지 절약

보통 하나의 노드를 수행하기 위해 가장 많은 에너지를 소모하는 동작인 통신은 반드시 여러 노드들간의 제한된 통신 영역의 공유를 위해 경쟁해야만 한다. 네트워크 스펙은 통신을 제거함에 의하거나 통신의 필요성이 없을 때 라디오 전원을 꺼놓고 에너지 사용을 최소화하기 위한 시도를 한다.

(4) 데이터 보호

고밀도의 네트워크, 실시간 처리, 네트워크 내의 데이터 처리는 대규모의 물리구조 전체에서 무엇이 일어나고 있는지를 감지할 수 있는 능력에서 기존의 환경과는 많은 차이점을 가지고 있다.

4) 센서 네트워크/개발환경 관련 기술

3계층, 즉 Mote 계층, 서버 계층, 클라이언트 계층별 소프트웨어 해법이 있다. 소프트웨어는 특징적인 전개에서 사용한다.

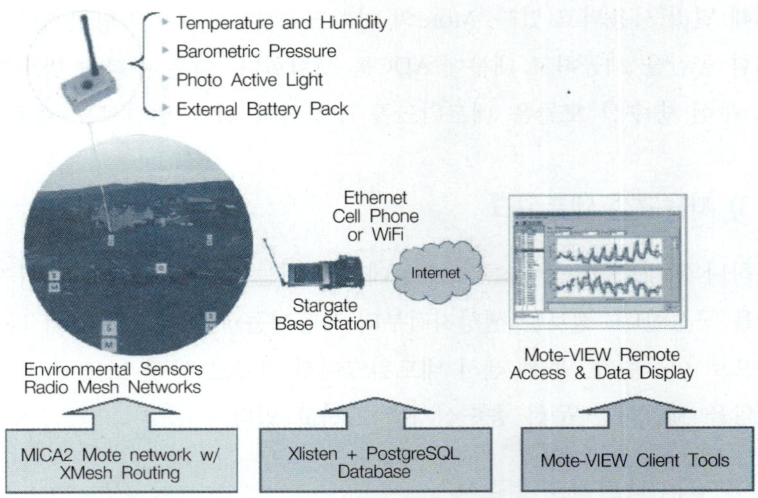

[그림 1-7] 응용 분야별 개발환경

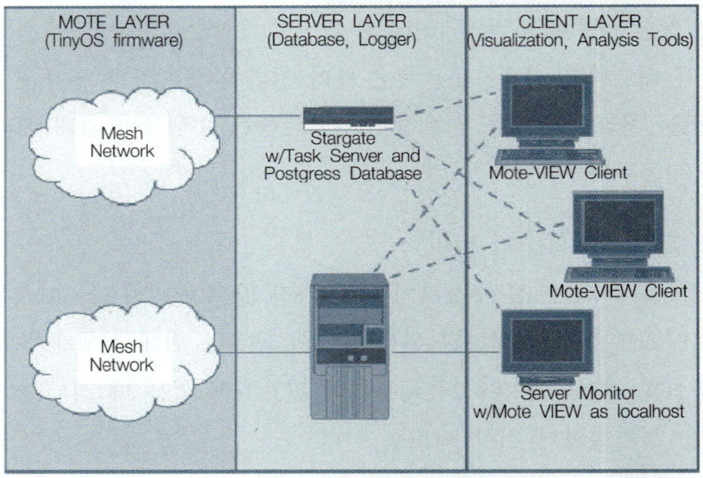

[그림 1-8] 센서 네트워크 시스템의 소프트웨어 구조

3 USN의 개요

최근 정보통신 환경에서는 음성 데이터, 영상 멀티미디어 등 모든 정보의 디지털화를 바탕으로 네트워크 기술의 적용범위를 일반 생활의 영역으로 확장시켜 가고 있다.

유비쿼터스 센서 네트워크(USN : Ubiquitous Sensor Network)란 '필요한 모든 곳에 전자태그를 부착하여 사물의 인식정보를 기본으로 주변의 환경정보(온도, 습도, 오염정보, 균열정보 등)까지 탐지하고, 이것을 실시간으로 네트워크에 연결하여 정보를 관리하는 것'을 말한다. 이것은 궁극적으로 모든 사물에 컴퓨팅 및 커뮤니케이션 기능을 부여하여 언제, 어디에서나, 모든 통신이 가능한 환경을 구현하기 위한 것이다.

USN 기술은 다가올 유비쿼터스 사회에서 사회적 기반 환경이 될 중요한 기술 중의 하나로서, 이를 통해 전반적인 산업구조 및 시장구조의 큰 변화를 주도할 기술이다. 그러나 USN 기술 하나로는 큰 변화를 주도하기에는 부족하다. 즉, 정부의 신성장 동력 인프라인 BcN, IPv6, USN의 통합이 이루어져야 한다.

USN은 IT의 신성장 동력 핵심인 3대 인프라의 구성요소 중 하나로 모든 사물에 전자태그 또는 센서를 부착하여 사물과 환경정보를 수집하고 네트워크를 통하여 실시간 정보를 구축 · 관리할 수 있는 환경을 제공함에 목표를 두고 있다. 또한, USN은 다양한 분야에 대한 자동화가 가능하게 하며, 이러한 기술을 통해 텔레매틱스, 홈네트워크, 재고관리, 환자관리, 동물관리, 자연재해관리, ITS 시스템 등 인간에게 편리한 다양한 서비스를 제공할 수 있다. USN에 관련된 연구, 즉 센서 및 센서 네트워크에 대한 연구는 오래 전부터 계속되어 왔다. 국내에서 뿐만 아니라 국외에서는 이미 WSN(Wireless Sensor Networks)이라는 이름으로 많은 연구가 진행되어 오고 있다.

USN 분야에 가장 대표적인 것으로 ZigBee Alliance를 꼽을 수 있다. ZigBee는 물리계층과 데이터 링크 계층을 IEEE 802.15.4 기반으로 네트워크 계층부터 상위계층을 구축한 저전력 센서 네트워크로 AA 배터리 두 개만으로 몇 달 동안의 수명을 유지할 정보로 전력효율이 높다. 또한 ZigBee는 블루투스보다 더 큰 PAN(Personal Area Network)을 구성할 수 있다.

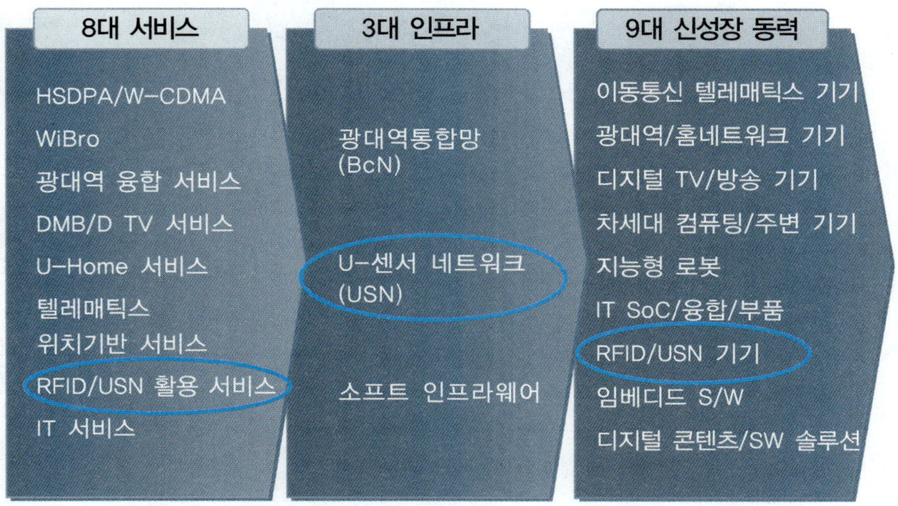

[그림 1-9] 신성장 동력의 서비스 및 인프라

USN은 5가지 기술이 합하여 형성된다.

- 브로드밴드(broadband)를 통하여 동영상을 이용하는 정보량이 풍부한 통신
- 모바일 단말기를 통한 '언제 어디서나'의 실현
- 상시접속에 의한 자연스러운 통신
- 배리어프리(barrier-free) 인터페이스로 어린이, 고령자, 장애인 모두 쉽게 이용
- IPv6를 채용하여 ID가 부여된 단말기수의 대폭적인 증가

USN은 5가지 요소가 맞물려 ① '브로드밴드'를 통해 유선 · 무선, 통신 · 방송을 불문한 다양한 네트워크상에서, ② 데스크톱 및 모바일 PC는 물론 휴대전화, PDA(Personal Digital Assistant), 카내비게이션 단말기, 정보가전 등 소위 '모바일' 정보통신기기가 'IPv6'로 접속되어, ③ '상시접속'과 '배리어프리 인터페이스'에 의하여 지금과 비교하면 훨씬 자유롭고 쾌적한 콘텐츠를 양방향으로 이음매 없이 주고받는 환경을 창출할 수 있다.

[그림 1-10] USN의 개념은 어느 곳에서나 부착된 태그와 센서로부터 사물 및 환경정보를 감지/저장/가공/전달하여 인간생활에 폭넓게 활용하는 네트워크를 말한다.

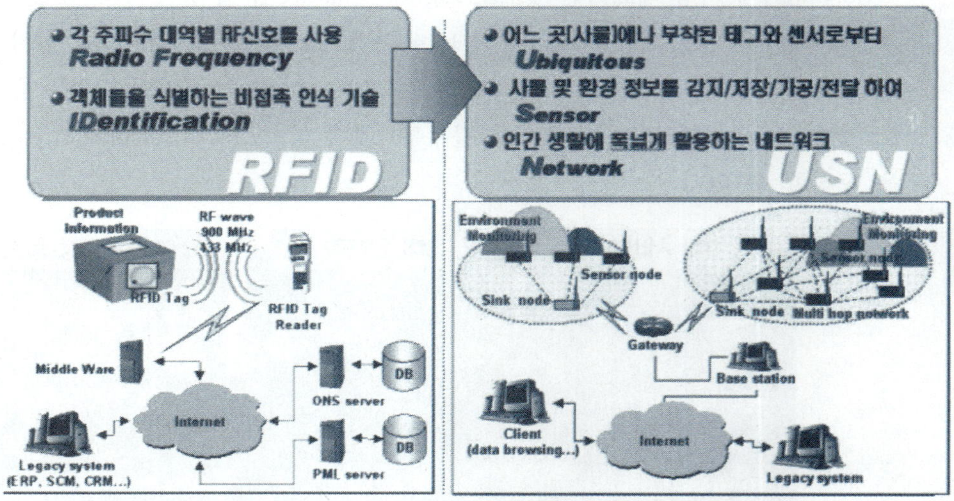

태그	수동형(Read/Write) 능동형(battery : long range)
리더	제품정보 인식
미들웨어	수집된 상품정보 데이터 처리

센서노드	센서, 통신 모듈, 배터리 포함, 환경정보 센싱/전달
싱크노드	외부 네트워크 통신을 위한 중계 노드
USN 미들웨어	대량의 센서 데이터를 수집/필터링
USN 응용 플랫폼	다양한 산업 분야에 응용 서비스 제공을 위한 플랫폼

[그림 1-10] USN의 개념

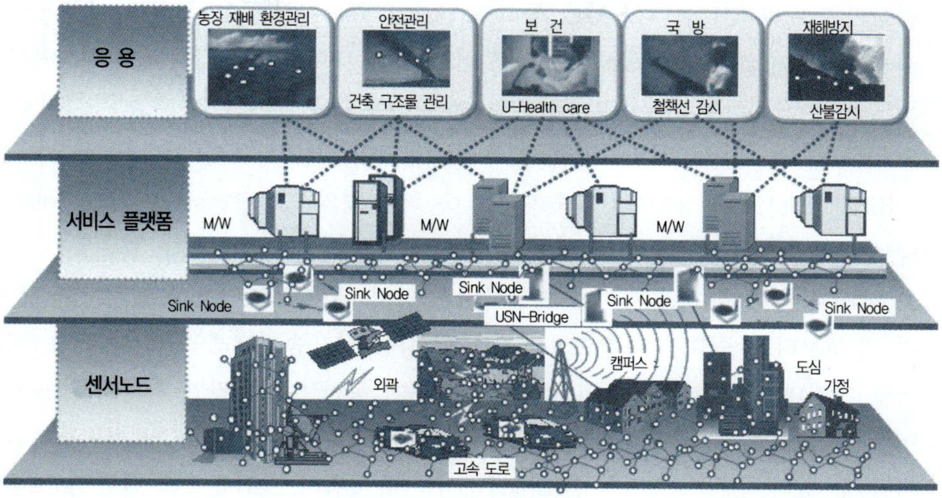

[그림 1-11] USN의 구성

[그림 1-11]은 USN의 구성을 센서노드, 서비스 플랫폼, 응용으로 구성되어 있다. 그 결과 브로드밴드가 가져오는 '유통 콘텐츠의 대용량화', 모바일, IPv6가 가져오는 '네트워크에 접속되는 기기의 증대', 상시접속, 배리어프리 인터페이스가 가져오는 '사용자와 네트워크 관계성의 다양화' 등의 변화가 일어난다. 이러한 변화는 각각 독립적으로 일어나는 것이 아니라 복합적, 상승적으로 일어나고 있다.

USN(Ubiquitous Sensor Network)이란 필요한 모든 것(곳)에 전자태그를 부착하고 이를 통하여 사물의 인식정보를 기본으로 주변의 환경정보(온도, 습도, 오염정보, 균열정보 등)까지 탐지하여 이를 실시간으로 네트워크에 연결하여 정보를 관리하는 것을 말하는 것으로 궁극적으로 모든 사물에 컴퓨팅 및 커뮤니케이션 기능을 부여하여 예외없이(anytime), 어디든지(anywhere), 무엇이든(anything) 통신이 가능한 환경을 구현하기 위한 것이다. USN은 먼저 인식정보를 제공하는 전자태그를 중심으로 발전하고 이에 센싱 기능이 추가되고 이들간의 네트워크가 구축되는 형태로 발전하고 있다.

센서 네트워크에 사용되는 센서는 무인으로 동작되거나 사람이 접근하기 힘든 환경에서 동작하는 경우가 대부분이다. 또한 다량의 센서를 유포하여 센서 네트워크를 형성하는 경우가 많아 센서노드의 크기가 작고 가격이 저렴해야 하므로 노드의 에너지양과 데이터 처리능력에 제한이 있게 된다. 이런 센서의 제약사항들과 센서 네트워크의 용도에 따라 네트워크에서 원활한 통신을 위해 충족되어야 할 설계 요구조건 및 적합한 라우팅 알고리즘이 다르게 된다. 센서 네트워크의 주요 네트워크 구조(topology) 및 특징은 센서노드의 제한된 자원(배터리 등) 등으로 인해 대부분의 경우에 1홉(Hop) 간의 통신이 아니라 멀티홉 라우팅을 통하여 산재해 있는 센서들간 통신이 이루어지게 되고, 최종적으로 싱크노드를 통해 센서로부터 취득한 데이터를 취합하게 된다. 여기서 싱크노드는 센서 네트워크에서 이루어지는 센싱 정보를 위한 통신의 최종 목적지로서, 기존의 전통적인 유무선 네트워크와 센서 네트워크의 게이트웨이 역할을 한다.

IEEE 802.15.4는 2003년 표준화된 저속, 저전력의 PAN(Personal Area Network) 기술로서 센서 네트워크를 중요한 응용 분야로 고려하고 있다. 스타, 클러스터 트리 그리고 메시 등 다양한 토폴로지를 지원하여 다양한 센서 네트워크 응용에 사용될 수 있으며, 무엇보다도 중요한 특징으로서 비컨을 사용하고 슈퍼프레임이라고 하는 프레임 구조를 가진다는 것인데, 슈퍼프레임은 비컨주기 동안 일정시간만 활성화(active)되고 나머지 시간은 비활성화(inactive)됨으로써, 배터리 기반의 센서노드의 전력소모를 최소화시킬 수 있다. 또한 ZigBee 컨소시엄에서는 유비쿼터스 컴퓨팅을 위한 IEEE 802.15.4 기반의 네트워크 및 응용계층의 규격을 제안하고 있고, 100여개 이상의 많은 참여회사들이 직간접적으로 사업에 참여함으로써 기술발전이 매우 빠르고, 다양한 응용기술이 개발될 것으로 보인다. 특히, 유통분야에서는 물품관리를 위해 바코드가 일반적으로 사용되어 왔으나 가격이 매우 싼 반면에 기본적으로 다량의 물품을 동시에 처리하는데 한계가 있고, 시간이 많이 걸리며, 실시간 정보파악이 불가하며, 근접한 상태에서만 정보를 읽을 수 있는 단점이 있다. 이에 비해 전자태그(RFID) 가격은 다소 비싼 편이나 동시에 많은 물품을 처리할 수 있고, 식별시간이 짧으며, 실시간 정보파악이 가능하고 수십 cm~수 m 거리에서도 정보를 읽을 수 있으며 보안성도 뛰어나 세계적으로 바코드를 대체할 수 있을 것으로 전망되고 있다.

현재 RFID는 저주파(125kHz) 및 고주파(13.56MHz)의 전자태그를 중심으로 60cm 이내의 짧은 거리에서 출입통제나 교통카드 등에 활용되고 있으나 앞으로는 극초단파(900MHz)와 마이크로파(2.4GHz)를 중심으로 인식거리가 늘어나고 가격이 저렴해지면서 유통, 물류, 환경감지, 교통 등 다양한 분야에 적용될 것이 예상된다. 나아가 현재의 단순인식 기능에 센싱 기능이 추가되어 의료, 안전, 국방 분야 등으로 이용이 확대되면 본격적인 유비쿼터스 네트워크의 핵심기반으로 발전될 것으로 전망된다.

4 USN의 특성

① 저가이며 공격받기 쉬운 많은 센서노드로 구성

- 10~100,000개의 노드

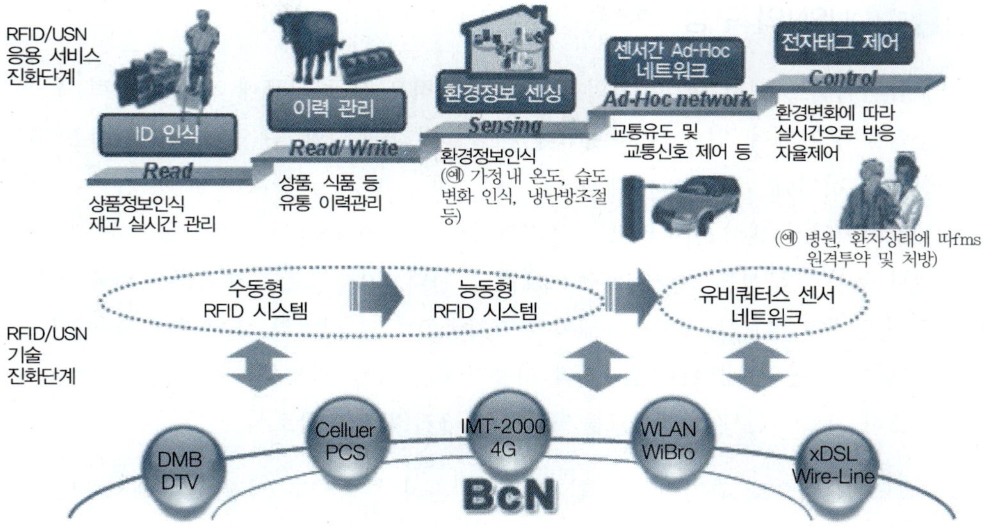

[그림 1-12] RFID/USN의 기술전망

- 센서노드의 위치는 사전에 정해지지 않음
- 각 센서노드는 저가로 구현되어야 함
- 간섭 저항하는 노드를 구성하기 어려움

② 저전력 소비특성

- USN의 노드의 구조 및 특성은 소비전력에 크게 의존
- USN 토폴로지 및 동작특성 등은 소비전력에 크게 의존

③ 자가설정이 가능한 네트워크

- 수많은 노드 및 복잡한 네트워크 구성으로 인해 사전 구성이 어려움
- 센서노드의 실패 가능성 및 새로운 센서노드 추가시 USN 설정이 가능해야 함
- Ad-Hoc 네트워크 특성을 가짐

④ 보안특성 및 협력적 특성

- 기존의 보안위협(도청, D.S 공격, 프라이버시 침해문제) 및 USN만의 보안위협이 존재함
- 지엽적 동작들이 협력적으로 수행되어 어떤 원하는 동작을 수행하게 됨

5 USN의 구성

유비쿼터스 센서 네트워크의 궁극적인 목적은 모든 사물에 컴퓨팅 능력 및 무선통신 능력을 부여하여 '언제, 어디에서나' 사물들끼리 통신할 수 있는 유비쿼터스 환경을 구현하는 것이다.

유비쿼터스 센서 네트워크는 유비쿼터스 환경을 구성하는 초소형, 저가격, 초저전력 센서 소자의 무선통신 네트워크 기술을 말한다. 기본적으로 센서필드 안에 있는 센서노드는 감지된 정보를 베이스스테이션(기지국/0)으로 전달하고, 베이스스테이션은 인터넷과 같은 기존의 네트워크를 통해 사용자에게 해당 정보를 제공한다.

유비쿼터스 센서 네트워크를 구성하는 3가지 노드들로서

① 순간적으로 환경정보를 감지하고 변환하여 임시로 저장하는 센서노드
② 센서노드를 다양한 동기로 자극하여 정보를 취득하고 상황을 인지하며 사용자 명령에 따라 보고하는 싱크노드
③ 센서 네트워크를 관리하고 정보취득 명령을 내리며 보고를 접수하여 사용자에게 표현하는 사용자 노드가 있다.

이것들이 외부의 인터넷과 연결되기 위해서 필요한 게이트웨이 또는 사용자 노드가 수시로 요구하는 네트워크 채널, 다수의 센서노드들과 싱크노드가 요구하는 센서 채널이 존재하는 시간 동안 센서 네트워크는 정보를 송수신한다.

이러한 센서 네트워크를 구성하기 위해 필요한 요구사항은 다음과 같다.

① 대규모 센서노드의 배치(수천 개나 수만 개의 센서노드 배치)
② 저전력 에너지 소모로 인한 센서노드 수명 최대화
③ 네트워크 토폴로지 변화의 수용 및 자가구성(self-organization) 네트워크
④ 제한된 병렬 처리능력과 하드웨어 제어구조

1) 센서노드 구성요소

센서노드는 USN을 구성하는 가장 기본적인 요소로 기존 RFID 기술에 비하여 가장 큰 장점은 센서로부터 주위 환경을 모니터링하면서 최적의 네트워크를 구성 및 기존의 유무선 통신기술을 이용하여 사용자가 원하는 네트워크 구성이 가능하다는 것이다.

센서노드의 구성은 주로 제어부(MCU), 무선통신부, 센서부 및 전원부로 구성되며,

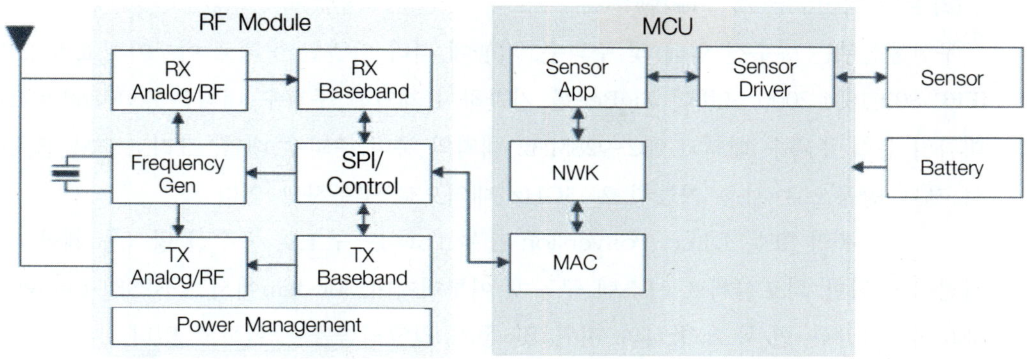

[그림 1-13] 센서노드 구성요소

현재 선보여지고 있는 응용 서비스에서의 센서노드는 다수의 노드를 광범위한 환경에서 분산 배치하여 이용되므로 노드의 전원을 자주 교환하는 것이 어렵기에 저전력 센서노드 개발이 요구된다.

또한 응용 서비스에 따라 노드의 설치 용이성이 고려되므로 센서노드의 소형화와 경량화가 필수적이다. [그림 1-13]은 센서노드의 기본 구성요소를 보인 것이다.

(1) 제어부(MCU)

센서노드의 MCU는 노드에 부착된 센서의 데이터 처리 및 외부 인터페이스를 위한 SPI, UART, I2C 등의 주변장치, Timer, Power Control 등으로 구성된다. 이러한 주변 인터페이스들은 MCU 부하를 최소화하도록 제공되어야 하며 대량의 데이터를 발생시키는 ADC/DAC 인터페이스 최적화를 지원해야 한다.

MCU는 센서노드에 부착된 센서의 종류 및 노드의 사용목적에 따라 다양한 성능의 MCU를 필요로 한다. 따라서, 사용되는 MCU 구조가 호환성을 유지하면서 탄력적인 구조를 가지고 있어야 하며, 기술의 소형화, 집적화에 따라 소형 메모리가 내장된 저전력 초소형 MCU를 이용하는 기술이 발달되고 있다.

기존에 사용된 8bit MCU에서 센싱된 단순 데이터를 인식 및 감지하는 것이 아닌 데이터 용량이 큰 영상정보의 처리, 음성신호 처리에 대한 분석을 가능하게 하기 위한 고성능 16~32bit의 저전력 MCU 개발이 이뤄지고 있으며, MCU와 무선통신부를 하나의 칩으로 구성하는 SoC 단일 칩 솔루션 개발로 전체 통합 칩의 크기 또한 계속 줄어들 것으로 예상된다.

(2) 무선통신부(RF/Modem/MAC)

무선통신부는 송수신 형태 및 주파수, 기능에 따라 다양한 형태로 이루어지고 있으며, IEEE 802.15.4-2006 표준과 ZigBee를 기반하여 제안된 주파수 대역은 868~868.8MHz 대역의 유럽 주파수 대역과 902~928MHz 대역의 북미 주파수 대역, 그리고 ISM 밴드로서 세계 공용으로 사용 가능한 2.45GHz 대역으로 구분하고 있다.

무선통신부의 RF는 Direct conversion 또는 Low-IF 구조로 송수신 방식을 제안하여 저전력을 위한 회로설계로 시스템 구동이 이루어지며, Modem에서는 BPSK, O-QPSK, ASK 등 다양한 변/복조 방식의 지원 및 동기 알고리즘을 구현하고 있다.

MAC의 경우 OS 독립적인 스케줄러 관리 및 RF와 Modem의 레지스터 세팅 기능을 제공한다. 현재 무선통신부에서의 Low duty cycle 적용 및 Wake-up circuit 기술 등의 센서노드의 전류소모를 감소하기 위한 저전력 기술개발이 진행되고 있다.

(3) 센서부(Sensor)

센서는 인간의 오감을 대신하여 물리계 또는 환경계의 현상을 정량적으로 측정하여 정보를 검출하는 소자 및 시스템으로서 센서노드의 중요한 구성요소이다. 센서 네트워크의 다양한 응용 영역에 따라 일체식의 다양한 종류의 센서가 필요하므로 조도, 열, 습도, 가속도/지진강도, 음향, 지자기, 위치(GPS) 등과 같은 센서 중 선택적으로 센서노드에 장착할 수 있어야 하며 크기, 전력소모의 문제점과 다중 이종 센서를 집적할 수 있는 기술이 요구된다.

(4) 전원부(Battery)

배터리 기술은 센서노드에 장기적으로 안정적인 전력을 공급하여 소자의 원활한 구동을 가능하게 해주는 핵심부품 기술로, 초기 배터리 기술은 폐기 가능한 1차 전지가 주로 사용되었으나, 새로운 휴대통신 단말기의 수요 증가에 따라 1차 전지뿐만 아니라 자가 충전 기능이 추가되는 형태의 태양전지나 무선 급전의 방식 등의 다양한 기술들이 소개되고 있다.

2) 국내외 센서노드 칩 기술동향

(1) 국내외 칩 기술동향

현재 센서노드의 구성 관련 칩은 크게 MCU, RF Transceiver로 나눌 수 있으며, RF

Transceiver의 경우 SoC와 Single-chip 형태로 상용화 제품이 출시되고 있다.

현재 센서노드의 상용 제품의 다수 칩은 IEEE 802.15.4-2006과 ZigBee를 표준으로 사용하고 있으며, 상용 제품의 대부분은 2.45GHz 주파수를 사용하고 유럽의 경우 868/915MHz 주파수를 부분적으로 사용하고 있다.

① MCU

센서노드에 적용되는 저전력 MCU의 경우 Atmel, ARM, Microchip, TI 등에서 개발되고 있다. 기존 MCU 시장에서는 Microchip의 PIC 계열과 Intel의 8051 core가 많은 부분 사용되었으나, 최근에는 Atmel의 AVR ATmega 시리즈와 TI의 MSP 시리즈가 사용되고 있다. 센서노드 응용에 요구되는 고성능 MCU 성능과 복잡한 연산처리와 운영체제를 사용하기 위하여 SRAM, EEPROM, Flash Memory를 MCU에 내장하여 외부에 별도의 메모리가 필요 없도록 제품개발이 이뤄지고 있다. 국내에서는 ETRI와 ADchips가 공동으로 USN용 고성능 32bit MCU 시제품을 개발하였으며, 이 칩은 메모리의 성능을 향상시켜 다양한 응용 서비스에 적용이 가능하리라 기대된다. 〈표 1-1〉은 센서노드에 사용되고 있는 MCU의 상용 제품을 비교하였다.

〈표 1-1〉 상용화 MCU 비교

MCU	ETRI(32bit) TMA2560	Atmel(8bit) ATmega128	Atmel(8bit) ATmega 2560	Atmel(8bit) AT91SAM7S2 56	MicroChips (8bit) FIC18F8722	MicroChips (8bit) dsPIC33FJ256 GP710	TI(16bit) MSP430F1610	CoreRiver GC89C591A0
Max. OF	50MHz	16MHz	16MHz	55MHz	40MHz	40MHz	16MHz	40MHz
Flash	256kB	128kB	256kB	256kB	128kB	256kB	120kB	62kB
SRAM	64kB	8kB	8kB	64kB	4kB	32kB	10kB	2kB
EEPROM	4kB	4kB	4kB	No	12kB	No	No	2kB
ADC	4CH/10bit	8CH/10bit	8~16CH/ 10bit	8CH/10bit	16CH/ 10bit	32CH/ 10bit	8CH/10bit	8CH/10bit
DAC	1CH/10bit	No	No	No	No	Codec	12bit	No
Comparator	1CH	1CH	1CH	No	2CH	No	1CH	No

② RF Transceiver

센서노드의 RF Transceiver chip은 IEEE 802.15.4 표준과 ZigBee에 기반하여 SoC와 Singlechip 구조에 따른 개발이 이루어지고 있다. SoC의 경우 RF, Modem, MAC, MCU가 하나의 칩으로 결합된 구조로 전체적인 사이즈를 줄일 수 있으며, 인터페이스를 효율적으로 관리하기가 가능한 장점이 있으나 제작공정 및 기간, 비용문제의 해결이 필요하다. Single-chip의 경우 MCU를 제외한 나머지 블록을 하나의 칩으로 구현하거나 각 블록을 개별적으로 칩화하는 기술로 각 블록의 특성시험 및 활용성이 다양하나 인터페이스 통합의 문제점이 있다.

현재 IEEE 802.15.4-2006/2007 표준을 따르는 ISM대역의 2.45GHz RF Transceiver 개발이 주를 이루며 대표적인 업체로는 TI의 CC 시리즈와 Jennic, Freescale, Nordic, Ember, Atmel, ZMD, Ubec 등의 업체가 있다. 국내에서는 Radiopuls, Phy-chips에서 기술개발이 이루어지고 있다. 〈표 1-2〉는 RF Transceiver의 SoC 및 Single-chip 기술에 따른 상용 제품을 비교한 자료이다.

〈표 1-2〉 상용화 RF Transceiver 기술 비교

RF Transceiver System on Chip	TI CC2420	TI CC2430	TI CC2450	Jennic JN5121	Ember EM250	Freescal MC13192	Radio Pulse MG2400-F48
Microcontroller	-	8051 core	8051 core	32bit-RISC	32bit-XAP2b	-	8051 core
Program memory(kB)	-	32/64/128	8/16/32	64	128	-	64
Dlrrp mode(μA)	1	0.9	0.5	〈1	1	1	9
Frequency(MHz)	2450	2450	2450	2450	2450	2450	2450
Data rate(kbps)	250	250	500	250	250	250	250
Sensitivity(dBm)	-94	-94	-100	-93	-97	-92	-99
Transmit power(dBm)	0	0	1	1	3	0	9
Rx current(mA)	19.7	27	22	〈50	29	37	26
Tx current(mA)	17.4	25	23	〈40	33	30	29
Crystal frequency(MHz)	16	32	26/48	16	24	16	16
Communication	SPI	8~14bit ADC	8~14bit ADC	12bit ADC	12bit ADC	SPI	4~10bit ADC
Structure	Single-chip	SoC	SoC	SoC	SoC	Single-chip	SoC

(2) 국내외 센서노드 기술동향

① 국외 센서노드 기술동향

미국 버클리대학에서는 MEMS 기술을 기반으로 하여 저가의 극소형 지능형 디지털 스마트 센서/통신 시스템을 개발하는 Smart Dust 프로젝트가 진행중이며, UCLA/Rockwell Research Center가 수행한 WINS와 MIT의 uAMP 등에서 센서노드의 하드웨어 구조 및 구현 회로에 따른 전력소모 개선방안과 소프트웨어 구조 및 power management 방식에 따른 전력소모 개선방법을 연구하고 있다. 카네기 멜론대학에서

(a) Crossbow : MicaZ (b) Crossbow : TELOSB (c) Moteiv : Tmote Sky (d) Intel : iMote

[그림 1-14] 국외 상용화 센서노드 개발품

는 센서노드에 초소형 스마트 안테나를 적용한 스마트 센서 DVB를 개발하였으며, 800MHz 대역의 스마트 센서 DVB는 2개의 안테나를 적용하여 SNR을 개선하였고, 신호 수신시 신호의 RSSI를 측정하여 안테나를 선택하는 Angle diversity 기법을 사용하였다.

주요 센서노드 개발품에는 [그림 1-14]와 같이 Crossbow사의 Mica 시리즈, Moteiv의 Tmote Sky와 Intel의 iMote 등의 제품이 상용화되어 시장에 공급되고 있다.

일본에서는 NTT에서 센서 통신 분야의 안테나 어레이 시스템을 연구하고 있으며, VHF/UHF 대역에서 안테나 크기가 소형화됨에 따라 고효율 안테나 기법을 연구하고 Millimeter 대역에서는 Integrated 안테나 기법을 연구중에 있다.

〈표 1-3〉 Mote 시리즈 하드웨어 사양

Mote	RENE	DOT	MICA	MICA2	iMote	Telos	MICAz
Released	2000	2001	2002	2003	2003	2004	2004
Clock	4MHz	4MHz	4MHz	7MHz	12MHz	20MHz	7MHz
CPU	Atmel	Atmel	Atmel	Atmel	ARM	Motorola	Atmel
Flash(code, kB)	8	16	128	128	512	60	128
RAM(kB)	0.5	1	4	4	64	4	4
Radio(kBaud)	10	10	40	40	460	250	250
Radio Type	RFM	RFM	RFM	ChipCon	Zeevo BT	ZigBee	ZigBee

② 국내 센서노드 기술동향

국내 센서노드 기술은 ETRI를 중심으로 KETI, 삼성, Radiopuls, 태광 E&C, ED, 하이버스, 옥타컴, 한백전자, Maxfo 등의 연구기관, 대기업 및 중소기업을 통해 서비스 목적에 따라 다양한 형태의 센서노드를 개발중에 있다. 국내의 경우 TI사의 CC시리즈 및 국외 상용화 칩을 사용하여 센서노드를 구현하고 있다.

현재 센서노드의 저전력 연구에 대한 기술개발과 관련 기술력 확보를 위하여 국내 연구기관 및 관련 업체에서 적극적인 참여가 이루어지고 있다.

(a) Radiopuls : LM2400 (b) ETRI : 32bit Sensor Node

[그림 1-15] 국내 센서노드 개발품

수신신호에 따라 멀티 밴드를 사용하거나 또는 센서노드의 전력소모를 줄이기 위한 저전력 방식으로 Wake-up 회로기술 등을 포함한 기술개발이 이루어지고 있다. ETRI는 국내 공동개발업체와 함께 센서노드의 저전력 기술 및 고성능 기술을 위하여 32bit MCU를 개발하여 이를 활용한 32bit 센서노드 시제품을 개발하였으며, 응용 서비스 기술로 [그림 1-15]에서 보여지는 바와 같이 센서노드에 마이크를 부착하여 음성인식 및 분석이 가능한 귀가 안전 서비스로 위험감지 인식 센서 네트워크 시스템과 열감지 센서 및 적외선 센서를 사용하여 산업현장의 화재 및 주변 모니터링 서비스가 가능한 산업현장 감시제어 시스템 시범을 보였다.

〈표 1-4〉 상용화 센서노드 하드웨어의 주요 규격

Mote	Mica	Mica2	MicaZ	Tmote Sky	iMote	LM2400
Clock(MHz)	4	7.37	7.37	8	12	16
CPU	ATmega103L	ATmega128L	ATmega128L	MSP430F	ARM7	8051 core
Program memory(kB)	128	128	128	48	512	128
Data rate(kbps)	40	38.4	250	250	723.2	250
RF module	TR1000	CC1000	CC2420	CC2420	Zeeo TC2001	MG2400-F48
Modulation	ASK	FSK	O-QPSK	O-QPSK	GFSK	QPSK
OS	TinyOS	TinyOS	TinyOS	TinyOS	TinyOS	

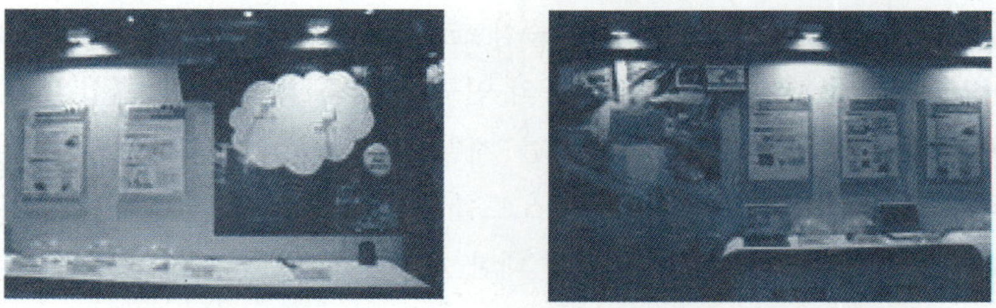

(a) 위험감지 인식 서비스 (b) 산업현장 감시 제어

[그림 1-16] ETRI 센서노드 응용 서비스

6 USN의 기술요소

USN이 기존의 Ad-Hoc 네트워크와 다른 가장 큰 특징은 배터리와 같이 제한된 자원을 갖는 센서 디바이스(센서 + 통신 모듈 + MCU + 배터리)를 활용하여 서비스가 구현되어야 한다는 것이다. USN 관련 주요 핵심기술들은 센서 디바이스의 수명을 증가시키고, 서비스 신뢰성을 확보하는데 중점을 두고 있다.

USN을 구성하는 주요 기술들은 다음과 같다.

1) 센서노드 기술

센서노드는 센싱, 컴퓨팅, 무선통신 기능을 갖춘 초소형 장치로서 노드간에서 자율적으로 네트워크를 형성하여 외부의 환경정보를 획득, 처리 및 제어 기능을 수행하는 u-센서(유비쿼터스 센서) 네트워크의 핵심소자 기술이다.

센서 네트워크는 애드혹(Ad-Hoc) 네트워크의 일종으로서 특정 목적을 위하여 센서노드들과 베이스 노드(싱크)로 형성된다.

① 베이스 노드에서는 연동된 네트워크에서 요구된 서비스를 관련 센서 네트워크로 전달하고, 센서노드는 서비스의 요구에 따라 또는 이미 설정한 조건의 이벤트 발생에 따라 센싱된 정보를 베이스 노드로 전달한다.

② 전달되는 정보는 센싱된 Raw data 또는 주변 센서노드 간의 협력에 의해 가공된 형태로 저전력을 소모하는 경로를 찾아 전달된다.

③ 수집된 정보는 BcN 사용자의 요청에 대한 응답으로써 사용되거나 통계적 자료로 활용된다.

센서 네트워크는 접근이 용이하지 않은 지형이나 재해구조 응용에서와 같이 임의의 위치에 배치되기 때문에 노드들이 자동적으로 네트워크 구성할 수 있도록 자율배치 및 네트워크 구성 기술이 필수적이다.

수백 내지 수천 개의 다수 노드들에 의한 네트워크 구성, 노드의 높은 밀집성, 빈번한 네트워크 구조변경, 제한된 에너지 및 컴퓨팅 자원, 점대 다중의 통신형식 등 일반 Ad-Hoc 네트워크와는 다른 센서 네트워크의 특수한 조건과 요구사항 때문에 기존의 Wireless Ad-Hoc 네트워킹 기술들을 적용하기 어렵고 센서 네트워크의 특수상황에 맞는 라우팅, 동기화, 위치인식, MAC 등의 프로토콜이 필요하다.

센서노드들은 다양한 종류의 센서, 실행기(actuator), 무선통신 칩 및 제어기를 가지

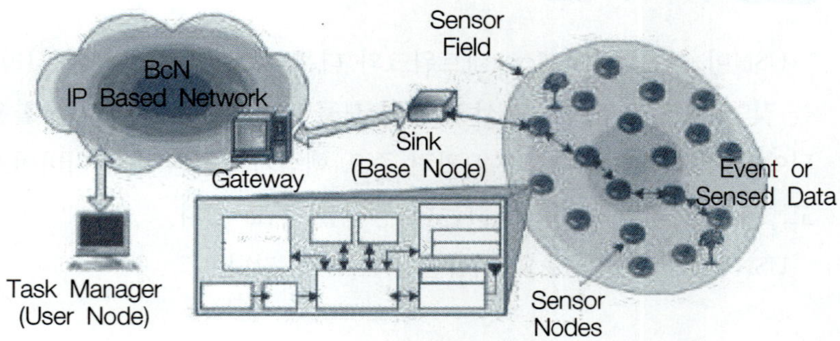

[그림 1-17] 센서 네트워크 기술구성도

며, 센서 네트워크는 센싱 정보와 실행기의 제어 정보를 센서노드들간에 분산하여 저장하거나 싱크노드로 무선통신에 기반하여 전달하므로, 센서노드는 이들 정보를 제어하고 관리하여 전력소모를 줄이면서 효율적으로 사용자의 요구에 따라 전달하거나 처리할 수 있도록 배치, 운영, 통신할 수 있는 저전력형의 초소형 센서노드 기술개발이 필요하다.

2) 배터리 기술

배터리 기술은 센서노드에 장기적으로 안정적 전력을 공급하여 소자의 원활한 구동을 가능하게 해주는 핵심부품 기술이다. 1차 전지뿐만 아니라 자가 충전 기능이 추가되는 형태의 태양전지나 무선 급전 방식 등의 다양한 기술들이 소개되고 있다.

3) 센서 기술

센서는 인간의 오감(시각, 청각, 촉각, 후각, 미각)을 대신하여 물리계 또는 환경계의 현상을 정량적으로 측정하여 정보를 검출하는 소자 및 시스템으로서 센서노드의 중요한 구성요소이다. 센서 네트워크의 다양한 응용 영역에 따라 일체식의 다양한 종류의 센서가 필요하므로 조도, 열, 습도, 가속도/지진강도, 음향, 지자기, 위치(GPS) 등과 같은 센서 중 선택적으로 센서노드에 장착할 수 있어야 하며 다중 이종 센서를 집적할 수 있는 기술이 요구된다.

4) 저전력 기술

센서 네트워크의 전원은 교체가 불가능한 배터리에 의존하므로 저전력 기술 및 효과적인 전력소모 기술은 각 노드의 수명뿐만 아니라 전체 네트워크와의 수명과 직결, 시스템 차원의 저전력 기술이 중요하다. 저전력소모를 위한 H/W 설계방법 및 공정뿐만 아니라 통신방식, 프로토콜, 소프트웨어 개발시에도 에너지 소모를 줄여주는 방법으로 설계되어야 한다.

5) 운영체제 기술

센서노드에 탑재되는 운영체제는 프로세싱과 메모리자원이 매우 제한적인 환경에서 수행되는 초소형을 요구하는데 센서 네트워크 응용이 용이하도록 하드웨어와 상위 미들웨어와의 인터페이스가 효율적으로 설계되어야 한다.

위의 기술적 요소를 만족시키기 위해서는 다양한 RF 및 모뎀 기술, MAC 기술, 저전력 HW 및 MCU 기술, Link 계층 기술, Naming과 Addressing 기술, Time 동기화 기술, Localization 및 Positioning 기술, Topology Control, 라우팅 프로토콜 기술, QoS, 보안 등 다양한 기술의 적용 및 기술간의 최적화 기술이 필요하다.

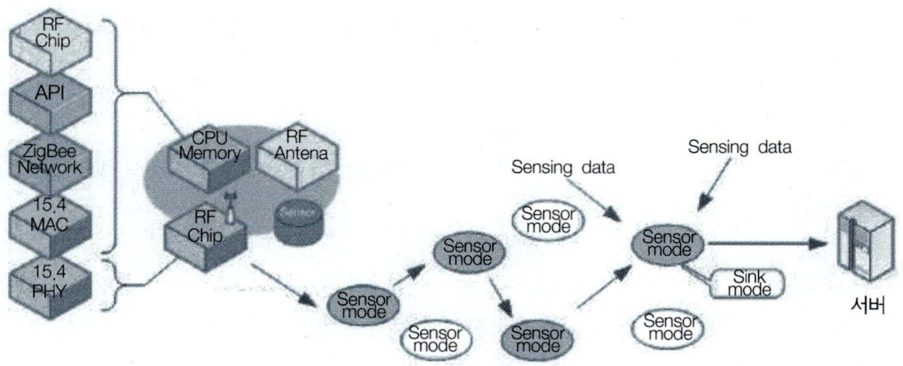

[그림 1-18] 센서망의 구성

(1) 자가 재구성을 위한 요소기술

① 장거리 전송 제한

② 센서류의 모듈 추가 제한

③ 짧은 가독거리, 높은 출력의 판독기 필요

센서 네트워크는 전력의 고갈, 노드의 이동성, 노드의 결합, 환경적인 장애 등으로 인하여 형상이 동적으로 변하며, 심한 경우 네트워크가 분할되기도 하므로 자가 재구성이 가능해야 한다. 센서 네트워크의 통신 프로토콜은 이러한 동적인 현상 변화가 있는 경우

Ad-Hoc 네트워크를 구성하는 저전력 요구조건과 낮은 대역폭, 오류가 많은 채널 특성, 자원의 제약 등 센서노드의 능력을 고려하여 Multi-Hop Ad-Hoc 네트워크를 구성한다.

(2) 데이터 중심의 주소 지원을 위한 요소기술

센서 네트워크는 무수히 많은 센서노드가 지역적으로 존재하고 응용의 특성으로 인해 노드 중심의 주소를 사용하는 것보다는 데이터 중심 주소를 사용한다. 즉 인터넷과 같은 전역적인 주소보다는 Attribute 기반의 주소를 사용한다. 어떤 센서에 의해 감지된 쿼리보다는 어떤 지역에서 감지된 쿼리가 일반적이다.

(3) 센서 응용 관리를 위한 요소기술

센서노드에 탑재된 응용 소프트웨어들을 정적인 것이 아니라 환경의 변화나 응용 분야의 확장, 그리고 현상을 탐지하기 위한 기능의 부가 등으로 동적으로 다운로드 및 수행이 가능해야 한다. 이러한 응용 프로그램의 변경은 간단한 파라미터의 제조로부터 전체 프로그램을 재작성하는 것까지 다양하며, 센서 네트워크를 위한 통합 소프트웨어는 이러한 프로그램의 재구성이 용이하고, 융통성이 있으며, 효율적으로 수행될 수 있도록 지원해야 한다.

(4) 센서 네트워크의 응용 분야 분류

센서 네트워크는 센서 혹은 싱크노드의 이동성, 센서 배치방법, 데이터 발생형태에 따라 구분된다.

① 싱크(Sink)

센서 네트워크에서 감지한 데이터를 받아 사람에게 전달해 주거나 혹은 기반망에 연결되어 데이터를 전달해 주는 노드를 말한다.

② 이벤트(Event)

센서가 감지해야 할 사건을 이른다. 가까운 미래에 여러 분야에서 응용될 것으로 기대되는 센서노드는 감지(sensing), 데이터 처리(data processing), 통신을 할 수 있는 능력을 갖는다. 센서 네트워크에 사용되는 센서는 무인으로 동작되거나 사람이 접근하기 힘든 환경에서 동작하는 경우가 대부분이다. 또한 다량의 센서를 유포하여 센서 네트워크를 형성하는 경우가 많아 센서의 크기가 작고 가격이 저렴해야 하므로 노드의 배터리 에너지양과 데이터 처리능력이 작게 된다. 이런 센서의 제약사항들과 센서 네트워크의 용도에 따라 네트워크에서 원활한 통신을 위해 충족되어야 할 조건이 달라지게 된다. 따라서 센서 네트워크가 사용될 응용 분야에 따라 적합한 라우팅 알고리즘이 사용되어야 할 것으로 생각된다. 센서 네트워크의 응용 분야는 다음과 같은 특성에 따라 분류될 수 있다.

③ 센서 혹은 싱크노드의 이동성

식물원의 온도나 습도 감지를 위한 경우 센서들은 건물 내부의 화분이나 선반에 부착되어 고정된 상태로 주위환경을 감지하게 된다. 그러나 물속의 생태계 측정을 위하여 센서들을 물에 유포하는 경우나 적군출현 감지를 위한 센서를 유포하고 차량이나 비행기에서 센서 네트워크로부터의 정보를 받는 경우 등은 센서노드와 싱크가 이동성을 갖게 된다.

④ 센서 배치방법

사람의 출입이 어려운 지역에 다량의 센서를 설치하여 센서 네트워크 구축을 할 경우에는 센서의 무작위 유포가 불가피하다. 그러나 사전 계획하에 정해진 위치에 설치하여 위치정보나 노드의 정보를 요하는 센서 네트워크 구축에 사용될 수 있다.

⑤ 데이터 발생 형태

센서 네트워크가 구축된 후 데이터가 발생하여 네트워크 내에 데이터 흐름이 생기게 된다. 이 데이터 흐름이 시작되는 형태가 이벤트를 감지한 센서노드에 의해 시작되거나 싱크노드가 센서 네트워크에게 요구(질문(query) 혹은 신청(request))하여 시작될 수 있다. 또는 센서노드들이 싱크에게 주기적으로 데이터 전송을 하는 경우도 있을 것이다.

적군출현 감지의 경우 적군출현을 감지한 센서가 데이터를 만들어 보내기 시작하는 경우가 이벤트에 의한 데이터 발생의 예가 될 수 있고, 특정 지역의 온도를 감지하는 네트워크의 경우 센서노드들은 주위 온도를 지속적으로 감지하다가 싱크의 요구발생시 데이터 흐름이 시작되거나 주기적으로 싱크노드의 요구 없이 데이터를 싱크노드에게 전송할 수 있다.

위 다섯 가지 특성을 기준으로 센서 네트워크 응용분야를 다음의 4가지로 나누어 보았다.

① SNA1 지진이 일어났거나 건물이 붕괴된 재앙발생 지역에 센서 네트워크를 응용하는 경우 센서들과 싱크는 고정되어 있고 센서의 배치는 무작위로 이루어지게 된다. 또한 이벤트 발생에 의해 데이터 전송이 시작된다. 즉 무너진 건물더미 아래 사람들을 찾아내기 위해 소리나 온도를 감지할 수 있는 센서를 무작위로 설치한 후 인명구조에 이용할 수 있다.

② SNA2 원자력 발전소에서 방사능 유출 가능 지역에 센서들을 설치하여 주기적으로 정보를 받아 관찰하는 예로, 계획된 위치에 배치된 고정 노드들이 싱크의 요구시

혹은 주기적으로 데이터를 발생하는 응용 분야이다.

③ SNA3 사람이 접근하기 어려운 지역의 생태계 관찰처럼 이동 가능한 센서를 무작위로 배치하여 싱크가 원하는 데이터를 전송하는 응용 분야이다. 이때 센서의 이동성은 그다지 크지 않다. 화산발생 가능지역에 센서들을 무작위로 설치하고 주기적으로 감지된 데이터를 받아 관찰 가능한 응용분야와 큰 사파리 공원에서 센서 네트워크를 이용한 동물 관찰을 예로 들 수 있다.

④ SNA4 사전 계획 후에 이동성이 있는 물체에 배치된 센서노드로부터 필요한 데이터를 요청하여 전달받는 형태의 응용 분야가 여기에 속한다. UCLA에서 수행되는 Smart Kindergarten Project와 차량에 부착된 센서를 통해 교통량을 파악하는 것 등을 예로 들 수 있다.

7 Ad-Hoc 네트워크

센서 네트워크에서의 주요 이슈는 기기의 소형화, 센싱 능력, 그룹 관리, 안전하고 효율적인 라우팅이며 표준화를 위한 아이템으로는 그룹 관리를 위한 키관리와 안전한 라우팅을 위한 전송 프로토콜 분야가 주요 이슈가 된다.

라우팅은 상황인지(context aware)라는 새로운 인자가 부가되어서 소규모 컴퓨팅 환경에서 어떻게 상황인지를 하여 이웃의 센서 기기의 오동작을 인식하여 우회 루트 발견을 실시간적으로 처리할 수 있는 경량의 프로토콜 개발을 목표로 한다. 현재 각광받고 있는 표준은 저전력 저속 무선 네트워크 규격인 ZigBee이다. 이 규격은 Ad-Hoc 기반의 무선 링크 계층 기반 네트워크와 상위 응용과의 관계를 기술하고 있다.

그러나 P2P(Peer-to-Peer) 프로토콜로는 수많은 센서 기기들과의 통신을 완벽하게 관리한다는 것은 그 전제부터가 어려움에 부딪히게 된다. 만약 센서 기기의 수를 P2P 프로토콜이 관리할 수 있는 한계 수준 이하로 제한한다면 문제를 해결할 수 있지만 그 수보다 많은 센서 기기를 이용하는 환경이 전개가 된다면 네트워크 토폴로지에서부터 문제점을 발생하게 된다.

이러한 관점에서 센서 네트워크와 Ad-Hoc 네트워크와의 차이점을 비교하면 다음과 같다.

① 센서 네트워크의 센서노드의 수가 Ad-Hoc 네트워크에서 사용하는 노드수의 수배가 될 수 있다.

② 센서노드는 밀집되어 분포가 된다.

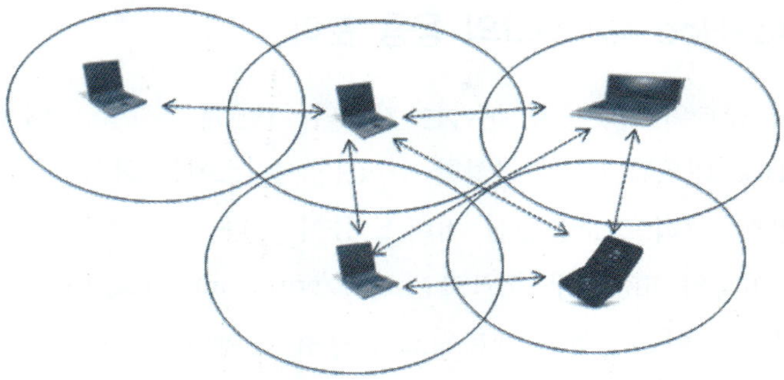

[그림 1-19] Ad-Hoc 네트워크 구성

③ 센서노드의 오동작을 허용한다.
④ 센서 네트워크의 토폴로지는 매우 수시로 변화를 한다.
⑤ 센서노드는 브로드캐스트 통신환경을 사용한다.
⑥ 전력, 컴퓨팅 능력과 그리고 메모리에 제한적이다.
⑦ 센서의 개수와 오버헤드 때문에 센서노드는 글로벌 인식자(ID)를 갖지 않아야 할 것이다.

Ad-Hoc 네트워크는 AP가 없이 흩어져 있는 무선으로 통신이 가능한 노드들끼리 서로 통신하는 네트워크 구조이다. 이 구조에서는 중간에서 제어하는 노드가 없으므로 각 노드들은 자신이 가질 수 있는 정보를 최대한 활용하여 네트워크에서 통신이 가능하도록 라우팅해야 한다. 이러한 통신특성 때문에 센서 네트워크에서 노드들간의 무선통신은 Ad-Hoc 통신으로 이루어진다.

즉, Ad-Hoc 네트워크의 경우에는 이동단말들이 유선환경에 기반을 둔 기지국이나 AP를 중심으로 구성되는 인프라가 있는 네트워크와는 완전히 다르다. Ad-Hoc 네트워크로 무선 센서 네트워크 시스템에서는 센서필드 안에 있는 센서노드들이 네트워크를 구성할 때 사용되는 네트워크 방식이다.

이러한 Ad-Hoc 네트워크는 다음과 같은 몇 가지의 주요한 특징을 가지고 있다.

① 유선 기반망 없이 무선이동 호스트로만 구성
② 각 호스트는 라우터의 역할 병행
③ 유선망을 구성하기 어렵거나 단기간 사용에 적합
④ 호스트의 이동에 제약이 없음
⑤ 빠른 망구성과 비용의 저렴화
⑥ 용도－긴급구조 상황, 전쟁, 착용가능 컴퓨팅(wearable computing)

8 Ad-Hoc 네트워크의 응용 분야

Ad-Hoc 네트워크의 응용 분야는 기존의 기반 통신시설을 배제한다. 그리고 순수한 이동 Ad-Hoc 네트워크로만 구성할 수 있는 서비스에는 회의 및 그룹 통신 서비스, 긴급 구조 서비스, 그리고 군용통신 서비스 등이 있다.

다음은 미국의 표준연구원(NIST, http://www.antd.nist.gov/wahn.home.shtml)에서 요약한 무선 Ad-Hoc 센서 네트워크의 응용 분야이다.

① 적의 침투나 이동, 폭발과 같은 정보를 얻거나 감지하기 위한 군사용 센서 네트워크
② 화학적, 생물학적, 방사선, 핵과 같은 공격이나 물질을 감지하기 위한 센서 네트워크
③ 평원, 숲, 대양에서의 환경적 변화를 모니터하거나 감지하기 위한 센서 네트워크
④ 고속도로나 도시의 혼잡지역의 교통량을 모니터링하기 위한 무선 교통 센서 네트워크
⑤ 쇼핑몰, 주차장, 주유소 등과 같은 곳의 안전을 위한 무선 감시 센서 네트워크
⑥ 어느 곳이 비어 있고, 어느 곳에 주차되어 있는지를 결정하는 무선 주차 센서 네트워크

1.4 유비쿼터스 센서 네트워크의 주요 프로젝트 및 응용

1 USN의 주요 프로젝트

유비쿼터스 센서 네트워크는 유비쿼터스 네트워크에 적용되는 범위로 실생활의 모든 분야에 적용할 수 있다. 스마트 홈, 물류/유통, ITS, 헬스케어, 국방, 환경, 로봇, 자동차, 공장자동화 등에 주로 응용한다.

1) 스마트 유치원 프로젝트

미국 UCLA의 '스마트 유치원(smart kindergarten)' 프로젝트(http://nesl.ee.edu/projects/ smartkg)는 유비쿼터스 컴퓨팅과 센서 기반의 무선 네트워크를 통해 유치원이라는 물리공간 속에서 유치원 원아들이 어떻게 학습하는지를 규명하기 위한 연구이다.

〈표 1-5〉 USN의 주요 프로젝트

프로젝트명	주관 회사	주요 내용	관련 사이트
Future Store	Metro Group SAP, Intel 등	소비자의 구매 편리성을 증대하고 소매업 내부에서 발생하는 프로세서 향상	www.future-store.org
Smarts-Its	ETH(스위스), 칼스루헤대학(독일), VTT(핀란드), 랭커스터대학(영국) 등	일상 사물에 칩, 센서, 프로센서 등을 포함한 smart-its를 식재하여 위치, 시간 등에 따른 상태 변동을 감지할 수 있는 환경을 구축	www.smart-its.org
ParcelCall	EU에서 태그업체, 대학 등의 9개 컨소시엄	수·배송/물류 영역과 통신 네트워크 기술의 통합을 통한 새로운 기회의 발견 및 전 세계적인 지능추적 시스템 실현	www.eltrun.aueb.gr/mygrocer
Smart Dust	미국 국방성, 버클리대학	실리콘 mote라는 입방체안에 자율적인 센싱과 통신 플랫폼 능력을 갖추어 에너지 관리, 제품의 품질관리 및 유통경로 관리, 군사목적으로 이용	robotics.eecs.berkeley.edu/~pister/SmartDust

이 프로젝트는 원아들이 어떻게 말을 배우고, 장난감을 어떻게 활용하면서 학습하며, 원아들간 또는 원아들과 선생님간에 어떤 상호작용이 일어나고, 그것이 아동에게 어떤 영향을 미치는지를 분석하고 있다.

즉, 스마트 유치원 프로젝트에서의 무선 인식 기술을 활용하여 센서 네트워크 기술로 아이배지(iBadge)를 부착한 아동과 장난감의 이름과 위치를 실시간으로 파악하고, 상황인식(context awareness) 기술을 통해 원아들이 사용하는 언어인식, 상호작용 특성, 행동감지와 동태적인 변화도 추적했다.

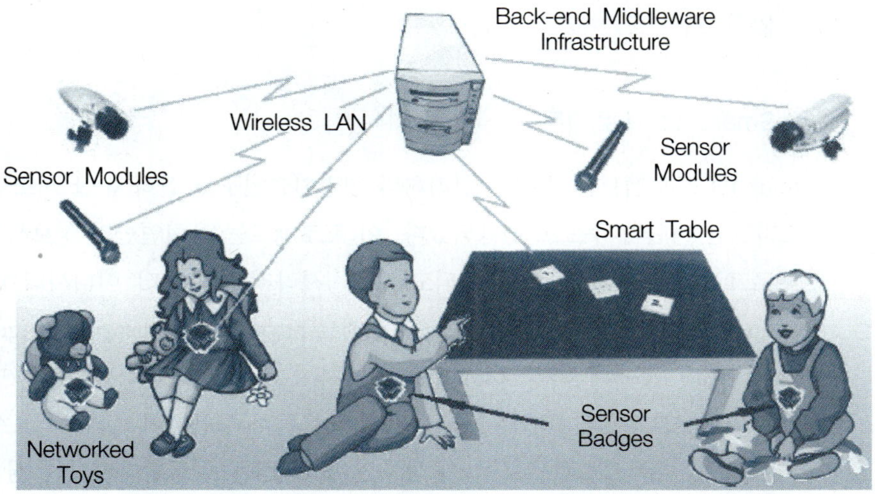

[그림 1-20] 스마트 유치원 프로젝트 구성

2) 스마트 더스트 프로젝트

미국 버클리대학에서 1999년부터 추진된 '지능화된 먼지(smart dust)' 프로젝트(http:// robotics.eecs.berkeley.edu/~pister/SmartDust)는 공중에 뜰 정도로 미세한 입자에 컴퓨터, 센서, 태양전지 등을 쌓고 다수의 입자가 서로 통신하면서 자유도가 높은 센서를 만들고, 이를 이용하여 센서 네트워크를 구현하는 시스템이다. 먼지 크기의 매우 작은 센서들을 건물, 도로, 의복, 인체 등에 먼지처럼 뿌려서 주위의 온도, 습도, 가속도, 압력 등의 정보를 무선 네트워크로 감지 및 관리할 수 있다는 개념의 기술을 구현하려고 했다.

스마트 먼지는 크기가 1~2mm로 매우 작은 먼지이다. 또한 센서, 컴퓨팅 능력, 양방향 무선통신, 태양전지 등의 전력공급 장치를 갖춘 지능형 센서를 구현하려는 프로젝트 명칭으로, '스마트 먼지'라고도 한다. 스마트 먼지 또는 모트(motes)들은 데이터를 수집하고, 간단한 데이터 분석 등의 컴퓨팅을 수행하며, 무선통신으로 서로 30m 거리에서 정보를 교환한다. 그리고 여러 개의 먼지들이 주변의 무선 LAN, 블루투스, 초광대역(UWB) 모듈 등과 함께 상황에 따라 Ad-Hoc 네트워크를 구성하거나 코어 네트워크에 직접 연결될 수 있다. 또한 아주 작고 가볍기 때문에 공기 중에서 떠다닐 수도 있는데 주로 군사적인 용도로 응용되며, 일상생활 속에서도 응용할 수 있도록 고안되었다. UC 버클리대학의 Kris Pister 교수를 중심으로 Dust Networks(www.dustnetworks. com)를 설립하여 현재 1.2인치×1.1인치 크기의 초소형 센서노드인 '모트'를 사용했다. 현재는 이것을 빌딩 자동화, 공업용 모니터링, 안전 시스템에 응용하는 것을 목표로 상용화하고 있다.

3) Smart Its 프로젝트

Smart Its 프로젝트는 스위스 취리히의 연방기술연구소 산하 분산 시스템 연구 그룹에서 프리드만 머턴의 주도로 진행되었다. 이 프로젝트는 유럽연합의 정보사회기술(IST) 연구 프로그램의 지원을 받아 수행되고 있는 '사라지는 컴퓨터 이니셔티브(disappearing computer initiative)'의 16개 연구 프로젝트(http://www.disappearingcomputer.net/projects.html) 중에서 가장 대표적인 것이다.

Smart Its 프로젝트의 목적은 사람 주변의 모든 사물들에게 센서와 스스로 정보를 처리할 수 있는 마이크로컨트롤러, 무선통신 및 전력을 공급할 수 있는 장치들을 삽입하여 스마트 사물들간의 협력상황을 인식시키고 활동하게 하는 것이다. 특히 사물들간의 의사소통과 관련하여 라벨처럼 부착할 수 있는 RFID 기술의 개발, 블루투스 무선통신 기반, 위치 및 안정성, 스마트 사물과 환경과의 상호작용 등에 관한 연구에 중점을 두고 있다.

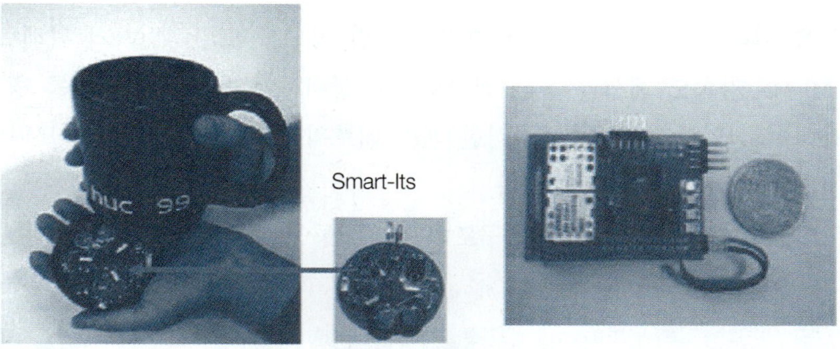

[그림 1-21] 스마트-잇츠 프로젝트 구성

4) Habitat Monitoring 프로젝트

인텔이 지원하고 있는 센서 네트워크의 대표적인 프로젝트인 'Habitat Monitoring on Great Duck Island'는 미국 메인주 앞바다의 작은 섬(great duck island)에서 서식하고 있는 바다제비의 생태를 원격지에서 모니터링할 수 있는 거대한 무선 센서 네트워크의 프로젝트 테스트베드로 구축되어 진행중이다.

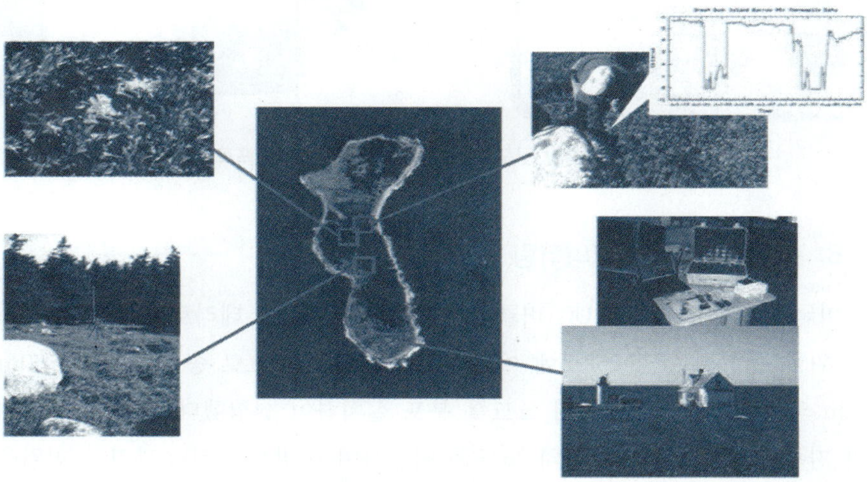

[그림 1-22] 해비테트 모니터링 프로젝트 구성

5) 교량의 안전도 모니터링 프로젝트

2004년부터 UC 버클리대학의 연구팀(http://www.cs.berkeley.edu/binetude/ ggb)은 미국 캘리포니아의 상징이라고 할 수 있는 금문교(golden gate bridge)의 구조의 안정성과 지진이 발생했을 때의 피해정도를 점검하고 있다. 또한 교통을 통제하기 위해 강풍에 의해 주 교각과 상판의 최대 흔들림 정도를 모니터링하기 위해 교량의 각 요소에 MEMS 가속도 센서와 무선 센서노드를 설치하여 센서 네트워크를 형성했다. 이것을 이용하여 실험하고 있는데, 이러한 센서 네트워크로 구조 안정성을 모니터링할 수 있다는 것을 실제로 증명하고 있다.

[그림 1-23]처럼 국내에서도 구포대교에 교통안전도 모니터링 프로젝트를 구성하였다.

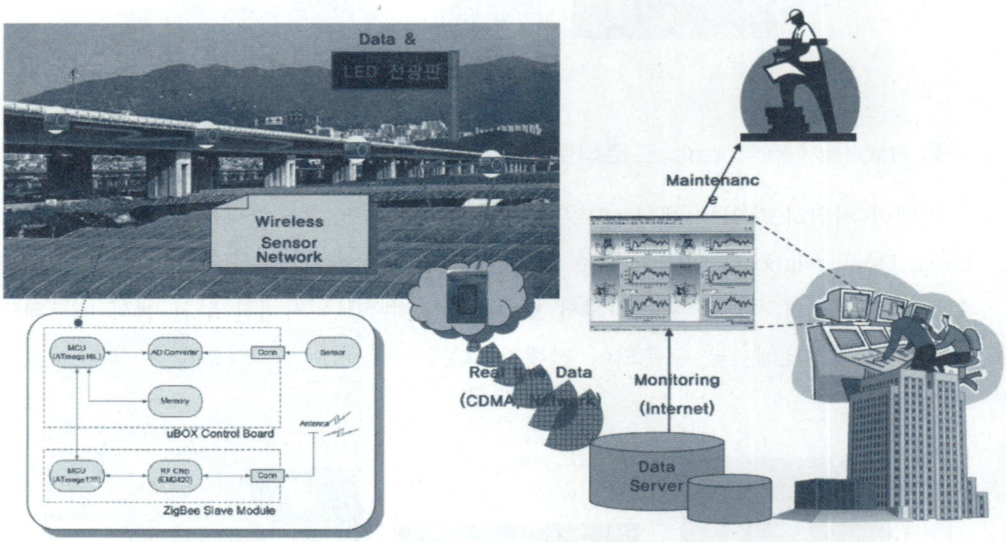

[그림 1-23] 구포대교 교통안전도 모니터링 프로젝트 구성

6) 송유관의 테러 모니터링 프로젝트

미국의 오하이오주와 UC 버클리대학팀은 송유관을 테러로부터 보호하고 모니터링하기 위한 실험으로 약 25km에 이르는 송유관을 중심으로 송유관 주변 500m를 400노드/km^2의 밀도로 총 1만 개의 노드를 분포 설치하여 실험했다. 이때 무선 센서노드 하나의 가격은 150달러로 하나의 노드를 이용하여 사방으로 50m까지의 침입을 탐지할 수 있었다. 이 실험의 목표는 긴 파이프라인 구조에서 무선 센서노드로 Ad-Hoc 통신의 기능성을 테스트하는 것이었다.

7) 유비쿼터스 헬스케어 프로젝트

유비쿼터스 헬스케어와 관련된 대표적인 프로젝트는 유럽연합에서 추진하고 있는 Mobile Health 프로젝트와 하버드대학의 Code Blue 프로젝트가 유명하다. 이 밖에도 GMP Wireless Medicine과 Health Frontier, Nonin Medical 회사 등에서 무선통신 기법을 이용한 의료계측 시스템을 활발하게 개발하고 있다.

(1) MobiHealth 프로젝트

MobiHealth 프로젝트는 'mobile health care'를 의미한다. 이것은 EU로부터 '정보사회 기술' 프로그램의 일환으로 재정지원을 받으면서 EU 5개국으로부터 14개의 관련 기간이 컨소시엄의 형태로 참여하고 있다. 이러한 관련 기관들 중에는 병원, 의료 서비스 공급사, 대학, 모바일망 사업자, 모바일 기기사업자 등이 포함되어 있다.

이 프로젝트는 'MBU(Mobile Base Unit)'라고 부르는 중앙통제부, 센서 및 액추에이터(actuator)와 다양한 멀티미디어 장치들로 구성되어 있다. MBU는 센서 및 액추에이터와의 상호작용 기능, 계산(computation)과 통신기능을 갖는다. 또한 Native OS, java VM과 BAN ware로 구성된 BAN(Body Area Network) 운영체제(OS)도 MBU에서 기능을 제공받는다.

시스템의 동작은 MobiHealth BAN을 통해 측정한 ECG와 혈압에 대한 센서 정보를 MBU에 전달하면서 이루어지는데, 이러한 정보는 그대로 병원이나 건강센터에 전달된다. MobiHealth 시스템은 환자가 건강을 모니터링하는 동안에 일상생활에 전혀 불편함을 느끼지 않으면서 자유롭게 이동할 수 있도록 환자에게 꼭 필요하면서도 적합한 아주 가벼운 시스템으로 구성된다. 이 시스템은 환자에게 응급상황이 발생했을 때 빠르게 대응하면서 처치를 가능하게 하고, 환자의 상태나 질병의 진행상황을 연속적으로 모니터링할 수 있는 상황을 목표로 하고 있다.

(2) Code Blue 프로젝트

하버드대학에서 추진중인 Code Blue 프로젝트는 센서 네트워크를 기반으로 하는 아주 대표적인 헬스케어 프로젝트이다. 이 프로젝트에는 하버드대학과 보스턴 메디컬센터뿐만 아니라 미국 국가과학재단, 건강연구소(national institutes of health), 미국방성, 선마이크로시스템즈, 마이크로소프트 등이 참가하고 있다. 이 프로젝트는 무선 센서 네트워크 기술을 의료영역까지 확장한 것으로, 병원에 오기 전과 병원에서의 응급처치 및 응급대처 상황, 발작 환자의 재활 등에 활용하기 위해 계획되었다. 즉 건강신호를 자동적 · 지속적으로 수집하고, 병원기록과 장기적인 관찰 등을 합쳐서 실시간 처치에 활용할 수 있게 지원하는 것이 목표이다.

Code Blue 프로젝트에서는 센서노드 플랫폼인 Mica2, MicaZ(Crossbow회사, 미국)와 Telos(Moteiv회사, 미국)를 기반으로 하는 초소형의 웨어러블 환경의 무선 plus oximeter와 2-lead EKG를 개발했다. 이 장치는 심전도, 혈중산소포화도(SpO_2)와 EKG 데이터를 측정할 수도 있고, 실시간으로 PC/PDA를 통해 센서 데이터를 디스플레이할 수도 있다.

가속도 센서, 회전 센서, 근전도 센서 등이 부착되어 있어서 뇌졸중 등의 치명적인 발작증세가 나타났을 때 신속하게 대처할 수 있다. 즉, 착용이 가능한 초소형 맥파 산소포화도 메터와 2선 EKG 센서노드를 개발하고, 이들 소자를 이용해서 심장박동수, 산소포화도, EKG의 데이터를 약 100m 안에 위치한 PDA, 랩톱 컴퓨터, 구급차를 기반으로 하는 터미널로 전달하는 시스템을 구성했다.

이 데이터는 실시간으로 보여지거나 선병원 보호기록에도 저장된다. 센서 소자들은 응급상황의 위기신호에서는 경고를 발생하여 주위에 있는 구급의료진이나 준의료 종사자에게 그 신호를 전달할 수 있게 구성되었다. 여기에서 'Code Blue'는 이러한 무선 의료 소자를 위한 '계량 가능한 소프트웨어 인프라스트럭처(infrastructure)'를 의미하는 약어이다. Code Blue 프로젝트에서 구현한 센서노드 플랫폼의 주요 사양은 〈표 1-6〉과 같다.

〈표 1-6〉 센서노드 플랫폼의 주요 사양

시스템	주요 사양
저전력 마이크로컨트롤러	Atmel Atmega128L 또는 T1 MSP430
저전력 RF 모듈	Chipcon CC2420 compliant with IEEE 802.15.4, 2.4GHz
프로그래밍	TinyOS
배터리	2개의 AA 배터리로 동작수(수개월~수년)
센서 인터페이스	MicaZ와 Telos의 노드에 센서 인터페이스 부착

(3) UbiMon 프로젝트

영국 런던의 임페리어대학에서 진행중인 UbiMon은 'Ubiquitous Monitoring Environment for Wearable and Implantable Sensors'의 약어로, 환자와 관련하여 착용하거나 이식된 센서로부터의 모바일 모니터링을 위한 프로젝트이다.

UbiMon 프로젝트는 부정맥 심장병을 가진 환자를 지속적으로 모니터링하고 관리하기 위한 시스템에 적용할 수 있다. 즉, 심장혈관 관련 질환은 처치방법과 진료기술이

〈표 1-7〉 UbiMon 프로젝트의 사양

<table>
<tr><th>시스템</th><th colspan="2">주요 스펙</th></tr>
<tr><td>마이크로컨트롤러</td><td colspan="2">T1 MSP430</td></tr>
<tr><td>저전력 RF 모듈</td><td colspan="2">Chipcon CC2420 compliant with IEEE 802.15.4, 2.4GHz</td></tr>
<tr><td>플래시 메모리</td><td colspan="2">64KB+256B 플래시 메모리</td></tr>
<tr><td>프로그래밍</td><td colspan="2">TinyOS 기반 프로그래밍 지원</td></tr>
<tr><td rowspan="3">전력소모</td><td>Active 모드</td><td>280μA at 1MHz 2.2V</td></tr>
<tr><td>Idle 모드</td><td>1.6μA</td></tr>
<tr><td>Sleep 모드</td><td>0.1μA</td></tr>
<tr><td>거 리</td><td colspan="2">50m</td></tr>
<tr><td>채 널</td><td colspan="2">6개의 채널</td></tr>
</table>

크게 진보했어도 여전히 치명적이면서도 사망률이 매우 높은 질환으로 남아 있기 때문에 임상적으로 이러한 환자를 위해 자연적인 생리학 상태에서 연속적으로 모니터링하여 환자의 상태를 감지 및 예측할 수도 있는 것이다. 또한 수술 후의 환자에게 센서를 주입하여 환자를 관할하는 연구도 수행했다. UbiMon은 학제간의 컨소시엄의 형태로 수행되었는데, 연구에는 컴퓨팅, 전자공학, 생체공학, 의학에 관한 전문가들이 참여했다.

UbiMon 시스템은 크게 5부분, 즉 LPU(Local Process Unit) 또는 베이스스테이션(기지국), 데이터 처리역할을 하는 중앙 서버, 환자의 데이터베이스부, 모니터링을 담당하는 워크스테이션으로 구성되어 있다.

BSN 노드는 이 프로젝트에서 사용하는 센서노드를 말한다. 이 노드는 기존의 센서노드의 기능과 같이 배터리를 장착한 초소형의 모듈로서 환자의 상태정보(ECG, SpO_2, 체온 등)를 모니터링한다.

BSN 노드에 장착된 ECG 센서 인터페이스에서 획득한 ECG에 대한 생체정보를 베이스스테이션 역할을 하는 PDA 쪽으로 전송한다. 이 정보는 PDA뿐만 아니라 PC에서도 실시간으로 생체정보를 디스플레이할 수 있다. 이 연구를 위해 환자의 몸에 부착할 수 있는 BSN 노드는 크기가 $26mm^2$으로 아주 작다.

UbiMon 프로젝트에서는 BSN에 대한 연구가 활발하게 진행중이다. 그리고 2004년에 처음 워크샵을 개최했고, 매년 워크샵 행사를 열었다. 또한 매년 BSN 플랫폼에 대한 강의도 개최하고 있다.

(4) Smart Medical Home 프로젝트

아침에 일어나 화장실문을 여는 순간 손잡이에 장착된 센서는 혈압과 체온상태를 체크한다. 변기에 배설하는 소변을 통해 당뇨를 검사하고, 스마트 거울에 부착된 센서를 통해 심장박동률을 체크한다. 이러한 검사결과는 주치의의 단말기에 전달되고, 주치의는 원격검진을 받아볼 것을 제안한다. 개인의료상담(PMA : Personal Medical Advisor) 시스템은 자연스럽게 대화할 수 있는 인터페이스를 제공한다. 환자의 데이터를 전달받은 의사, 간호사, 간병인은 처방전을 회신하거나 상황에 따라서는 가정방문도 할 수 있다.

로체스터대학의 미래건강센터는 완전한 개인건강 시스템(personal health system)을 개발하는 것이 목표이다. 가정의 공간을 그대로 본떠서 설계된 스마트 의료 홈은 5개의 방으로 이루어졌고, 적외선 센서와 컴퓨터, 바이오센서, 비디오 카메라 등으로 구성된다. 이 시스템을 이용하면 개인이 집에서 건강을 유지하면서 사전에 병을 찾아낼 수도 있고, 건강상태를 체크할 수도 있다. 또한 치밀한 사전 건강관리로 병을 미리 예방할 수도 있고, 자기 집에서 건강관리를 받을 수도 있다.

미래건강센터에서는 이 시스템을 통해 의료영상저장 및 전송 시스템, 처방전 전달 시스템 및 전자의무기록 차트를 도입했다. 그리고 집에서 행동하는 여러 가지 모습, 걷는 모양, 행동 원형, 수면 포즈, 기타 일반 행위을 통해 컴퓨터로 자료를 수집하여 가장 먼저 혈압, 맥박 등 기본적인 건강을 측정한다.

스마트 의료 홈을 구성하는 개별사업 중에서 스마트 밴드 프로젝트(smart bandage project)가 가장 두드러진다. 이 프로젝트는 초소형 센서(micro based sensor)를 이용하여 몸에 침투하거나 생성된 각종 유해 바이러스를 찾아낸다. 스마트 양말(Smart socks)은 혈압 센서가 포함된 직물로 만들어져서 양말을 신으면 혈압을 체크할 수 있다. 여기서 더 발전된 형태는 두통이 있을 때 어떤 약을 복용해야 하는지 거실에 달린 LCD를 통해 이야기하면 화면에 컴퓨터가 추천한 약이 나타나는 것이다.

이와 같이 스마트 의료 홈이 실현되면 거주하는 공간 자체가 자신의 건강까지 책임지는 장소로 변한다. 그래서 큰 병이 아니라면 특별히 병원을 찾을 일이 없는 것이다. 하지만 이러한 특화된 기술에도 불구하고 스마트 의료 홈은 아직까지 사생활보호 차원과 의료 서비스에 대한 가격 측정기준이 없어서 인프라를 구축하는 데 많은 시간이 필요하다. 바로 이러한 이유 때문에 유비쿼터스 기술은 이렇게 발전가능성이 무궁무진한 환경을 구축할 것으로 기대된다. 왜냐하면 유비쿼터스는 인간중심형 환경이기 때문이다.

(5) Smart Toilet 프로젝트

일본의 거대 전자회사인 마쓰시타의 Smart Toilet 프로젝트는 센서와 마이크로칩을 장착한 변기에 앉으면 체중과 체지방, 당뇨수치 등을 자동으로 측정하여 매일 건강상태를 확인하고, 네트워크와 연결되어 건강과 식단에 대한 정보를 제공해주는 시스템이다.

이밖에도 헬스케어 관련 프로젝트에는 2000년 9월 미국 오레곤주 밀워키에 설립된 엘리트 케어(elite care) 프로젝트가 있다. 이 시설은 은퇴 후의 노년층이나 장애를 가진 노년층을 위한 시설로서 집단 노년층 거주지에서 거주자를 위한 지속적인 모니터링과 간호를 제공한다. 그리고 가족 포털 서비스를 이용하면 인터넷을 이용하여 어디에서든지 노인들의 건강상태를 모니터링할 수 있다.

(6) 무선병원 프로젝트

무선병원(wireless hospital) 시스템은 세계 최초로 핀란드에서 추진되고 있는 프로젝트이다. 이 프로젝트의 최종목적은 환자와 각종 계측장치 사이에 있는 '선'과 병원의 데이터베이스 시스템과 계측장치 사이에 있는 '선'을 없애는 것이 목표이다.

이러한 프로젝트의 목적은 환자가 자유롭게 움직여도 병원이나 병원 밖에서도 필요한 진단결과가 무선으로 병원 서버에 연결되어 DB로 저장되는 것이다. 그래서 의사나 간호사가 필요할 때마다 언제든지 PDA 등을 이용하여 환자의 데이터를 점검할 수 있다. 특히 병원 서버에 데이터 마이닝(data mining) 인공지능 소프트웨어를 설치해서 특정한 위험이 발생했을 때 환자와 의사, 간호사에게 메시지를 전달하는 것이 가능해진다.

무선병원 프로젝트는 핀란드의 수도 헬싱키로부터 북쪽으로 600km 떨어진 오울루 지역에서 대학-산업체-연구소-병원의 컨소시엄 형태로 추진되고 있다. 이 프로젝트는 오울루 지역에 무선병원 시스템을 적용할 파일롯 병원을 만들고 있다.

오울루 지역은 핀란드의 최고의 테크노파크인 오울루 테크노폴리스와 세계최대의 셀룰러폰 회사인 노키아가 있다. 또한 국정 연구기관인 VTT 일렉트로닉스와 핀란드 제2의 대학인 오울루대학이 최고의 산학연 컨소시엄을 이루고 있는 지역이다. 무선병원 프로젝트는 크게 다음과 같이 나누어져 있다.

① 환자의 무선 모니터링 장치 및 시스템 개발
② 환자와 의료장비 사이의 무선 모니터링 인터페이스
③ 병원 데이터 시스템 개발 분야

무선병원 프로젝트는 앞으로 무선 센서 기술과 유비쿼터스 컴퓨팅 기술의 발전에 따라 병원에서 24시간 환자를 관리해야 하는 시스템이 필요할 때 더 많이 이용할 것으로 예상된다. 또한 통합 데이터 자동관리 시스템의 필요성이 증가되고, 노령인구의 증가에 의한 '지능형 홈에서의 헬스케어' 기술 분야의 필요성에 따라 이러한 무선병원 기술은 전 세계적으로 더욱 크게 확대될 것이다. 한편 이 프로젝트에는 국내의 대학 연구팀이 공동 연구팀의 일원으로 참가하고 있다.

8) 입는 컴퓨터 프로젝트

영화 속에서나 볼 수 있었던 일들이 눈앞의 현실로 다가오고 있다. 1990년대에 들어 엄청난 속도로 발전해 온 컴퓨터가 이제는 '입는 컴퓨터(wearable computer)'로 거듭나면서 또 하나의 혁명을 예고하고 있다. 인간은 컴퓨터와 더욱 밀접한 관계를 유지하기 위해 책상에 올려놓은 모니터나 키보드가 아니라 스스로의 몸을 커뮤니케이션의 장소로 활용하려는 것이다.

입는 컴퓨터는 컴퓨터의 배터리와 CPU, OS 등을 초절전·초소형화하여 옷 속에 분리하여 장착한 상태에서 각종 컴퓨터의 기능을 수행할 수 있는 컴퓨터를 말한다. 각각의 독립적 기능을 수행할 수 있는 구성단위인 모듈별로 컴퓨터를 분해한 후 마치 안경이나 의복을 착용하는 것처럼 신체에 편하게 부착해서 첨단기술을 활용하는 것이다.

얼굴에는 모니터가 내장된 안경에는 배낭형태의 소형 컴퓨터, 허리에는 벨트전지, 머리에는 헤드 마운티드 디스플레이(HMD, 머리에 쓰고 화면을 볼 수 있는 디스플레이), 손목에는 터치패드나 키보드, 그리고 어깨에는 무선통신 모듈 등을 부착하여 컴퓨팅 시스템으로 온 몸을 무장하는 것이다.

매우 복잡한 비행기를 수리할 때는 입는 컴퓨터를 이용하여 실시간으로 원하는 부분의 매뉴얼을 읽거나 멀리 떨어져 있는 수리전문가의 도움을 받을 수 있다. 이밖에도 입는 컴퓨터는 비상 통신수단이 필요한 군인이나 경찰, 비상 의료기술자 및 환자, 소방수 등에게도 매우 유용하다. 그러므로 환자의 건강상태나 군인이나 경찰 같은 특수임무를 수행하는 사람들의 상황을 인지할 수 있는 착용형 컴퓨터는 반드시 상용화되어야 한다.

만약 개인이 착용하는 컴퓨터가 지리정보 시스템 등과 통합되어 운용된다면 개인적으로 처하는 심각한 상황을 같은 단체의 다른 멤버들이 쉽게 알 수 있다. 그래서 그들이 어떻게 위기상황에 대처할 것인가를 판단하는 데 큰 도움을 줄 수 있을 것이다.

특히 의료 분야에서 입는 컴퓨터에 대한 기술동향은 미국 피츠버그 소재 Body Media의 스마트 밴드(smart band)를 예로 들 수 있다. 팔뚝의 위쪽 부분에 찰 수 있는 이 스마트 밴드는 사용자의 체온과 관련된 건강상태를 수집한다.

입는 컴퓨터 기술의 의료 분야 응용에서 사용되는 Life Shirt는 ECG, 혈압, 맥박 산소 측정 등과 같은 환자의 상태를 모니터링할 수 있는 시스템이다.

입는 컴퓨터의 주요 프로젝트를 살펴보면 다음과 같다.

(1) MIT의 입는 컴퓨터 프로젝트

1960년대부터 MIT에서 연구해 온 입는 컴퓨터가 1990년대부터 비약적으로 발전하면서 군사 및 항공 분야에서 상용화되었다는 것을 알 수 있다. 현재 입는 컴퓨터는 조지아 공과대학, 토론토대학 등 여러 대학과 소니, MS, IBM, HP, 에릭슨, 노키아 등의 기업으로부터 꾸준한 관심을 받고 있다.

(2) MIT 공대의 스마트 칩이 내장된 Build-a-Bag 프로젝트

MIT 공대의 아주 작은 스마트 칩이 내장된 Build-a-Bag이다. 이 시스템은 전기전달 체인 Velcro와 조립되어 하나의 가방에 들어간다. 스마트백은 지갑이나 우산을 깜빡 잊고 나가면 알려주고, 필요한 음악을 스카프에 업로딩해주는 시스템이다.

MIT의 MIThril은 조끼와 재킷 형태로 만들어진 옷으로, 이 옷에는 '3대'의 컴퓨터가 장착되어 있다. 하지만 이들 모두 신용카드 크기의 보드 형태로 만들어져서 보통 옷과 전혀 구분할 수 없는 정도이다. 새끼손가락 크기의 액정화면을 사용한 표시장치는 안경에 붙일 수 있어서 안경을 쓰면 화면을 볼 수 있다. 심지어 자신의 감정까지 휴대폰으로 전송하여 볼 수 있게 하는 시스템도 개발되었다.

미국이나 유럽에서는 이미 수년전부터 스마트 웨어(입는 컴퓨터)와 관련된 연구개발 프로젝트를 대대적으로 추진해서 이미 상용화 단계에 이르렀다. 미국의 국방부나 우주항공국(NASA) 등에서는 엄청난 연구개발비를 투자하여 컴퓨터 기술과 특수의복 기술을 결합하는 연구를 수행하고 있다.

(3) 핀란드의 스노모빌용 옷 프로젝트

눈이 많이 오는 핀란드의 연구팀도 '입는 컴퓨터' 형태의 스노모빌용 옷을 개발했다. 이 옷에는 휴대폰, 위치추적 동작온도 센서, 전기전도도 센서, 가속도 센서(충돌 센서) 등이 스노모빌용 옷에 들어 있어서 움직일 경우 재킷이 자동으로 이것을 감지한다. 그래서 휴대폰의 문자 메시지 서비스를 이용해서 병원과 경찰에 스노모빌을 운전하는 사람의 위치와 심장상태, 주변의 날씨 등의 데이터를 보내 응급구조를 요청한다.

(4) 독일의 인피니온 '컴퓨터 내장형 카펫'과 '오디오 재킷' 프로젝트

독일의 인피니온도 '컴퓨터 내장형 카펫'과 '오디오 재킷'을 발표했다. 이 카펫은 원하지 않는 침입자의 움직임을 감지하면서 화재가 발생했을 때 출구로 탈출할 수 있게 길을 밝혀 준다.

(5) 국내의 입는 컴퓨터 프로젝트

삼성종합기술원에서 몇 년째 이 분야를 계속 연구하고 있고, 국내대학에서도 119 구급대원용 '패트롤 재킷'을 개발하여 상용화를 추진하고 있다. 산업 분야에서 입는 컴퓨터의 가장 커다란 장점은 핸드프리와 장소나 시간에 구애받지 않고 빠르게 데이터를 수집 및 액세스하는 것이다. 그래서 양손을 이용하여 작업하는 작업자에게 실시간으로 생산라인 상태나 기계 상태에 대한 정보를 제공하여 컨설팅할 수 있게 만든다. 또한 입는 컴퓨터는 복잡한 기계에 대한 수리나 운영 분야에도 효과적으로 이용할 수 있다.

2 USN 시스템의 응용

온도와 습도, 이동 특성, 빛, 압력, 소리, 객체의 유무, 물리적인 접촉, 속도, 방향 등과 같은 외부 환경정보를 원격으로 센싱하여 특정 목적에 활용하고 있다.

Great Duck Island 프로젝트와 같은 환경 모니터링 및 위치추적 등이 개발되고 있으며 최근 들어 지능형 환경인식으로 그 범위가 확대되고 있다.

Intel, Crossbow, moteIV, Microsoft 등 산업들도 개별적인 연구팀을 구축중이며 Millennial Net과 같은 벤처기업에서도 빌딩 및 공장자동화를 위한 센서 네트워크 기술을 개발하고 있다.

유럽이나 일본도 EYES 프로젝트나 TRON 프로젝트 같은 대규모 프로젝트를 통해 시스템 소프트웨어 및 요소 기술 그리고 응용들을 개발하고 있다.

센서 네트워크 응용 제품군은 생태 모니터링 프로젝트[Great Duck Island(UC Berkeley), CORIE(Oregon Graduate Institute), The Most Sensed Campus(CMU), REM(University of Western Australia)], 위치추적 프로젝트[Counter sniper System(Vanderbilt), RADAR (Microsoft), Cricket(MIT), Active Badge(AT&T), MoteTrack (Harvard), AHLOS(UCLA) 등, 지능형 환경인식 프로젝트[Smart Kindergarten(UCLA), Proactive Agriculture(Intel), Active Visitor Guidance System(USC), Surveillance System(Arkansas) 등], 기타 유비쿼터스 컴퓨팅 등 Smart Brick(UIUC), Structural Monitoring(USC), Cabled Ocean Observatories (University of Washington), Robomote(USC), HM of Highway bridges(UCSD)으로 구분할 수 있다.

(1) 환경 응용

- 시설물 안전 모니터링 및 관리, 도로환경 모니터링 등

- 농업 응용 및 산불감시, 홍수감시 등
- 수해방지 및 감시, 오염관리, 생태학 및 지구 물리학 응용 등

(2) 헬스 응용

- 장애인 및 노약자, 어린이 모니터링, 인식 등
- 인간의 건강상태 모니터링 등

(3) 홈 응용

- 홈네트워크 응용
- 스마트 빌딩 및 홈오토메이션 등

(4) 군사용

- 휴전선 무인감시 및 침입탐지, 추적용 등

1) 시설물 안전 모니터링 및 관리 시스템

① 댐, 교량, 건물 등 대규모 시설물에 기울기 변화, 진동감지, 온도변화 등의 센서를 설치

② USN을 통해 관련 정보를 수집, 시설물의 균열, 붕괴를 조기진단 및 사전관리

③ 긴급상황으로 판단시 재해관리 기관에 경보를 전달 재난을 방지

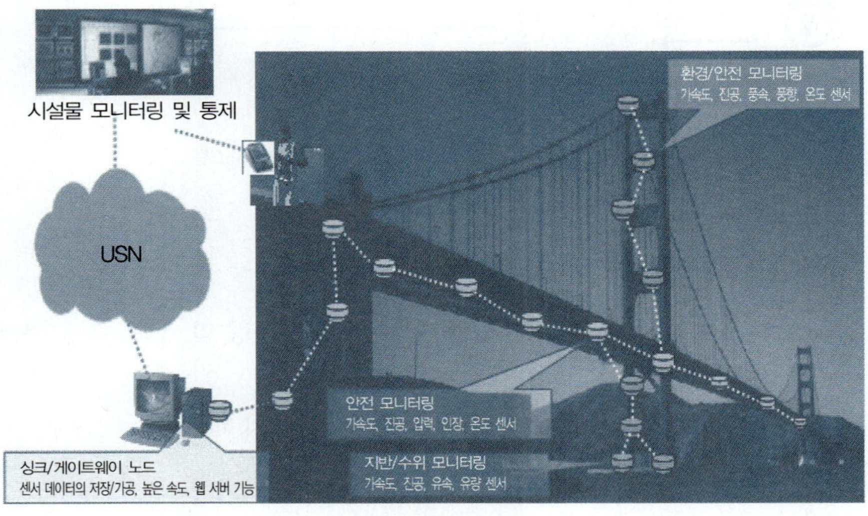

[그림 1-24] 시설물 안전 모니터링 및 관리 시스템

④ 대규모 시설물의 안전관리 및 USN을 이용하여 비용절감 및 다양한 응용 서비스 개발 가능

2) 산불 등 실시간 화재감시 시스템

① 산불 및 화재발생 빈도가 높은 지역에 산불감지 센서가 부착된 센서노드를 설치
② 소방시스템과 연계 실시간 산불(화재)발생을 모니터링 및 초기 진압 대응체제 구축
③ 산불 및 화재발생에 신속히 대응함에 따라 이로 인한 재산 및 인적 손실 감소

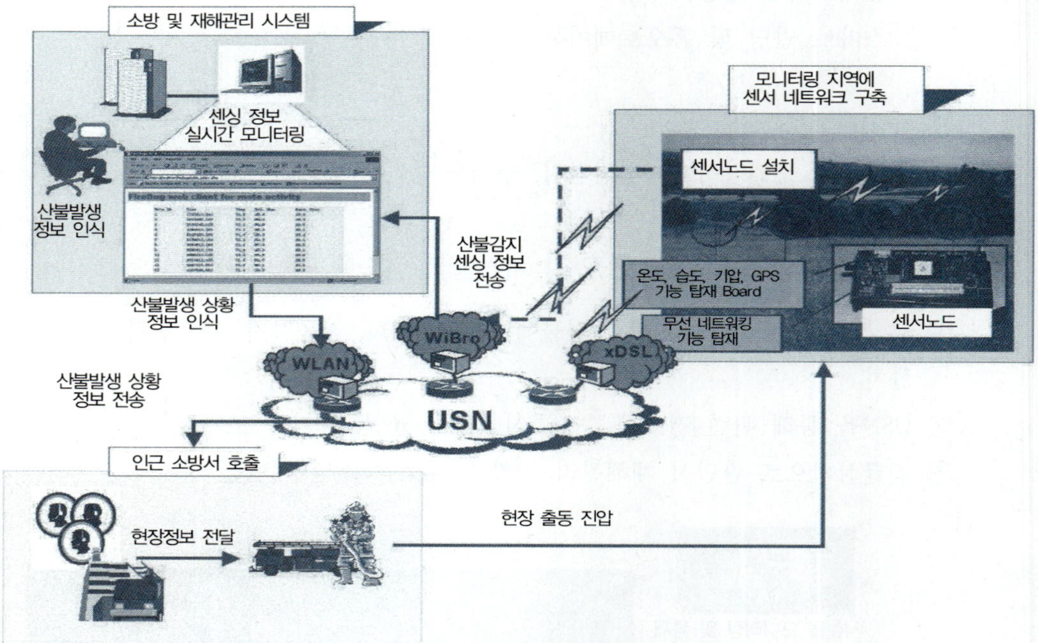

[그림 1-25] 산불 실시간 화재감시 시스템

3) 수해방지 및 감시 시스템

① 수해피해 다발 지역 인근 하천, 댐 등지에 강우량 및 유속, 유량 측정 센서노드를 설치 실시간 상태 모니터링
② 신속조치 및 시설제어를 통해 대규모 피해방지

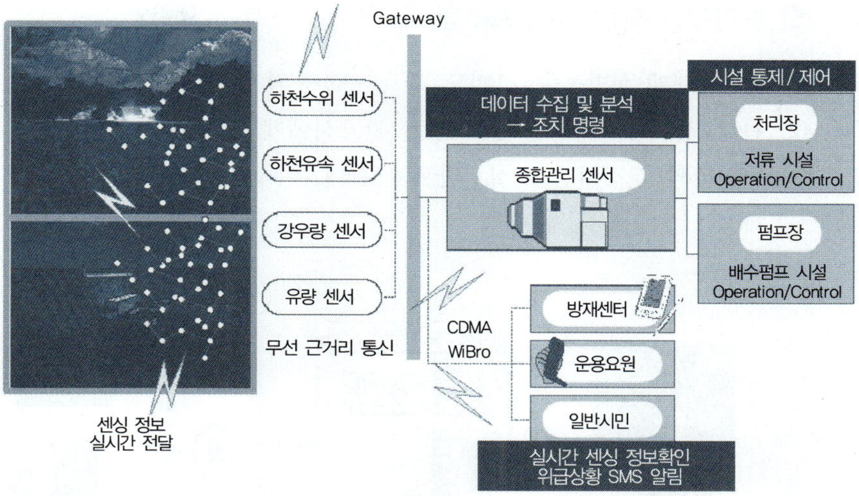

[그림 1-26] 수해방지 및 감시 시스템

4) 휴전선 무인 감시 시스템

① 휴전선에 감시 및 정찰 기능을 수행하는 센서 설치, 적침투 조기발견, 신속하게 대응할 수 있는 시스템 구축

② USN을 이용한 군사지역 감시 관리를 통해 군의 주·야간 전투력 향상 및 각종 시설물에 대한 무인 감시 관리 영역으로의 발전 가능

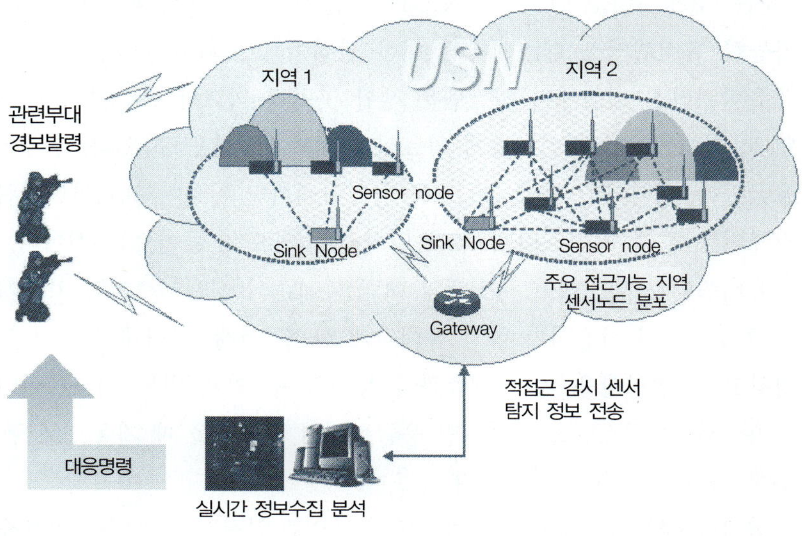

[그림 1-27] 휴전선 무인 감시 시스템

5) 노인건강 이상 관리 시스템

① 노인들에게 심박동수, 근전도, 산소농도 등의 데이터를 수집할 수 있는 센서를 부착
② 관련 정보를 인근 병원/보건소, 간호사에게 통보하여 건강이상시 대응
③ 노인들의 건강이상을 실시간으로 관리, 이상 발생시 신속한 대응 가능한 서비스 제공

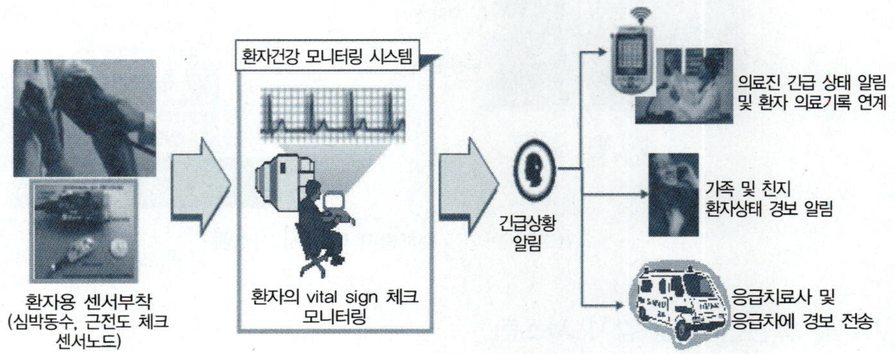

[그림 1-28] 노인건강 이상 관리 시스템

6) 유비쿼터스 헬스 시스템

(1) 유비쿼터스 헬스케어의 개념과 필요성

최근 급성장하고 있는 BT, NT, IT 기술을 기반으로 언제, 어디에서나 진료 및 상담이 가능한 유비쿼터스 헬스케어에 대한 관심이 고조되고 있다.

유비쿼터스 헬스케어 시스템은 생활 곳곳에 의료와 관련된 칩과 센서들의 도움으로 언제, 어디에서나 자연스럽게 의료서비스를 제공받을 수 있다. 건강진단이나 질병관리, 응급관리, 의사와의 만남 등 그 동안 병원에서만 이루어지던 의료행위가 유비쿼터스 헬스케어를 통해 자연스럽게 우리 일상생활 안으로 들어오는 것이다.

유비쿼터스 헬스케어 시스템의 개념은 기존의 생체계측기와 치료기기의 크기와 중량을 최소화하여 사용자가 항상 휴대하게 한 후 언제, 어디에서나 질병 및 건강을 모니터링하고, 위험상황을 미리 예측하여 통지할 수 있게 만든 시스템이다.

따라서 이 시스템을 이용하면 응급상황이 발생했을 때 자동으로 구조요청을 하고, 경우에 따라 치료까지 가능하다.

현재까지의 헬스케어 시스템들은 유선으로 연결된 시스템을 이용해서 건강을 진단했다. 하지만 최근에는 기존의 유선방식과는 달리 사용자가 의식하지 않는 상황에서 건강

상태를 모니터링하기 위해 모바일 기술을 기반으로 하고 있다. 즉, 유비쿼터스 컴퓨팅 기술과 헬스케어 기술을 접목한 유비쿼터스 헬스케어 기술이 크게 발전할 것이다.

현재의 의료 서비스는 특정 장소(병원)에 한정하여 의료진을 중심으로 대형의 실험실 장비를 이용한다. 하지만 앞으로 실현될 유비쿼터스 헬스케어 기술을 융합시켜 유비쿼터스 헬스케어로 발전할 것이다. 그래서 미래에는 언제, 어디에서나 무선 인터넷과 모바일 환경에서의 질병 및 건강상태를 모니터링하는 것이 가능해진다.

(2) 유비쿼터스 헬스케어 시스템

유비쿼터스 헬스케어 시스템은 크게 '센서노드'와 '베이스 스테이션', 그리고 생체정보를 디스플레이할 수 있는 'PC/PDA'로 구성된다.

환자의 몸에 부착된 센서노드에 대한 생체정보는 BAN(Body Area Network)를 통해 기지국으로 전달된다. 그리고 이렇게 전달된 생체정보는 인터넷이나 IEEE 802.11 무선랜을 통해 PC나 PDA에 디스플레이된다. 환자의 몸에 부착된 센서(심전도, 혈압, 체온, 산소포화도 등)는 병원에서 무구속, 무자극 형태로 생체정보를 센싱하여 병원의 데이터베이스 서버로 전송된다. 그러면 병원의 의사나 간호사는 전송된 생체정보를 바탕으로 환자를 치료하는 것이다. 이러한 시스템을 구축하면 환자는 언제, 어디에서나 자신의 몸상태를 검진할 수 있다. 또한 수시로 건강상태를 체크해서 몸상태를 검진할 때 축적된 데이터를 바탕으로 이전의 건강상태 데이터까지 참고하여 좀더 정확하게 검진할 수 있다.

센서노드들간의 BAN은 센서노드들의 구성범위 인체로 한정된 초근거리망 통신기술을 기반으로 하는 센서 네트워크를 의미한다. 그리고 개인영역 통신망인 PAN(Personal Area Network)보다 더 작은 범위의 영역을 말한다. PAN은 대개 10m 안팎의 개인영역 안에 있는 정보기술 장치들간의 상호 통신을 말한다.

〈표 1-8〉 생체 센서의 종류

생체신호	종 류
전기신호	심전도, 호흡, 체지방, 스트레스, 요실금
자기신호	심자도
호기가스	폐활량, CO_2, O_2
광학신호	SpO_2, 체온, 맥파, 체지방, 혈당, 레이저 치료
압력신호	혈압, 요실금
초음파신호	혈압, 요실금, 심음, 미용

유비쿼터스 헬스케어용으로 사용하는 생체 센서의 종류는 매우 다양하다. 그래서 심전도, 맥박, 체온, 혈압, 혈중 산소포화도 등 사용자의 몸상태에 대한 파라미터를 통해 예방 및 진단이 가능하다. 유비쿼터스 헬스케어를 위한 생체 센서의 종류는 〈표 1-8〉과 같다.

7) 스마트 오피스/빌딩 관리 시스템

① 쾌적한 환경, 효율적인 에너지 사용, 구조물의 안전 등과 관련된 정보를 수집

② 침입/화재와 같은 긴급 상황으로 판단시 관련 기관에 경보를 전달, 피해 미연방지

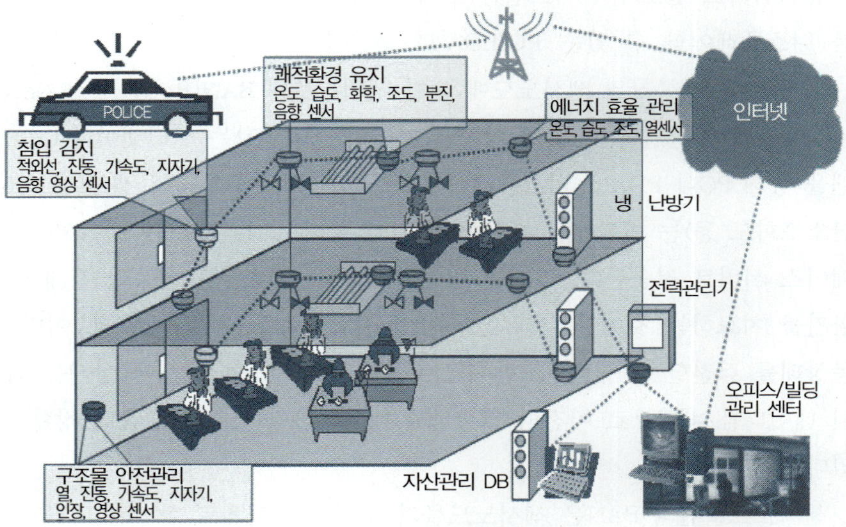

[그림 1-29] 스마트 오피스/빌딩 관리 시스템

8) 도로환경 모니터링 시스템

① 사고 다발지역 등지에 기상변동에 따른 도로 노면 상태 모니터링

② 도로상태 정보 실시간 확인 가능, 사고예방 및 제설작업 등 신속한 조치

(1) 텔레매틱스

이제 자동차를 운전하면서 인터넷에 접속도 하고 사무도 볼 수 있는 텔레매틱스(telematics) 시대가 도래하고 있다.

텔레매틱스는 '통신'을 의미하는 'Telecommunication'과 '정보과학'을 의미하는 'Informatics'가 결합된 용어이다.

텔레매틱스는 위치정보와 무선통신망을 이용하여 자동차 운전자에게 교통을 안내하고, 긴급구조 정보와 원격차량 진단 서비스를 제공하며, 동승자에게 인터넷이나 영화 또는 게임 등 인포테인먼트(infortainment) 서비스를 제공하는 '차량용 멀티미디어 서비스'를 말한다.

따라서 텔레매틱스 서비스가 실현되면 유·무선통신 및 방송망을 통해 자동차를 사무실과 가정에 이어 제3의 인터넷 공간(connected car)으로 재구성할 수 있을 것이다. 그래서 이종(異種) 통신 및 방송망과 지능형 단말기를 통해 홈네트워크나 사무자동화 등과 연계하여 가정과 사무실에서 이용하는 서비스를 자동차에서도 이용할 수 있다.

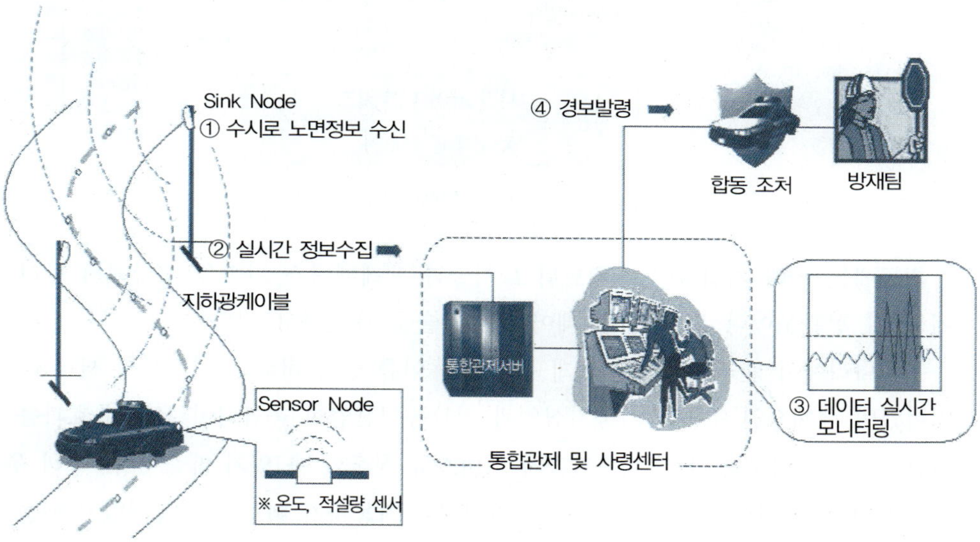

[그림 1-30] 도로환경 모니터링 시스템

텔레매틱스 시대에는 운전석에 앉아 인터넷과 비즈니스도 척척할 수 있다. 이 서비스가 본격화되면 시간과 장소에 구애받지 않고 비즈니스를 할 수 있어서 일상생활에서 자동차가 차지하는 비중이 더욱 커질 것으로 예상이 된다. 텔레매틱스는 자동차에서 인터넷 등 외부세계와 접속해 운전 외에도 다양한 작업을 할 수 있게 하므로 자동차를 더 이상 이동수단으로만 머물게 하지 않을 전망이다. 결국 '자동차의 사무실화'가 실현되는 것이다.

앞으로 내비게이션, PC 게임기, 인터넷, 전자메일, 차량고장진단, DVD 플레이어, MP3, CDP, 라디오, 텔레비전 등에 텔레매틱스 서비스를 이용할 전망이다.

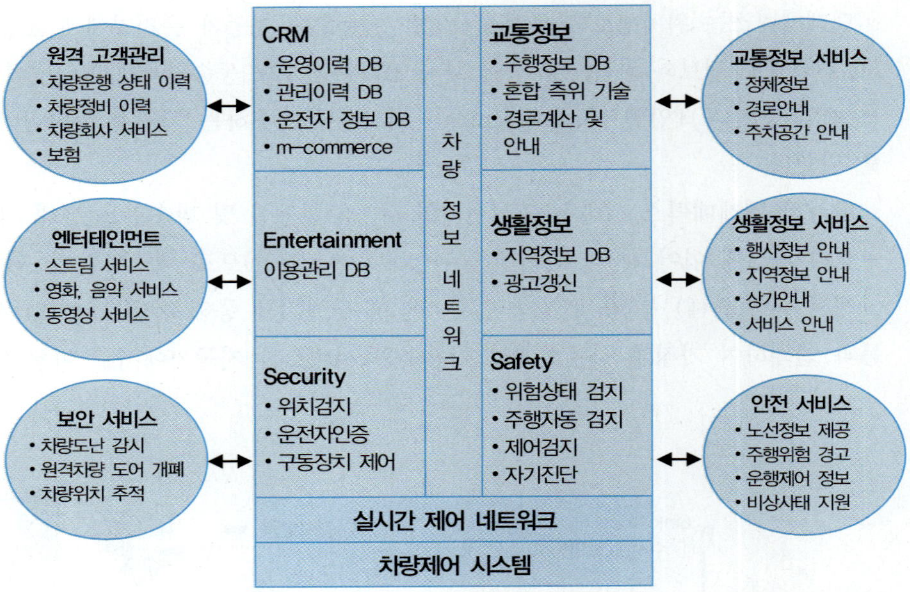

[그림 1-31] 텔레매틱스의 구성

최근에는 국내 기업들이 홈네트워크 기술과 텔레매틱스 기술을 조합해서 달리는 차에서 집 현관문이나 전등 등을 제어하는 기술을 개발하고 있다.

우리나라에서 텔레매틱스가 크게 주목받는 이유 중의 하나는 이제까지 서로 다른 산업이었던 세계적인 수준의 자동차산업과 정보통신산업이 융합되어 시너지 효과를 극대화할 수 있는 새로운 개념의 부가가치 서비스를 창출할 수 있기 때문이다. 특히 우리나라는 이동통신 서비스 이용률이 높고, 인터넷과 자동차가 빠르게 보급되었기 때문에 텔레매틱스 서비스를 활성화하기 위해 필요한 매우 유리한 여건을 가지고 있다. 이렇게 텔레매틱스를 이용하면, 자동차산업의 경쟁력강화를 통한 새로운 마케팅 기회와 수익도 제공할 수 있다. 뿐만 아니라 성장정체 상태에 이른 이동통신 사업자에게 새로운 사업기회 및 발전가능성도 제공할 것으로 기대하고 있다.

(2) LBS를 응용한 표적 마케팅

위치기반 서비스(LBS : Location Based Service)는 이동중인 사용자에게 위치와 관련된 정보를 제공하면서 부가가치를 창출할 수 있는 정보까지 제공하는 서비스이다.

LBS는 'L－커머스(Location-Based Commerce)'의 약자로서 휴대폰이나 PDA 등의 이동통신 단말기의 위치를 기반으로 개인의 위치정보를 이용해 광고하고, 현장에서 각종 상품을 구매하게 만드는 상거래를 말한다.

예를 들어 서울 종로의 한 식당에서는 LBS를 활용하여 12시 10분 전에 식당에서 500m 안에 있는 휴대폰 소지자에게 식당의 메뉴를 SMS로 보내는 광고를 할 수 있다.

LBS가 급속하게 확대되면서 이러한 서비스가 광고, 게임, 엔터테인먼트, 보안, 전자상거래 등에 걸쳐 산업 전반으로 크게 확산될 것이라고 전망되고 있다. 이러한 흐름 속에 모바일을 이용한 상거래인 M-커머스의 장점인 이동성과 특정한 장소, 특정한 시간대의 고객만 상대하는 1대 1마케팅을 충분히 활용할 수 있게 해준다.

차를 몰고 직장으로 가던 중 특정 지역에 들어서자 휴대폰 배경화면이 갑자기 바뀌면서 그 지역 캐릭터와 함께 특산물이 소개된다. 그리고 휴대폰에 뜬 화면을 보여주면 구매할 때 쿠폰을 제시한 것처럼 할인을 받을 수 있다.

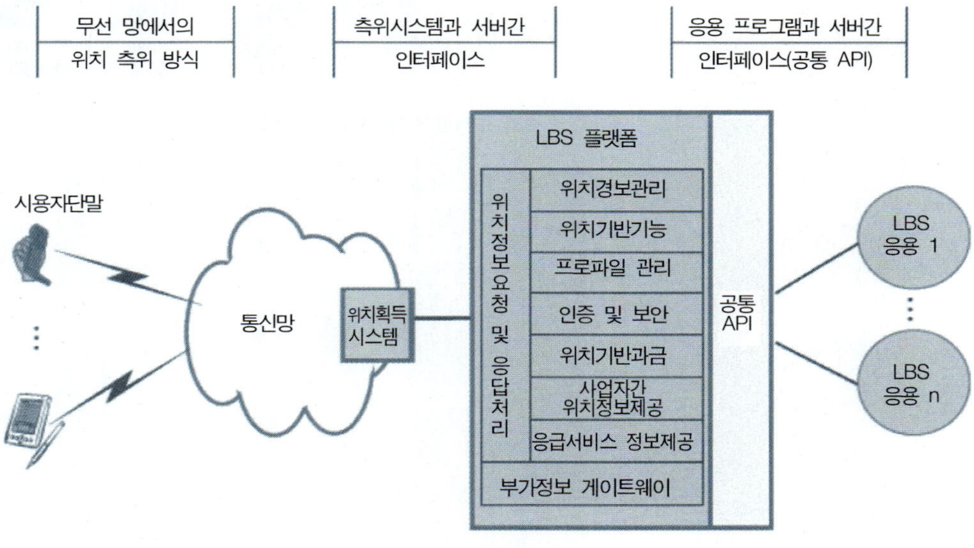

[그림 1-32] 위치기반 서비스의 구성

9) 도시환경 통합관리 시스템

① 아파트 단지나 빌딩의 상하수도, 가로등, 가로수, 기타 전기시설 등을 제어하는 센서노드를 설치하여 관리부서에서 실시간 모니터링 제어

② 에너지 절감 및 효율적인 단지 운영관리 가능

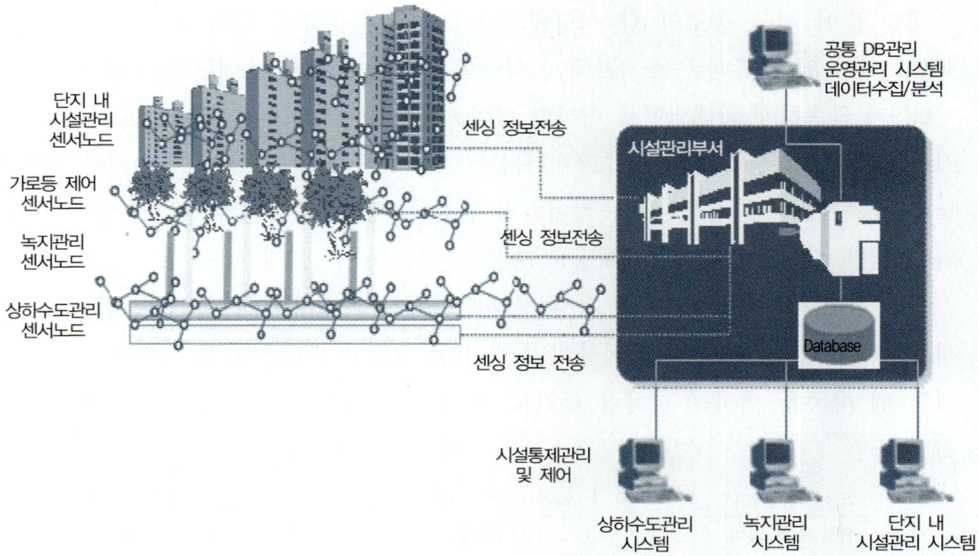

[그림 1-33] 도시환경 통합관리 시스템

2장

유비쿼터스 센서 네트워크 운영체제

2.1 유비쿼터스 센서 네트워크의 환경구축

이 교재에서 USN 시스템의 구현환경을 구축하기 위해서 하드웨어 부분과 소프트웨어 부분으로 구분할 수 있다. 하드웨어 부분은 모트를 사용하고, 소프트웨어 부분은 TinyOS(타이니OS)를 사용한다. 특히 USN의 운영체제인 TinyOS는 리눅스 환경에서 동작하도록 만들어졌다. 사용자의 편리를 위하여 윈도우 XP상에서 리눅스 플랫폼을 에뮬레이션할 수 있는 프로그램인 시그윈(Cygwin)을 통해 TinyOS가 동작하도록 구현환경을 구축을 하고자 한다.

1 리눅스 에뮬레이션 프로그램(Cygwin)

Cygwin은 레드햇(Redhat)에서 개발하고 있는 마이크로소프트 윈도우(Microsoft Windows)용 리눅스 에뮬레이션 S/W이다.

이 프로그램을 이용하면 리눅스용 응용 프로그램이나 개발도구를 윈도우(Windows) 상에서도 그대로 사용할 수 있어 윈도우 프로그램에 익숙한 사용자들에게 보다 편리한 개발환경을 제공한다.

Cygwin을 통해 TinyOS 사용자는 원하는 USN 응용 프로그램을 윈도우 운영체제에서 컴파일을 할 수 있다.

2 USN 노드에 다운로드 프로그램

Cygwin 환경에서 USN 센서노드를 위한 프로그램을 크로스 컴파일한 후 컴파일이 된 결과를 실제 USN 센서노드에 포팅(다운로드)하기 위해서 일반 개발 제품에서는 특별한 프로그램이 필요하다. 프린터(패러럴) 케이블을 이용한 다운로드 방법과 USB-ISP 보드를 사용한 다운로드 방법이 가능하다.

3 USN 운영체제 프로그램(TinyOS)

여기에서는 USN의 운영체제인 TinyOS를 사용하여 USN 시스템을 구축하여 실습한다.

TinyOS는 미국 UC Berkeley 대학에서 개발된 무선 센서 네트워크를 위한 전용 운영체제이다. TinyOS 기반의 프로그램들은 매우 작은 용량의 크기(대부분 30kbytes 이하)로 컴파일되며, 무선 센서노드의 일반적인 특징(최소한의 하드웨어, 작은 메모리, 낮은 CPU성능 그리고 한정된 에너지)을 고려하여 설계된 운영체제이다.

또 모든 예제 및 설명들은 TinyOS를 기반으로 하기 때문에 유저는 TinyOS에 대한 기본적인 내용을 확실히 숙지할 필요가 있다. TinyOS는 보다 편리한 프로그램 개발을 위해 클래스 형태의 컴포넌트(component) 구조를 갖는 NesC 언어로 구현되어 있다.

4 그래픽 기반 자바 응용 프로그램

TinyOS 2X의 응용 프로그램 중 그래픽 기반 자바 응용 프로그램을 실행하기 위해 graphviz 프로그램을 설치하여야 한다. TinyOS 2X의 Tools 폴더에 있는 graphviz-2.12 파일을 실행하면 간단히 설치할 수 있다.

2.2 USN 운영체제의 종류

1 TinyOS

TinyOS는 미국 UC 버클리대학에서 개발된 센서 네트워크를 위한 운영체제로 전 세계적으로 가장 큰 센서 네트워크 커뮤니티를 형성하고 있다. 개발자들의 활발한 참여로 빠른 기능 구현 및 업그레이드가 진행되고 있으며 다양한 플랫폼에 구현이 되어 있고 각종 하드웨어 장치 관련 컴포넌트, MAC 프로토콜, 네트워크 프로토콜, 센서 인터페이스 등을 소스 레벨에서 완전 공개하고 있다.

TinyOS는 이벤트 발생 중심의 상태천이 방식을 채택한 센서 네트워크용 운영체제로 동시적인 프로세싱 및 제한된 하드웨어 메모리 공간에서의 효율적인 성능을 지원해주는 운영체제이다. 상태 머신 기반의 구조를 가지며 응용 프로그램은 각각 독립적인 컴포넌트를 연결하는 방식으로 이루어진다.

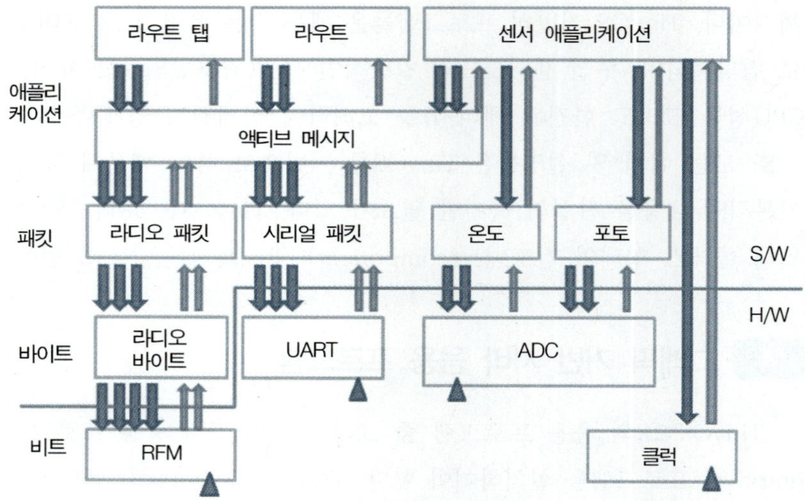

[그림 2-1] 컴포넌트 기반 TinyOS 응용 예

[그림 2-1]이 명령을 처리하는 이벤트 처리기는 그 명령에 따른 상태변화를 일으켜 해당 작업을 처리하게 된다. 간단한 FIFO 스케줄러를 사용하기 때문에 실시간성 등을 고려하기 어렵고 복잡한 응용을 작성하는 데 어려움이 있다. 동적 메모리를 할당하지 않지만 NesC라는 언어를 통하여 컴파일 시간에 컴포넌트가 요구하는 메모리 크기를 정적으로 할당하여 센서 네트워크용 응용 프로그램을 작성할 수 있다.

NesC는 안정성을 위해 전체 프로그램에 대한 분석을 통해 최적화를 수행하는 컴포넌트 기반 언어로 TinyOS의 이벤트 기반 동시성 모델을 가능하게 해주지만 프로그래머가 새로 익혀야 하기 때문에 접근하기 어렵다는 단점이 있다.

TinyOS의 큰 강점으로 센싱한 데이터를 효과적으로 관리하기 위한 TinyDB나 센서 네트워크에서의 보안을 위한 TinySec 등의 모듈을 지원함으로써 사용자가 손쉽게 다양한 기능을 가진 센서 네트워크를 구현할 수 있게 지원하고 있다.

TinyOS는 2006년 11월 기존 1.1버전의 많은 부분을 개선시킨 2.0버전을 발표하였으며 현재 2.0.2버전까지 발표되어 있다. 2.0 이후 버전의 경우 인터페이스와 추상화 과정에 있어 많은 변화가 있어 이전 버전과의 호환성은 지원하지 않지만, 코드를 업그레이드 하기가 더 쉬워졌으며 안정성이 향상되었다.

버클리대학 교수로 재직중인 David E. Culler 교수는 IP-USN에 적응하기 위해 Arch Rock을 설립, CTO로 재직하면서 TinyOS에 6LoWPAN을 구현하고 RFC 4944 등의 수정에 적극 참여하는 등 관련 기술 선점에 힘쓰고 있다.

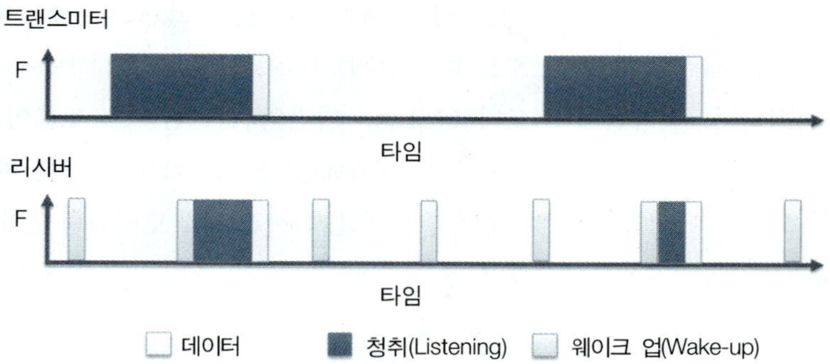

[그림 2-2] Sampled 경청

ArchRock의 IPv6 네트워크 스펙에는 IEEE 802.15.4 라디오 위에 스케줄링과 동기화가 필요없는 [그림 2-2]와 같은 Sampled Listening의 링크 레이어 프로토콜을 사용한다. 이를 통해 노드의 에너지를 절약하고 빠른 응답성을 가지며 이동성을 가지는 응용을 지원할 수 있다.

2 Contiki

Contiki의 가장 큰 특징은 동적 모듈 재할당 기능을 제공한다는 것이다. Contiki는 기본적으로 TinyOS같이 이벤트 기반 모델을 따르고 있지만, protothread라는 기술을 통해 제한적이기는 하지만 별도의 스펙 예약 없이 멀티스레드 같은 코드간의 동기화를 제공한다. 하지만 지역변수를 사용할 수 없고 지정된 구간에서만 블록킹(blocking)이 가능하다는 제약이 있어 완전한 멀티스레드 센서 운영체제라고는 할 수는 없다. 역시 센서노드용 운영체제를 타깃으로 만들어졌기 때문에 2kB의 RAM과 40kB 정도의 ROM을 가지고 구동될 수 있다.

네트워크 스펙으로는 uIP와 Rime를 지원하는데, uIP는 Contiki 개발자인 Adam Dunken이 제안한 8비트 MCU를 위한 TCP/IP 스펙으로 임베디드 환경에서 인터넷을 통해 통신을 할 수 있도록 해준다. uIP는 현재 1.0버전까지 나와 있으며 IP, ICMP, UDP와 TCP 프로토콜을 지원한다. 일부 기능을 제거하고 느린 MCU 등을 고려하여 디자인되었기 때문에 Delayed acknowledgment 기능을 제외하면 25,000kB/s 정도의 최대전송률을 가진다.

BSD socket 인터페이스와 유사한 protosocket 라이브러리를 제공하여 사용자가 쉽게 TCP 연결을 사용할 수 있도록 하였으며, DNS resolver, SMTPe-mail sender, Telnet server 등 다양한 애플리케이션을 함께 제공하고 있다. Rime은 저전력 통신을 위해 구현된 멀티홉 데이터 전송 프로토콜로 플러딩(flooding)을 통해 Best-effort 브로드캐스팅을 지원하며, 컴파일된 코드가 600byte 미만의 간단한 프로토콜이다.

Contiki 응용을 테스트해 볼 수 있는 Cooja라는 시뮬레이션 툴을 제공하며, 최근 릴리즈된 2.1버전에서는 노드의 에너지 상황을 실시간으로 모니터링할 수 있는 기능을 지원한다.

3 FreeRTOS

FreeRTOS는 오픈 소스의 소형 리얼타임 커널이다. ARM7, MSP430, AVR 계열, PIC 계열 등 14개의 상당히 많은 플랫폼을 지원하며 빠른 업데이트를 지원한다. 또한 상업적 이용에 있어서도 로열티가 없는 장점을 가지고 있다. FreeRTOS의 특징으로는 우선순위 기반 라운드 로빈 방식의 태스크 선점형(preemptive) 스케줄링을 기본으로 태스크 보다 가볍게 동작하는 양보를 통해 실행이 전환되는 협조루틴(co-routines) 기능을 부가적으로 제공한다.

협조 루틴은 일반 태스크와 다르게 모두 하나의 스펙을 사용하며, RAM 사용에 제약이 있다. 그 외에 메시지큐, 세마포어 등의 IPC 기능을 제공하며 많은 예제를 통해 쉽게 프로그램에 접할 수 있다. 꾸준한 업데이트로 현재 버전 4.7까지 나와 있으며, Free-RTOS를 기반으로 GPL 라이센스를 따르지 않는 OpenRTOS와 안전계기 시스템에 적용을 위한 표준인 IEC 61508의 인증을 받은 SafeRTOS가 존재한다. 또한 플랫폼을 선정하기 좋게 MCU에 따른 비교 분석 자료를 제공하고 있으며 로열티가 없는 강점으로 다양한 확장 모듈들이 개발되고 있다.

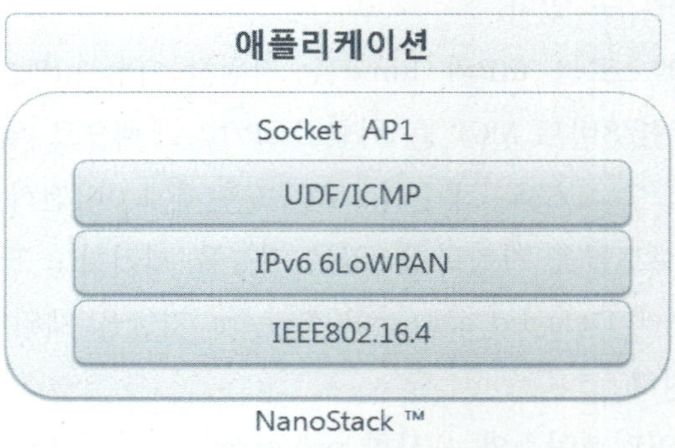

[그림 2-3] NanoStack Architecture

FreeRTOS는 자체 네트워크 기능이 부족하여 사실상 센서 네트워크용 운영체제라고 말하기에는 무리가 있지만 사용자들이나 기업의 참여로 많은 네트워크 관련 모듈을 가지고 있다. Contiki에 사용되는 Adam Dunkels의 uIP가 포팅되어 있으며, 핀란드의 Sensinode사에서는 FreeRTOS를 바탕으로 6LoWPAN을 지원하는 NanoStack을 개발하였다.

Sensinode사의 NanoStack은 TI의 CC2430 기반의 Nano 시리즈 플랫폼과 MSP430과 CC2420으로 구현된 Micro 시리즈 플랫폼에 올라가는 네트워크 스펙으로 FreeRTOS 위에 구현되어 있다.

NanoStack은 2007년에 GPL 라이선스로 상업적으로 로열티 없이 공개되어 6LoWPAN을 도입하는 데 앞장서고 있다.

4 Nano-Resource Kernel

Nano-RK는 Carnegie Mellon 대학에서 개발된 자원 예약 방식(resource reservation-based)의 실시간 운영체제이다. Nano-RK은 2kB 미만의 RAM과 16kB 정도의 ROM의 작은 크기로 다양한 기능을 제공하는 RTOS로 고정된 우선순위를 가지고 선점형 멀티태스킹을 지원하며, 가상 에너지 예약을 통해 태스크 레벨의 에너지 관리가 가능하다.

또한 전원이 낮아지거나 노드가 예고없이 재시작되는 등의 예상치 않은 에러를 감지할 수 있다. 현재 2007년 공개된 pre-beta 버전을 다운받을 수 있다.

Nano-RK는 RT-Link, WiDom 그리고 b-MAC의 다양한 링크 레이어 프로토콜을 지원한다. 충돌이 없는 TDMA 프로토콜인 RT-Link는 노드간의 동기화를 위해 외부의 별도 하드웨어를 이용하여 out-of-band 시간 동기화와 소프트웨어적으로 inband 시간 동기화를 지원한다.

WiDom은 Polytechnic Institute of Porto에서 개발된 dominance protocol로 CAN bus에서 사용되는 것과 같은 방식을 [그림 2-4]와 같이 무선 네트워크에 도입하였다. 또한 Low-power listen CSMA 프로토콜인 b-MAC 프로토콜이 구현되어 있다.

라우팅 프로토콜로는 Flooding, DSR을 지원하며, [그림 2-5]와 같은 IP 네트워크와의 통신을 위해 SLIPstream이라는 게이트웨이 프로토콜을 지원한다. SLIPstream을 이용하여 클라이언트에서 UDP 프로토콜을 이용해 센서 네트워크와의 통신이 가능하다.

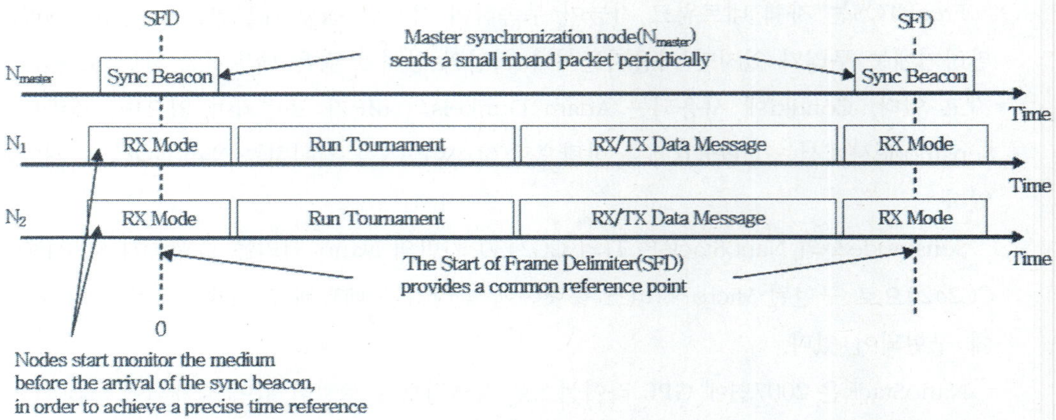

[그림 2-4] WiDom Protocol

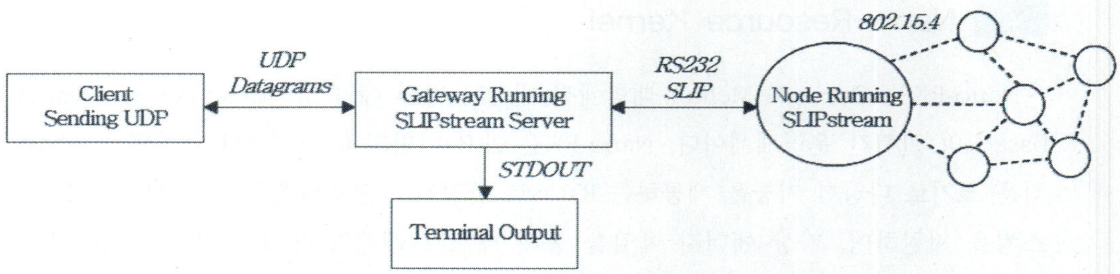

[그림 2-5] SLIPstream Server

5 Nano Qplus

NanoQplus는 한국전자통신연구원에서 개발된 센서 네트워크용 초소형 운영제체이다. NanoQplus는 멀티스레드 운영체제로 친숙한 C언어를 사용하여 사용자들이 손쉽게 멀티스레드 응용을 작성할 수 있게 디자인되었다. 또한 완전 선점형 스케줄러를 제공하여 높은 응답성을 제공한다. 낮은 커널 이미지를 제공하기 위해 사용자 응용에 최적화된 커널 설정기능을 통해 적은 메모리 제약을 극복하였다.

하드웨어 의존적 코드와 비의존적 코드를 분리하여 센서노드의 포팅이 용이하며, MSP430, Atmega128 외에도 ARM7, 8051 extended, Star 12 등 다양한 플랫폼을 지원한다. 수많은 샘플 프로그램과 많은 대학 기관, 업체의 검증 및 피드백을 통해 안정성을 확보하였다.

또한 NanoEsto라는 개발환경을 제공하며 무선 환경에서 원격으로 소프트웨어를 업그레이드하는 원격 업그레이드와 센서 네트워크 모니터링 소프트웨어 등의 관리 소프트웨어를 지원한다.

300byte 미만의 RAM을 사용하는 NanoMAC과 100개 이상의 대규모 환경에서도 사용 가능한 Ondemand 방식의 RENO 라우팅 프로토콜을 제공하여 센서 네트워크 상황에서 통신을 위한 에너지 소비를 최소화하고 있다.

이미 IPv4 네트워크와 통합을 위한 게이트웨이가 개발되어 있으며, 현재 자체 개발한 IEEE 802. 15.4 프로토콜 위에 IPv6를 지원하는 표준 프로토콜인 6LoWPAN 기술을 개발하였다.

IP-USN을 위한 요구사항과 센서 네트워크 운영체제 기술에 대해 살펴보았다.

〈표 2-1〉에서처럼 많은 센서노드 운영체제가 uIP, 6LoWPAN 등의 기술을 적용하며 다가올 IP-USN 시대를 준비하고 있다.

2004년부터 IETF에서 진행되어온 6LoWPAN은 국내에서 삼성전자, 아주대학교, ETRI 등이 적극 참여하면서 다양한 기술을 제안하고 있다.

〈표 2-1〉 센서 네트워크 운영체제 비교

	동적 모듈	실행 모델	지원 플랫폼	IP-USN 관련 모듈	네트워크 지원	관련 도구/툴
TinyOS	미지원	컴포넌트 베이스 이벤트 드리븐	Atmega128, 3 ARM7, MSP430, PXA271 등	6LoWPAN (ArchRock)	B-mac, Flooding	TOSSIM, TOSVIS, TinyDB, TinySEC
Contiki	지원	Protothread 기반 이벤트 드리븐	MSP430 AT91SAM7s	uIP protosocket	uIP, Rime	COOJA
Nano-RK	미지원	Reservation 베이스 멀티스레드	ATmega32 ATmega128	SLIPstream	RT-Link, WiDom b-MAC, DSR	-
Free RTOS	미지원	멀티스레드	MSP430, AVR CC2430, ARM7, PIC 등	uIP, NanoStack (Sensinode)	IEEE 802.15.4, 6LoWPAN	
Nano Qplus	미지원	멀티스레드	MSP430 ATmega128 CC2430, Star12, ARM7	IPv4 Gateway, 6LoWPAN	IEEE 802.15.4, ZigBee, 6LoWPAN, NanoMAC RENO routing	NanoESTO, NanoMON, 원격업그레이더

〈표 2-2〉는 NanoEsto와 기타 개발도구와 주요 항목을 비교한 표이다.

.NET Micro Framework와 MoteWorks를 NanoEsto와 여러 가지 측면에서 비교를

해보면 우선 실행환경면에서 NanoEsto는 Windows와 Linux 환경을 모두 지원함으로써 사용자에게 높은 융통성을 제공하며 개발에 관련된 모든 작업을 커맨드라인을 사용하지 않고 IDE에서 사용자에게 편리한 GUI를 통해 수행할 수 있다.

특히 JTAG 디버깅시 디버깅과 소스 수정을 IDE에서 동시에 수행할 수 있으므로 사용자의 생산성과 작업능률을 높일 수 있다. NanoEsto의 EEPROM은 사용자가 직접 코딩을 하지 않아도 IDE를 통해 EEPROM에 데이터를 저장할 수 있게 해주며 이 기능은 프로그램과 데이터를 분리해서 응용 프로그램을 작성 가능하게 하므로 하나의 프로그램 이미지를 사용하고 각기 다른 데이터 이미지를 사용함으로써 각각의 노드를 위한 프로그램 이미지를 작성하는 수고를 덜 수 있다.

NanoEsto의 전력분석 도구는 에너지 효율성이 중요한 센서 네트워크의 특성을 만족시켜 줄 수 있는 도구로서 응용 프로그램의 에너지 소비량을 프로그램 코드를 실행하면서 측정하여 에너지 효율이 높은 센서노드용 응용 프로그램을 작성할 수 있도록 해준다.

이상의 비교로 NanoEsto는 다른 도구와 비교했을 때 우수한 USN 소프트웨어 개발 도구임을 판단할 수 있다.

〈표 2-2〉 NanoEsto와 다른 개발도구와의 비교

	.NET Micro Framework	MoteWorks	NanoEsto
사용 언어	C#	NesC	C
지원 OS	.NET Micro Framework	TinyOS	NanoQplus
실행 환경	Windows	Windows	Windows, Linux
퓨징 도구	없음	커맨드 라인	IDE 포함
EEPROM 관리 도구	없음	없음	IDE 포함
센서 네트워크 시뮬레이터	없음	지원	지원
원격 업그레이드	없음	지원	지원
전력분석	없음	없음	지원
멀티스레딩	지원	없음	지원
JTAG 디버깅	없음	별도	지원 IDE 포함

2.3 TinyOS의 개요 및 구성

1 TinyOS의 구조

UC 버클리에서 진행해 온 Smart Dust 프로젝트에 사용하기 위하여 개발된 컴포넌트 기반 내장형 운영체제로서, 네트워크 내장형 시스템을 위해 특별히 디자인된 초소형 OS 이다. 핵심 OS 코드는 4000바이트 이하이고 데이터 메모리는 256바이트 이하이며 이벤트 기반 멀티태스킹을 지원한다. TinyOs의 특징을 나열하면 다음과 같다.

- UCB에서 버클리 모트 센서노드를 위해 개발
- Mote를 위한 OS이며, open source
- NesC로 코드 작성
- 응용(application)은 스케줄러(scheduler) + 그래프(graph) of 컴포넌트(components)
- 이벤트 기반 구조
- Single shared stack- No kernel, no process/memory management

또한, 일반적인 TinyOS 응용(application)의 계층별 구조를 보면 [그림 2-6]과 같다. 가장 위의 계층(layer)은 응용으로 Configuration과 Module로서 하나의 Component가 된다. 이 응용은 자신이 와이어링(Wiring)되어 있는 Component들과 연결되어 있다. S/W의 가장 밑부분은 연결된 H/W을 컨트롤하는 시스템 레벨의 함수들이다.

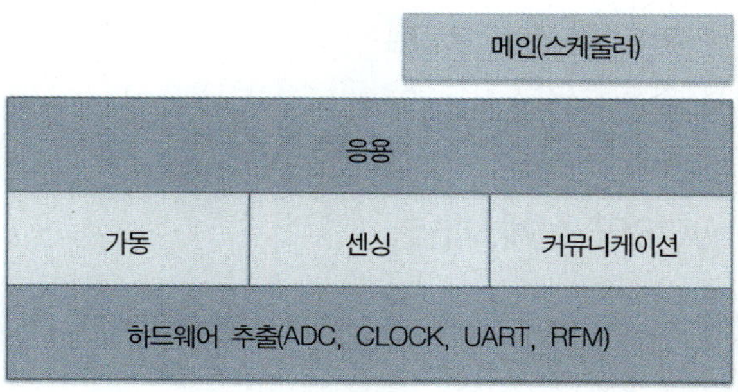

[그림 2-6] TinyOS 응용의 계층별 구조

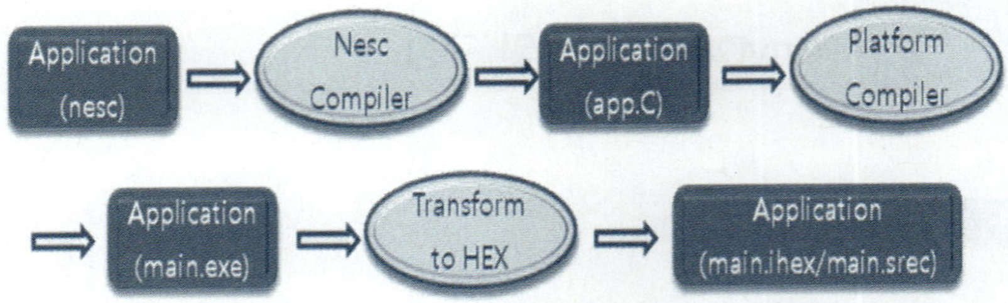

[그림 2-7] TinyOS의 구조개념

Tinyos는 Nesc라는 TinyOS만의 언어로 구성되어 있다.

Nesc는 TinyOS의 구조 개념과 실행 모델을 구체화하기 위해 디자인된 C언어의 확장된 개념이라고 보면 된다. 실제로 하나의 Nesc 응용(application)이 ncc 컴파일러에 의해 빌드되면 C파일이 생성이 된다.

생성된 C파일은 플랫폼별 컴파일러에 의해서 하나의 헥사 이미지로 다시 빌드되고, 이 이미지가 플랫폼에 업로드된다.

① 전통적인 OS의 구조에서 큰 규모의 임베디드 시스템의 문제점은 다음과 같다.
- 대용량 메모리와 저장장치를 요구
- 필요한 용량의 불필요하고 과분한 기능(어드레스 공간의 분리, 복잡한 I/O서브시스템 등)
- 상대적으로 과분한 시스템(context switch 등)
- 복잡하고 전력소모가 많은 하드웨어 제공을 요구 등이다.

② 센서 네트워크에서 요구하는 OS(운영체제) 구조는 다음과 같다.
- 극히 적은 공간
- 극히 적은 비용의 시스템
- 극히 적은 전력소모

2 TinyOS의 설계 개념

① 저전력 및 Ad-Hoc 센서 네트워크 : 센서 입력에 감응하기 쉬고 Event 중심이고 크기를 조정할 수 있다.

② 주요 요소는 센싱, 검출, 네트워킹/통신, 전력관리 등이다.

③ 한정된 리소스(resource) : 모든 것을 작게 만든다. 즉, 저전력, 작은 메모리, 제한

된 프로세싱 등이다.

④ 기술변화에 적응한다(모듈 방식과 reuse).

3 TinyOS 구현(적은 용량/최대 효과)

① 전략 : 전력소모 최소, 전원 극대화

② 'Hurry up & Sleep'화 추진, 즉 동작이 신속하고 비동작시 대기 모드 상태

③ 수행처리를 신속하게 추진한다(인터럽트 구동방식, Polling 방식 배제하고 함수호출 대신 인라인 코드 사용과 매크로 방식을 채택한다).

④ Sleep 모드 사용 : 어떤 동작이 발생하였을 때 Sleep 모드화한다(uW 전력소모).

4 TinyOS의 특징

TinyOS는 이벤트 발생에 의한 상태천이 방식을 채택한 상태 머신(state machine) 기반의 프로그래밍 개념을 사용한 운영체제로써, 제한된 메모리 공간의 효율적인 이용과 프로세싱의 동시성 등을 지원해 주는 운영체제이다.

TinyOS에서는 시스템 자원의 제약들 때문에 기존의 IP 프로토콜, 소켓, 스레드 개념들을 사용하지 않는다. 이러한 TinyOS의 특징을 크게 아래 3가지로 구분해 볼 수 있다.

① 재사용 가능한 소프트웨어 컴포넌트 기반의 운영체제이며, 응용 프로그램은 하드웨어 컴포넌트의 입/출력을 연결하듯 소프트웨어 컴포넌트의 입/출력 인터페이스를 연결함으로써 작성된다.

② 상태 머신(state machine) 기반의 구조를 가지는 운영체제로, 각각의 상태는 TinyOS의 컴포넌트가 해당된다. 각 컴포넌트의 명령(command)과 이벤트 처리기는 한 상태에서 다른 상태로 빠르게 전이를 수행하며, 기본적으로는 하드웨어의 신호처리와 같은 특성을 가지므로 적은 양의 부가처리와 Non-Blocking의 특성을 지닌다.

③ 센서노드의 중요한 요구사항의 하나인 저전력소모를 구현하기 위해 사용되지 않는 CPU의 사이클 동안은 휴지 상태로 들어가 전력소모를 줄인다.

자원 제약사항과 센서 네트워크의 응용을 고려하면 센서 네트워크 운영체제를 위한 설계 요구사항은 다음과 같다.

우선 센서 네트워크의 운영체제는 작은 크기여야 하는데, 특히 RAM의 사용을 많이 줄여야 한다. 이 때문에 센서 운영체제의 태스크들은 스텍을 공유하거나, 심지어는 TinyOS 경우처럼 Context 오버헤드를 줄이기 위해 태스크 간 선점(preemption)을 허용하지 않는 경우도 있다.

센서 운영체제는 전력소모를 관리하기 위해서 전력 관리자를 두어 마이크로컨트롤러와 라디오 칩의 다양한 슬립모드와 세부 기능의 전력공급을 제어하고, 그리고 센서 자체의 전력공급을 제어함으로써 저전력 운영을 달성하게 된다.

센서노드는 일반적으로 제한된 병렬처리 능력과 하드웨어 제어 구조를 가지며, 센서와 같은 하드웨어 I/O장치를 지능형 제어기가 아닌 원시적인 직접 접근 방식에 의해 제어를 수행하므로, 이러한 I/O 제약사항이 운영체제 설계에 역시 고려되어야 한다. 또한 다양한 응용 분야를 가지는 센서 네트워크에서는 범용 하드웨어와 소프트웨어가 존재하는 것이 아니라 응용 분야에 따라 크게 달라질 수 있으므로 운영체제는 가능한 어떠한 응용에서도 효과적으로 사용할 수 있도록 유연성과 모듈성을 갖추고 있어야 한다. 또한 센서노드들은 한번 배치가 되고 나면 유지 보수가 어렵고, 운용환경 또한 열악할 수 있으므로 이들을 고려하여 강인한 구조로 설계되어야 한다.

마지막으로 센서 네트워크의 핵심 프로토콜인 저전력 Ad-Hoc 라우팅프로토콜, 위치인식, 클럭 동기 기능을 지원하며 프로그래밍 용이성이 고려되어야 한다.

우리가 원하는 OS의 구조가 메모리 크기와 시스템의 비용을 줄이는 것이 목표이며 TinyOS의 구조는 다음과 같다.

① 커널이 없다 : 직접적으로 하드웨어를 처리한다.

② 처리관리(process management)가 없다 : 단지, 동작중에 한 번의 처리만 있다.

③ 가상(virtual) 메모리가 없다 : 단일 선형 물리 어드레스 공간만 있다.

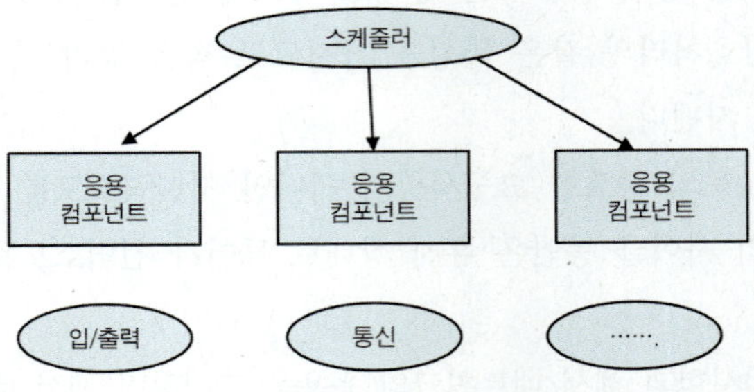

[그림 2-8] TinyOS 내부 구조

④ 직접적인 메모리 할당은 없다 : 단지 컴파일 동안에 할당한다.
⑤ 소프트웨어 신호나 예외처리가 없다 : 대신에 Function Call을 한다.
⑥ 구성은 응용 스케줄러(scheduler)(Main) 컴포넌트의 그래프로 구성된다.

5 TinyOS의 계층도

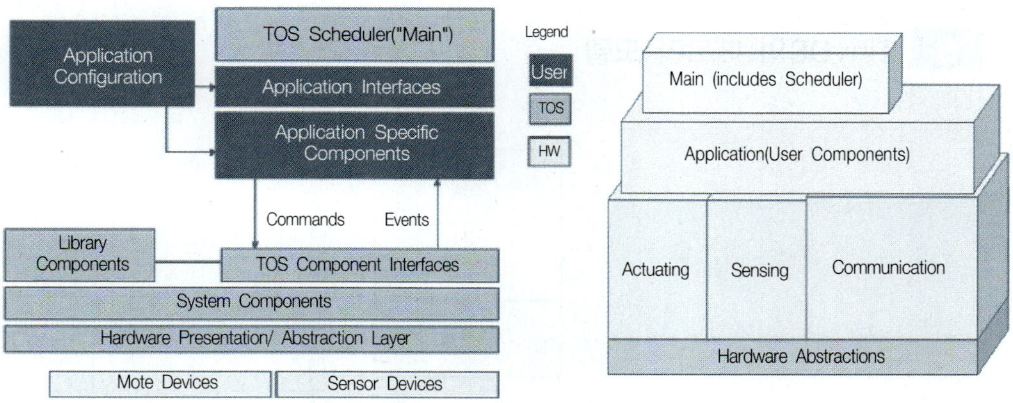

[그림 2-9] TinyOS 계층도

6 TinyOS의 컴포넌트 계층도

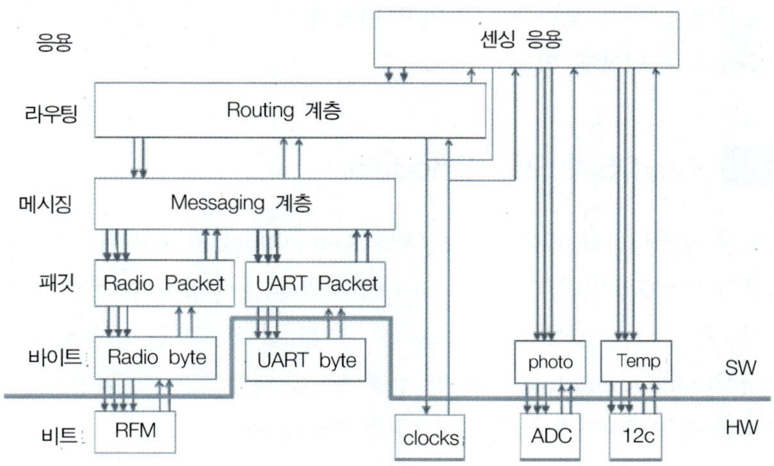

[그림 2-10] TinyOS 컴포넌트 계층도

7 TinyOS의 드라이버(TOS와 H/W)

TOS 드라이버는 여러 가지 Mote의 Platform, 여러 가지 센서 보드, 여러 가지 무선 스텍들(CC1000 FSK(frequency shift keying), IEEE 802.15.4의 DSSS(Direct Sequence Spread Spectrum), ZigBee, Bluetooth) 그리고 프로세서의 형태(Atmel, TI, ARM)가 내장되어 있다.

8 TinyOS의 메모리 모델

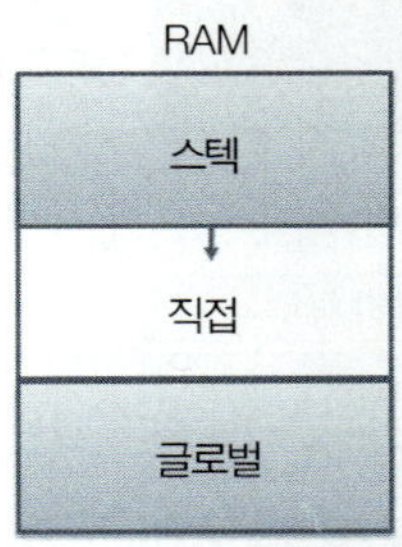

[그림 2-11] TinyOS의 메모리 구조

TinyOS의 메모리 모델은 정적이다. Heap(malloc)이 없고 실시간 배치하고 다이나믹이 없고 컴포넌트들은 함께 정적으로 연결되어 있다. 컴파일 시간에 크기결정을 요구한다.

글로벌 변수가 보존 메모리이고 버퍼에 복사를 하지 않고 포인터를 사용한다. 로컬 변수들은 스텍상에 있다.

9 TinyOS의 모듈화(Modular)

nesc 응용(application)은 컴포넌트(component)와 인터페이스(interface)의 결합으로 이루어져 있고, 일반적으로 apps 하부의 디렉토리마다 두 개의 nc파일로 이뤄져 있다.

이 중 하나는 구성(configuration), 다른 하나는 모듈로 불린다.

구성(configuration)은 사용할 컴포넌트를 선언하고, 이들 간의 사용하거나 제공하는 관계를 인터페이스를 이용하여 연결(Wiring)해준다.

모듈은 구체적인 코딩이 들어가 있는 부분으로 구성에서 모듈에 연결되었던 인터페이스들을 이용한 실제적인 동작(operation)의 구현부가 포함되어 있다.

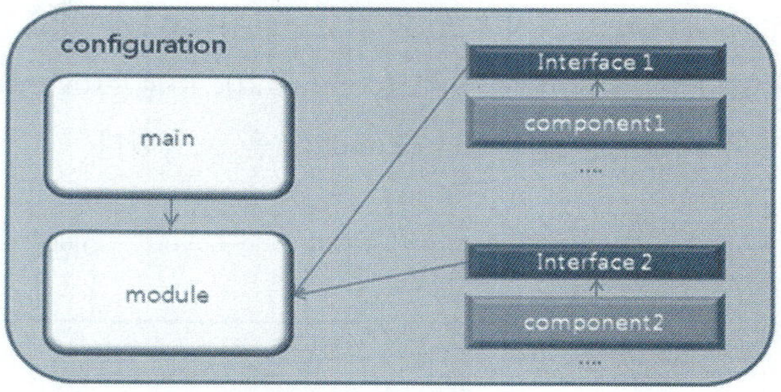

[그림 2-12] 동작의 구현부

컴포넌트를 연결하는 인터페이스는 Provides와 Uses를 사용한다. 컴포넌트는 2가지 형태이다. 즉, 하나는 코드로 쓰여진 작은 단위의 컴포넌트인 모듈과 다른 하나는 컴포넌트를 함께 연결된 컴포넌트인 구성형태가 있다. 그림으로 표시하면 [그림 2-13]과 같다.

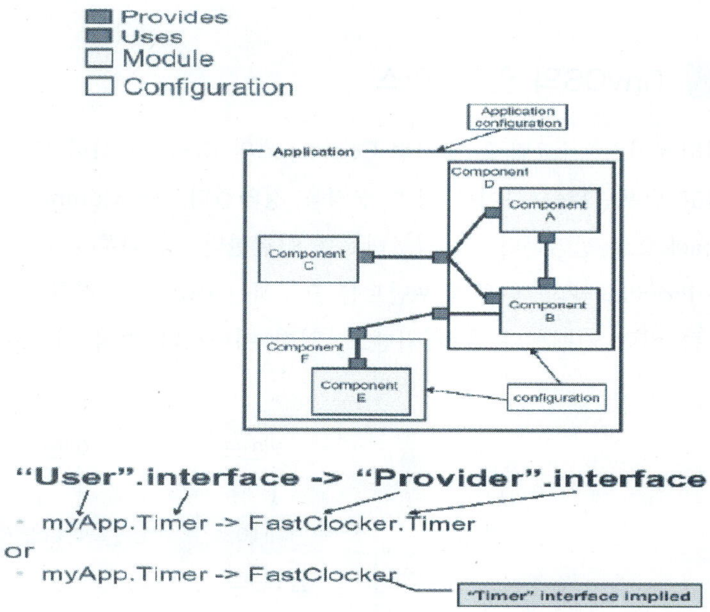

[그림 2-13] TinyOS의 모듈

10 TinyOS의 컴포넌트

TinyOS의 하나의 주요 컴포넌트는 [그림 2-14]처럼 3가지로 구성되어 있다. 즉 Frame(내부 상태), Function(computation)과 Interface로 구성되어 있다. 프레임은 글로벌 변수와 데이터를 가지고 있고 컴포넌트당 하나씩 있고 정적으로 배치하고 크기가 고정되어 있다. Function은 커맨드(command), 이벤트(event)와 태스크(task)를 구현하고 커맨드와 이벤트는 간단한 C Function을 호출한다.

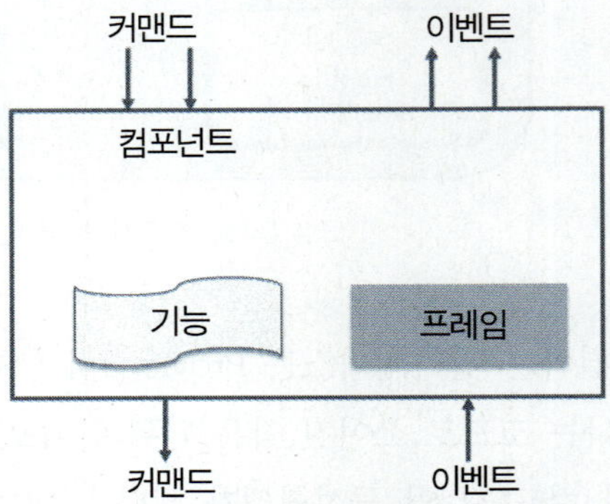

[그림 2-14] TinyOS의 컴포넌트

11 TinyOS의 인터페이스

인터페이스는 [그림 2-15]처럼 Command와 Event의 하나 또는 더 많은 집합체이다. 그리고 컴포넌트들 사이를 상호 영역을 정의한다. 즉, Command는 입력으로 Event는 callback으로 정의한다. 각 컴포넌트를 연결한다. 즉 다른 컴포넌트에 기능적으로 제시하는 Provides와 또 다른 컴포넌트를 요구하는 Uses을 연결한다. 각 컴포넌트의 인터페이스는 입력 커맨드와 출력 커맨드, 입력 이벤트와 출력 이벤트 4가지로 구성된다.

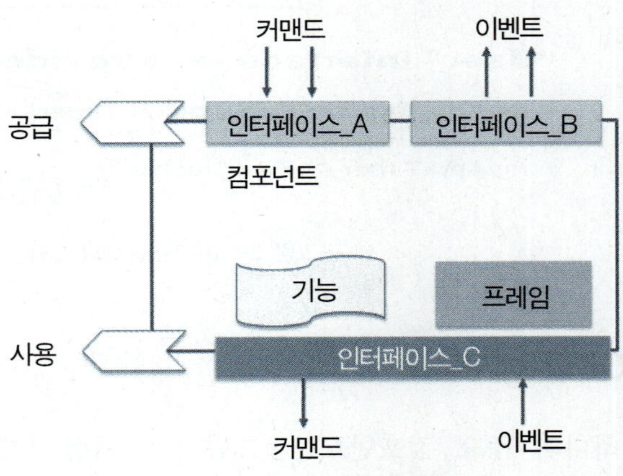

[그림 2-15] TinyOS의 인터페이스

입력 커맨드는 자신의 컴포넌트에서 커맨드 핸들러를 통해 서비스하는 함수로 상위 컴포넌트가 해당 컴포넌트의 기능이 필요할 때 호출하는 것이며, 출력 커맨드는 하위 컴포넌트의 서비스를 호출할 때 사용한다. 입력 이벤트는 해당 컴포넌트의 이벤트 핸들러에 의해 처리되며 하위의 컴포넌트가 해당 컴포넌트에 신호를 넘겨주기 위하여 사용되는 것이며, 출력 이벤트는 해당 컴포넌트가 상위의 컴포넌트에 신호를 전달하기 위해 사용된다.

12 TinyOS의 Function 구현

1) 커맨드

커맨드(command)는 스택 위에 밀어 넣고 매개변수를 변화시키고 논-블로킹 특성이고 상태를 돌려받고 낮은 레벨 커맨드를 call할 수 있다.

2) 이벤트

이벤트(event)는 회수(callback) 인터페이스(server signals client)이고 Command call, Posttasks, 다른 이벤트 신호를 할 수 있다. 하드웨어 인터럽트 트리거는 가장 낮은 레벨이벤트이고 스택 위에 밀어 넣고 매개변수를 변화시키고 비동기 Preempt task들이다.

3) 태스크

태스크(Task)는 가장 낮은 우선순위에서 계산적으로 강한 작업이다.

13 TinyOS의 스케줄러

TinyOS의 스케줄러(scheduler)는 2레벨인 이벤트와 태스크를 스케줄링하고 스케줄러는 간단한 FIFO이다. 하나의 태스크는 또 다른 태스크를 선점(preempt)을 할 수 없다. 이벤트가 가장 우선순위 선점 태스크이다.

TinyOS는 다음과 같은 스케줄러를 갖고 있다.

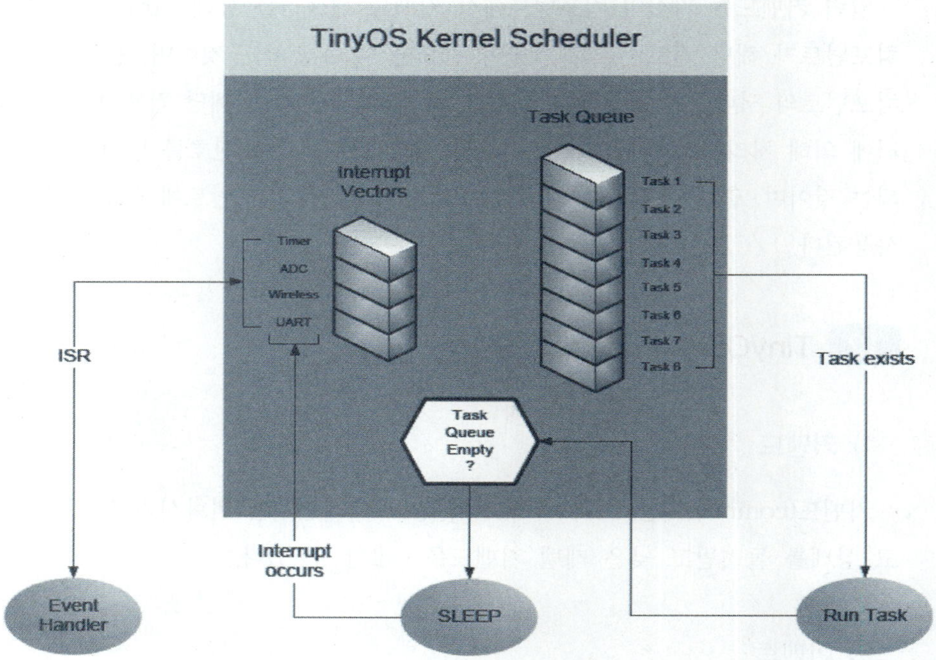

[그림 2-16] TinyOS 커널 스케줄러

[그림 2-16]에서와 같이 태스크(task)가 포스트(post)되면 태스크 queue에 순서대로 쌓이게 되고, 우선순위에 의해 task들이 순서대로 수행된다.

태스크가 모두 수행되었다면 프로세스는 슬립(sleep) 상태로 전이함으로써 저전력 상태를 유지하게 된다. 만약 타이머나 시리얼(UART) 입력 등의 인터럽트가 발생하게 된다면 해당하는 인터럽트 서비스 루틴을 실행하게 된다. 인터럽트는 가장 높은 순위를 가짐으로써 태스크 수행중에도 태스크 수행을 멈추고 실행이 될 수 있다.

2.4 TinyOS 2.x 소개

1 TinyOS-1.x와 달라진 점

2.0은 1.x 버전에서 많은 부분이 예견되지 않았던 점들이 노출되면서 새롭게 구현이 되었기 때문에 기존의 1.x 버전과는 호환이 되지 않는다.

하지만 2.0은 이전 코드를 업그레이드하는 어려움을 최소화할 수 있도록 구현되어 있다. 여기서는 기본적인 TinyOS의 하드웨어 Abstraction, Communication, Timer, Scheduler, Booting, Initialization을 간략히 다룬다.

1) 플랫폼(Platforms)/하드웨어 추상화(Hardware Abstraction)

TinyOS 2.x를 구성하는 컴포넌트들 중 거의 90%는 하드웨어와 독립적인 동작되는 소프트웨어적 프로그램 코드들이고, 나머지 10% 정도는 TinyOS 2.x가 동작시킬 하드웨어 관련 컴포넌트들과 위 두 계층을 이어주는 추상화 계층 코드들이다.

TinyOS에서는 1.x 버전 때부터 하드웨어의 독립적인 소프트웨어 컴포넌트와 하드웨어를 제어하는 컴포넌트로 구분하여 관리하고 있다.

이러한 구분은 다음과 같은 상황에서 매우 큰 장점을 갖는다. 만약 어떤 회사나 연구소에서 홈네트워크나 산불관리와 같은 USN 응용을 위해 새로운 하드웨어를 특별히 디자인하였고, 이 하드웨어에 TinyOS를 포팅하기로 했다고 가정하자.

만약 TinyOS가 앞에서 설명한 것처럼 계층 구분이 되어 있지 않다면 개발자는 이 하드웨어를 위해 TinyOS의 전체 코드를 확인해가며 자신의 하드웨어서 동작될 때 이상이 없을지 여부를 일일이 체크해야 할 것이다.

하지만 하드웨어의 독립적인 소프트웨어 컴포넌트와 하드웨어를 제어하는 컴포넌트의 구분을 통해 개발자는 약간의 하드웨어 제어 컴포넌트들과 두 계층을 이어주는 추상화 계층 코드만 잘 수정한다면 쉽게 나머지 TinyOS의 소프트웨어 코드들을 사용할 수 있다.

나머지 90%의 TinyOS 코드들은 모두 하드웨어에 독립적이고, 추상화 계층을 통해 하드웨어 제어 컴포넌트와 연결되기 때문에 개발자가 따로 수정할 필요는 없는 것이다. 다시 말하면 약간의 하드웨어 제어 컴포넌트들만 디자인한다면 TinyOS 제공하는 네트워킹, task 관리, 시리얼 통신, 패키지, queuing 등의 전체 기능을 모두 사용할 수 있는 것이다.

〈표 2-3〉 하드웨어 추상화 3계층

위치	계층명	내 용
하위단	HPL(Hardware Presentation Layer)	입출력 핀(pin)이나 레지스터 같은 하드웨어를 제어하는 계층이다. 칩 이름 앞에 Hpl이란 접두어를 붙여 명명한다. 예를 들어, CC2420 RF 칩과 관련된 HPL 컴포넌트 파일들은 HplCC2420 형식으로 파일 이름이 시작된다.
중간단	HAL(Hardware Abstration Layer)	여러 HPL 컴포넌트들을 HIL 컴포넌트와 연결시켜 주기 위한 계층이다. 여러 가지 하드웨어의 컴포넌트들의 인터페이스를 HIL과 미리 약속한 인터페이스로 정리해주는 추상화 기능을 담당한다. CC2420의 HAL 컴포넌트는 CC2420으로 시작한다.
상위단	HIL(Hardware Independent Layer)	하드웨어와는 독립적인 소프트웨어적 계층이다. 예를 들어, 무선통신과 관련된 프로그램을 작성하고 싶을 경우 RF 칩이 뭐가 되었던 HIL 계층의 컴포넌트인 ActiveMessageC를 이용하여 RF 통신 코드를 작성한다.

TinyOS2.0에서 사용되는 이러한 컴포넌트의 구분을 HAA(Hardware Abstraction Architecture)라고 부르며, 〈표 2-3〉과 같이 3단계 계층으로 나누어진다.

하드웨어 추상화는 HAA(Hardware Abstraction Architecture)라 부르는 3단계 layer로 구성이 된다.

HAA의 가장 아래 부분을 담당하는 layer는 HPL(Hardware Presentation Layer)로 부르며 UART, Timer, I/O핀 등의 하드웨어를 표현하는 소프트웨어 인터페이스이다. HPL 컴포넌트는 일반적은 Hpl 접두어로 시작한다. Hpl 다음에 칩 이름이 오게 된다.

예를 들면 CC1000에 대한 HPL은 HplCC1000이다. 이 layer에서는 주로 레지스터의 설정을 하게 된다. 중간단계는 HAL(Hardware Abstraction Layer)이다. 이것은 HPL의 상부에 만들어지고 HPL보다 이용하기 쉽도록 더 높은 레벨의 abstraction을 제공한다. HAL 컴포넌트는 칩 이름의 접두어로 시작한다.

예를 들면 CC1000의 HAL 컴포넌트는 CC1000으로 시작한다. 이 계층(layer)에서는 HPL layer의 소스를 이용하여 드라이버 수준의 소스를 제공하게 된다. HAA의 가장 윗 부분의 layer는 HIL(Hardware Independent Layer)이다. 이것은 HAL의 상부에 만들어지고 하드웨어 독립적인 abstraction을 제공한다.

HIL은 접두어에 대한 규칙이 없다. 이 계층(layer)는 주로 tos/platform에서 사용된다. 현재 지원하는 플랫폼은 다음과 같다.

eyesIFXv2, intel모트2, mica2, mica2dot, micaZ, telosa, telosb(t모트), tinynode, btnode3 + hybus 하드웨어 제어와 관련된 컴포넌트인 HPL 파일들은 tos/platform 디렉토리나 tos/chips 디렉토리안에 존재한다. 여기서 platform이란 TinyOS가 올리는

USN 보드(USN에서는 일반적으로 Mote라고 칭함)를 의미한다. 이 Mote에는 CPU나 RF 칩과 같은 다양한 하드웨어 칩셋들이 부착되어 있을 것이다. tos/platform 디렉토리안에는 하드웨어 플랫폼의 전반적인 제어와 사용되는 칩 선택 및 설정 등을 담당하는 컴포넌트들이 존재하고, tos/chips 디렉토리 안에는 USN에서 사용되는 대표적인 하드웨어 칩셋들을 제어할 수 있는 컴포넌트들이 존재한다.

예를 들어, tos/platforms으로 이동하면 지원하는 Platform의 목록이 나오는데 이것들은 칩과 관련이 있는 것이다. 예를 들면 micaz는 ATmega128 MCU와 CC2420이라는 RadioChip과 관련된 플랫폼이고, Telos는 CC2420과 MSP430에 관련된 플랫폼이다. 칩에 대한 소스는 tos/chips에 있다(UART, ADC 등).

이 파일을 열면 해당 플랫폼에서 사용되는 칩셋를 제어하기 위해 링크되는 HPL 컴포넌트의 위치와 컴파일러의 종류 등이 기술되어 있는 것을 확인할 수 있다. 이 파일을 참조하면 해당 플랫폼이 어떠한 칩 셋들을 사용하고 있는지 그리고 어떠한 컴파일러를 사용하고 있는지 쉽게 알 수 있다.

만약 새로운 하드웨어 플랫폼이나 새로운 칩셋을 사용하고 싶을 경우는 tos/platform 나 tos/chips 디렉토리안에 원하는 컴포넌트를 새로 제작하고 .platform 파일에 제작한 폴더의 위치를 기술해주면 된다.

현재 지원하는 플랫폼은 다음과 같다.

- eyesIFXv2
- Intel Imote2
- mica2
- mica2dot
- micaZ
- telosa
- telosb(Tmote)
- tinynode
- btnode3+hybus

2) 스케줄러(Scheduler)

TinyOS 1.x과 마찬가지로 2.0 스케줄러는 비선점(non-preemptive) FIFO로 되어 있다. 그러나 2.0에서의 Task는 1.x와는 다르다. 1.x에서는 모든 Task에 대하여 공유

queue가 있었고 컴포넌트는 Task를 여러 번 post할 수 있었다. 만약 공유 queue가 가득차면 post 동작은 실패한다. 네트워킹 스텍을 갖는 실험은 이것이 문제가 됨을 보여준다. 왜냐하면 Task는 split-phase operation의 완료 event와 연결이 되어 있기 때문이다. 만약 post가 실패하면 컴포넌트는 완료 event를 기다리면서 영원히 block이 된다.

2.x에서 모든 Task는 Task queue에 예약된 자신의 queue를 가진다. Task는 한 번씩만 post될 수 있다. 만약 Task가 이미 post되었다면 post는 실패한다. 컴포넌트가 Task를 여러 번 post하고 싶다면 Task가 수행될 때 내부 state 변수를 set하고 그 자체를 다시 post하여야 한다. 이러한 약간의 변화는 컴포넌트 코드의 많은 부분을 간략화하였다.

Task가 post되기 이전에 이미 post되었는지를 알기 위하여 test하지 않아도 된다. 컴포넌트는 이미 post된 Task와 상관없이 Task를 바로 post할 수 있다.

컴포넌트는 post가 실패한 것으로 복구하기 위하여 노력해야 할 필요도 없다. 또한, 원한다면 application에서도 scheduler를 교체할 수 있도록 되어 있다. 이것은 프로그래머가 새로운 scheduling 정책을 시도할 수 있게 해준다. (priority 기반 또는 deadline 기반 등). 그러나 scheduler의 교체는 원하지 않은 operation과 process가 block 상태를 유지하는 등의 뜻하지 않은 변수들이 있을 수 있으므로 많은 주의를 기울여서 적용해야 한다.

3) 부팅(Booting)/초기화(Initialization)

TinyOS는 프로그래밍 언어로 NesC를 사용하지만 컴파일 과정에서 결국 C로 변경된 후 Object 코드로 컴파일된다. C에서 프로그램이 시작되는 함수는 main() 함수이기 때문에 TinyOS에서 처음 시작되는 곳도 main() 함수가 들어 있는 tos/system/RealMainP.nc 파일이 된다.

해당 파일의 main 함수 코드를 살펴보며 먼저 TinyOS의 스케줄러와 하드웨어 그리고 소프트웨어 등을 초기화하고 그 과정에서 생성된 Task들은 While(call Scheduler.runNextTask()); 라인을 통해 처리한다. 초기화와 관련된 Task들을 모두 처리한 후 __nesc_enable_interrupt() 함수를 통해 인터럽트를 활성화시키고 사용자가 작성한 프로그램으로 Boot.booted 이벤트를 시그널한다.

사용자는 자신이 작성한 컴포넌트에서 이 이벤트에 대한 처리를 프로그램의 시작으로 받아들이고 프로그래밍하면 된다.

마지막으로 main 함수는 call Scheduler.taskLoop(); 함수를 통해 Task가 발생하였을 때 처리되도록 loop를 돌게 된다. RealMainP.nc 파일의 main 함수의 실제 내용은 다음과 같다.

```
int main() __attribute__ ((C, spontaneous))
{
    // 처음으로 Scheduler를 초기화
    call Scheduler.init();

    //하드웨어 설정을 초기화시키고, 그 과정에서 생성된 Task를 처리
    call PlatformInit.init();
    while(call Scheduler.runNextTask());

    // 소프트웨어를 초기화시키고, 그 과정에서 생성된 Task를 처리
    call SoftwareInit.init();
    while(call Scheduler.runNextTask());

    // 인터럽트 활성화
    __nesc_enable_interrupt();

    //프로그래머가 작성한 컴포넌트에게 초기화가 끝났음을 알려줌
    signal Boot.booted();

    /// 생성된 task가 있을 시 처리하도록 Loop를 돔
    call Scheduler.taskLoop();

    return -1;
}
```

2.0은 1.x와 다른 boot sequence로 되어 있다. 1.x에서의 StdControl은 init, start와 stop으로 되어 있었고, 이는 MainM.nc에서 call되어 실행이 되었다.

1.x에서 컴포넌트를 boot sequence에 Wiring하는 것은 부트시에 power up되고, 시작하도록 되어 있었다. 그러나 TinyOS-2.x의 boot sequence에서는 오직 컴포넌트를 initialize하는 것만 수행한다. Scheduler, hardware, software가 모두 initialize가 되고 나면 boot sequence는 Boot.booted에 signal 을 보낸다. Top-level application 컴포넌트는 이 이벤트를 처리하고 service를 시작한다.

4) 가상화(Virtualization)

하나의 유용한 컴포넌트는 TinyOS 2.0을 구성하는 여러 컴포넌트들에서 중복적으로 사용될 수 있을 것이다.

예를 들어 Timer 컴포넌트인 TimerMilliC는 주기적인 동작되는 라우팅, MAC 프로토콜, Queue 등의 컴포넌트들에서 사용된다.

또한 사용자도 프로그램을 작성할 때 필요하다면 TimerMiliC 컴포넌트를 이용해야 한다. 만약 사용자가 TimerMiliC 컴포넌트를 사용하여 일정 시간을 설정할 경우 그 시간 후에는 만기되었다는 event 함수가 자동으로 호출될 것이다. 하지만 사용자 프로그램뿐만 아니라 TimerMilliC를 사용하는 다른 모든 컴포넌트에게 이 event가 전달된다면 어떻게 될 것인가? 아마도 해당 컴포넌트들은 자신이 설정한 시간과 관계없이 시간이 만기되었다는 event 함수를 받게 될 것이다. 또한 다른 컴포넌트가 설정한 시간이 만기된 후 그 정보가 내가 만든 컴포넌트에게 event 함수로 전달된다면 내가 생각한 동작과 전혀 다른 동작이 수행될 수 있을 것이다.

이와 같이 여러 컴포넌트들에서 동시에 사용하는 컴포넌트들은 각 프로그램마다 독립적으로 동작되도록 디자인되어야 한다.

TinyOS 2.0에서는 이렇게 여러 프로그램들로부터 호출될 수도 있는 컴포넌트들을 generic 컴포넌트로 구분하여 각 프로그램마다 마치 독립적으로 동작되는 것같이 만드는 가상화 기능을 제공한다. 이러한 가상화 기능은 generic 컴포넌트들에서 제공하는 인터페이스를 배열화시킴으로써 가능해진다.

즉, TimerMiliC 컴포넌트에서 제공하는 Timer interface는 1개가 아니라 TimerMiliC를 사용하는 프로그램 수만큼의 Timer interface를 가지게 되는 것이다. 이를 통해 1번 Timer interface에서 설정된 시간은 1번 Timer interface를 사용하는 프로그램에게 만기된 event를 보내줄 수 있고, 2번 Timer interface에서 설정하는 만기 event는 2번 interface를 사용하는 프로그램에 보내지는 것이다.

이와 같은 기법을 기반으로 TinyOS 2.0에서는 유용한 컴포넌트들을 여러 프로그램에서 동시에 사용할 수 있도록 허용한다. Generic과 관련된 컴포넌트는 NesC1.2 버전 이상에서만 사용 가능하다. Generic 컴포넌트를 사용하기 위해서는 아래와 같이 new라는 예약어를 사용하여야 한다.

```
// 일반적인 컴포넌트 선언
components MainC, BlinkC ... ;

// generic 컴포넌트 선언
components new TimerMilliC();
```

2.0은 nesC 1.2로 작성되었다. nesC1.2는 generic의 개념 또는 인스턴스가 가능한 컴포넌트를 도입한다. Generic 모듈은 TinyOS가 재사용이 가능한 데이터 구조를 갖도록 해준다.

예를 들면 bit vector와 queue가 이에 해당된다. 이것은 개발을 단순화시켜 준다. 많은 서비스들이 복잡했던 연결(Wiring) 관계를 캡슐화함으로써, 복잡한 Wiring 관계를 이해해야만 했던 클라이언트에게 편의를 제공한다. 실제로 이것은 기본적인 TinyOS 서비스들이 가상화(virtualize)되었다는 것이다.

5) 타이머(Timers)

일반적으로 타이머는 주기적인 동작이나 일정 시간 후의 동작을 프로그래밍하기 위해 사용되는데, TinyOS 2.0에서는 타이머(Timer) 제어와 관련하여 다양한 기능들을 제공하고 있다. TinyOS에서 제공되는 Timer 컴포넌트는 일반적으로 정교한 1밀리(약 0.001초) 타이머를 지원하며, 프로그램에 따라서 1마이크로(약 0.000001초) 단위의 고정밀 타이머도 사용할 수 있다.

TinyOS 2.0에서 사용되는 일반적인 타이머 컴포넌트의 이름은 TimerMilliC이고, 타이머란 이름의 인터페이스를 제공하고 있다. 여기서 인터페이스란 컴포넌트에서 제공하는 함수들의 모음을 의미한다.

TimerMilliC 컴포넌트는 기본적으로 밀리초 단위로 타이머를 설정하고 제어할 수 있다. TimerMilliC에는 내부적으로 1밀리초마다 변하는 시간 변수를 가지고 있는데, 이 변수를 통해 전체 타이머의 시간 경과를 조정한다.

사용자는 타이머 인터페이스에서 제공되는 함수들을 통해 원하는 시간을 설정할 수 있고, 타이머 내부에 있는 시간 변수를 확인할 수 있다.

2.0은 1.x에 비해 더 풍부한 타이머를 제공한다. 많은 실험들은 타이머가 OS의 측면에서 제공할 수 있는 가장 critical한 abstraction 중의 하나라는 것을 보여준다. 그래서 2.0은 타이머가 가지는 충실성과 형태를 확장하였다. 플랫폼의 하드웨어 자원에 따라

각각 차이가 나겠지만, 컴포넌트는 밀리세컨 타이머와 32kHz timer를 이용할 수 있다. 타이머 시스템(timer system)은 1개 또는 2개의 상당히 정확한 타이머를 제공하고, 또한 비동기식으로 동작하는 타이머를 제공한다.

컴포넌트는 타이머가 발생하기까지 얼마나 남았는지를 물어볼 수 있고 얼마 후에 타이머를 시작할 수 있는지도 나타낼 수 있다.

예를 들면 "지금부터 31ms 후에 1Hz주기로 동작하라"라는 식으로 말이다.

만약 밀리세컨 단위의 더욱 정밀한(critical)한 타이머를 사용하고자 한다면 32kHz의 타이머를 사용함으로써 이를 보완할 수 있다. 타이머는 2.0에서 가상화의 좋은 예를 보여준다. TinyOS-1.x는 다음과 같이 한다.

```
components App, TimerC; App.Timer -> TimerC.Timer[unique("Timer")];
```

TinyOS-2.0에서는 다음과 같이 한다.

```
components App, new TimerMilliC(); App.Timer -> TimerMilliC;
```

6) 통신(Communication)

TinyOS 2.0에서 RF 통신이나 PC와의 serial 통신을 위해 message_t라는 구조체를 사용한다. message_t 구조체의 원형은 tos/types/message.h 파일에 기술되어 있는데 그 내용을 살펴보면 다음과 같다.

```
typedef nx_struct message_t {
  nx_uint8_t header[sizeof(message_header_t)];
  nx_uint8_t data[TOSH_DATA_LENGTH]; //Data 영역은 28byte로 정의된다.
  nx_uint8_t footer[sizeof(message_footer_t)];
  nx_uint8_t metadata[sizeof(message_metadata_t)];
} message_t;
```

message_t 구조체의 헤더 부분은 특별한 필드로 되어 있는 것이 아니라 nx_uint8_t header[sizeof(message_header_t)] 형태의 배열로 선언되어 있다.

이렇게 정확한 필드가 아닌 배열 형태로만 message_t 구조체를 정의하는 이유는 앞에서 설명한 TinyOS의 플랫폼/하드웨어 추상화 기능 때문이다.

TinyOS가 지원하는 RF 칩은 CC1000과 CC2420이 대표적이고 그 밖에도 사용자가 원한다면 다양한 RF 칩을 TinyOS에 장치할 수 있다. 하지만 각 RF 칩마다 사용되는 패킷의 구조체 형태는 다를 수 밖에 없기 때문에, TinyOS 2.0에서는 통신 구조체인 message_t의 헤더 부분을 배열로 선언하여 적당한 헤더가 컴파일시 assign되도록 한 것이다.

nx_uint8_t header의 정확한 내용 및 message_header_t의 크기는 사용되는 플랫폼의 RF 칩 하드웨어 폴더에 기술된다. 이를 통해 사용자가 선택할 하드웨어에 맞는 통신 구조체는 컴파일시 자동을 해당 RF 칩의 구조체와 연결된다. 사용자가 프로그램을 작성할 때는 구체적인 RF 칩의 구조체를 알 필요 없이 message_t 구조체의 data 영역에 전송할 패킷을 넣어 프로그램하기만 하면 된다. 나머지 다른 필드들은 RF 통신과 관련된 HPL과 HAL 계층에서 자동으로 설정해 줄 것이다.

시리얼 통신을 시도할 경우에도 마찬가지로 message_t 구조체를 사용하면 된다. 나머지 시리얼 통신에 필요한 적절한 헤더 및 필드들은 모두 시리얼 통신과 관련된 HPL과 HAL 계층에서 자동으로 설정한다.

하지만 사용자가 프로그램시 통신에서 사용되는 message_t의 헤더의 어떤 특정한 필드 값을 보고 싶을 경우를 대비해 TinyOS 2.0에서는 통신 구조체에 맞추어 원하는 필드 정보를 반환할 수 있는 함수들을 제공하고 있다. 이 함수들이 모인 인터페이스를 통해 사용자는 RF 헤더의 정확한 구조를 알 필요 없이 각 메시지 헤더의 공통 필드 영역을 쉽게 접근할 수 있다.

예를 들어, CC1000 RF칩을 사용하는 Mica2 하드웨어와 CC2420 RF를 사용하는 Micaz 하드웨어에서 실제 사용되는 RF 패킷의 구조체는 다르지만, 두 RF 칩의 통신 구조체가 갖는 공통의 필드를 반환해주기 위해 AMPacket라는 공통의 인터페이스를 갖는다.

사용자는 이러한 하드웨어적 특성과 상관없이 프로그램에서 AMPacket라는 공통의 인터페이스를 사용하여 원하는 필드를 얻을 수 있다.

예를 들어, AMPakcet 인터페이스 함수 중에 하나인 AMPacket.destination(message_t 변수); 함수를 호출하면 현재 사용되는 RF 칩의 구조체에서 목적지 주소에 해당하는 필드 정보를 받아볼 수 있다.

TinyOS는 RF 통신을 위해 ActiveMessageC 컴포넌트를 제공하고, PC와의 serial 통신을 위해 SerialActiveMessageC 컴포넌트를 제공한다. 이 중 ActiveMessageC 컴포넌트는 각 하드웨어가 사용하는 RF 칩 컴포넌트를 선택해주는 역할을 수행한다.

사용자가 프로그램한 코드를 컴파일할 때 자신의 하드웨어 플랫폼을 지정하도록 되어 있기 때문에, 컴파일러는 해당 정보에 따라 각 하드웨어의 ActiveMessageC 컴포넌트를 자동으로 호출해준다.

2.0에서의 메시지 버퍼 타입은 message_t로 어떤 노드로부터의 packet을 받기에도 충분할 만큼 크게 설정되어 있다. 소스를 보면 알겠지만, Structure 그 자체는 불투명해서 컴포넌트는 구조체의 field를 직접 참조할 수는 없다. 대신 모든 버퍼는 interface를 통해 access할 수 있다. 예를 들면 msg라 지칭된 AM packet의 destination address를 가져오고 싶으면 AMPacket. destination(msg)라고 하면 된다.

Send interface는 communication abstraction의 addressing mode를 구분한다. active message communication은 AMSend interface로 이것은 AMdestination address를 필요로 한다. 반면 broadcating과 collection tree abstraction은 address가 필요 없는 Send 인터페이스를 사용한다. Active message는 network HIL로, ActiveMessageC 컴포넌트는 network 인터페이스가 standard communication medium이라는 것을 정의한다.

예를 들면 mica2는 ActiveMessageC처럼 CC1000 active message layer를 반면 T 모트는 CC2420 active message layer를 정의한다.

이제 더 이상 active message communication을 위한 TOS_UART_ADDRESS는 없다. 대신 컴포넌트는 SerialActiveMessageC가 시리얼 포트를 통해 active message 통신이 가능하도록 지원한다.

7) 에러 코드(Error Codes)

TinyOS 1.x에서 리턴 코드는 SUCCESS(0이 아닌 값=1)와 FAIL(0 값)만을 가지고 있었다. 하지만 이 두 가지 상태만으로는 실패시 보다 정확한 원인을 파악할 수 없다는 문제점이 있다. 이를 보완하기 위해 TinyOS 2.0에서는 error_t 구조체를 두어 SUCCESS, FAIL, EBUSY, ECANCEL 등의 값을 상황에 맞게 리턴하도록 업그레이드되었다.

예를 들면 1.x는 다음과 같이 사용했다.

```
if (call X.y()){ N busy = TRUE; } // call X.y() is success
```

2.0에서는 다음과 같이 바뀌었다.

```
if (call X.y() == SUCCESS) { busy = TRUE; } // call X.y() is success
```

8) 중재(Arbitration)

센서, 스토리지, 라디오 같은 많은 다른 시스템 등이 같은 시간에 같은 bus를 사용하려 할 때 arbitrating 접근이 필요하다. 이러한 종류의 중재를 제공하기 위하여 2.0은 resource interface를 도입함으로써, 컴포넌트가 공유 자원과 arbiter를 요구하거나 획득하기 위하여 resource interface의 이용이 가능하도록 만들어 놓았다. 이러한 것은 복수의 클라이언트 사이에 access를 arbitrating하기 위한 정책을 제공한다.

9) 네트워크 프로토콜(Network Protocols)

2.0은 모트 네트워크에서 사용하는 가장 간단한 2개의 네트워크 프로토콜을 제공한다. 하나는 dissemination이고, 다른 하나는 collection이다. Dissemination은 작은 data를 네트워크의 모든 노드에 신뢰성 있게 전달한다. 반면 collection은 sink node를 기준으로 routing tree를 만든다. 이러한 프로토콜은 넓은 영역의 데이터 수집이 가능하도록 한다.

10) 전원 관리

TinyOS 2.0에서 전원 관리는 마이크로컨트롤러의 전원 상태와 디바이스의 전원 상태로 나누어져 있다.

마이크로컨트롤러 전원 관리는 McuSleepC라는 컴포넌트를 통해 이루어지는데, CPU에서 처리해야 할 Task나 Event가 없을 경우 인터럽트 부분을 제외한 CPU의 전원을 차단하여 전력소비를 최소화하는 기능을 제공한다.

11) 센 서

TinyOS2.0에서 센서와 관련된 컴포넌트들을 tos/sensorboards 폴더에 모아서 따로 관리하고 있다.

대부분의 센서는 CPU의 ADC(Analog to Digital Convertor) 포트를 통해 측정되는 아날로그 센서들이지만, CPU와 디지털 통신이 필요한 센서일 경우에는 tos/chips 폴더에 해당 제어 컴포넌트가 구현되어 있을 것이다. 보통 각 센서 컴포넌트들은 Read 인터페이스를 통해 측정한 센서값을 프로그램에게 돌려준다.

다음 코드는 Read 인터페이스의 함수 내용을 기술하고 있다.

```
interface Read<val_t> {

  // Read 인터페이스가 구현된 컴포넌트의 센서 값을 읽도록 명령하는 함수
  command error_t read();

  // read() 함수를 받게 되었을 경우 해당 센서 값을 반환해주는 Event 함수
  event void readDone(error_t result, val_t val);
```

2 TinyOS-2.x의 디렉토리 구조

TinyOS-2.x의 디렉토리 구조는 [그림 2-17]과 같다.

apps에는 빌드 및 업로딩하여 여러 테스트를 할 수 있는 sample application들이 있다.

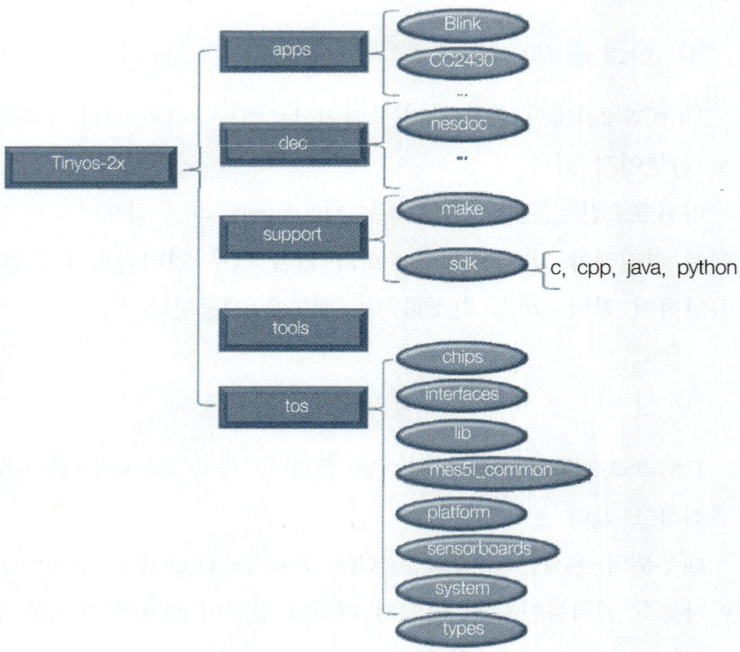

[그림 2-17] TinyOS-2.x의 구조

doc에서는 애플리케이션을 구성하는 컴포넌트간의 Wiring 상태 및 시스템의 구성도가 html 및 xml의 형태로 제공된다.

support의 make는 Makerules 및 Makedefaults가 포함되어 있으며, 모든 플랫폼들의 target 파일들이 포함되어 있다. target 파일에선 플랫폼의 구성 요소에 대한 내용을 정의한다.

sdk는 language별로 작성되어 있으며, 모니터링 프로그램을 비롯한 여러 가지 user interface를 제공한다.

tos는 TinyOS의 커널 부분으로 칩, 플랫폼, 센서 보드에 대한 드라이버 수준의 소스와 application에서 사용하는 interface에게 제공되는 시스템 파일들이 포함되어 있다. tos 폴더는 다시 하드웨어 플랫폼에 독립적으로 설계된 여러 컴포넌트들이 모인 system 폴더와 여러 공통 인터페이스들이 선언된 interface 폴더, 여러 라이브러리들이 존재하는 lib 폴더, 센서를 제어하는 컴포넌트들을 담고 있는 sensorboards 폴더, 하드웨어 칩셋과 관련된 컴포넌트들을 받고 있는 chips 폴더 그리고 하드웨어 플랫폼과 관련된 컴포넌트들을 기술하고 있는 platform 폴더로 구분할 수 있다.

mcs51_common이라는 디렉토리는 Hmote2430만을 위한 라이브러리가 포함되어 있다.

〈표 2-4〉는 TinyOS의 디렉토리 구조를 정리해서 보여주고 있다.

〈표 2-4〉 TinyOS의 디렉토리 구조

system	일반적이고 다양한 커널 컴포넌트 및 몇 개의 유틸리티
interface	여러 종류의 interface 선언 파일들이 모인 폴더
lib	다양한 high level 라이브러리들이 모인 폴더
sensorboards	센싱과 관련된 컴포넌트들이 모인 폴더
chips	하드웨어 칩 셋과 관련된 컴포넌트들이 모인 폴더
platform	하드웨어 플랫폼과 관련된 컴포넌트들을 기술

3장

NesC 프로그래밍

3.1 NesC의 개요
3.2 NesC의 기본개념
3.3 NesC의 구조

NesC는 실행 모델과 구조적인 개념을 표현하기 위해 만들어진 C 언어의 확장이며 TinyOS 레벨에서 개발자가 센서 네트워크 프로그래밍에 쉽게 접근할 수 있도록 제공된 언어이다. TinyOS는 매우 한정된 자원들을 가지는 센서 네트워크 노드들을 위해 개발된 Event-Driven 방식으로 동작하는 시스템으로(예를 들면 8kbytes의 프로그램 메모리, 512byte의 RAM) NesC로 설계되어 있다.

3.1 NesC의 개요

NesC는 센서 네트워크를 위한 새로운 방식의 프로그래밍 언어로써, 기존의 C 프로그래밍 언어에 비해 다양한 라이브러리의 재사용이 가능한 장점이 있고, 실제 코드의 작성 길이를 줄일 수 있으며, 하드웨어 인터럽트 처리를 컴포넌트의 시그널을 이용하여 쉽게 처리할 수 있는 장점이 있다.

애플리케이션 컴파일 과정은 [그림 3-1]에서 보는 바와 같이 NesC 컴파일러가 소스코드를 C 프로그램 파일로 변환하고, 이 파일을 해당되는 MCU의 GCC 컴파일러로 컴파일하여 이미지 파일(ihex, exe)을 생성한다.

NesC 프로그래밍은 컴포넌트(component)들로 구성되며, Configuration과 Module로 나누어진다. Configuration은 컴포넌트들의 연결(Wiring)을 담당하고 Module은 메시지 핸들링, 시그널 프로세싱 같은 특정 서비스를 제공한다. 컴포넌트가 플랫폼의 세부 기능을 담당하는 부분이라 할 수 있고, 예를 들면 시스템 타이머를 구현한 부분이 Timer 컴포넌트로 구현될 수 있다.

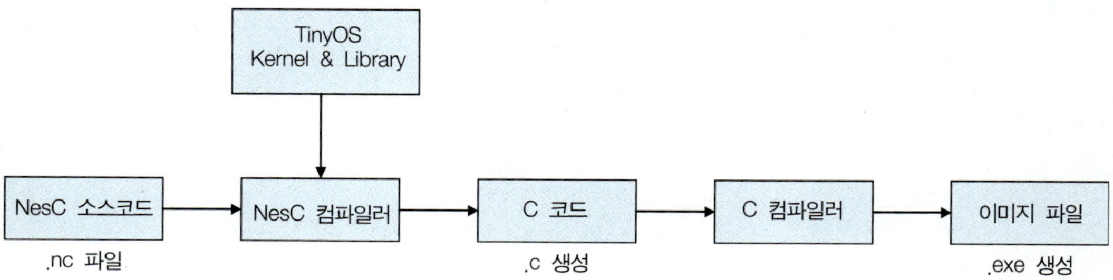

[그림 3-1] NesC 컴파일 과정

복잡한 기능의 컴포넌트인 경우에는 여러 컴포넌트가 서로 연결될 수도 있다. NesC 컴포넌트는 커맨드(command)와 시그널(signal)을 기반으로 동작한다. 커맨드는 C 프로그래밍 언어의 함수와 같은 기능이며, 파라미터(parameter) 전달, 호출에 대한 리턴(return), 동작 명령을 수행하는 단위이다. 시그널은 이벤트(event)가 발생했을 때 실행되는 함수이며, 일반적으로는 하드웨어 인터럽트와 연결된 함수이다. 커맨드와 반대로 상위 애플리케이션 방향으로 명령을 수행한다. TinyOS의 응용 애플리케이션은 이런 컴포넌트들이 서로 연결된 형태이다.

〈표 3-1〉 NesC의 특징

구 분	특 징
형 태	컴포넌트 기반
장 점	• 기존 C에 비해 편리함 : 필요한 컴포넌트들만 연결해주면 원하는 프로그램 작성 가능 • 동시성 모델 지원 : "Task"와 "H/W Event Handler" 사용 • 데이터 경쟁 조건 : 두 종류의 task간의 선점(preemption)으로 발생할 수 있는 데이터 경쟁 조건 (data race condition)을 컴파일시에 감지 가능
코드 사이즈	매우 작음 : 소규모 임베디드 장비에 최적화
제한점	동적 메모리 할당 없음

NesC의 인터페이스(interface)는 서로 다른 컴포넌트들을 연결하기 위한 인터페이스를 제공한다. 컴포넌트를 구현할 때는 실제 동작들에 각각에 대한 인터페이스를 정의해 주어야 하며, 다른 컴포넌트에서 이 기능을 사용할 때에는 인터페이스로 연결한다.

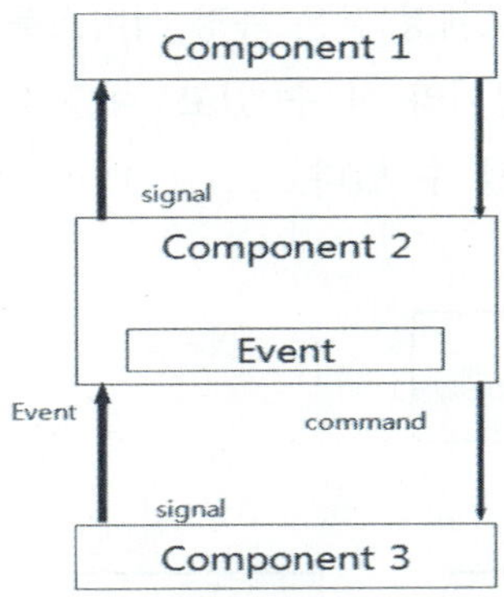

[그림 3-2] NesC 컴포넌트 구성

3.2 NesC의 기본개념

NesC는 C 기반의 언어로 2가지의 특징을 가지고 있다. 하나는 컴포넌트들은 인터페이스를 통해 상호작용하는 프로그래밍 모델이라는 점이고, 다른 하나는 Run-To-Completion 태스크와 인터럽트 핸들러 이벤트 기반의 동시성 모델이라는 점이다. Run-To-Completion 모델은 Blocking Call이 일어나지 않도록 한다.

모든 시스템 서비스에서 동작을 시작하면 커맨드는 즉시 Return을 하게 되고, 종료되었을 때 Callback Event가 알려주는 Split-Phase 동작을 한다.

신뢰도와 분석가능성을 향상시키기 위하여 NesC는 동적 메모리 할당이나 함수 포인터를 지원하지 않는다. 모든 컴포넌트 사이의 상호작용은 컴파일 시간에 정해진다.

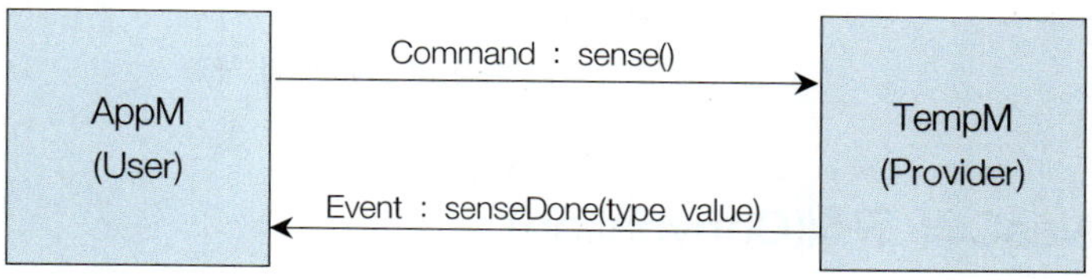

[그림 3-3] Split-Phase Operation

3.3 NesC의 구조

NesC는 크게 모듈(Module), 구성(configuration), 인터페이스(Interface) 세 부분으로 이루어져 있다.

모듈은 하나의 엔티티(Entity) 단위로 그 동작을 기술하는 커맨드와 이벤트 함수들을 정의한 부분이고 해당 모듈의 기능을 호출해서 사용하도록 선언부분을 모아놓은 부분을 인터페이스라고 하며 여러 모듈들의 커맨드를 소프트웨어 개념으로 연결(Wiring)하는 부분을 구성이라고 한다.

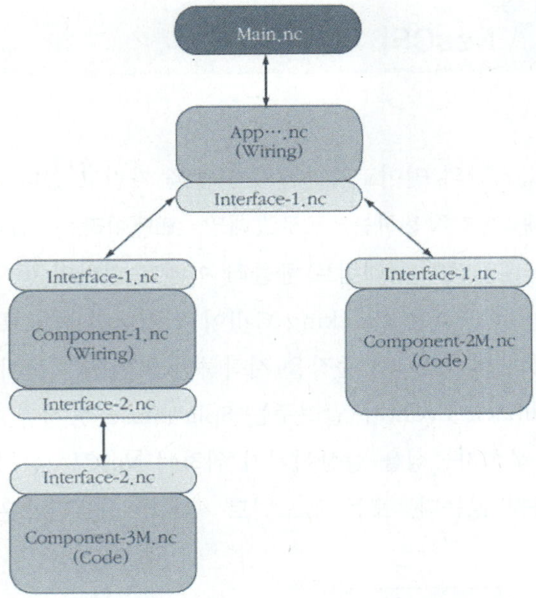

[그림 3-4] NesC의 구조

1 NesC의 규칙(Convention)

NesC 파일의 확장자는 .nc로 구성되어 있다. 구성을 위해 이름 뒤에 C를 붙인다. C는 컴포넌트와 인터페이스 사이를 구분하기 위해 사용한다(Clock, ClockC).

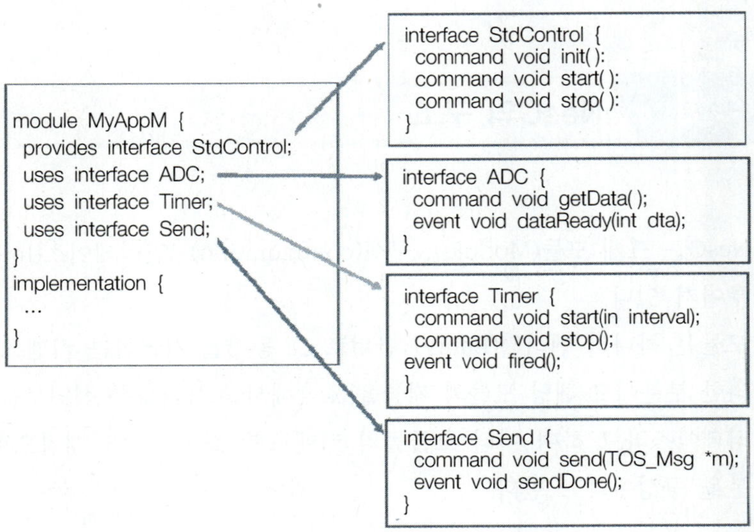

[그림 3-5] 인터페이스 선언

모듈(Module)을 위해서는 M을 붙인다. 그리고 M은 구성(configuration)과 모듈이 양쪽에 단일 컴포넌트(component)을 가질 때 붙인다(Timer, TimerC, TimerM).

NesC 예제 프로그램에서 확인할 수 있다.

2 NesC의 주요 컴포넌트 관련 키워드

- interface : command와 이벤트의 함수들을 선언한다.
- module : NesC에서 구현한 기본 컴포넌트이다.
- configuration : 다른 컴포넌트의 연결로부터 생성한 컴포넌트이다.
- implementation : 모듈이나 configuration에 대한 변수와 코드를 포함한다.
- components : Wiring될 컴포넌트의 리스트를 정의한다.
- provides : 정의된 인터페이스가 컴포넌트에 의하여 제공된다.
- uses : 정의된 인터페이스가 모듈이나 configuration에 의하여 사용된다.
- as : 인터페이스의 네임을 다른 이름으로 임시로 정의한다.
- command : module 내에서 함수 호출에 의해 사용되는 동작 함수이다.
- event : 어떠한 커맨드의 종료에 의해 생성되는 시그널에 의해 발생되는 Callback 함수이다.

〈표 3-2〉 NesC에서 사용하는 용어들

용 어	내 용
application	하나 이상의 컴포넌트로 구성되며, 실제 센서노드에서 실행 가능한 하나의 프로그램
interface	2개의 컴포넌트 사이를 연결하기 위해 정의된 함수들의 모임으로, 컴포넌트는 여러 개의 interface를 사용할 수 있으며, 이 interface를 이용하여 command 및 event가 처리된다. 두 컴포넌트 사이의 인터페이스를 연결하는 것을 Wiring이라고 한다.
component	Component - NesC Application을 구성하는 기본 블록으로, 컴포넌트를 정의하는 configuration과 module로 구분된다.
	Configuration - 하나의 NesC Application에 사용되는 컴포넌트들을 선언하고, 이들 간을 연결(Wiring)을 어떻게 정의할 것인가에 대해 기술한다.
	Module - 새로운 컴포넌트의 동작 및 다른 컴포넌트들과의 연동을 실제로 구현하는 곳이다.

3 NesC의 인터페이스

컴포넌트의 범위를 정의하고 Call과 Callback 기능으로 모듈(module)에서 정의된 호출되는 커맨드(command), 이벤트(event) 함수들에 대해 선언한다.

인터페이스는 양방향 인터페이스로 Provider와 User로 구분된다. Provider는 모든 commands을 수행 및 구현하고 User는 모든 events를 수행하고 구현한다.

표준 제어 인터페이스(init, start, stop)와 분할 단계 동작(send, sendDone) 같은 그룹 기능에 대해 사용한다.

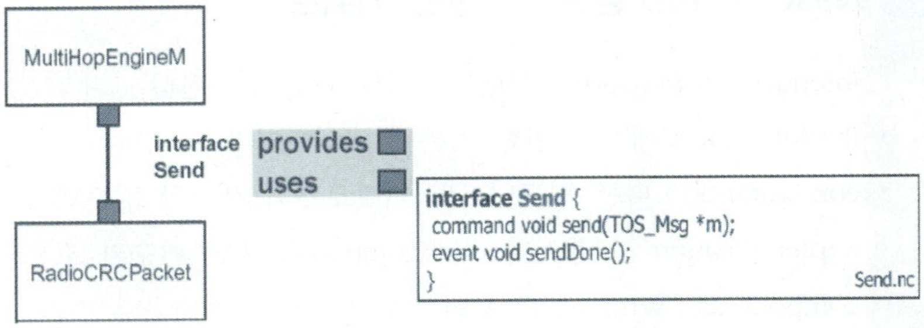

[그림 3-6] NesC의 인터페이스 관계

INTERFACE

```
Inter face SendMsg{
        command result_t send(unit16_t address, unit8_t length, TOS_MsgPtr msg);
        event result_t sendDone(TOS_MsgPtr msg, result_t success);
}
```

USER

```
module IntToRfmM {
        uses {   interface SendMsg as Send;  }
        provides { ...  }
}implementation{      ...
        event result_t Send.sendDone(TOS_MsgPtr msg, result_t success){          }
}
```

PROVIDER

```
configuration GenericComm{
        provides {   interface SendMsg[uint8_t id];  }
        uses {      ...            }
}implementation{      ...
        SendMsg = AMStandard.SendMsg;
}
```

```
module AMStandard{
        provides {   interface SendMsg[uint8_t id];  }
        uses {      ...            }
}implementation{
        command result_t SendMsg.send[uint8_t id](uint16_t addr, uint8_t length, TOS_MsgPtr
data) {    ...         }
}
```

[그림 3-7] TinoOS의 Interface 사용 예

제공되는 인터페이스의 형태는 커맨드(command)와 이벤트(event)로 나눌 수 있는데 그 차이는 〈표 3-3〉에 기술되어 있다.

〈표 3-3〉 인터페이스의 선언형

커맨드(command)	이벤트(event)
• 이 인터페이스를 제공하는 컴포넌트의 module 부분에 구현된다. • 현 컴포넌트를 사용하는 상위 컴포넌트에서 'call' 명령을 통해 호출된다.	• 이 인터페이스를 사용하고 있는 컴포넌트에 원형이 구현된다. • 인터럽트나 조건이 만족될 경우 어떤 정보를 상위 컴포넌트에게 전달하기 위해 'signal' 명령을 통해 호출된다.

〈표 3-4〉는 TinyOS에 사용되는 대표적인 인터페이스에 대해 설명하고 있다.

〈표 3-4〉 인터페이스 종류

인터페이스 종류	설 명
ADC.nc	ADC에 인터페이스
I2C.nc	I2C버스 프로토콜 인터페이스
Leds.nc	LED 추출 인터페이스
LogData.nc	저장장치에 logging 데이터를 위한 인터페이스
Radio.nc	무선 하드웨어를 위한 비트레벨 인터페이스
Receive.nc	일반적인 메시지 인터페이스-수신
Send.nc	일반적인 메시지 인터페이스-송신
StdControl.nc	표준 컴포넌트(component) 제어 인터페이스
Timer.nc	일반적인 타이머 제어 인터페이스

인터페이스 구문은 다음과 같다.

```
includes Timer; // make TIMER_X constants available
interface Timer {

  /**
   * Start the timer.
   * @param type The of timer to start.
   */
  command result_ start(char type. unit32_t interval);
  command result_ stop();
  event result_t fired();
}
```

4 NesC의 컴포넌트 형태와 구조

컴포넌트는 그림처럼 모듈(module)과 구성(configuration)으로 구성되는데 모듈은 컴포넌트의 구현을 C코드에 의해서 제공하고 구성은 컴포넌트의 리스트를 정의하고 연결(Wiring)한다.

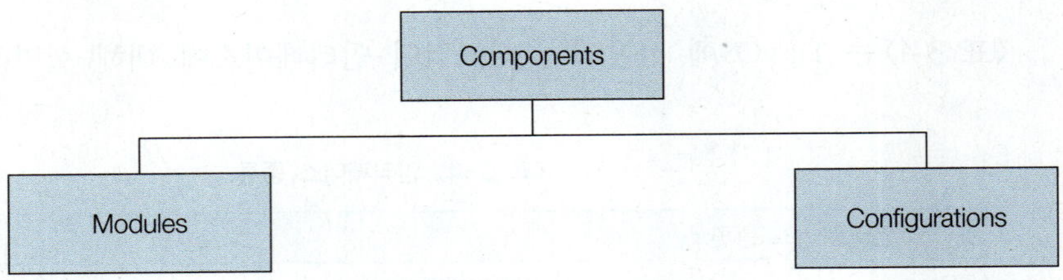

[그림 3-8] NesC의 컴포넌트 형태

NesC의 컴포넌트는 그림처럼 사양(specification)과 구현(implementation)으로 구성되었다. 사양은 제공된 서비스를 선언하고 또 다른 컴포넌트(uses, provides, 새로운 이름으로 인터페이스 된 alias)의 리스트이고 그들의 사양을 통하여 단지 교차된 컴포넌트를 제어하는 실마리이다. 구현은 내부의 작업을 정의하고 연결과 연관되어 있고 다른 컴포넌트를 포함할 수 있다.

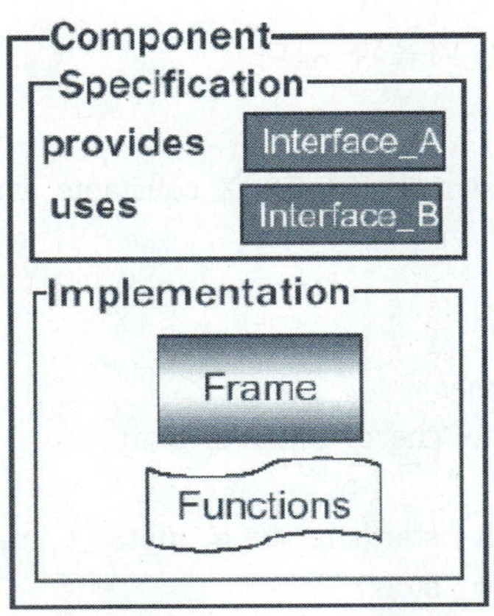

[그림 3-9] NesC의 컴포넌트 구조

5 NesC의 모듈

모듈은 이름 뒤에 M을 붙인다. 구현(implementation)에 모듈의 모든 제공된 커맨드(이벤트)를 구현할 수 있다. 그리고 모듈은 커맨드(commands)를 calling하고 이벤트를 시그널링(signaling)한다. call이나 시그널의 표현에 의해서 수행되어지는 실제의 커맨드나 이벤트(event) 구현들을 프로그램의 구성(configuration)에서 연결(Wiring)한다.

다음은 모듈(module)의 간단한 예제이다.

```
module DoesNorhing {
   provides interface StdControl as Std;
}
 implementation {
   // =========== FRAME ========
   in state;

   // ========== FUNCTIONS =======
   command result_t Std_init() {
     return SUCCESS;
   }
   command result_t Std.start() {
   return SUCCESS;
   }
   command result_t Std.stop() {
   return SUCCESS;
}
```

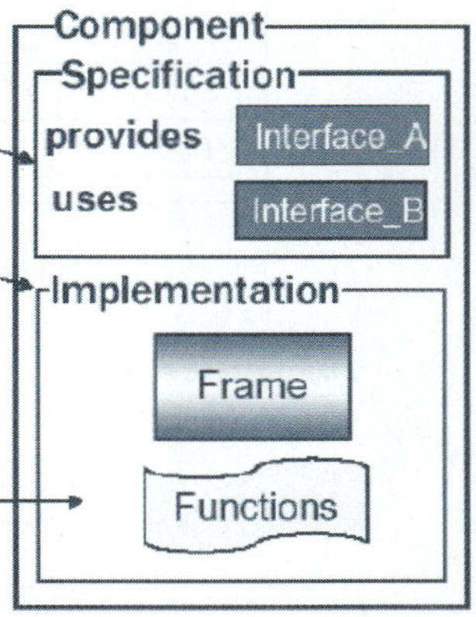

[그림 3-10] 모듈의 간단한 예제

6 NesC의 구성

구성(configuration)은 다른 컴포넌트와 함께 연결에 의하여 만들어진 구현이다. NesC의 연계에 의하여 프레임과 기능을 만든다.

```
configuration D {
    provides interface X;
}
implementation {
   components C1, C2;
   X = C1.X;
   X = C2.X;
}
                                GenericComm.nc
```

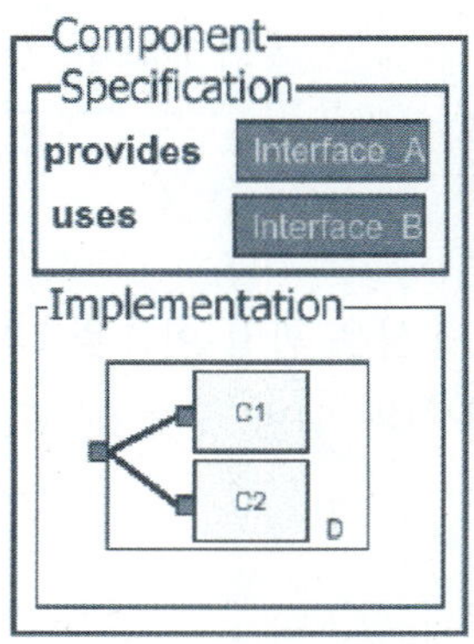

[그림 3-11] 구성의 연결

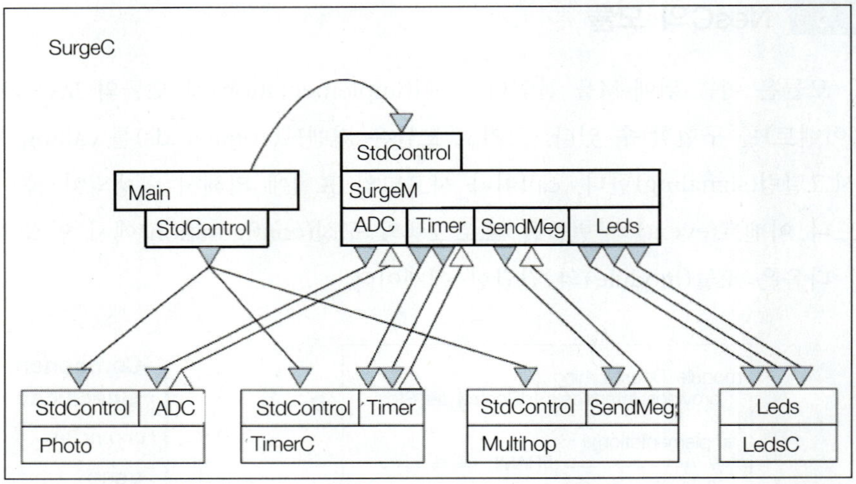

[그림 3-12] 상위 레벨 구성(Top-Level Configuration)

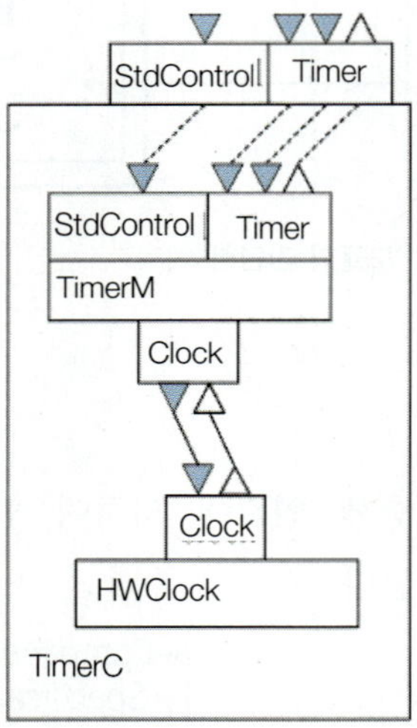


```
configuration TimerC {
   provides {
      interface stdcontrol;
      interface Timer;
   }
}
implementation {
   components TimerM, HWClock;

   StdControl = TimerM.StdControl;
   Timer = TimerM.Timer;

   TimerM, CIK -> HWClock.Clock;
}
```

[그림 3-13] 일반 구성(configuration)

구성은 파일 이름을 2가지를 갖고 있다. 상위 레벨(top-level) 구성(ooo.nc; 각 응용에서)과 일반 구성(oooC.nc) 형태의 파일이름과 갖고 있다.

7 TinyOS 명명법

이 절에서는 TinyOS 명명법(naming convention)에 대해서 알아보도록 하겠다. 명명법을 익혀두면 기존의 코드의 분석 및 개발하는 코드의 가독성을 높이는데 도움이 될 것이다. 명명법은 〈표 3-5〉에 요약되어 있다.

〈표 3-5〉 TinyOS 명명법

종 류	명 명 법	예
Interfaces	동사나 명사가 사용되며, 여러 단어를 조합할 경우 각 단어의 첫 번째 글자는 대문자로 표기한다.	ADC Range SendMsg
Components	• 명사가 사용되며, 여러 단어를 조합할 경우 각 단어의 첫 번째 글자는 대문자로 표기한다. • 컴포넌트 중 다음의 특별한 두 종류가 있다. – 대문자 C로 끝나는 이름 – 대문자 M으로 끝나는 이름 • 이는 인터페이스와 컴포넌트, Configuration과 모듈을 각각 구분하기 위함이다. • 대문자 C는 "Component"를 나타내며, 인터페이스와 구분하기 위함이다. (예 Timer vs. TimerC) • 대문자 M은 "Module"를 나타내며, 하나의 컴포넌트가 configuration과 모듈 모두를 가질 때 서로를 구분하기 위해 사용된다.(예 TimerM vs. TimerC)	Counter IntToRfm IntToRfmM TimerC TimerM UARTM
Files	모든 파일이름은 파일안에 포함된 타입(Type)의 이름을 사용하며, 모든 NesC 파일은 ".nc"로 끝난다.	Counter.nc IntToRfm.nc IntToRfmM.nc TimerC.nc
Applications	대문자 C가 제거된 최상위 레벨 컴포넌트 이름을 사용한다. • 만약 TinyOS 코드를 테스트하기 위한 목적이라면 파일 이름이 "Test"로 시작되어야 한다. • 만약 TinyOS 하드웨어를 테스트하기 위한 목적이라면 파일 이름이 "Verify"로 시작되어야 한다. • 만약 데모(Demonstration)를 위한 목적이라면 파일 이름이 "Demo"로 시작되어야 한다.	CntToRfm Chirp DemoTracking TestTinyAlloc VerifyMicaHW TestTimer
Commands, Events, and Tasks	• 동사를 사용하며, 여러 단어를 조합할 경우 첫 번째 단어를 제외한 각 단어의 첫 번째 글자는 대문자로 표기한다. • 만약, 커맨드가 직접적으로 하드웨어에 접근한다면 파일 이름은 "TOSH_"로 시작되어야 한다.	sendMsg outputComplete putDone fired TOSH_SET_RED_LED_PIN();
Variables	명사를 사용하며, 여러 단어를 조합할 경우 첫 번째 단어를 제외한 각 단어의 첫 번째 글자는 대문자로 표기한다. 변수 이름은 서술적이야 한다.	bool state uint16_ t lastCount result_t writeRresult
Constants	항상 대문자이어야 하며, "_"는 각 단어 사이에 사용된다.	TOS_UART_ADDR TOS_BCAST_ADDR TOS_LOCAL

8 NesC의 연결 구문

연결(Wiring)된 구성요소들은 반드시 호환되어야만 한다. 즉, 인터페이스－인터페이스, 커맨드－커맨드, 이벤트－이벤트이다.

NesC에서 3가지의 연결 구문이 있다.

1) endpoint 1 = endpoint 2(pass-through linkage)

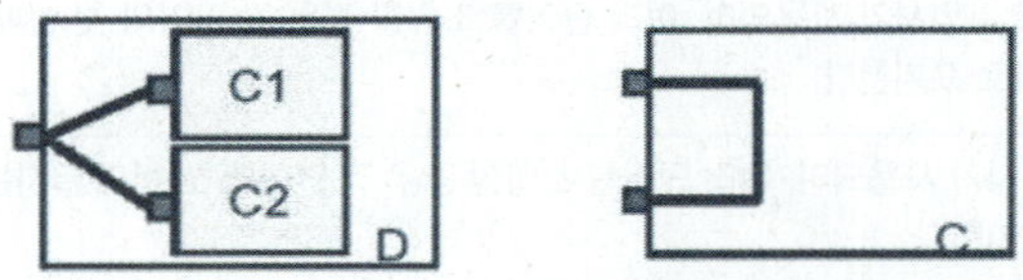


```
configuration C {
            provides interface X as
    Xprovider;
            uses interface X as Xuser;
}
implementation {
    Xuser = Xprovider;
}                                        C.nc
```

2) endpoint 1 → endpoint 2(Direct linkage)

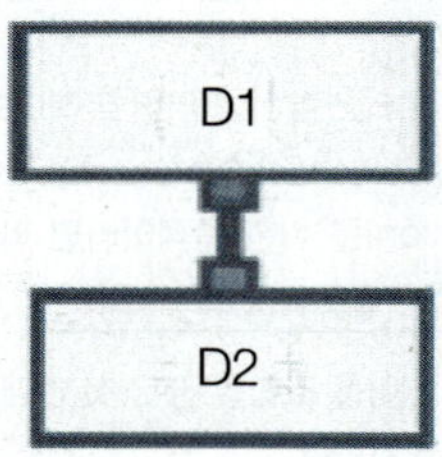

3) endpoint 1 ← endpoint 2(동등한 관계)

① 경우(case) 1은 A가 인터페이스(interface) I를 요구하고 B는 I를 제공한다. 그러므로 A와 B는 함께 연결된다.

② 경우(case) 2는 C와 D의 양쪽에서 요구하거나 J를 양쪽에서 제공한다. 이 경우의 점선 화살표는 C=D를 의미하는 연결이다.

③ 경우(case) 3의 경우 E는 기능(function) f를 요구하고 F는 기능 f를 제공한다.

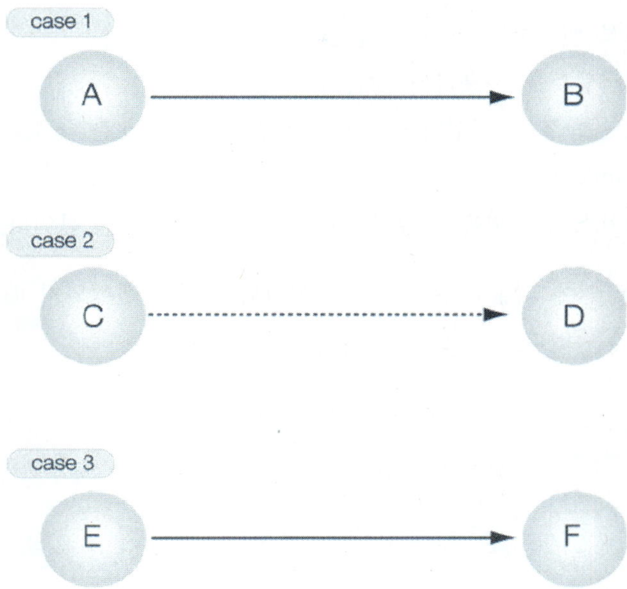

9 NesC의 구현(Implementation) 관련 키워드

1) 기본 구현 키워드

- call : command 실행
- signal : event 실행
- post : 실행 큐(queue)상에 task를 넣는다.
- task : 백그라운드에서 기능을 수행한다.
- includes : 헤더파일을 포함한다.

2) 레이스(Race) 조건의 자동적인 예방을 위해 제공

TinyOS는 코드 작성의 관점에서 보면 다음과 같이 두 가지 형태로 구분된다.

하나는 인터럽트에 의해서 발생되어 진행되는 비동기적 코드이고, 다른 하나는 FIFO 큐에 의해 순서대로 진행되는 동기적 코드이다.

비동기적 코드는 인터럽트에 의해서 갑작스럽게 시작되기 때문에 전역 변수를 사용하는 경우에는 레이스 컨디션(race condition)이 발생할 수 있다.

레이스 컨디션을 제거하는 방법은 다음과 같다.

① 전역 변수를 사용하지 않는다.
② 인터럽트를 사용하지 않는다.
③ 코드를 짧게 구성하여 인터럽트로부터 자유로운 코드를 구성한다.
④ atomic을 사용한다.
⑤ 레이스 컨디션을 유발하는 변수 앞에 norace를 붙인다.

atomic 안에 기술된 프로그램은 선점되지 않고 실행되기 때문에 레이스 컨디션 문제를 피할 수 있다. atomic의 사용법은 다음과 같다.

```
atomic {
        sharedvar = sharedvar + 1;
        ...
}
```

- async : command, event를 비동기로 실행한다.
- atomic : 문자에서 자동적인 실행을 보장한다.
- norace : race 조건 NesC 감지의 경고를 제거한다.
- implementation은 컴포넌트 작업을 어떻게 할 것인지를 정의한다.

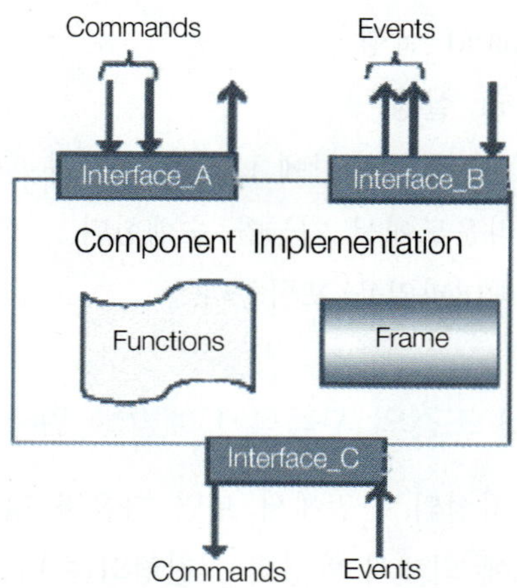

[그림 3-14] 구현(Implementation)구조

어떤 인터페이스에 대해서는 다중 구현(implementation)을 허용한다. 예를 들면 무선에서 Mica2와 Micaz의 구현이 대표적이다. 다중 인터페이스(Interface)는 제어(start, stop)와 데이터 흐름(send, receive)을 제공한다.

구현의 요구사항은 인터페이스의 두 섹션에서 provided로써 선언하는 모든 명령어와 이벤트는 구현되어야 한다. 두 섹션은 인터페이스 provided와 used를 선언하는 모듈과 프로그램 코드인 구현이다. 다음은 모듈과 구현의 예제다.

```
module counter {
  provides {
    interface StdControl; }
  uses {
    interface Timer;
    interface IntOutput;  }}
implementation {
  int state;                          "Frame" memory variable

  command result_t StdControl.dtart()  {
    return call Timer.start(TIMER_REPRAT, 250;  ]
event result_t Intoutput.outputComplete(result_t success) {
    if(success == 0) state --;
    return success;  }
}//implementation
```

(1) NesC에서 커맨드(Command)와 이벤트(Event)의 사용

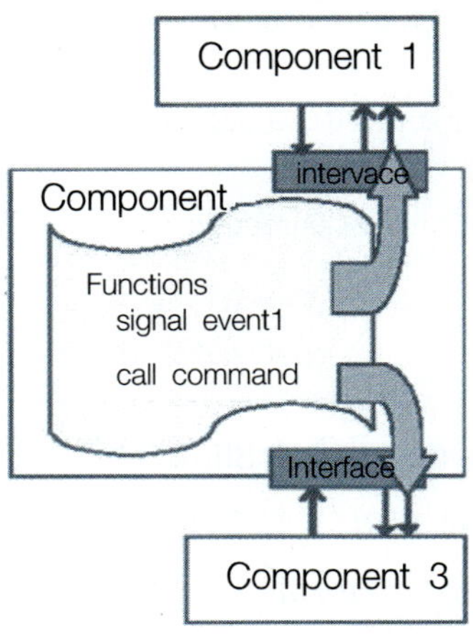

[그림 3-15] 컴포넌트의 구성

① 시그널(Signal)

시그널(signal)은 즉각적인 이벤트(event)를 수행하고 구성(configuration) 계층의 위로 흘러 들어가고 callback이 제공되면 보다 높은 레벨로 나타난다. 컴포넌트에 시그널링(signaling)하는 것에는 복귀를 제어한다. 스펙상에 매개변수는 표준 C function이다.

```
event result_t Send.sendDone(TOS_MsgPtr msg, result_t success)
{
  if (pending && msg == &data)
    {
      pending = FALSE;
      signal IntOutput.outputComplete(success);
    }
  return SUCCESS;
}
//TinyOS-1.x\tos\lib\Counter\IntToRfmM.nc
```

② Call

Call은 즉시 커맨드(command)를 실행하고 구성 계층의 아래로 흘러 들어가고 라이브러리 코드를 사용하면 보다 낮은 레벨로 나타난다. 컴포넌트에 콜링(calling)하는 것에 복귀를 제어한다. 스펙상에 매개변수는 표준 C function이다.

```
command result_t StdControl.start()
{
  return call Timer.start(TIMER_REPEAT, 250);
}
//TinyOS-1.x\tos\lib\Counter\Counter.nc
```

(2) Blink 응용(Application)

NesC를 이용하여 TinyOS 위에서 Blink라는 응용 프로그램을 개발한 예제를 보여준다. 먼저 NesC는 두 가지 타입의 컴포넌트와 인터페이스를 지원하는데 첫째는 모듈로서 컴포넌트의 실제 행동을 기술하는 기본단위이다(예 BlinkM.nc).

두 번째 타입의 컴포넌트는 구성(configuration)이라는 컴포넌트로서 하위에 다른 구성(configuration)이나 모듈(Module)을 자식 컴포넌트로 둘 수 있으며 자식 컴포넌트들 간의 연결 정보를 담고 있다(예 Blink.nc).

이때 컴포넌트들 간의 연결정보를 추상화시킨 데이터 타입이 인터페이스(예 BlinkM.nc에서 StdControl, Timer, 그리고 Leds)이며 자바의 인터페이스와 같이 한쪽 컴포넌트는 인터페이스를 사용한다.

예를 들면 [그림 3-16]에서 BlinkM.nc 모듈은 StdControl.init()이라는 command와 Timer. fired()라는 이벤트(event)를 제공한다.

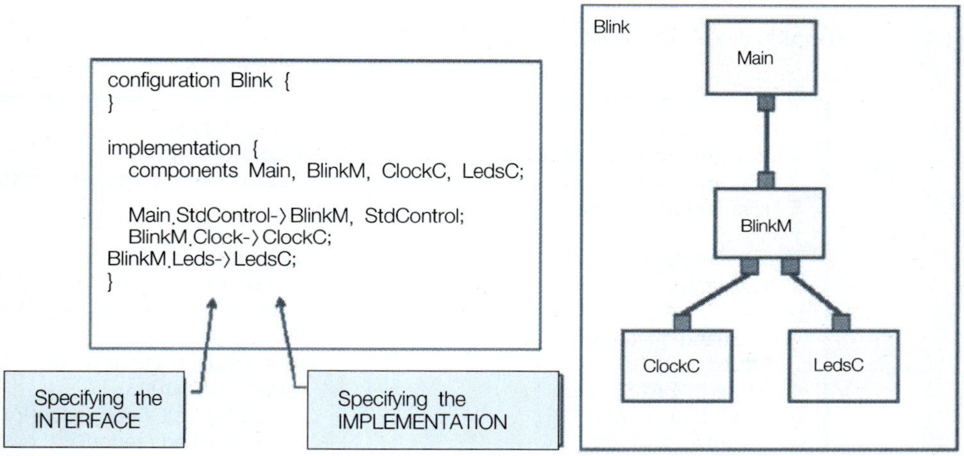

[그림 3-16] Blink 구성(configuration)

다음은 간단한 태스트 프로그램 "Blink"는 LED를 1Hz로 ON/OFF하는 프로그램이다. Blink 응용(application)은 두 개의 컴포넌트(components)로 구성되어 있다.

- 모듈(module)은 "BlinkM.nc"
- 구성(configuration)은 "Blink.nc"

모든 응용은 상위 레벨 구성 파일(Top-Level Configuration File)이 필요한데, 일반적으로 응용 자체 이름을 상위 레벨 구성 파일로 명시한다.

구성의 이름은 Blink로 선언하였으며, 컴포넌트(component)는 Main, BlinkM, Single Timer, LedsC로 구성되었다.

Main의 StdControl은 BlinkM과 SingleTimer가 연결되어 있어 Main. StdControl. init()가 호출되면 SingleTimer.StdControl.init()와 BlinkM.StdControl.init()가 호출된다.

NesC는 화살표(->)를 사용하여 interfaces 사이의 관계를 Wiring한다.

화살표의 왼쪽은 오른쪽을 사용(uses)하고, 화살표의 오른쪽은 왼쪽에 제공하는 역할을 한다. 즉, 다음과 같이 표기한다.

- BlinkM.Timer -> SingleTimer.Timer

화살표 왼쪽에 있는 BlinkM.Timer는 Timer를 interface하는 역할을 하고, 반면에 화살표 오른쪽에 있는 SingleTimer.Timer는 Timer를 implementation하는 역할을 한다. 또한 마지막 줄처럼 함축적으로 나타낼 수 있다.

- [BlinkM.Leds -> LedsC;] = [BlinkM.Leds -> LedsC.Leds;]

```
  module BlinkM {
  provides interface StdControl;
  uses interface Timer;
  uses interface Leds;
}
implementation {
  bool state;

  command result_t
  StdControl.init() {
   state = FALSE;
    call Leds.init();
    return SUCCESS;
  }
```

```
  command result_t
  StdControl.start() {
    return call Timer.start(,1000);
  }

   command result_t
   StdControl.stop() {
     return call Timer.stop();

  event result_t Timer.fired() {
    state = !state;
    if (state) call Leds.redon();
    else call Leds.redoff():
  }
}
```

[그림 3-17] Blink.nc 구성(configuration)

모듈(module)이름은 BlinkM으로 선언하고, 모듈 안에서 provides와 uses를 위와 같이 선언한다. StdControl은 초기화와 TinyOS 컴포넌트(components)를 시작하기 위해 사용되는 공통된 interface이다. 위와 같이 기본적으로 3개[init(), start(), stop()]의 커맨드(command)로 구성되어 있다.

init()는 처음 초기화할 때 호출되고, start()는 실질적으로 처음 수행되는 함수이며, stop()은 컴포넌트(component)가 끝날 때 호출되는 함수이다.

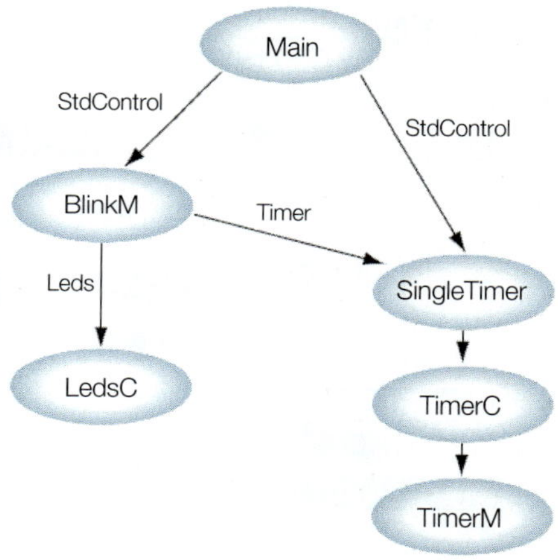

StdControl.nc

```
interface StdControl {
   command result_t init () ;
   command result_t start () ;
   command result_t stop () ;
}
```

[그림 3-18] Blink 구조

(3) 태스크(Task)

태스크는 인용하기 전에 선언하고 파라미터(parameter)없이 프레임 변수를 사용한다. 다음은 Task 예이다.

```
task void HandleFire() {
        if (mState) {
            for (i=0;i〈NUM_TIMERS;i++) {
                    ...
                    post signalOneTimer();
        }//HandldFire
async event result_t Clock.fire() {
        post HandleFire();
         return SUCCESS;     }
```

TinyOS의 Task들은 융통성이 있고 TOS의 스케줄러에 의하여 연속적으로 동작한다. 즉 FIFO 스케줄과 같다.

[그림 3-19]는 TinyOS의 스케줄러이다.

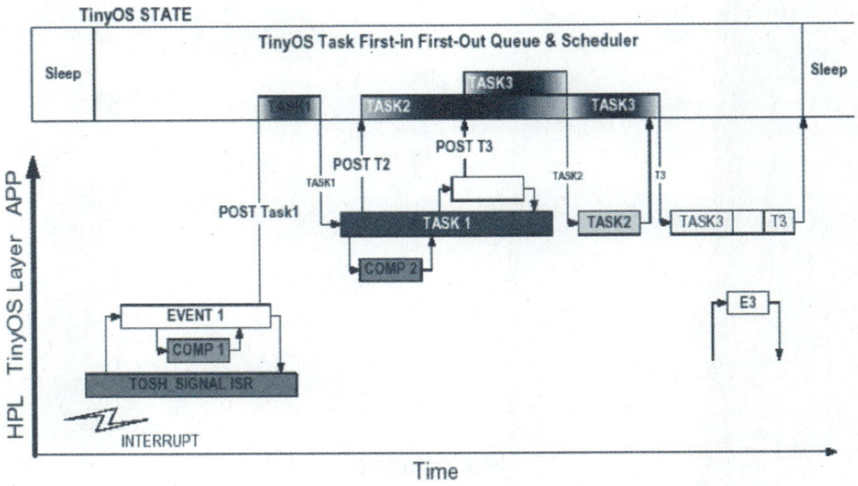

[그림 3-19] TinyOS의 스케줄러

(4) atomic과 state의 공유

최근정보의 상태를 공유하기 위해 사용된다. Sync는 단지 동기 코드(예를 들면 Task) 안에 있고 "atomic"의 매크로는 {}블록의 동안에 모든 인터럽트를 해제한다. 주의사항은 "atomic"은 노드의 성능에 영향을 미칠 수 있다.

atomic 블록은 다음과 같다.

```
atomic {
//code is atomic - can not be interrupted
  Applicationsate = NewState;
}
```

다음은 "atomic" 구문에 대한 예제이다.

```
command result_t Timer.stop[uint8_t id]() {

        if (id>=NUM_TIMERS) return FAIL;
        if (mState&(0x1L<<(id)) { // if the timer is running
            atomic mState &= ~(0x1L<<(id);
            if (!mState) {
                setIntervalFlag = 1;
```

```
            }
            return SUCCESS;
        }
        return FAIL; //timer not running
    }
```

① 동기(sync)와 비동기(async)의 비교

비동기 코드는 최소한 한 개의 인터럽트 핸들러로부터 도달할 수 있고 동기 코드인 커맨드(command), 이벤트(event), 혹은 태스크(task)는 오직 태스크로부터 도달할 수 있다. NesC는 비동기의 어떤 이벤트나 명령어에 대하여 Compile-Time 에러를 보고한다. 비동기 특성은 비동기의 흐름의 일부분인 이벤트나 명령어를 가리키기 위해 사용된다.

비동기 처리들은 Task의 Posting에 의하여 'Decoupled'된다. Task는 항상 동기이다.

```
async event result_t Clock.fire() {
        post HandleFire();
         return SUCCESS;
   }
```

The post task "decouples" the async event

[그림 3-20] 비동기 Event

TOS의 규칙에 따라 하드웨어 이벤트 핸들러 명령어나 이벤트는 비동기 키워드로 반드시 선언되어야 한다. 이 코드는 다른 프로세서와의 Task를 위하여 비동기적으로 수행할 수 있다는 것을 말한다. NesC는 만약, 상태(변수)가 경쟁(race)에 의해 영향을 받을 수 있다면 경고를 알리거나 검사할 것이다. 경쟁은 Task 내에 독점적으로 공유한 데이터를 접근함으로써 피할 수 있다. 왜냐하면 Task는 서로 인터럽트를 할 수 없기 때문이다. 또, 경쟁은 공유한 변수를 접근하기 위해 atomic statement를 사용함으로써 피할 수 있다.

② Atomic statements

구문이 실행될 때 어떠한 다른 경쟁도 동시에 발생할 수 없으므로 call command, signal event, goto, return, break, continue, case, default, labels 사용을 금지한다.

4장

무선통신과 TinyOS 스텍

4.1 무선통신 기술의 특징

4.2 ZigBee

4.1 무선통신 기술의 특징

정보기술의 급속한 발전에 따라 모든 사물이 지능화되고 네트워크화됨으로써 사물과 사람, 사물과 사물간의 의사소통이 가능한 사회, 즉 지능기반사회(ubiquitous society)로 변해가고 있다. 현재 세계 각 국에서 진행되고 있는 유비쿼터스 정보화시대의 주요 수단으로서 전파식별(RFID : Radio Frequency Identification)과 USN(Ubiquitous Sensor Network)에 대한 관심이 높아지고 있다. RFID는 제품에 태그(Tag)를 부착하여 사물의 정보를 확인하고 주변 상황정보를 수집 · 저장 · 가공 · 추적함으로써 위치정보, 원격처리, 관리 및 정보교환을 가능케 하는 기술이다. 이러한 RFID 서비스를 위한 시스템은 기본적으로 태그라고 불리는 고유정보를 전기적으로 저장하는 트랜스폰더(transponder), 해독기를 가진 송수신기 역할을 하는 리더기, 호스트 컴퓨터 이렇게 3가지의 구성요소로 이루어진다.

USN은 단순 인식정보를 제공하는 전자태그에 Sensing 기능이 추가되고 이들 간의 네트워킹이 이루어져 실시간으로 통신이 가능하게 되는 형태를 의미한다. 즉, 필요한 모든 사물에 전자태그를 부착하고(ubiquitous), 이를 통하여 사물의 인식정보를 기본으로 주변의 환경정보(온도, 습도, 오염정보, 균열정보 등)까지 탐지하며(sensor), 이를 실시간으로 네트워크에 연결하여 정보를 관리하는 것으로 (network) 궁극적으로 모든 사물에 Computing 및 Communication 기능을 부여하여 Anytime, Anywhere, Anything 통신이 가능한 환경을 구현하기 위한 것이다.

1 무선통신의 역사

옛날의 통신시스템은 연기 신호나 비둘기를 통한 배달 등이었다. 그리고 무선통신은 G.마르코니에 의하여 1890년대에 고안되었고 다량의 정교한 군사 무선 시스템은 2차 세계대전 동안과 이후에 개발되었다. 셀룰러는 1988년에 개발된 이래 거의 10억의 소비자가 사용하는 가장 성장이 뛰어나고 무선통신의 혁신적인 제품으로 거듭나고 있다. 그러나 1세대 무선통신 LAN, 이리디움(iridium), Metricom 등 깜짝 놀랄만한 비즈니스의 실패도 가져왔다.

2 무선기술

무선기술은 주파수 영역에 따라 WAN, LAN, PAN으로 구분하고 데이터 전송비율에 따라서 [그림 4-1]처럼 구분되는데 TinyOS가 제공하는 영역은 블루투스 및 ZigBee 영역과 ISM 밴드 주파수 영역을 포함한다. ZigBee의 중요한 목표는 정보처리의 상호운용을 가능하게 하고 광대역에서 낮은 데이터전송률의 무선 애플리케이션을 사용하게 하는 단순화된 솔루션을 OEM과 개발자에게 제공하는 것이다. ZigBee는 몇몇 장점을 가지고 있는 Peer-to-Peer, Mesh 네트워킹과 같은 네트워크 토폴로지로 이루어진 다른 많은 타입에도 적합하다.

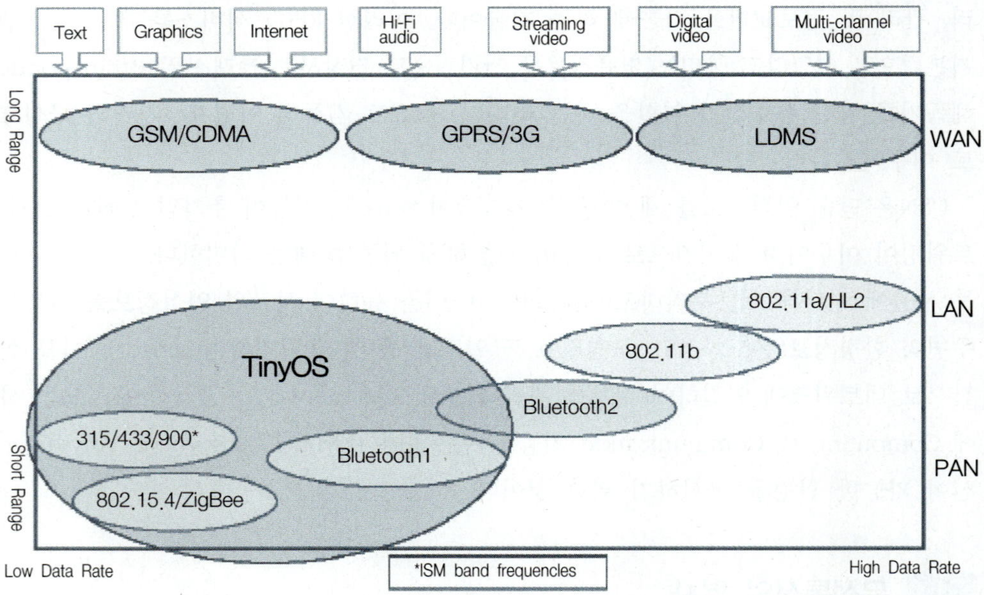

[그림 4-1] 주파수 영역 및 데이터 전송비율별 구분

3 무선주파수 스펙트럼

Mote는 무선 스펙트럼(spectrum)에 의한 주파수의 항목에 따라 RF(Radio Frequency) 파워를 사용하여 자유공간을 통하여 통신을 한다.

ISM(Instrumentation Scientific Medical), 즉 기계, 과학, 의료기기 등의 많은 다른 장치들이 이 스펙트럼 안에서 동작한다. 역사적인 기록에서 ISM 밴드는 특별한 주파수(예를 들면, 마이크로웨이브 오븐)에서 RF 에너지를 발산하는 전장장치를 위한 것으로 있다.

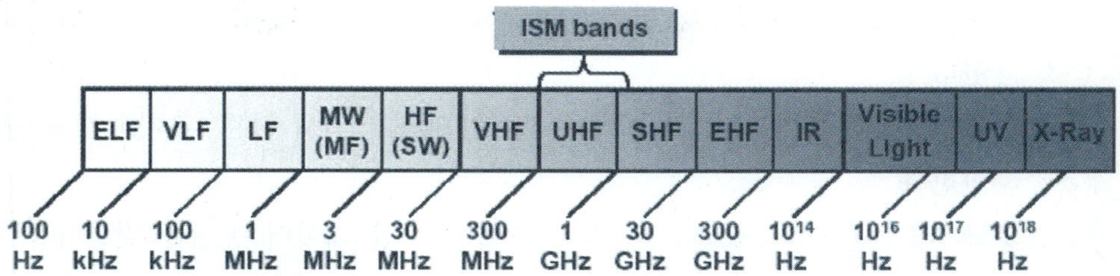

[그림 4-2] 무선 주파수 스펙트럼

4 무선통신의 표준화

시장에서 손쉽게 채택할 수 있는 상호작용하는 시스템은 표준화를 요구하고 있다. 대부분의 회사들은 사실상 표준에 대하여 양자택일을 시도함에 따라서 표준에 따라서 그들의 시스템에 탑재하기를 원한다. 그리고 표준은 미국에서 TIA/CTIA에 의하여 결정되는데 IEEE 표준이 자주 선택되고 있다.

전 세계 표준은 유럽에서 ITU-T에 의하여 결정된다. ETSI는 IEEE와 동등하다. 표준화는 관심의 충돌과 비효율이 내포한 과정이다.

대역은 미국(901~928MHz와 433.05~434.79MHz), 오스트리아(915~928MHz), 유럽(868~870MHz), 일본(315MHz)를 사용하고 GHz와 그이상 주파수밴드에서는 전 세계가 받아들인 2400~2483.5MHz를 사용한다.

5 무선통신 채널 모델

무선통신 채널은 데이터 소스로부터 데이터 해석까지 모든 구성요소가 포함하는 수신기까지의 데이터 이동경로이다.

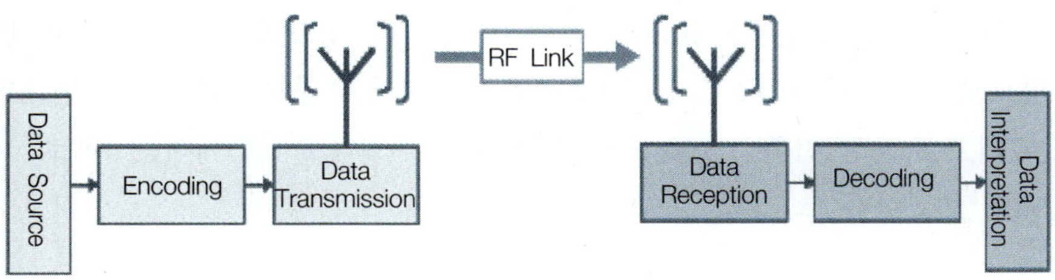

[그림 4-3] 무선통신 채널 모델

① 데이터 소스 : 센서로부터 읽은 ADC, 하나의 파일, 불연속(discrete) 입력값들을 말한다.

② 데이터 부호화(Encoding) : 전송특성을 개선하기 위해 다른 디지털 신호 형태로 변환한다.

③ 데이터 전송(Transmission) : TX 모드에서 무선 데이터 송신을 말한다.

④ RF 링크(Link) : 자유공간에서 TX로부터 RX까지 RF파형을 이동하는 방법인데 이는 안테나에 의하여 촉진된다.

⑤ 데이터 수신(Reception) : RX 모드에서 무선 데이터 수신을 말한다.

⑥ 데이터 디코딩화(Decoding) : 8수신단에서 아날로그 신호를 원래의 디지털 데이터로 복호화하는 인코딩의 반대 개념이다.

⑦ 데이터 해석(Interpretation) : Mote의 펌웨어(firmware)는 패킷의 페이로드 데이터를 가지고 정해진 어떤 동작을 수행하기위해 분석한다.

⑧ 안테나 : 안테나는 자유공간의 전도체로써 RF 신호의 전송을 촉진시킨다. 안테나가 없으면 특성상 TX 영역은 크게 감소한다.

6 RF Link의 전파지연 장치 및 전파지연

RF 링크의 전파지연 장치는 지구표면, 빌딩 혹은 벽에 의하여 반사(reflection)되고 파형 길이보다 큰 물체 주변을 파형이 굴절되는 회절(diffraction)현상이 생기고 파형의 길이보다 작은 물체인 거리 램프나 잎사귀에 따라 산란(scattering)현상이 발생한다.

RF의 전파지연(propagation)의 원인은 대규모 감쇠(fades)인 흡수(absorption)와 쉐도우(shadow)와 소규모 감쇠(fades)인 멀티패스(multipath)영향과 목적물 주변 이동 등이 있다. RF 신호는 전형적으로 TX부터 RX까지 멀티패스를 가지고 있다. 멀티패스는 [그림 4-4]처럼 최악의 경우 180도에서 발생하는 유해한 간섭이 될 수도 있다.

RF전력(power)의 단위는 dBm을 쓴다. 무선과 RF 링크의 특성은 dBm과 dB의 항목의 양으로 나타낸다. dBm은 전력 1mW와 비교하여 측정하고 전력에서 변화를 측정한다. 그리고 유용한 전환은 3dB 전력에서 2배로 변화하고 6dB에서는 4배로, 10dB에서는 10배 변화한다.

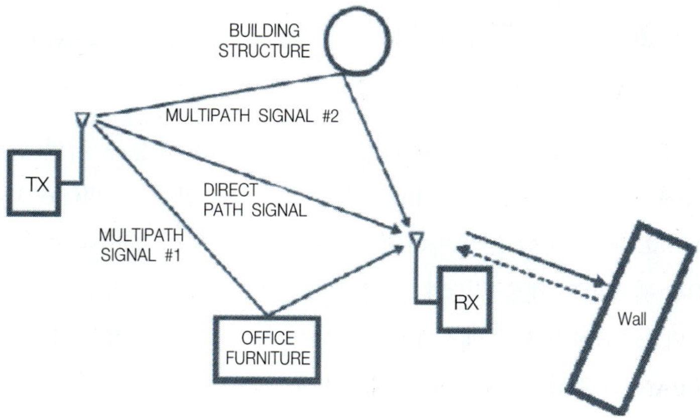

(dBm=10log(P)이다).

[그림 4-4] 멀티패스의 경우

7 RF의 간섭 및 변조

간섭(interference)의 3가지 원인은 자연에 의한 것, 사람이 만드는 노이즈와 신호들이다. Mote의 변조(modulation)는 RF 하드웨어에 있다. 즉 MICA2/DOT의 CC1000에서는 맨체스터 인코딩을 가진 FSK(Frequency Shift Keying)을 사용하고 MICAz의 CC2420에서는 Half Sine Pulse Shaping을 가진 O-QPSK(Orthogonal Quadrature Phase Shift Keying)을 사용한다.

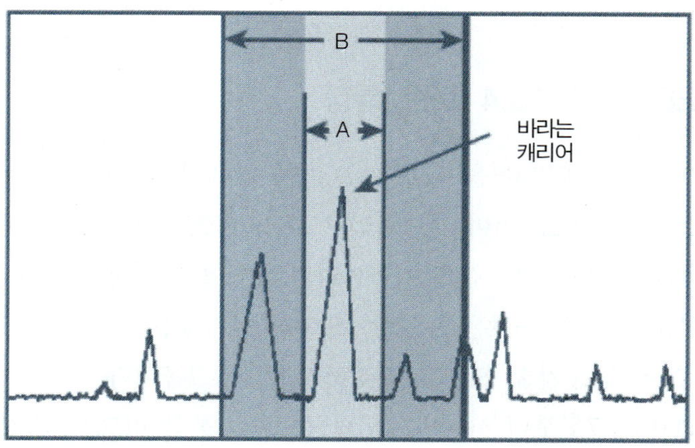

[그림 4-5] RF의 간섭

4.2 ZigBee

ZigBee의 어원은 표준화의 초기에 여러 제안 및 결정을 위한 혼선의 모양을 빗대어 Zig Zag에서의 Zig와 가장 경제적으로 통신을 한다는 벌(Bee)의 개념을 도입하여 ZigBee(IEEE 802.15.4)로 명명하였다. 특히 최근 무선 센서를 이용한 홈랜 및 무선기술로 ZigBee에 대한 개술개발과 표준화가 필립스와 모토로라 등이 주축이 된 ZigBee Alliance와 IEEE 802.15.4에서 PHY와 MAC 프로토콜의 표준인 IEEE 802.15.4 LR(Low Rate)-WPAN 표준화 작업은 완료되고 MAC상위 계층에 표준화 작업이 진행중에 있다.

PHY로 2.4 GHz 대역(QPSK 변조방식)의 16채널, 915 MHz대역(BPSK 변조방식)의 10 채널, 868MHz 대역의 한 개 채널을 이용한다.

주파수 밴드	라이센스 요구	영역	데이터 비율	채널 수
868.3MHz	No	Europe	20kbps	0
902-928MHz	No	Americas	40kbps	1-10
2405-2480MHz	No	Worldwide	250kbps	11-26

[그림 4-6] 주파수 밴드별 구분

1 IEEE 802.15.4 표준 특징

IEEE 802.15는 WPAN을 다루는 표준화 단체이며 IEEE 802.15.1은 Bluetooth로서 2002년 초에 표준으로 이미 채택되었고, IEEe 802.15.2는 같은 주파수 대역을 사용하는 무선 LAN과의 공존성 및 같은 기기끼리의 충돌을 해결하기 위한 그룹이며, 2000년 3월에 시작한 IEEE 802.15.3은 동영상, 고화질 정지화상 등 중대역 멀티미디어 무선 전송을 위한 고속 전송기술 표준을 제정하기 위한 그룹이다.

또한, 2000년 7월부터 시작된 ZigBee는 무선 통합 리모컨, 가전 기기 컨트롤러, 빌딩 제어, 장난감 등에 사용하기 위한 저속이나 저가격, 저소비 전력의 무선전송기술의 표준을 제정하기 위한 그룹이고, 2002년 12월부터 새로 만들어진 IEEE 802.15.3a는 IEEE 802.15.3의 PHY 부분에 UWB 기술을 적용하기 위한 그룹이다.

저속 W-PAN을 위한 기술인 ZigBee는 낮은 데이터 전송률 기반의 가정자동화 및 무선 데이터 네트워크 실현에 요구되는 무선통신 기술이다. 이러한 ZigBee 기술의 표준화를 위해 지난 2000년 12월에 창설된 IEEE 802.15 Task Group 4, 즉 TG4에서는 저속 WPAN을 위한 PHY 및 MAC의 표준화를 진행하고 있고, 관련 산업체 컨소시엄인 ZigBee Alliance에서는 PHY 및 MAC을 비롯해서 데이터 링크 계층, 네트워크 계층, 응용계층까지의 표준화에 박차를 가하고 있다.

한편, ZigBee를 위한 최초의 기술표준인 IEEE 802.15.4는 ARQ(Automatic Repeat reQuest)를 통한 높은 신뢰성, 오류 제어능력, 우선순위에 따른 통신, 직접 시퀀스 대역 확산 기술사용, 간섭방지를 위한 사용 주파수 변환, 사용자에 의한 보안수준 결정 등을 제공하는 강력한 패킷 데이터 프로토콜을 제시하고 있다.

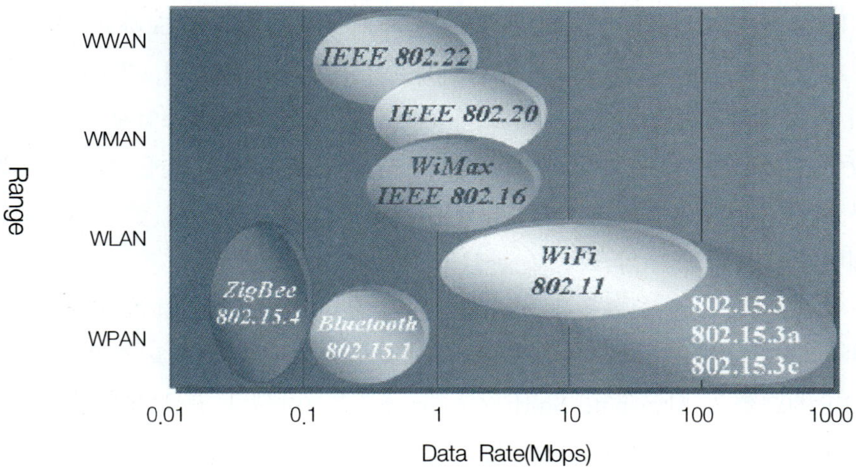

[그림 4-7] 802.xx의 무선 공간

ZigBee에서 가정 EH는 사무실의 조명, 보안 등을 무선으로 제어할 수 있는 효율적인 네트워크를 구축하기 위한 핵심 기술로 고려되고 연결 기기들의 전력소모가 적은 것이 특징이며, 휴대전화, 노트북 등을 1Mbps의 속도로 연결시켜주는 기존 블루투스의 저속 및 보급형 버전이라고 말할 수 있다.

이러한 ZigBee를 위한 물리계층은 Dual PHY 형태로서, 사용하는 주파수 대역은 무선 전화, IEEE 802.11b, 전자레인지 등의 동작 대역과 같은 2.4GHz ISM(Industrial,

Scientific and Medical) 대역, 그리고 868MHz 및 915MHz 대역을 점유하고 있다. 또한, 하나의 무선 네트워크에 최대 255대의 ZigBee 기기를 연결할 수 있으며, 저전송률 단점을 극복하기 위해 전력소모를 최소화하도록 설계되고 있다.

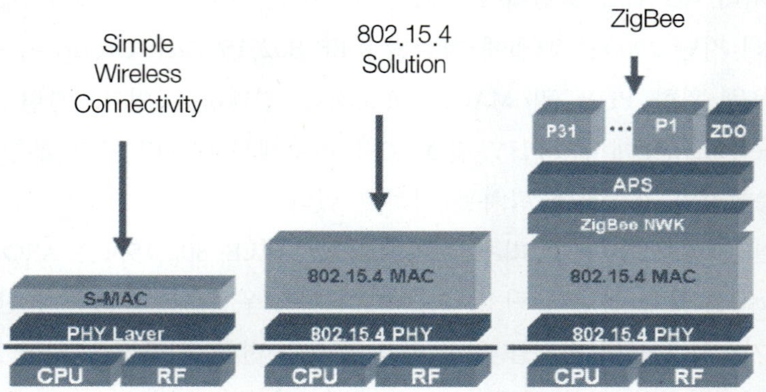

[그림 4-8] 802.15.4/ZigBee의 스텍 비교

[그림 4-9]는 Dual PHY를 위한 주파수 채널의 형태를 비교하고 있다.

현재 이미 많은 휴대전화 및 부품업체들이 ZigBee의 저전력, 저비용 특성에 주목하여 이 기술의 채택을 적극적으로 검토하고 있으며, 또한 전자부품업체들도 ZigBee 모듈 개발에 힘쓰고 있다. 특히 근거리 핵심 전송기술인 ZigBee 기술은 자동 제어뿐만 아니라 무선 센서 네트워크를 구성할 수 있는 기술로 부각되고 있어 향후 유비쿼터스 시대를 대비하는 저전력 핵심 기술로 관심을 모으고 있다.

한편, 저속 ZigBee 표준을 기반으로 향후 유비쿼터스 네트워크 구축에 필수적인 위치 추적 관련 기능을 수반하는 저가의 저전력 물리계층의 결정을 위해 지난 2003년 3월 IEEE 802.15.4 Alter-nate Study Group 4a, 즉 SG4a가 창설되었다. 같은 그룹에서는 추가적으로 데이터 전송률 및 적용 가능 거리의 유동성까지 고려하여 기존 ZigBee 기술보다 새로운 핵심적인 응용 분야 개발 및 관련 시장에의 높은 선점 가능성을 예상하고 있으며, 이를 위해 기대하는 응용 분야의 범주는 다음과 같이 분류될 수 있다.

스마트 태크, 스마트 홈, 위치추적, 인명구조 등의 위치추적 분야 원격 센서 및 위치 인식 장치 등을 기반으로 하는 각종 제어 분야, 신체관리 모니터링 및 의료진 위치파악 등을 요구하는 의료 관련 분야 앞서 언급한 바와 같이 IEEE 802.15 SG4a에서 기존의 ZigBee 기술 표준과 차별적으로 추구하는 가장 두드러진 핵심 요소가 위치 예측 기능과 저전력 특성이므로, 최근 이에 부합하는 가장 유력한 후보 기술로 UWB가 거론되고 있는 상황이다.

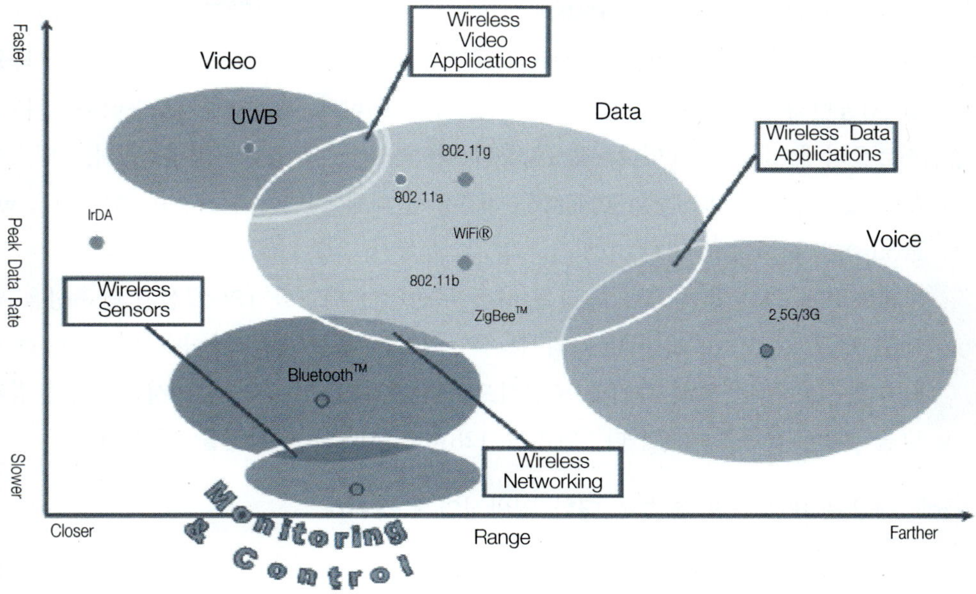

[그림 4-9] 무선 네트워크 프로토콜

ZigBee는 가정, 사무실 등의 무선 네트워킹에서 10~20m 내외의 근거리 통신시장과 최근 주목받는 유비쿼터스 컴퓨팅을 위한 기술로서 높은 관심이 모아지고 있다. 근거리 저전력 무선 네트워크 표준화 단체인 ZigBee Alliance(www.ZigBee.org)는 하니웰, 모토로라, 미쓰비시, Invensys, 필립스 등을 중심으로 30여개 업체가 IEEE 802.15.4의 표준 제정에 앞장서고 있다.

ZigBee Alliance는 표준규격을 확정해 ZigBee 관련 기기를 시장에 내놓을 예정이다. ZigBee는 무선통신 분야에서 IEEE 802.11이나 다른 802.15와는 달리 단순기능이 요구되는 매우 작은 사이즈, 저전력, 저가격 시장을 목표로 하고 있다. 특히 블루투스와 비교해 전력 소비가 적다. 실생활에서 사용되고 있는 AA 알카라인 건전지(2개)만으로도 수개월에서 1~2년까지 사용이 가능하다.

또한 칩 개발에 있어 블루투스 정도의 복합 기능 구성이 요구되지 않아 타임-투-마켓이나 응용분야의 확장성에서 큰 장점을 가지고 있다. 저전력 무선 커뮤니케이션 표준에 대한 요구와 수개월에서 수년간의 배터리 수명, 낮은 복잡성은 IEEE 802.15.4(Task Group 4 1)의 발전에 박차를 가하였다. IEEE 802.15의 Task Group 4는 국제적으로 무면허의 주파수대들에서 통신하기 위해 단거리, 저전력, 낮은 비율 무선의 장치들을 위한 기준을 조사, 개발하였다. 표준의 초안인 D18는 2003년 5월 13일 승인되었다.

802.15.4 표준 디테일은 물리계층(PHY)과 중간접근제어(MAC) 명세, 그리고 스타형(star), 메시형(mesh), cluster tree로 알려진 다른 타입의 네트워킹을 위한 구축용 블록을 제공한다. 표준 직렬 인터페이스는 8혹은 16비트 마이크로컨트롤러와 같은 호스트 컨트롤러에 접근할 수 있고, 디지털화된 데이터 패킷을 송수신할 수 있다. 2태스크 그룹(task group) 4는 더 높은 프로토콜 계층을 정의하기 위하여 ZigBee 워킹그룹(working group)과 협력하고 있다.

802.15.4 PHY의 중요한 특징은 다른 무선 네트워크들과의 개선된 공존성을 위한 에너지 링크 퀄리티(link-quality)의 감지와 깨끗한 채널 선택 방식을 포함한다는 점이다. MAC는 자동화된 패킷 승인을 조건적으로 지정하고, 먼저 채택된 시간간격의 범위에 전달을 위한 조건을 제공한다. 그리고 128비트 AES의 안정성을 지원한다.

다음은 802.15.4 표준에 대한 일반적인 특징이다.

- 250kb/s와 20kb/s의 데이터 전송률
- 마스터－슬레이브 혹은 피어－투－피어 동작
- 최대 254개 네트워크 기기 혹은 64516개 분배점
- 조이스틱과 같은 보조 기기에 대한 지원
- CSMA/CA 채널 액세스
- 코디네이터에 의한 자동 네트워크 설치
- 동적 어드레싱 기기
- Fully agreed upon protocol for transfer reliability
- 저전력 소모를 보증하는 전력 관리

전세계 2.4GHz 비허가 대역에서 16채널(DSSS 변조), 915MHz 비허가 대역(미국)에서 10채널과 유럽의 868MHz 대역에서 1채널이다.

ZigBee의 중요한 목표는 정보처리의 상호운용을 가능하게 하고 광대역에서 낮은 데이터 전송률의 무선 애플리케이션을 사용하게 하는 단순화된 솔루션을 OEM과 개발자에게 제공하는 것이다. ZigBee는 몇몇 장점을 가지고 있는 피어－투－피어, 메시 네트워킹과 같은 네트워크 토폴로지로 이루어진 다른 많은 타입에도 적합하다.

현재 ZigBee Alliance에서 표준규격 안으로 거론되고 있는 전송속도는 블루투스와 비교해 낮은 250kbps, 40kbps, 20kbps 정도이며 일반적으로 2.4GHz를 쓰는 경우 16채널, 미국의 915MHz를 쓰는 경우는 10채널, 유럽의 868MHz를 쓰는 경우는 1채널이다.

ZigBee 표준화는 신뢰성 있는 무선 데이터 전송을 제공하기 위해 IEEE 802.15.4 PHY, MAC 계층을 사용한다. 그것은 애플리케이션 네트워크와 프로필을 포함하는 보통의 애플리케이션 플랫폼으로부터 프로토콜 스텍의 높은 계층을 정의할 것이다. ZigBee 프로필은 정보처리 상호운용과 상호 호환성으로 목표가 된 애플리케이션을 제공한다. ZigBee 스텍은 약 28kB로 매우 작다. 그것은 수개월에서 수년간의 배터리 수명을 필요로 하는 장비를 위해 매우 낮은 가격과 매우 낮은 전력의 무선 연결을 제공하는 것을 가능하게 한다. 저전력 마이크로컨트롤러 혹은 ZigBee 칩셋 장치는 300에서 4000바이트의 RAM을 갖는다.

ZigBee와 802.15.4에 기초한 표준은 시스템 디자이너에게 도구의 몇몇 클래스를 제공하는데 그것은 다음과 같다.

- The Reduced-functionality Device(RFD)
- The Full-functional Device(FFD)
- The Network Coordinator

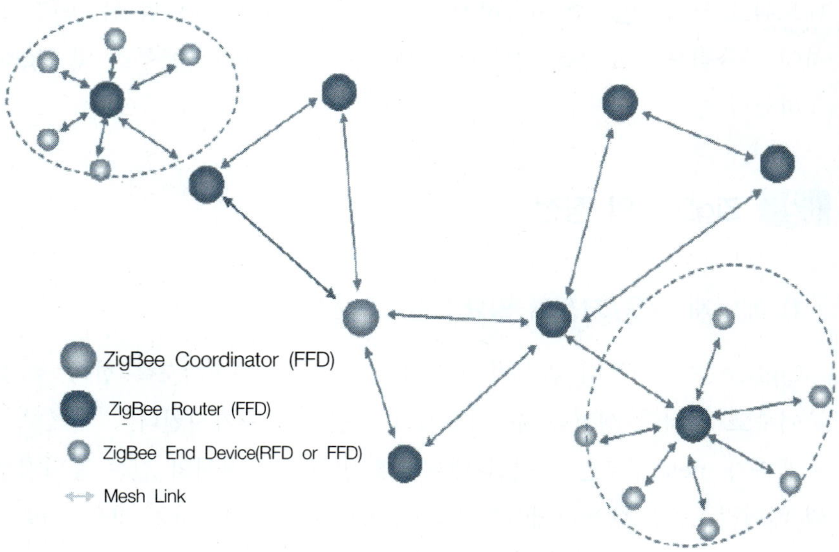

[그림 4-10] ZigBee 네트워크 모델

〈표 4-1〉 WiFi, 블루투스, ZigBee의 특성 비교

Market Name Standard	WiFi™ 802.11b	Bluetooth™ 802.15.1	ZigBee™ 802.15.14
Application Focus	Web, Email, Video	Cable Replacement	Monitoring & Control
System Resources	1MB+	260KB+	25KB-50KB
Battery Life(days)	5~5	1~7	100~1,000+
NetWork Size	32	7	255/55,000
Bandwidth (Kb/s)	3.11,000+	720	20~250
Transmission Range(meters)	1~100	1~10+	1~100+
Success Metrics	Speed, Flexibility	Cost, Convenience	Reliability, Power, Cost

모든 ZigBee 네트워크는 적어도 하나의 RFD 또는 FFD를 갖고 네트워크 코디네이터와 확장된 네트워크는 네트워크 토폴로지에 의해 요구되는 링크와 폼 브리지에 FFD와 네트워크 코디네이터를 사용하게 될 것이다. ZigBee 네트워크는 연결성과 기능에 기초하여 자율적으로 모양을 이룰 수 있다. 다음은 WiFi, 블루투스 및 ZigBee의 특성을 비교하였다.

2 ZigBee의 장점

1) 에너지 효율/저전력 필요조건

ZigBee는 기기들이 완전히 필요할 때만 서로 통신하도록 한다. 이것은 전력소모를 줄여주고 배터리 생명을 수 개월에서 수년으로 증가시킨다.

게다가 mesh구조는 주어진 네트워크 범위에서 전체의 전송 출력전력을 줄여줌으로써 배터리-충전 애플리케이션의 최대 전력효율을 달성하는 것을 도와주고 그것 때문에 전송손실에 의한 전체적인 전력소모를 낮추어준다.

오직 주변의 몇 지점으로만 전송함으로써 전송전력을 줄이게 됨으로써, 설계자들은 멀리 있는 지점의 채널에 접속하는 것을 피할 수 있다. 이것은 복합적인 메시지가 동시에 네트워크의 다른 파트로 이동할 수가 있게 하는 공간을 다중화라고 불리는 셀룰러 네트워크의 현상이 일어나게 한다.

2) 자가 설정/ 자가 치유 네트워크

ZigBee가 Ad-Hoc 메시 네트워크상에서 개발되었기 때문에 자가 조직화(self-organizing)가 가능한 네트워크를 제공하므로 수동설정(manual configuration)이 필요 없다. 이 때문에 새로운 장비를 더하거나 존재하는 장치를 재배열하는 것이 자동으로 되기 때문에 간단하게 처리된다. 네트워크는 새로운 접속점을 발견하고, 존재하는 시스템에 자동적으로 포함시킨다. 즉, 메시 네트워크는 원래 신뢰성을 갖는 것이 아니라 적응화되는 것이다.

예를 들어 만약 유량계 센서와 견고한 RF 통신 연결(communications link)을 위한 데이터 기록 장치가 한 장소에 설치되어 있다면 네트워크 안의 더 많은 중계기 노드들을 추가하여 메시 네트워킹을 경제성이 있도록 만들어준다.

인터넷에서 만약 하나의 라우터가 작동하지 않게 되면 다른 라우터를 통과하여 보내지는데, 같은 원리로 만약 장치 또는 메시 네트워크 링크가 깨지면 메시지는 다른 장치를 경유하여 보내진다.

하나 또는 그 이상의 노드가 손실되는 것은 네트워크를 운영하는데 큰 영향을 미치지 않기 때문에 이와 같은 메시 네트워크는 메시지의 라우팅을 위한 사람의 조정이 필요하지 않기 때문에 자가 치유적(self-healing)이 되는 것이다. 약한 신호가 생기는 지점이나 전파 음영 지역은 그 자리에 중계기 노드를 놓는 것만으로 해결된다.

3) 인터페이스에서의 신뢰성/ 저항

인터넷과 다른 피어-투-피어 라우터 기반 네트워크 같은 메시 네트워크는 네트워크 도처에 여분의 다중 통신경로를 제공한다. 만약 어떤 이유로 하나의 링크가 깨지면 네트워크는 자동적으로 다른 통로로 메시지를 라우팅한다.

Mesh 네트워크에서 링크 품질을 증가시키면 노드간의 거리를 단축시킬 수 있다. 만약 두 가지 요인에 의해 거리가 줄어들게 되면 결과 신호는 수신기에서 적어도 4배 이상으로 커지게 된다.

메시 네트워크에서 거리를 증가시킬 수 있고, 잉여 노드를 부가함으로써 네트워크의 일반적인 신뢰성을 간단하게 증가시킬 수 있는 것이다.

ZigBee는 상대적으로 작고 짧은 패킷을 보냈을 때 네트워크가 다른 데이터 전송에 간섭이 일어나지 않으면 발생확률을 줄일 수 있을 것이다. CSMA/CA(Carrier Sense Multiple Access/Collision Avoidance)라 불리는 네트워크 충돌감지와 분석에 기초하여 각 노드는 데이터를 전송하기 전에 네트워크의 상태가 깨끗한지에 대한 신호를 받고, 1ms 정도의 아주 짧은 시간에 데이터를 주고받는다.

ZigBee는 각 장치들이 연속적으로 동시에 작동하지 않기 때문에 데이터 충돌의 가능성이 줄어들며, 원래의 명세에서 남는 분량을 체크하여 네트워크 에러율을 낮춘다.

4) 안정성

이론적으로 ZigBee 네트워크는 확장된 어드레싱, 즉 64비트(264) 주소로 수 백만개의 노드를 지원할 수 있으며, 로컬 어드레싱은 65,000개의 디바이스들을 서비스하고 16비트(216)의 어드레스를 제공한다. ZigBee가 메시 형태의 네트워킹을 제공하기 때문에 중앙제어부 없이 필요할 때 다수의 데이터 수집부나 게이트웨이를 더할 수 있는 편리함을 제공한다.

ZigBee는 계층과 함께 높은 레벨에서의 점점 더 중심으로 모이는 조작과 낮은 레벨에서의 분포된 운영을 통하여 물리적인 민감함을 유지하며 네트워크에 접속할 수 있다. 또한 메시 네트워크의 노드들은 릴레이 포인트이기 때문에 네트워크의 기반 설비는 확장될 수 있다.

5) 가격절감

ZigBee는 개별적인 노드, 서비스, 배터리 가격 등 전체적인 시스템을 감소시킨다. 역시 이것들은 충분한 가치를 하는 가격과 시스템 성능에 대하여 고려하는 센서 시스템 개발자와 다양한 tradeoff들에게 제공할 수 있는 충분히 유연성이 있다. 예를 들어 개발자들은 서비스 간격에서의 소모되는 배터리 수명을 활용할 수 있고 노드 가격과 복잡성은 아마도 네트워크의 복잡성을 위해 타협될 것이다.

처음 ZigBee 칩셋은 대략 한 유닛에 7불에 판매될 것이고 4년 이내에 2불로 떨어질 것이다. ZigBee Alliance는 ZigBee 칩셋이 유닛당 1불 또는 그 이하의 가격에 도달할 것으로 기대된다.

3 802.15.4와 802.11b 스펙트럼 관계

802.15.4과 802.11b 스펙트럼 관계는 [그림 4-11]과 같다. 그리고 WiFi와 Bluetooth와 공존한다. 그러므로 채널 선택이 중요하다. 단지 채널 25와 26은 중첩되지 않았다.

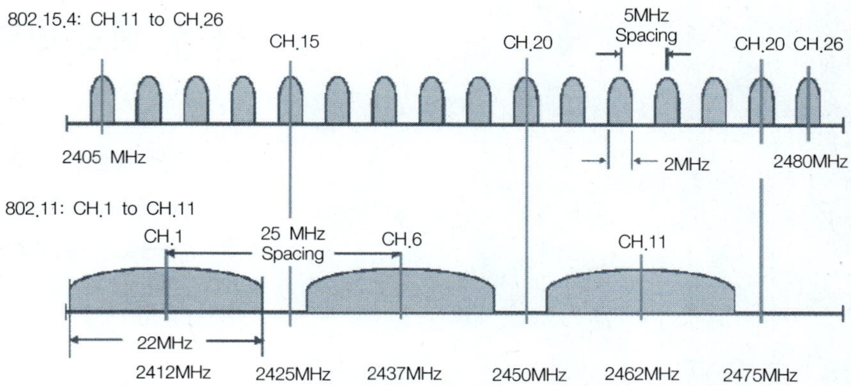

[그림 4-11] 802.15.4과 802.11b 스펙트럼 관계

이들 802.15.4 채널의 주파수의 단위는 GHz이고 미국/FCC 및 캐나다 지역은 전부 27채널를 할당하였고 채널 11에서 26은 2.4GHz 밴드이다. 단지 채널 25.26은 802.11b와 중첩되지 않음을 표에서 확인할 수 있다. 이들 802.11b 채널의 주파수의 단위는 GHz이고 미국/FCC 및 캐나다 지역은 전부 11채널을 할당하였다. 다음은 WiFi와 802.15.4/ZigBee 공존에 대한 연구이다. 이 연구는 스타게이트에서 가능한 WiFi상에서 연속적으로 데이터를 전송한다. 고전원과 저전원 카드를 사용하여 XMesh(surge_reliable)를 이용하고 6개의 Micaz 노드로 측정하였다.

5장

멀티홉 메시 네트워크

5.1 무선 네트워크 종류

무선 네트워크는 기존 통신 인프라(기지국, AP)의 지원 여부에 따라서 두 가지로 분류할 수 있다. 이동 단말들이 유선 환경에 기반한 기지국이나 AP를 중심으로 구성되는 인프라가 있는(infrastructure) 네트워크와 기지국이나 AP의 도움없이 순수하게 이동 단말들로 구성된 인프라가 없는(infrastructureless) 네트워크로 분류할 수 있다.

1 인프라가 있는 네트워크

인프라가 있는 네트워크는 마지막 부분이 무선으로 유선 네트워크와 연결되어 Last hop network라 한다. 기존의 설치된 인프라(기지국, AP)를 통해서만 데이터의 송수신과 같은 통신이 이루어지는 구조로 현재 많이 접하고 있는 이동전화망이나 Wireless LAN 등을 예로 들 수 있다. 인프라가 있는 네트워크는 기존 인프라(기지국, AP)를 통해서만 통신이 가능함으로 지진과 같은 재해, 테러, 전쟁과 같은 상황에서 기지국이나 AP의 고장, 유선 단절과 같은 상황발생시 통신을 할 수 없는 단점이 존재한다.

2 인프라가 없는 네트워크

인프라가 없는 네트워크는 기존 인프라(기지국, AP)가 존재하지 않는 곳에서 이동단말기간의 라우팅으로 데이터의 송·수신 등 통신을 수행하며 통상적으로 Ad-Hoc Network라 한다. 이동단말들은 기지국이나 AP의 도움 없이 자신들이 라우터, 서버의 역할 등 다중적인 역할을 담당해야 한다. Ad-Hoc 통신망은 기존 인프라가 필요치 않는 특성으로 인하여 임시 구성용 네트워크이나 지진, 태풍, 테러에 의한 재해/재난지역과 특히 전쟁터와 같은 기반 시설이 없는 환경에서 적용가능토록 주로 군사용망에 중점을 두어 연구 개발되어 왔다. 그러나 최근의 인터넷의 급속한 성장을 배경으로 Ad-Hoc 통신망은 초기의 원거리 망에서 근거리 지역망, 일반 대중의 가정 내 개인용 컴퓨터 간 통신망 요구의 증대 및 IP에 이동성을 부여하기 위한 연구와 함께 이를 지원하기 위한 근거리 지역 망에서 상업적으로 주목받기 시작했다. 최근 부각되고 있는 무선사설망(PAN Personal Area Network) 기술인 ZigBee, WiFi, Bluetooth, HomeRF 등은 Ad-Hoc 통신망의 좋은 예이다.

5.2 Ad-Hoc 네트워크

Ad-Hoc 네트워크는 분산형 무선통신 네트워크를 의미하며 특정 기지국에 의존하지 않고 무선 이동단말로만 구성된 네트워크를 말한다. 송수신을 담당하는 단말들은 다른 단말기의 신호를 중계하는 기지국 역할까지 수행하고, 다양한 단말을 경유하는 네트워크를 구성한다.

기존 유선망 기반 무선 네트워크인 기지국 중심의 네트워크는 기지국 고장시 네트워크 전체가 마비될 수 있고 기지국의 자체 용량 때문에 허용할 수 있는 사용자의 범위가 한정되지만, Ad-Hoc 네트워크는 응용 분야 측면에서 재해에 강하며 사용자 규모별로 네트워크의 크기를 자유롭고 용이하게 변경이 가능케 한 구조이다.

다만, Ad-Hoc 네트워크에 주소문제, 보안문제 등이 기술확산 및 보급에 걸림돌이 되고 있는 실정이다.

따라서 Ad-Hoc 네트워크가 널리 보급되기 위해서는 모든 Ad-Hoc 단말기에 유일한 주소가 부여될 수 있는 환경이 마련되어야 하며 이러한 해결책으로 인터넷 주소를 기존 IPv4체제인 32비트에서 128비트인 IPv6로 확장하면 주소문제는 해결될 것으로 보인다.

보안문제는 Ad-Hoc 네트워크의 가장 큰 취약점으로 지적되고 있으며, 안전한 네트워크를 사용할 수 있는 완벽한 프로토콜의 개발이 요구되고 있는 실정이다

Ad-Hoc 네트워크의 응용 분야로서는 초기 군사 네트워크에서 출발하였으나 향후 WPAN 및 센서 네트워크 등의 유비쿼터스 컴퓨팅의 여러 분야에 활용될 것으로 전망되며 이러한 Ad-Hoc 네트워크 구조상에서 컴퓨터, 주변기기, 카메라, 헤드셋 등 다양한 전자기기간 상호 독립적인 통신이 가능한 네트워크의 구성이 가능하다.

WPAN 시스템은 여러 모듈을 근거리 무선통신방식을 사용하여 Ad-Hoc으로 연결하고 데이터를 연속하여 전송하는 방식이다. 이 기능을 내장한 센서 모듈은 근처에 있는 모듈을 검출해 자발적으로 네트워크를 구축할 수 있으며, 인접한 모듈에 잇따라 데이터를 전달하여 각 센서 모듈은 장거리 무선 전송능력을 보유하지 않아도 결과적으로 장거리 전송이 가능하다.

〈표 5-1〉은 기존의 네트워크와 Ad-Hoc 네트워크를 여러 가지 조건으로 비교한 표이다.

〈표 5-1〉 기존 네트워크와 Ad-Hoc 네트워크의 비교

	기존 네트워크	Ad-Hoc 네트워크
중심	기지국	무선 이동 단말
망구성 및 관리	중앙집중제어	분산제업
확장성	어려움	용이함
재난대비	재난에 취약	재난에 강함
투자비용	초기 설치시 막대한 투자	설치 투자비 거의 필요없음
응용 분야	CDMA, 무선 LAN	WPAN, 센서 네트워크

즉, 각 모듈의 소비전력을 억제해서 몇 km나 되는 전송이 실현되는 것이다. 물론 중간 모듈을 이용할 수 없게 되는 경우, 근처에 있는 다른 모듈에 데이터를 할당할 수도 있다. 빌딩의 시큐리티 관리나 석유 파이프라인 계측에 사용하는 센서 네트워크 등에서 활용될 수 있다.

1 Ad-Hoc 개발동향

Ad-Hoc 통신망의 가장 큰 특징은 기존 인프라를 요구하지 않는다는 것이다. 이러한 통신 인프라의 최소의 필요성으로 인하여 1990년대까지 주로 군사용 통신으로 연구가 진행되었다. 군사용 시스템은 일반 상용 시스템과는 다른 망 요구사항을 갖는다. 상용 통신망이 고정되고 미리 위치가 정해져 어디서나 접근할 수 있는 기반구조이며 단일 홉(single-hop)의 정적인 망 위상을 갖고 협대역의 정적 할당, 지역과 주파수에 따른 최대의 사용자수 지원을 목표로 하며 개인성과 기본적인 상황 및 위치를 알고 제공되는 서비스를 제공한다.

반면, 군사용 통신망은 신속히 전개되는 기반구조이며 제한되고 선택적으로 접근이 허용된다. 또한 다중 홉과 산발적 연결의 고도로 동적인 위상을 갖으며 동적 대역할당, 악조건에서의 최대 정보전송률을 목표로 한다.

우선적으로 고려할 사항은 보안성이며 생존을 위한 고도로 동적이고 진보된 서비스를 요구한다. 이러한 특성은 군사적 목적의 통신망 환경에서 뿐만 아니라 이동통신 서비스의 수준과 통신기능의 발달로 인해 사용자가 점진적으로 요구하고 있는 이동 컴퓨팅 및 이동 데이터 서비스와 접목될 수 있는 부분이 많다.

대표적인 Ad-Hoc 통신망 모델로서 미국의 DARPA(Defense Advanced Research

Projects Agency)에서 추진해온 GloMo(Global Mobile Information System) 프로그램은 이러한 역할로서의 Ad-Hoc 통신망개념을 잘 수용하고 있으며, 최근에는 IETF의 MANET 작업반에서 Ad-Hoc 통신망에 적합한 프로토콜 연구 및 표준화 활동을 활발히 진행하고 있다. Ad-Hoc 네트워크 기능은 필수라고 할 수 있다.

5.3 Ad-Hoc 통신망 프로토콜

Ad-Hoc 통신망 적용을 위해 개발된 프로토콜들을 계층별로 링크 계층, 네트워크 계층, 전송 계층으로 분리하여 살펴본다.

1 링크 계층

매체 접근 제어 프로토콜은 전송매체인 무선(전파)의 특징을 직접 반영해야 하기에 프로토콜 설계시 유선 환경보다 많은 문제를 해결해야 하므로 더욱 복잡하다.

첫 번째는 송신기의 자기-간섭으로 인한 충돌감지가 어렵기 때문에 야기되는 반-이중 통신이다.

두 번째는 무선신호는 반사, 굴절, 산란에 의해 다중경로로 전달되고 링크 품질이 시간에 따라 변화하므로 완전한 연결을 보장할 수 없다. 이 문제해결은 두 노드 간에 짧은 메시지를 교환하고 성공적인 메시지 교환은 통신가능 링크임을 의미한다.

세 번째는 감쇠 채널에서 발생하는 연속적인(burst) 채널 에러 문제이다. 통상적으로 송신기는 연속적인 에러를 최소화하기 위해 성공적인 전송을 확인하는 ACK를 수신함으로써 패킷 에러를 감지할 수 있는 링크 계층 재전송방법을 사용한다.

네 번째는 송신기의 특정한 범위내의 노드만이 채널의 전송을 감지할 수 있는 위치-기반 전송감지로 발생하는 숨겨진 노드, 노출된 노드 문제를 해결해야 한다.

또한, 무선매체는 전 방향 전송이므로 동시에 다중장치가 매체에 접근(access)할 수 있다. 동시적 다중 전송은 충돌을 야기하므로 통신이 불가능하다. 따라서 충돌을 최소화하기 위하여 충돌회피 기술을 사용하며 충돌회피 기술로는 무선매체 사용중을 인식한 노드가 전송범위 내의 모든 노드들에게 Busy tone을 전송하여 무선매체사용을 금지하는

BTMA(Busy Tone Multiple Access) 기술과 3-신호교환방식[RTS(Request To Send)-CTS(Clear To Send)-DATA]으로 숨겨진 노드 문제를 최소화하는 MACA(Multiple Access with Collision Avoidance) 기술을 사용한다.

2 네트워크 계층

통상적으로 Packet-radio 네트워크는 Link-state와 Distance-vector 라우팅 알고리즘을 사용해 왔다. 양 알고리즘은 플러딩 방식과 목적지까지 주로 홉 수로 결정되는 최단경로를 사용하므로 노드들의 이동이 없는 경우 매우 효율적이다. 그러나 잦은 네트워크 위상변화는 사용하지도 않는 경로발견을 위하여 활용 가능한 자원의 많은 부분을 소비할 뿐 아니라 변화를 반영하는데 상당한 시간을 요구하므로 모든 노드들이 라우터 역할과 이동 노드로서의 역할을 동시에 수행하는 Ad-Hoc 네트워크에는 적합하지 않다. 따라서 Ad-Hoc 네트워크 라우팅 프로토콜은 다음과 같은 문제를 고려해야 한다.

첫째, Ad-Hoc 노드들은 제한된 대역의 무선 링크로 연결된다. 그러므로 제한된 대역을 최대 활용하기 위하여 라우팅 오버헤드는 작아야 한다.

둘째, Ad-Hoc 노드들은 저장, 배터리 용량과 같은 자원이 제한되는 랩톱이나 손으로 들 수 있는 장치가 될 것이다. 그러므로 과도한 플러딩 사용과 주기적인 메시지는 최소화하여야 한다.

셋째, Ad-Hoc 노드들은 이동하므로 동적인 네트워크 위상을 가진다. 따라서 빨리 위상변화를 반영하고 대체경로를 사용하여야 한다.

3 전송계층

기본적인 인터넷에서 사용하는 기존 TCP는 전송 에러가 거의 없는 유선환경에 적합하도록 설계되어 종단간 신뢰성 있는 데이터 전송을 보장한다. 이러한 TCP를 모든 노드들이 이동하기 때문에 빠르게 위상변화를 가지는 Ad-Hoc 환경에 적용한다면 TCP 성능은 상당히 저하된다. 그 이유는 다음과 같다.

첫째, 무선 링크는 유선 링크에 비해 높은 BER(Bit Error Rate)와 Random 에러로 인해 다중 패킷 손실을 유발한다.

둘째, 노드들의 이동으로 인한 경로 불연속으로 인하여 버스트한 패킷 손실이 발생한다.

셋째, 다중 홉 경로의 각 홉에서 역방향인 TCP 데이터 패킷과 ACK 패킷의 무선접근을 위한 경쟁 때문에 홉 수의 증가와 함께 전송효율은 저하된다.

넷째, DSR 라우팅 프로토콜과 같이 캐시를 사용하는 경우 유지하는 경로가 잘못된 경로인지 결정하는 메커니즘이 없기 때문에 잘못된 경로 사용시 멀티 Timeout 발생으로 전송효율은 감소됨으로써 라우팅 오버헤드를 줄이는 장점을 상쇄시킨다.

그러나 기존 TCP는 전송 에러 및 경로 불연속으로 인한 패킷 손실과 네트워크 혼잡을 구별하는 방법이 없다. 이러한 패킷 손실의 원인을 네트워크 혼잡으로 간주하여 혼잡제어 메커니즘을 수행함으로써 재전송을 유발하고 윈도우 크기를 현저히 감소시킴으로써 전송효율이 저하되므로 TCP 성능이 낮아진다. 이는 경로를 사용할 수 없을 때 수신노드에 도착할 수 없는 불필요한 재전송을 야기하므로 귀중한 이동 노드의 배터리 문제와 열악한 대역폭을 낭비하는 결과를 초래한다. 경로가 재설정된 후에는 네트워크 혼잡이 아님에도 불구하고 혼잡제어 메커니즘의 결과로 불필요한 전송효율 저하를 야기한다. 따라서 Ad-Hoc 환경에 적합한 TCP 성능개선을 위하여 에러가 발생하기 쉬운 무선링크의 패킷 손실 문제는 신뢰성 있는 링크 계층 프로토콜을 사용함으로써 줄일 수 있다. 또한 경로 불연속으로 인한 패킷 손실문제는 네트워크 혼잡과 구분하여 혼잡제어 메커니즘을 사용하지 않도록 함으로써 TCP 성능을 개선하는 등 기존 TCP를 Ad-Hoc 환경에 맞게 변형하는 연구들이 진행중이며 결과물로는 TCP-F(TCP-Feedback), TCP-BuS (TCP with BUffering capability and Sequence information), ATCP(Ad-Hoc TCP) 프로토콜이 있다.

6장

CC2430의 구성 및 특징

6.1 CC2430 하드웨어 구성

1 Hmote2430 하드웨어의 개요

1) Hmote2430 블록도

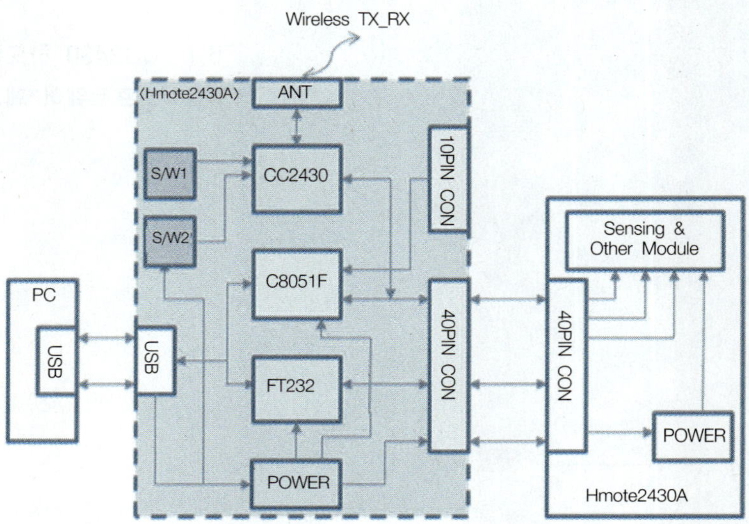

2) CC2430 특징

- 2.4GHz IEEE 802.15.4와 ZigBee 응용 타깃을 위해 개발된 칩
- 2.4GHz CC2420과 8051MCU가 통합된 칩
- 뛰어난 수신 감도
- 매우 적은 외부 수동소자로 구현 가능
- 저전력 소비(RX : 27mA, TX : 27mA, 32MHz Clock 동작)
- 32kB, 64kB, 128kB 내부 시스템에 프로그램 가능한 플래시 메모리
- 8kB 내부 SRAM
- 워치독 타이머(Watchdog timer)
- IEEE 802.15.4 MAC Timer, 2개의 8bit Timer, 16bit Timer
- 하드웨어 디버깅(Hardware debugging) 지원

- CSMA/CA 하드웨어 지원
- 디지털 RSSI/LQI 지원
- 8~14Bit 8채널 ADC
- 21개의 GPIO 핀
- 강력한 DMA 기능 제공
- AES 보안 알고리즘 코프로세서
- RoHS compliant 7x7mm QLP48 패키지

3) CC2430 블록도

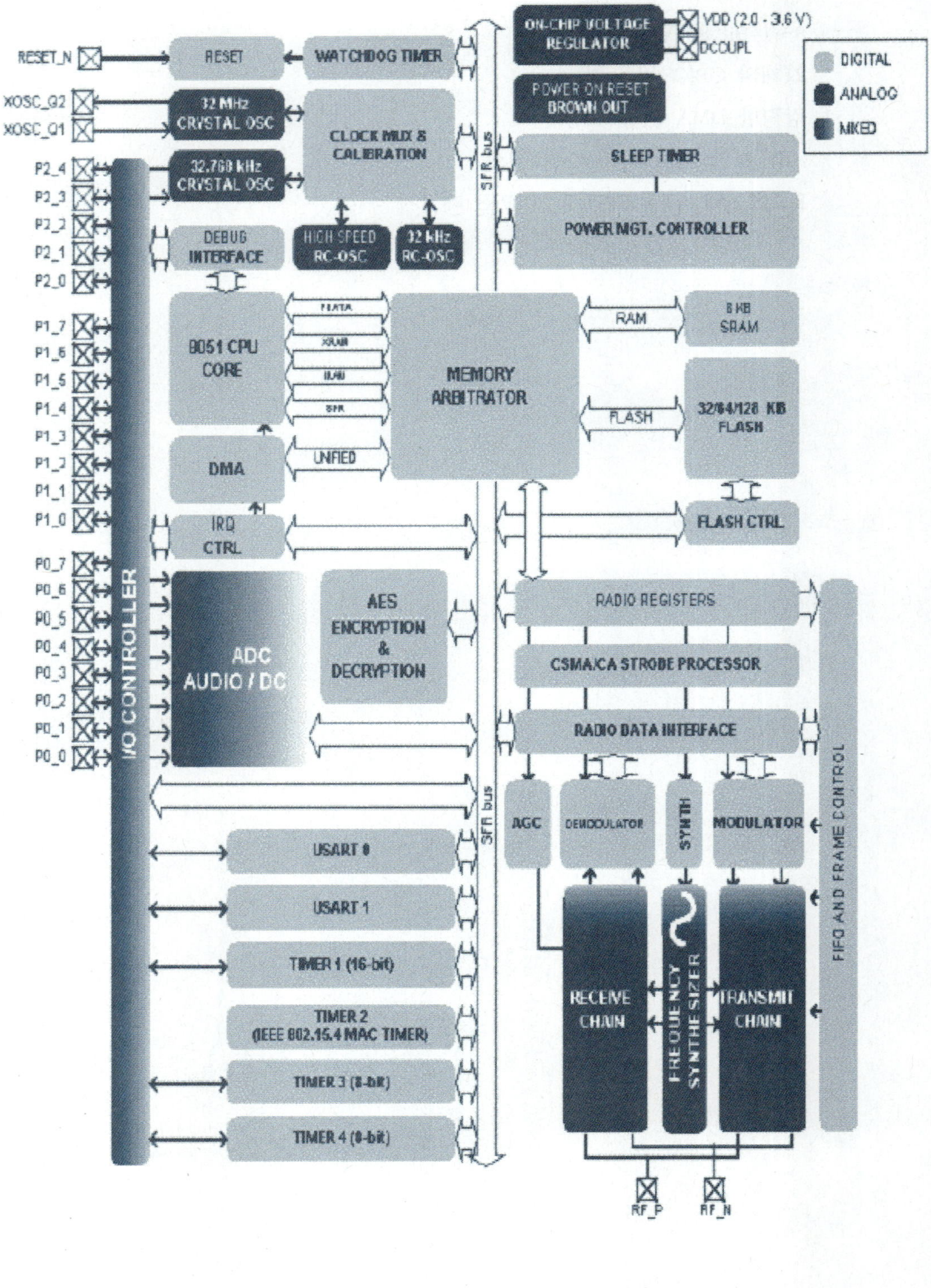
RESET_N
XOSC_Q2
XOSC_Q1
P2_4
P2_3
P2_2
P2_1
P2_0
P1_7
P1_6
P1_5
P1_4
P1_3
P1_2
P1_1
P1_0
P0_7
P0_6
P0_5
P0_4
P0_3
P0_2
P0_1
P0_0
I/O CONTROLLER
RESET
WATCHDOG TIMER
32 MHz CRYSTAL OSC
32.768 kHz CRYSTAL OSC
CLOCK MUX & CALIBRATION
DEBUG INTERFACE
HIGH SPEED RC-OSC
32 kHz RC-OSC
8051 CPU CORE
DMA
UNIFIED
IRQ CTRL
MEMORY ARBITRATOR
ADC AUDIO / DC
AES ENCRYPTION & DECRYPTION
USART 0
USART 1
TIMER 1 (16-bit)
TIMER 2 (IEEE 802.15.4 MAC TIMER)
TIMER 3 (8-bit)
TIMER 4 (8-bit)
SFR bus
ON-CHIP VOLTAGE REGULATOR
VDD (2.0 - 3.6 V)
DCOUPL
POWER ON RESET BROWN OUT
SLEEP TIMER
POWER MGT. CONTROLLER
RAM
8 KB SRAM
FLASH
32/64/128 KB FLASH
FLASH CTRL
RADIO REGISTERS
CSMA/CA STROBE PROCESSOR
RADIO DATA INTERFACE
AGC
DEMODULATOR
SYNTH
MODULATOR
RECEIVE CHAIN
FREQUENCY SYNTHESIZER
TRANSMIT CHAIN
FIFO AND FRAME CONTROL
RF_P
RF_N
DIGITAL
ANALOG
MIXED

4) CC2430 I/O 핀 블록도

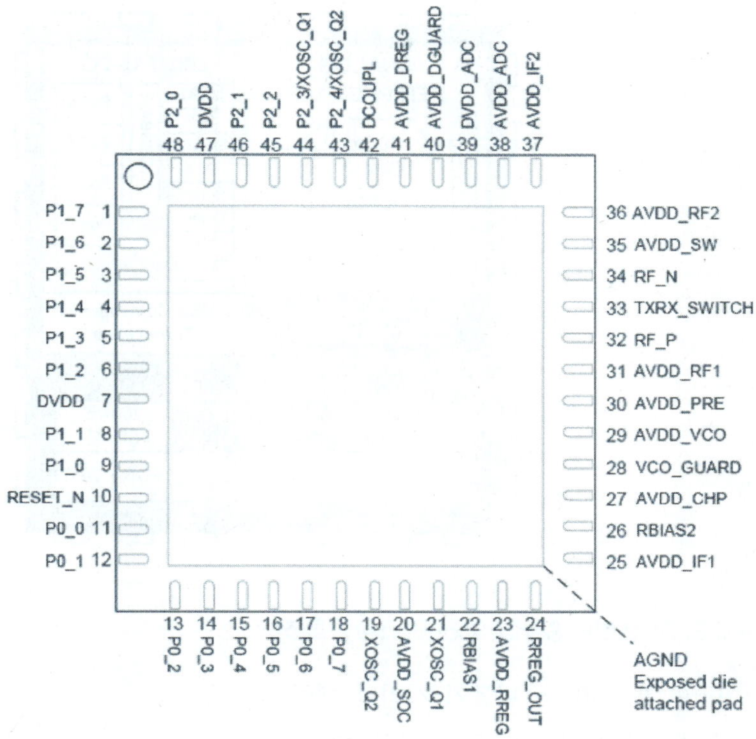

5) C8051F 특징

- 고속 8051Uc 코어(UP to 25MIPS Throughput with 25MHz Clock)
- 2304bytes 내부 SRAM(1K+256+1K USB FIFO)
- 16kbytes FLASH
- 25/21Port I/O
- 하드웨어적으로 강화된 SPI, UART, SMBus 직렬 포트
- 4개의 16bit 카운터/타이머
- 10bit ADC
- 2개의 비교기(Comparator)
- 내부 전압 리퍼런스(Internal Voltage Reference)
- USB2.0 호환(최대 속도(12Mbps) 혹은 저속(1.5Mbps))
- 1kbyte USB 버퍼 메모리

6) C8051F 블록도

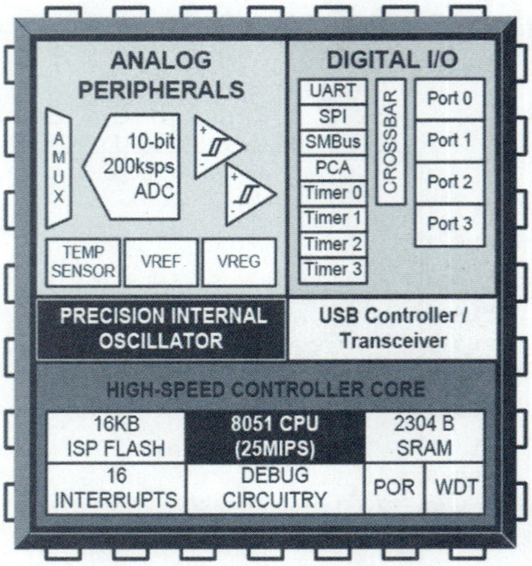

7) FT232BM(USB Serial Converter) 특징

- 단일 칩 USB ↔ 비동기 시리얼 데이터 전송
- 최대 핸드세이킹 & 모뎀 인터페이스 신호
- UART I/F 지원 7/8Bit 데이터, 1/2 S정지 비트와 홀수/짝수/마스크/스페이스/노 패리티
- 데이터 비율 300 → 3MBaud(TTL)
- 데이터 비율 300 → 1MBaud(RS232)
- 데이터 비율 300 → 3MBaud(RS422/RS485)
- USB1.1와 USB2.0 호환
- EEPROM programmable on-board via USB
- 내장된 파워 온 리셋(Power-On-Reset(POR)) 회로
- 내장된 RCCLK 회로
- 개선된 전원 관리 기능

8) FT232BM 블록도

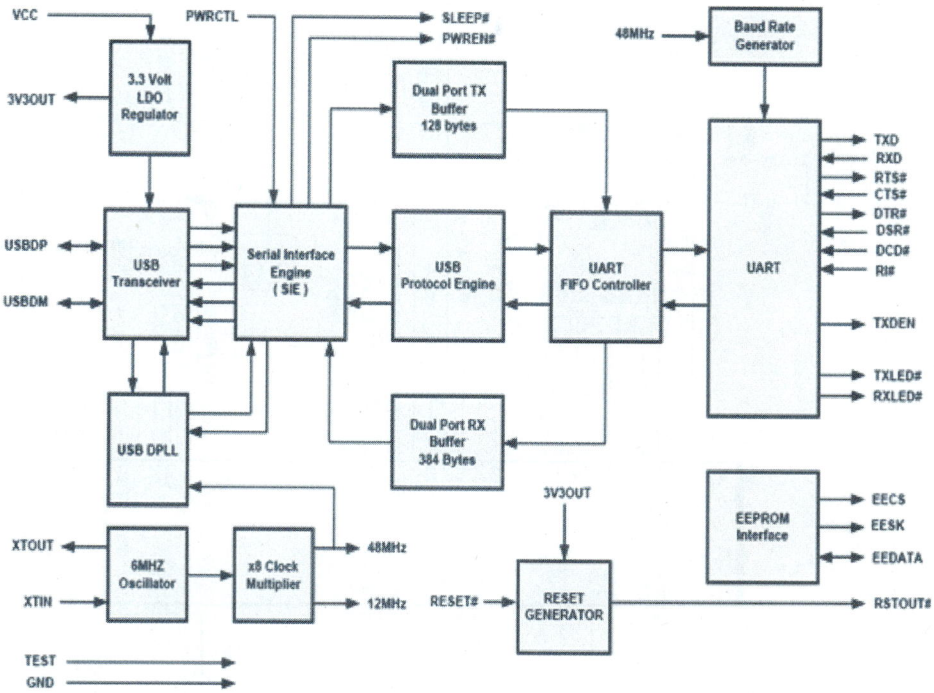

6장

9) Hmote2430 회로도

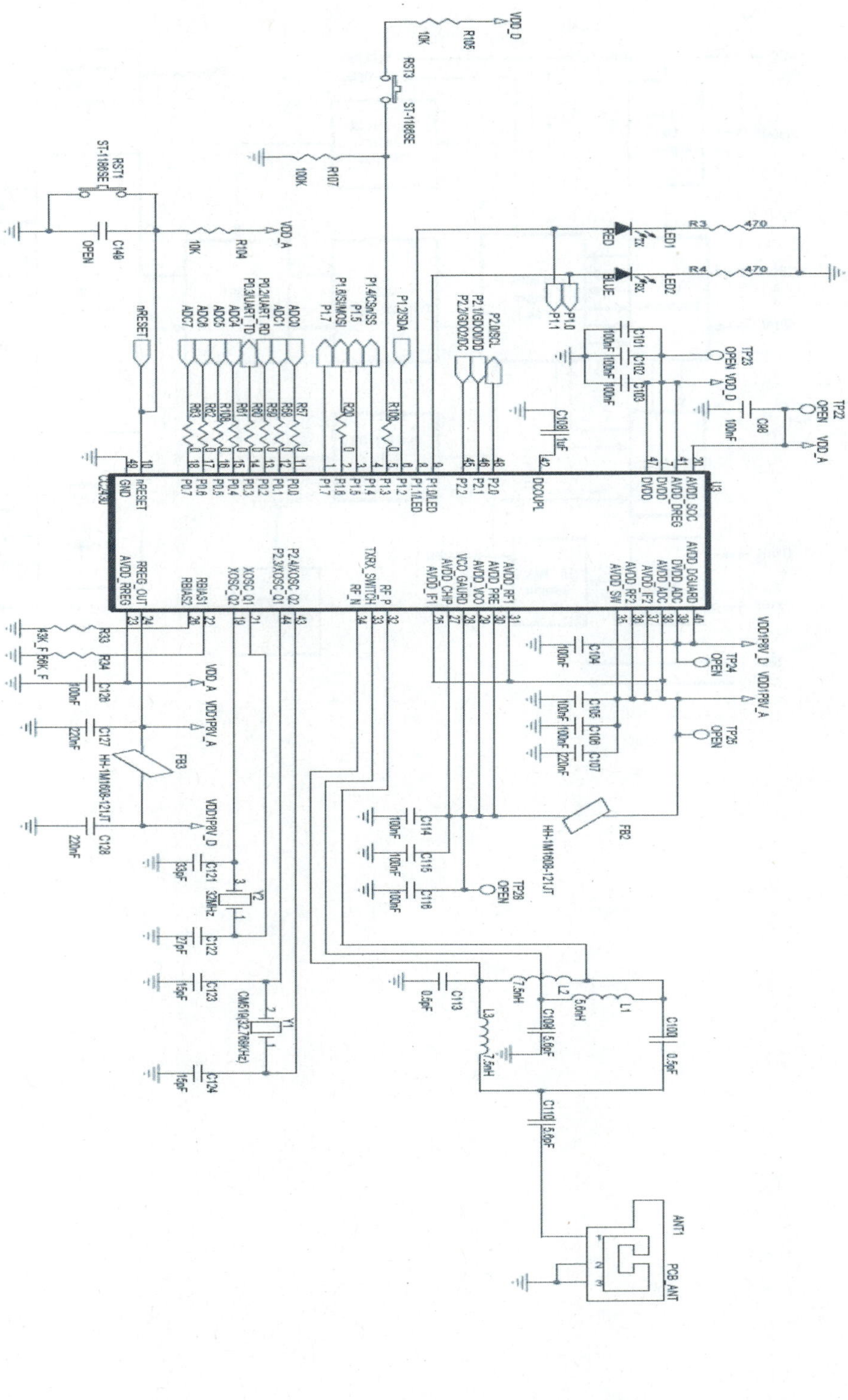

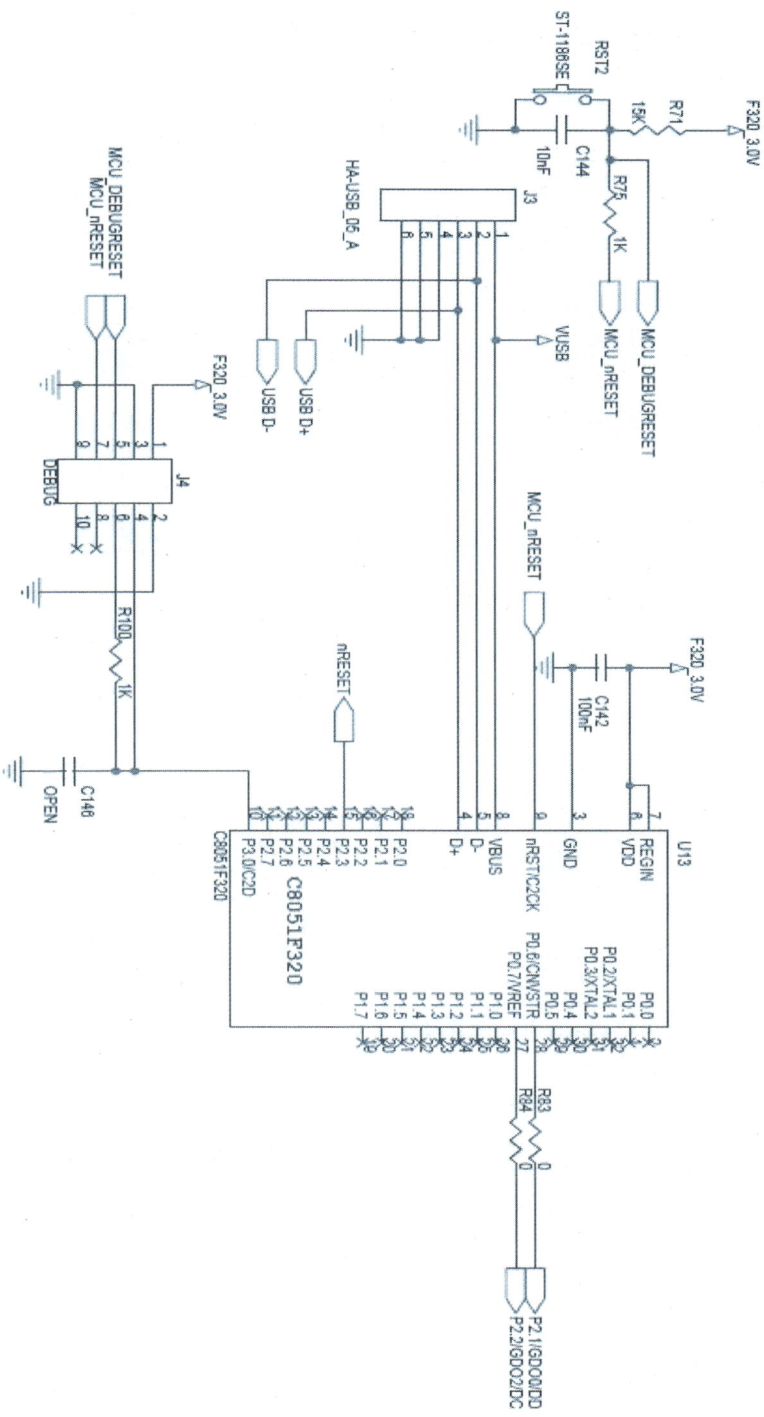
F320_3.0V
R71
15K
RST2
ST-1186SE
C144
10nF
R75
1K
MCU_DEBUGRESET
MCU_nRESET
J3
HA-USB_05_A
VUSB
USB D+
USB D-
MCU_DEBUGRESET
MCU_nRESET
F320_3.0V
J4
DEBUG
R100
1K
C146
OPEN
nRESET
MCU_nRESET
F320_3.0V
C142
100nF
U13
C8051F320
REGIN
VDD
GND
nRST/C2CK
VBUS
D-
D+
P2.0
P2.1
P2.2
P2.3
P2.4
P2.5
P2.6
P2.7
P3.0/C2D
P0.0
P0.1
P0.2/XTAL1
P0.3/XTAL2
P0.4
P0.5
P0.6/CNVSTR
P0.7/VREF
P1.0
P1.1
P1.2
P1.3
P1.4
P1.5
P1.6
P1.7
R83
R84
P2.1/GDO0/DD
P2.2/GDO2/DC

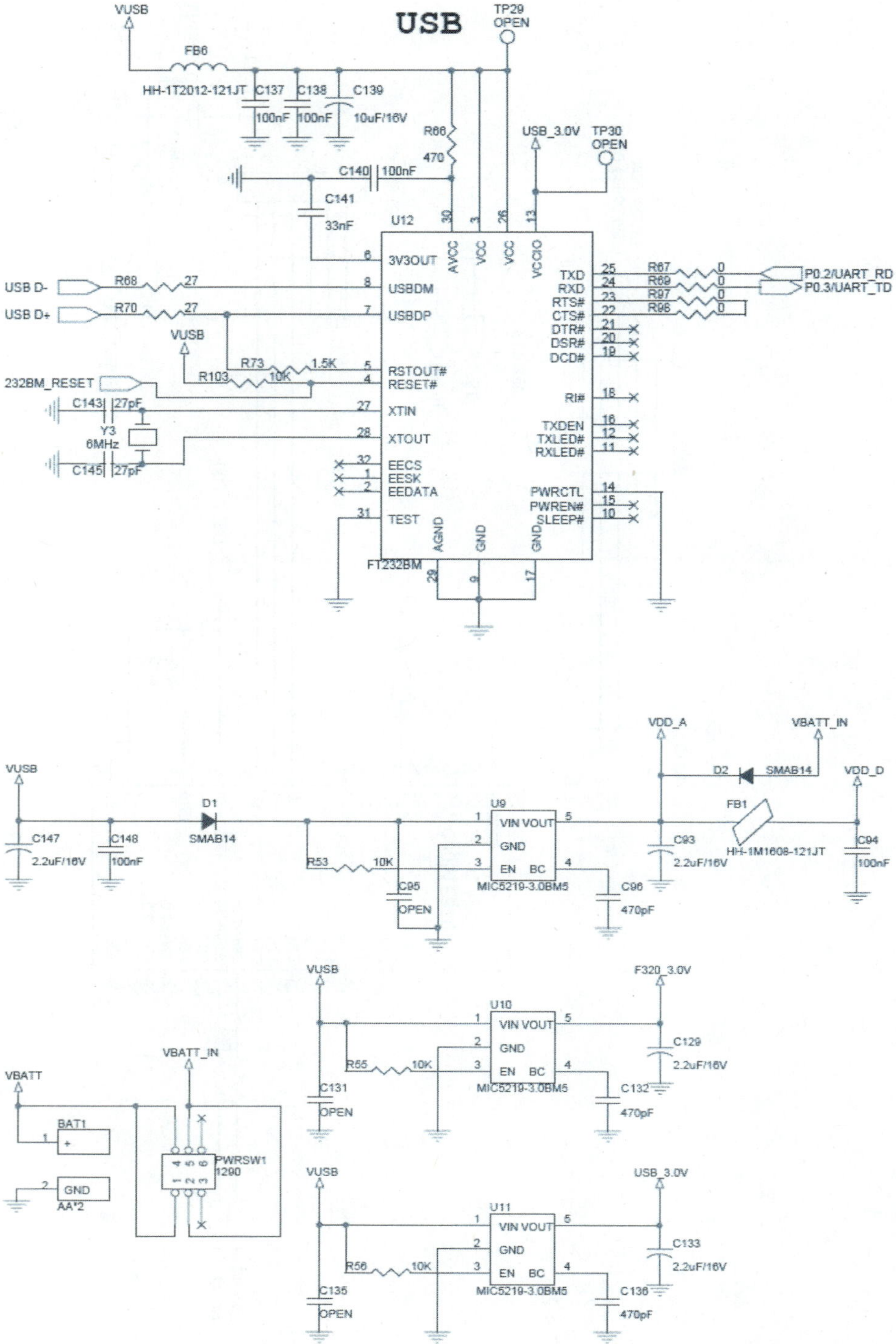
USB
VUSB
TP29
OPEN
FB6
HH-1T2012-121JT
C137
C138
C139
100nF
100nF
10uF/16V
R66
470
USB_3.0V
TP30
OPEN
C140
100nF
C141
33nF
U12
3V3OUT
AVCC
VCC
VCC
VCCIO
USBDM
USBDP
RSTOUT#
RESET#
XTIN
XTOUT
EECS
EESK
EEDATA
TEST
AGND
GND
GND
FT232BM
TXD
RXD
RTS#
CTS#
DTR#
DSR#
DCD#
RI#
TXDEN
TXLED#
RXLED#
PWRCTL
PWREN#
SLEEP#
R67
R69
R97
R96
P0.2/UART_RD
P0.3/UART_TD
USB D-
USB D+
R68
27
R70
27
R73
1.5K
R103
10K
232BM_RESET
C143
27pF
Y3
6MHz
C145
27pF
VDD_A
VBATT_IN
D2
SMAB14
VDD_D
VUSB
D1
SMAB14
U9
VIN VOUT
GND
EN BC
MIC5219-3.0BM5
C147
2.2uF/16V
C148
100nF
R53
10K
C95
OPEN
C96
470pF
C93
2.2uF/16V
FB1
HH-1M1608-121JT
C94
100nF
VUSB
F320_3.0V
U10
VIN VOUT
GND
EN BC
MIC5219-3.0BM5
R55
10K
C131
OPEN
C132
470pF
C129
2.2uF/16V
VBATT
VBATT_IN
BAT1
+
GND
AA*2
PWRSW1
1290
VUSB
USB_3.0V
U11
VIN VOUT
GND
EN BC
MIC5219-3.0BM5
R56
10K
C135
OPEN
C136
470pF
C133
2.2uF/16V

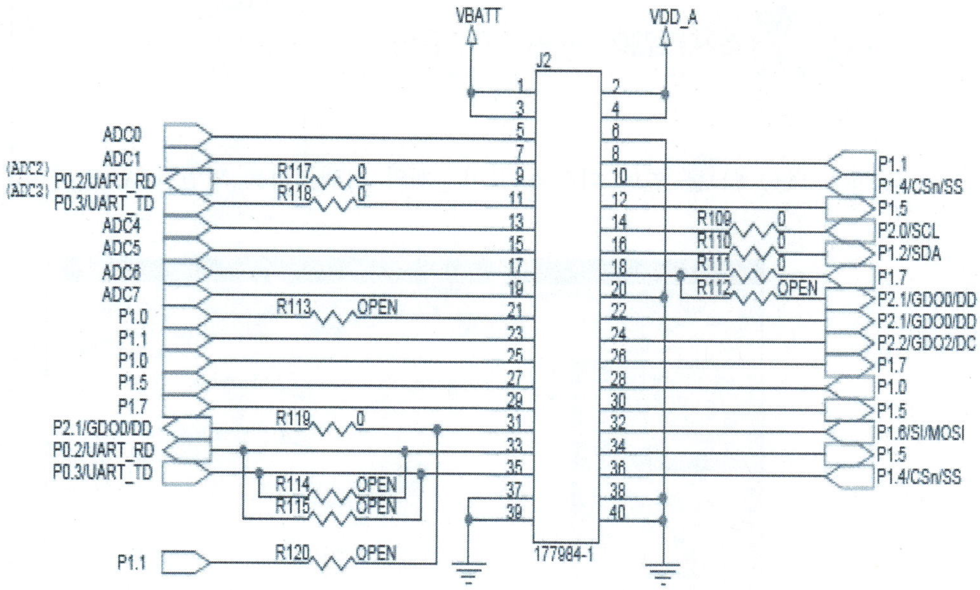
VBATT
VDD_A
J2
177984-1
ADC0
ADC1
(ADC2) P0.2/UART_RD
(ADC3) P0.3/UART_TD
ADC4
ADC5
ADC6
ADC7
P1.0
P1.1
P1.0
P1.5
P1.7
P2.1/GDO0/DD
P0.2/UART_RD
P0.3/UART_TD
P1.1
R117 0
R118 0
R113 OPEN
R119 0
R114 OPEN
R115 OPEN
R120 OPEN
R109 0
R110 0
R111 0
R112 OPEN
P1.1
P1.4/CSn/SS
P1.5
P2.0/SCL
P1.2/SDA
P1.7
P2.1/GDO0/DD
P2.1/GDO0/DD
P2.2/GDO2/DC
P1.7
P1.0
P1.5
P1.6/SI/MOSI
P1.5
P1.4/CSn/SS

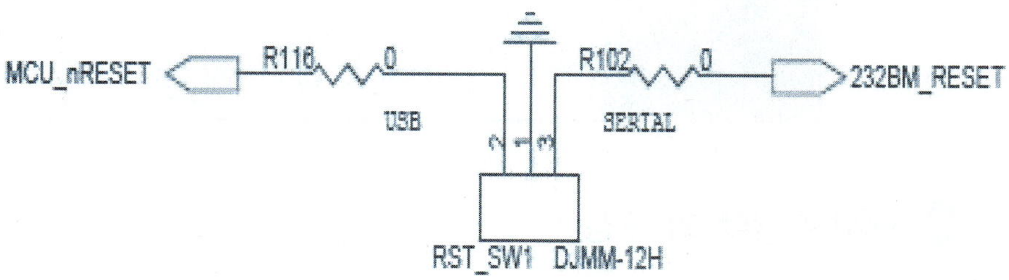
MCU_nRESET
R116 0
USB
R102 0
SERIAL
232BM_RESET
RST_SW1 DJMM-12H

6.2 소프트웨어 패키지의 구성

Hmote2430 CD를 열면 다음과 같이 4개의 디렉토리를 확인할 수 있다.

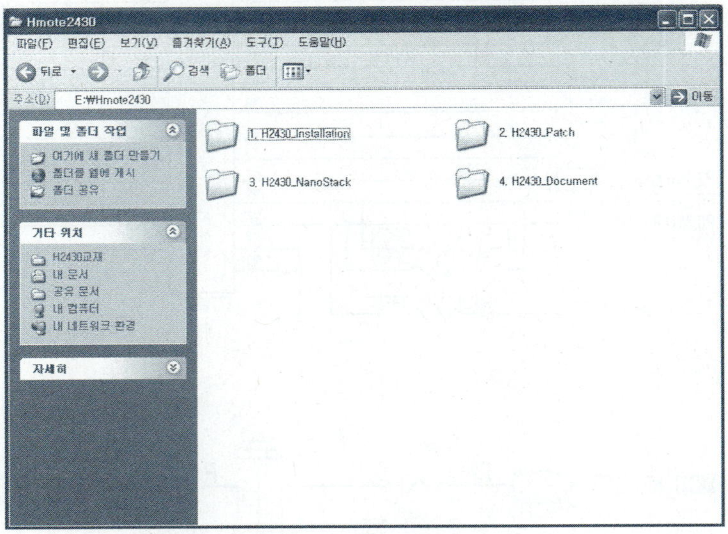

1 H2430_설치의 구성

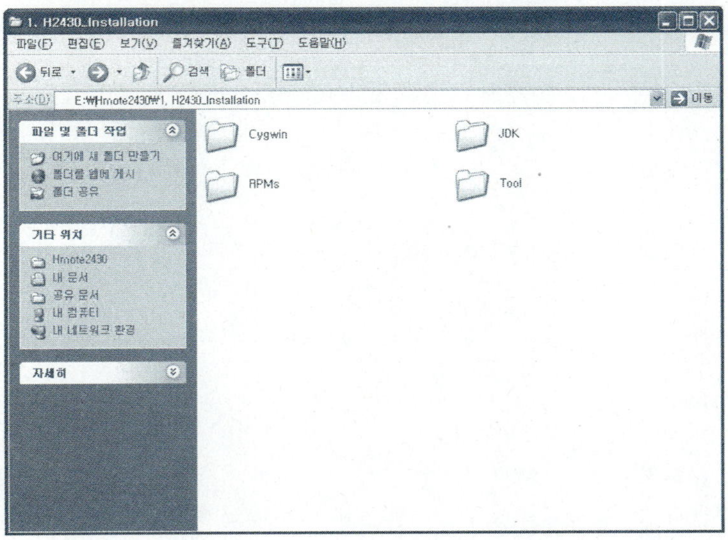

Hmote2430을 위한 환경구축에 필요한 모든 S/W가 포함되어 있다. H2430_Installation으로 이동하면 4개의 디렉토리를 확인할 수 있다.

- Cygwin : Cygwin 설치 파일
- JDK : Java SDK 설치 파일
- RPMS : AVR, MSP430, nesC Compiler, TinyOS-2.x Source, Toolchain
- Tool : SmartRF04 프로그래머 설치 파일 및 CC2430 Driver

2 H2430_패치의 구성

Hmote2430을 위한 TinyOS-2.x 패치(Patch) 파일이 포함되어 있다.

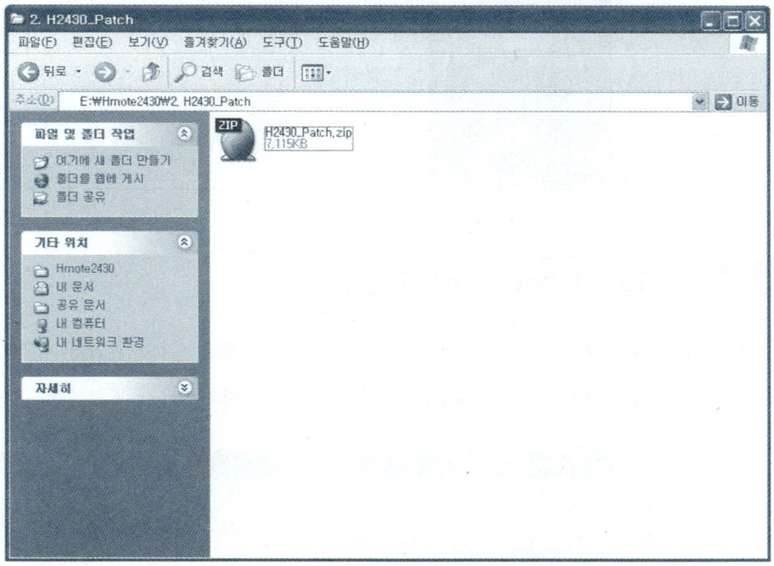

3 H2430_나노스텍의 구성

나노스텍(NanoStack) 환경구축을 위한 설치 파일과 소스(Source), 패치(Patch) 파일이 포함되어 있다.

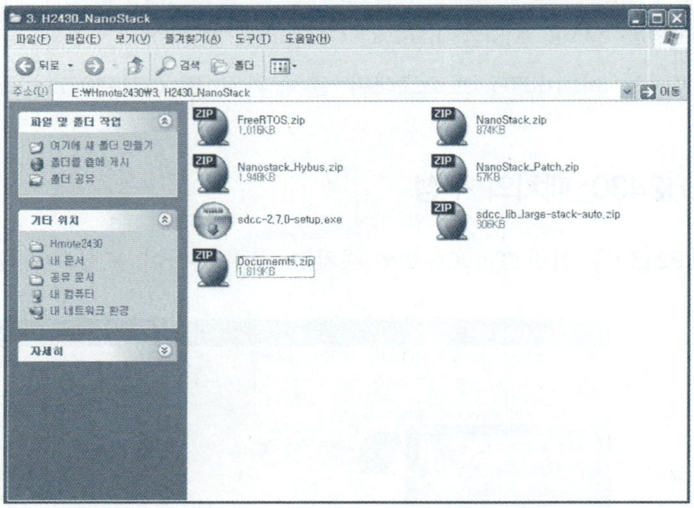

4 H2430_Document의 구성

Hmote2430 관련 데이터 시트(DataSheet), 회로도(Schematic), Hmote2430을 위한 이론 및 실습교재가 PDF 형태로 저장되어 있다.

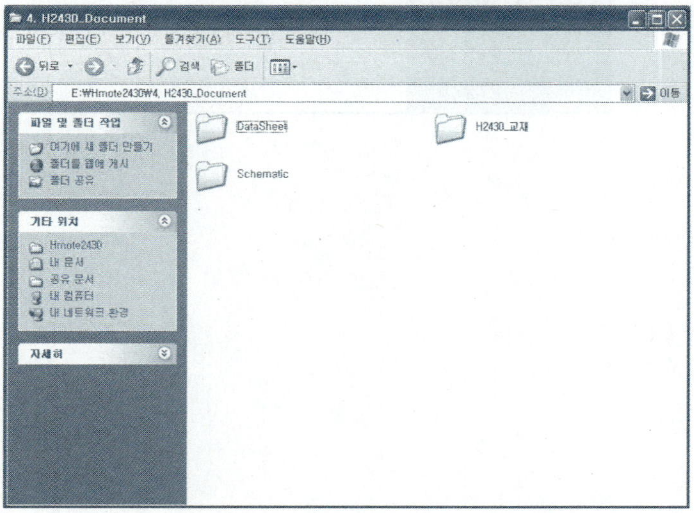

제 Ⅱ 부

CC2430의 실습

실습 1 Cygwin과 TinyOS-2.x 및 관련 소프트웨어 설치
실습 2 Task를 이용한 간단한 LED 제어 실습
실습 3 Task와 타이머를 이용한 LED 제어 실습
실습 4 Serial I/O 제어 실습
실습 5 Internal Flash Read/Write 제어 실습
실습 6 조도 센서 제어 실습
실습 7 내부 온도 센서 및 배터리 잔량 체크 실습
실습 8 온 · 습도 센서 제어 실습
실습 9 간단한 RF 송 · 수신 실습
실습 10 RF 패킷 구조 분석 실습
실습 11 센서를 이용한 RF 송 · 수신 실습
실습 12 CC2430 RF 모듈의 Autoack 설정 및 Address Filter 실습
실습 13 CC2430의 RSSI와 LQI 실습
실습 14 Simple-Hop 프로토콜 실습
실습 15 기초 멀티홉 프로토콜 실습
실습 16 센서 네트워크를 위한 FreeRTOS 기반의 NanoStack 포팅과 IPv6 기반의 6LoWPAN UDP 실습

실습 1 Cygwin과 TinyOS-2.x 및 관련 소프트웨어 설치

1. 실습목표

Hmote2430 실습에 앞서 Cygwin 환경을 구축하고 그 위에 TinyOS-2.x 및 RPM 파일들을 설치하는 방법을 익히도록 한다.

2. 준비사항

- JAVA SDK S/W
- Cygwin1.2a 설치 프로그램(Installation Program)
- AVR-GCC, MSP430, MCS51, NesC 컴파일(Compiler)
- TinyOS-2.x 소스 트리(Source Tree)
- Hmote2430 패치 파일(Patch File)

3. 환경구축

1) JAVA SDK 설치

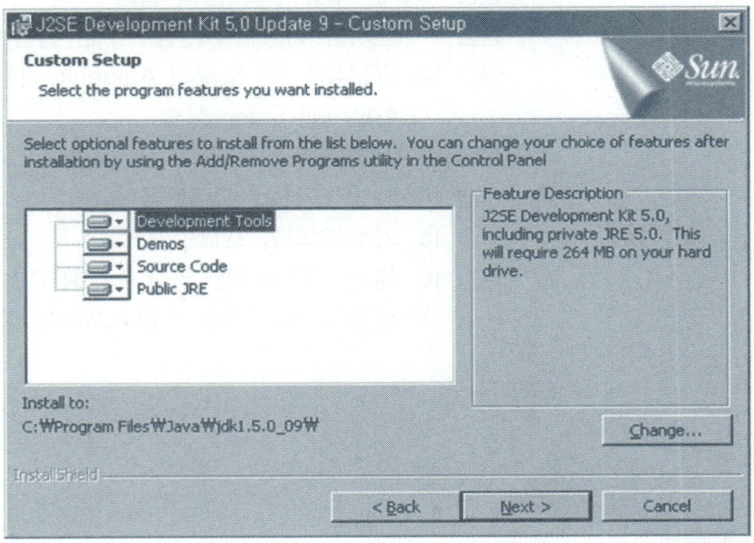

[그림 1] 구성요소 및 설치경로 설정

CD의 H2430_Installation/JDK 디렉토리로 이동하여 jdk-1_5_0_09-windows-i586-p.exe 를 클릭하여 설치한다.

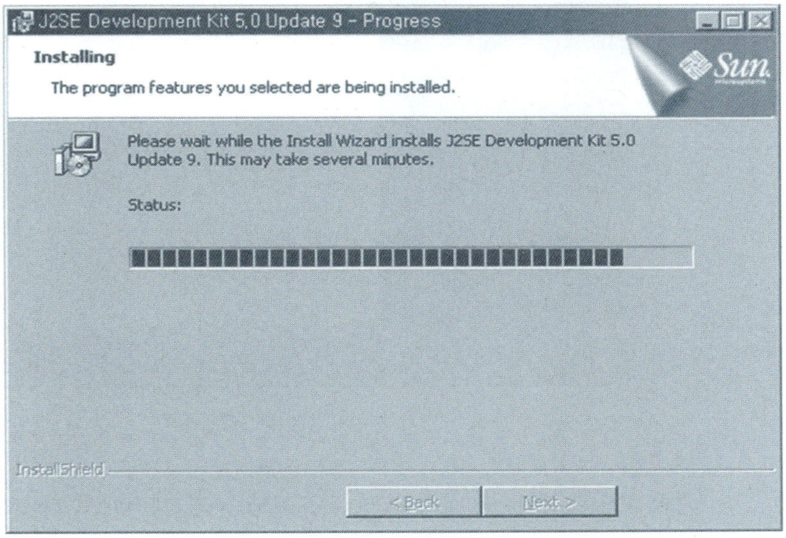

[그림 2] 설치 화면

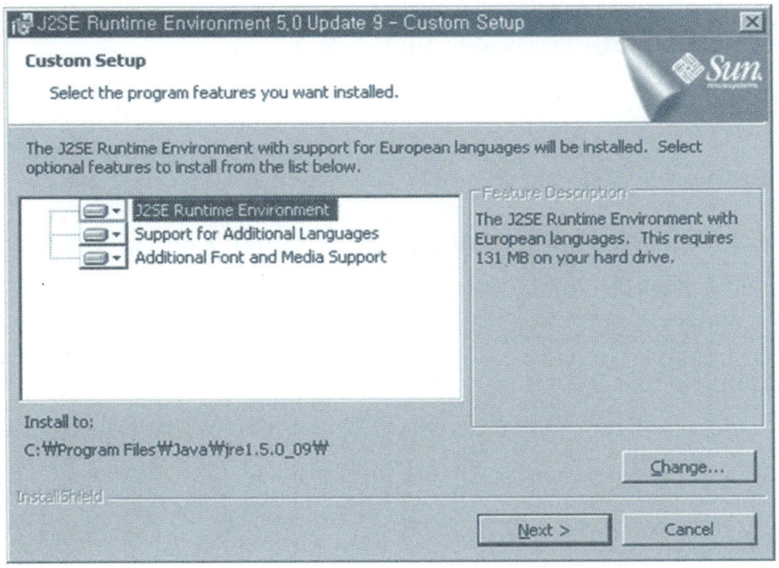

[그림 3] J2SE 설치

실습1

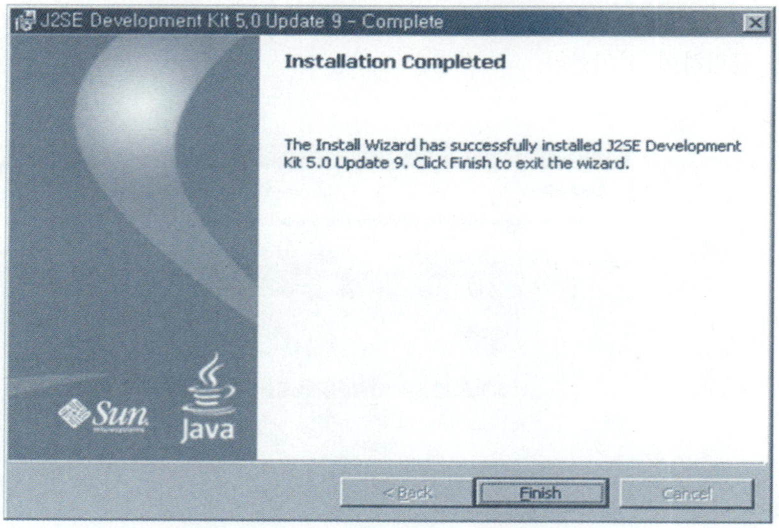

[그림 4] 설치 완료

- 설치 확인 : 시작 → 제어판 → 프로그램 추가/제거에서 다음 프로그램이 설치되었는지 확인한다.

```
J2SE Development Kit 5.0 Update 9
J2SE Runtime Environment 5.0 Update 9
```

2) Cygwin 설치

Cygwin(www.cygwin.com)은 윈도우가 설치된 환경에서 리눅스의 개발환경을 사용하기 위해 만들어진 개발도구이다. 상당히 많은 리눅스의 API를 제공하고 있으며, 윈도우CE를 제외한 X86용 32/64bit의 윈도우 운영체제에서 동작된다.

① 별첨 CD의 H2430_Installation/Cygwin 디렉토리에 있는 cygwin-1.2a.zip를 컴퓨터의 C: 디렉토리로 복사해서 압축해제를 한다. 압축해제를 하면 다음과 같은 파일들이 생성된다.

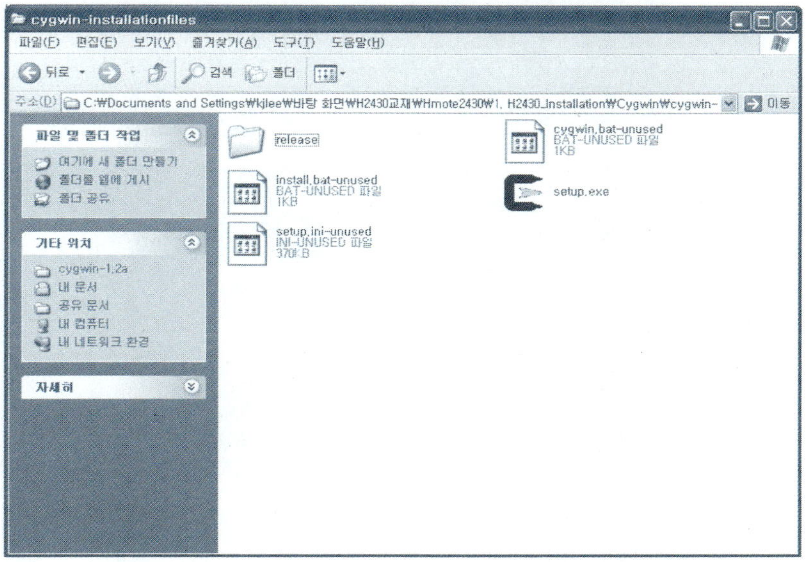

② setup.exe를 실행하여 설치를 시작한다.

설치항목을 Install from local directory를 선택한다.

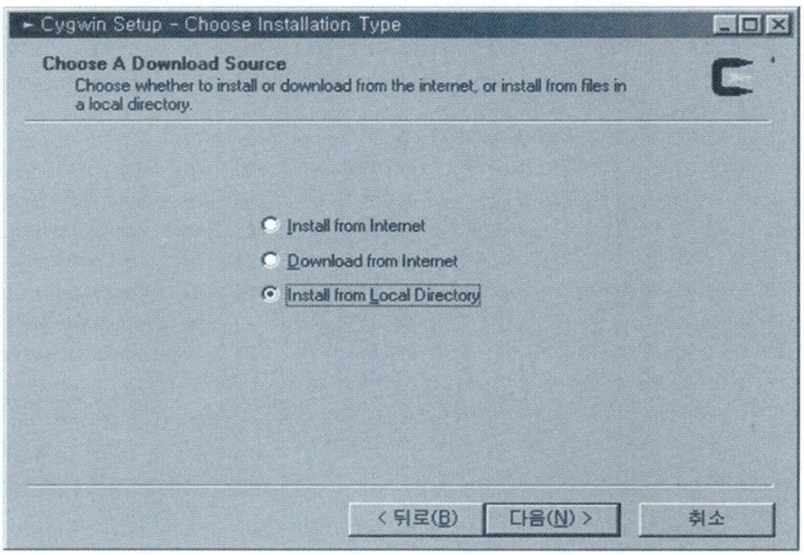

③ 그 다음 "Install forAll Users", "Default Text File Type "UNIX"로 설정하고, 설치할 경로를 지정한다.

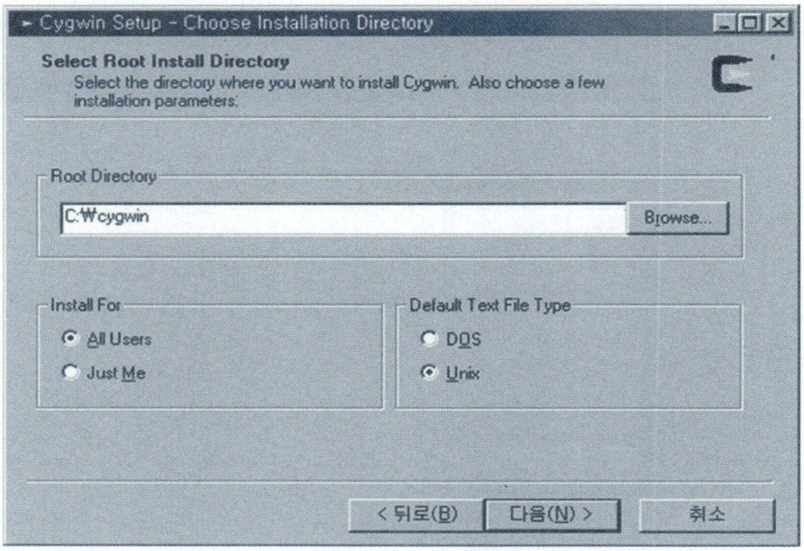

④ 다음과 같이 All-Install로 모두 설정을 하고, 다음을 눌러 설치를 진행한다.

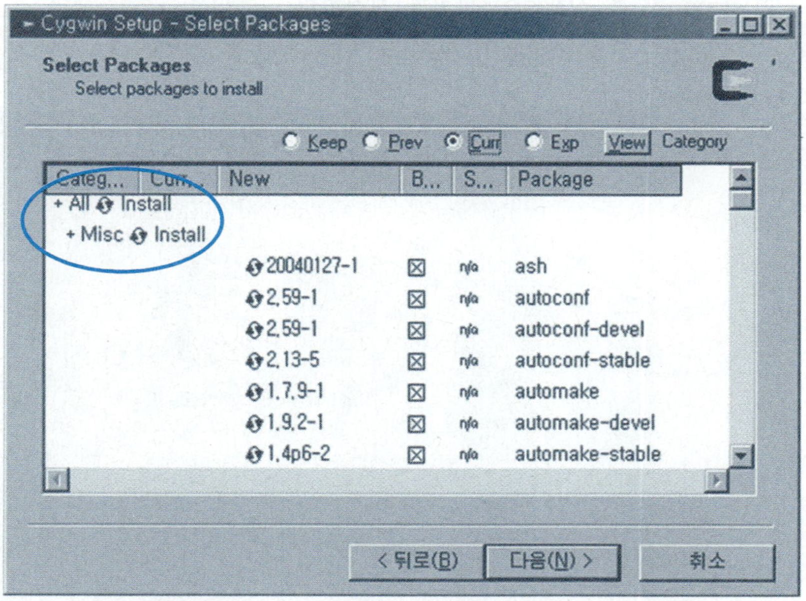

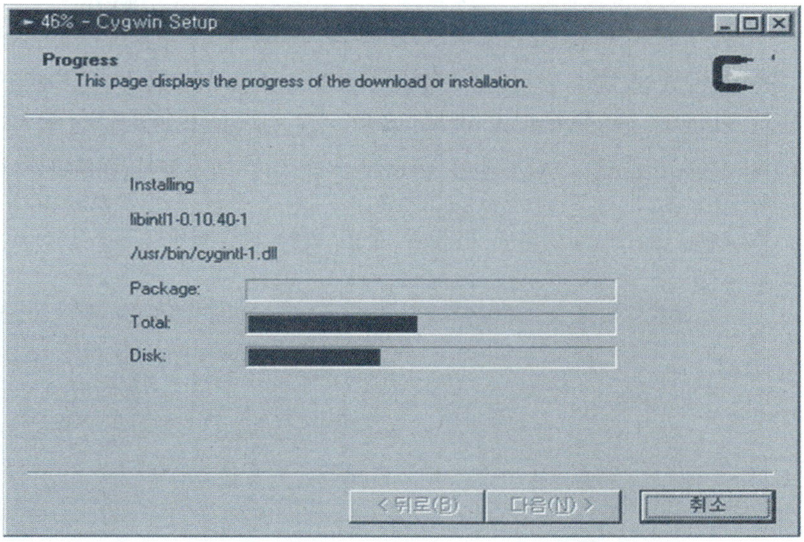

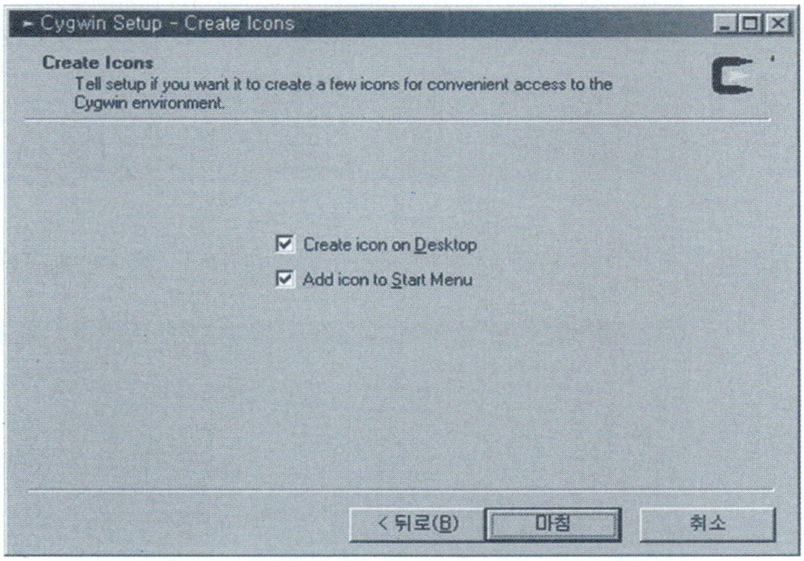

주의 설치 완료후 Cygwin을 실행하지 않은 상태로 바로 Cygwin-X의 설치를 진행해야 한다. Cygwin-x를 설치하기 전에 Cygwin을 실행하면, 자동 스크립트에 충돌이 나서 정상적으로 동작하지 않을 수 있으니 주의하기 바란다.

3) Cygwin-X 설치

openGL에 적합한 환경을 구축하기 위하여 X환경의 Cygwin Patch를 따로 설치해야 한다. Hmote2430_Installation/Cygwin에 있는 setup-X.exe를 실행하거나 www.cygwin.com/setup.exe를 인터넷 주소창에 입력하여 내려받는다.

① setup.exe를 실행하면 다음과 같은 화면이 출력된다.

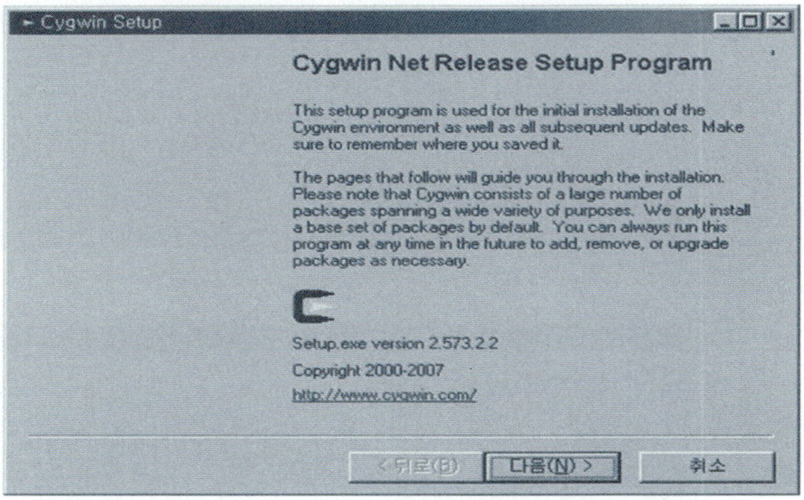

② 다음을 클릭하여 넘어가서 "Install from Internet" 항목에 체크한다.

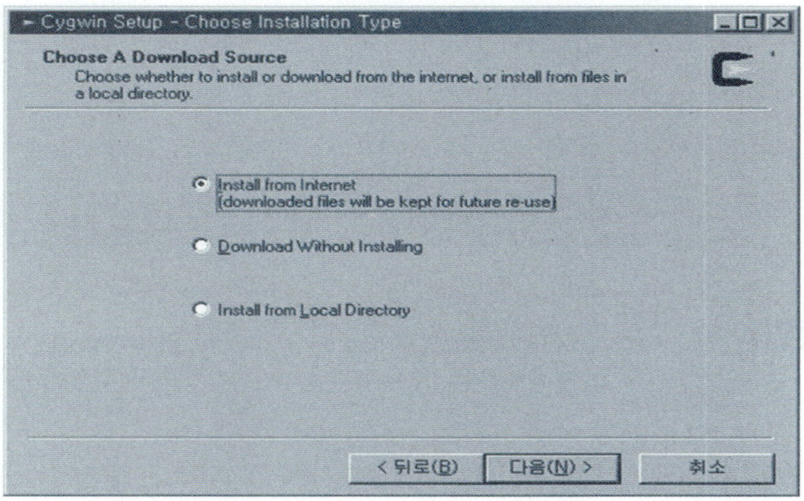

③ 다음 그림에서 설치위치를 이 전에 설치한 Cygwin의 위치로 설정한다.

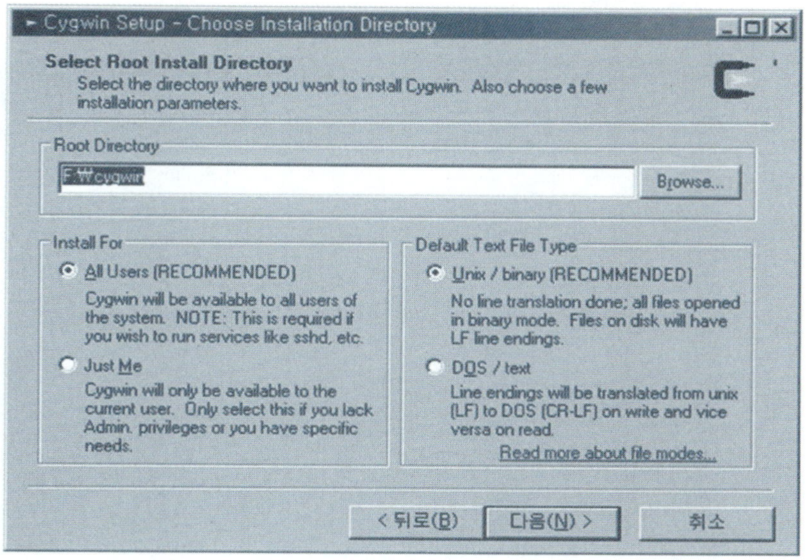

④ 다운로드받을 임시 디렉토리를 설정하고 다음을 클릭한다.

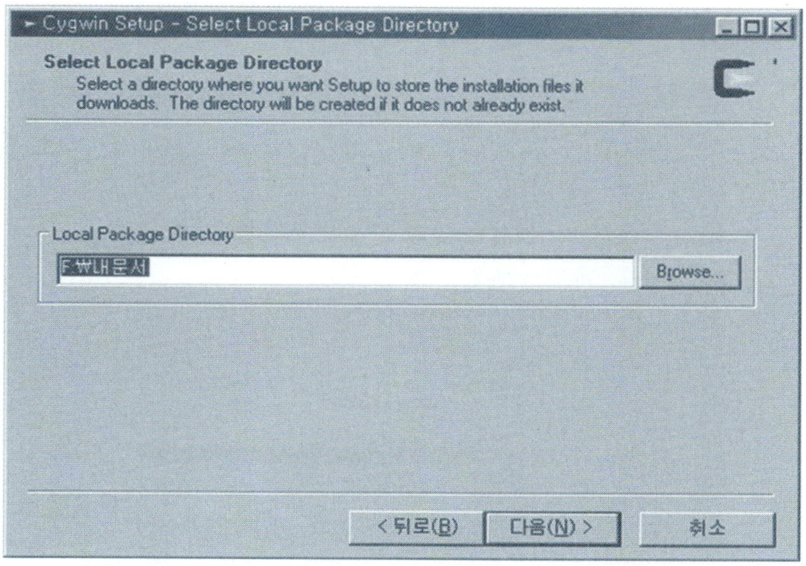

⑤ 인터넷 연결의 유형을 결정한다. Direct Connection이나 Use IE5 Setting을 체크하고 다음을 클릭한다.

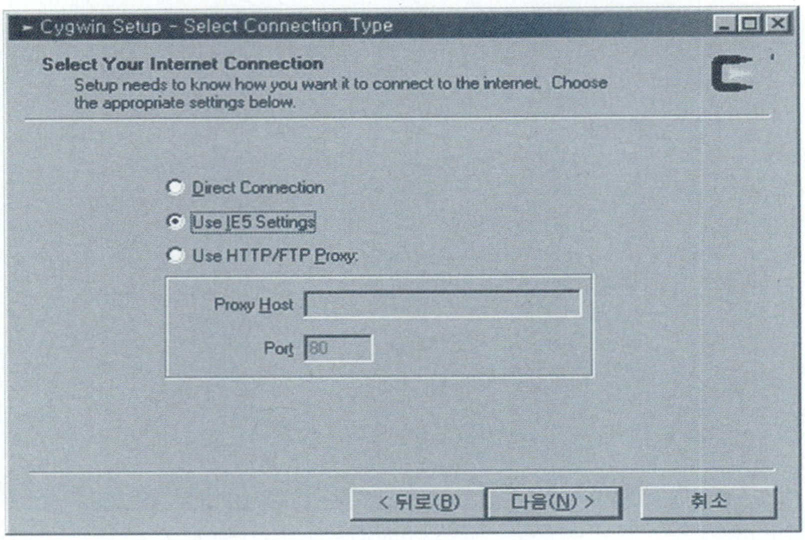

⑥ 다운로드할 FTP 사이트를 결정한다. 국내 서버인 Kaist나 Daum을 선택하면 다운로드 속도가 더 빠르다.

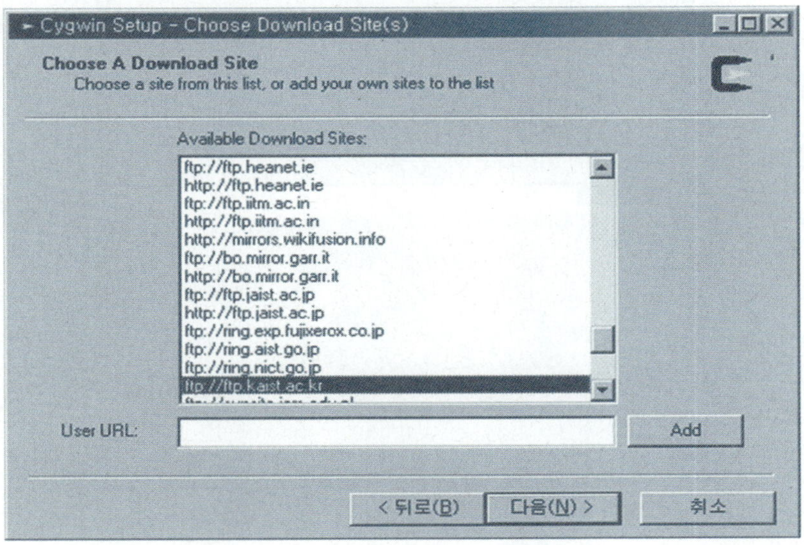

⑦ 인스톨할 패키지를 설정하는 부분이다. 다음 그림에서 보이는 X11 항목만 Install로 설정을 바꿔주고 다음을 클릭한다.

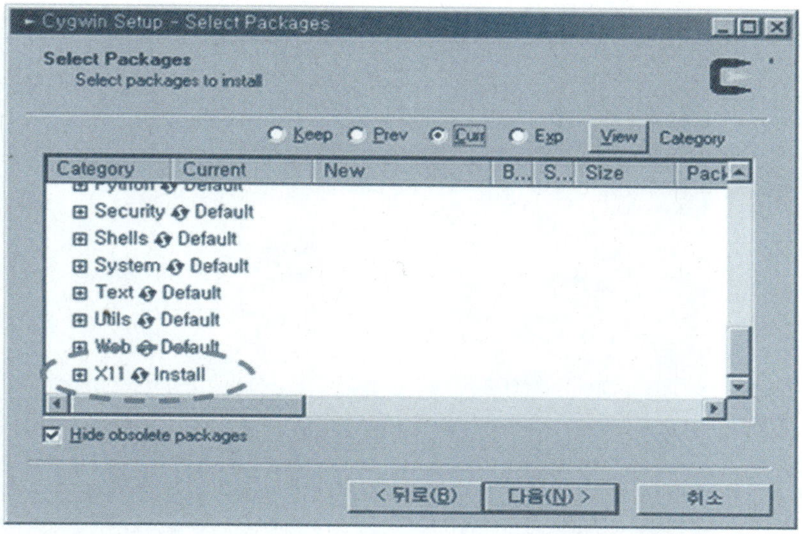

⑧ 설치를 시작한다.

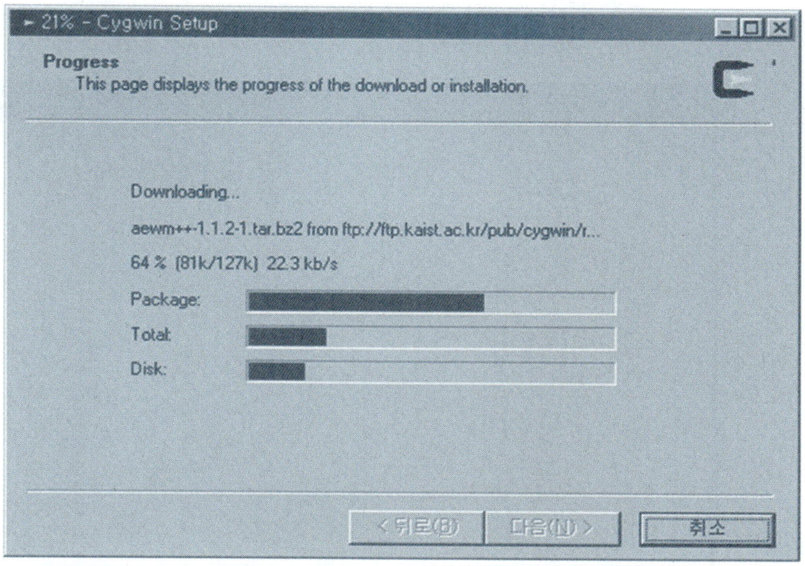

⑨ 설치가 다 되었다면 Cygwin을 실행시킨 후에 startxwin.sh를 실행하여 Cygwin-X가 잘 설치되었는지 테스트한다.

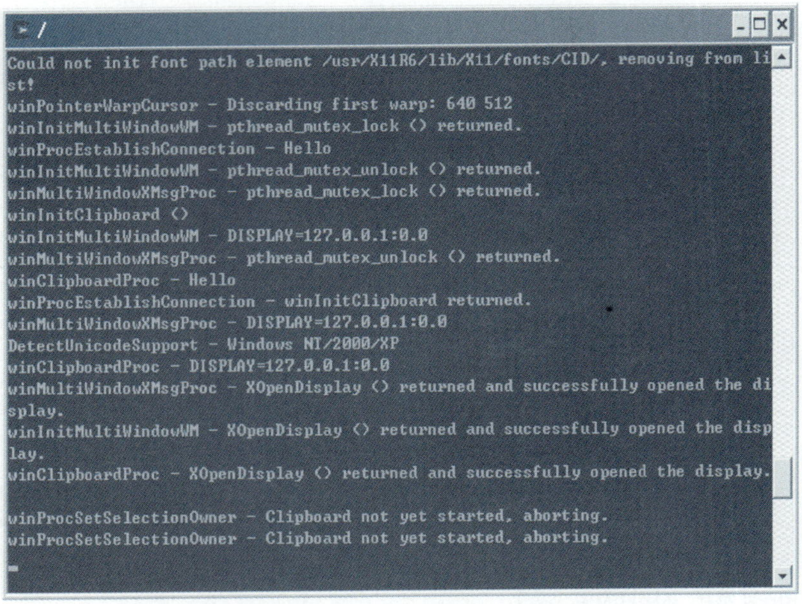

⑩ 다음과 같이 X기반의 터미널이 스크린에 생성된다.

4) 플랫폼별 컴파일러 설치

AVR과 MSP430 각각에 필요한 컴파일러를 설치한다.

(1) Atmel AVR Tools 설치

별첨 CD의 rpm/avr에 있는 5개의 rpm파일을 Cygwin이 설치되어 있는 home 디렉토리로 복사하여 다음의 명령으로 설치한다.

```
$rpm -Uvh --ignoreos avr-binutils-2.15tinyos-3.cygin.i386
$rpm -Uvh --ignoreos avr-gcc-3.4.3-1.cygwin.i386.rpm
$rpm -Uvh --ignoreos avr-libc-1.2.3-1.cygwin.i386.rpm
$rpm -Uvh --ignoreos avarice-2.4-1.cygwin.i386.rpm
$rpm -Uvh --ignoreos avr-insignt-6.3.1.cygwin.i386.rpm
```

(2) TI MSP430 Tools 설치

별첨 CD의 rpm/msp430에 있는 5개의 rpm 파일을 Cygwin이 설치되어 있는 home 디렉토리로 복사하여 다음의 명령으로 설치한다.

```
$rpm -Uvh --ignoreos msp430tools-base-0.1-20050607.cygwin.i386.rpm
$rpm -Uvh --ignoreos msp430tools-python-tools-1.0-1.cygwin.noarch.rpm
$rpm -Uvh --ignoreos msp430tools-binutils-2.16-20050607.cygwin.i386.rpm
$rpm -Uvh --ignoreos msp430tools-gcc-3.2.3-20050607.cygwin.i386.rpm
$rpm -Uvh --ignoreos msp430tools-libc-20050308cvs-20050608.cygwin.i386.rpm
```

5) TinyOS-2.x Toolchain 및 Source Tree 설치

TinyOS-2.x 패키지를 설치한다.

(1) nesC와 tinyos-tools를 설치한다.

별첨 CD의 rpm/toolchain에 있는 2개의 rpm 파일을 Cygwin이 설치되어 있는 home 디렉토리로 복사하여 다음의 명령으로 설치한다.

```
$rpm -Uvh --ignoreos nesc-1.2.7b-1.cygwin.i386.rpm
$rpm -Uvh --ignoreos tinyos-tools-1.2.3-1.cygwin.i386.rpm
```

(2) TinyOS-2.x의 source tree를 설치한다.

별첨 CD의 rpm/sourcetree에 있는 source tree rpm 파일을 Cygwin이 설치되어 있는 home 디렉토리로 복사하여 다음의 명령으로 설치한다.

```
$rpm -Uvh tinyos-2.0.1-5.cygwin.noarch.rpm
```

만약 설치가 안 될 경우 --ignoreos 옵션을 같이 추가해서 rpm 명령을 수행하도록 한다.

(3) rpm 설치 확인(rpm –qa)

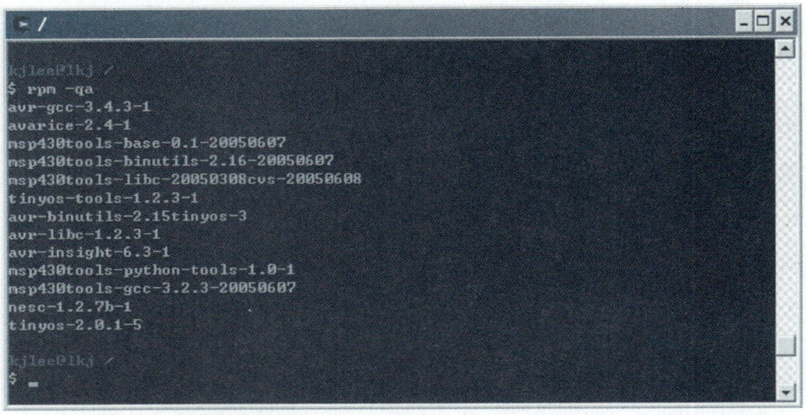

6) 환경설정

환경설정을 위해 .bashrc를 열어 맨 마지막 줄에 다음과 같이 추가한다.

```
# vi ~/.bashrc
```

```
exportTOSROOT=/opt/tinyos-2.x
exportTOSDIR=$TOSROOT/tos
exportCLASSPATH=`cygpath -w $TOSROOT/ support/sdk/java/tinyos.jar`
exportCLASSPATH="$CLASSPATH;."
exportMAKERULES=$TOSROOT/support/make/Makerules
exportPATH=/opt/msp430/bin:$PATH
```

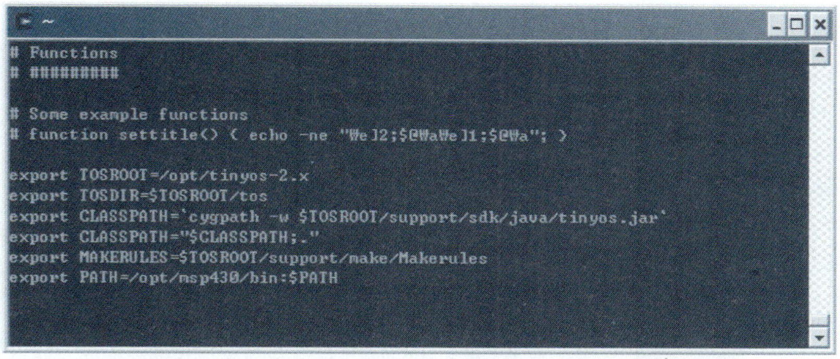

저장한 후 빠져나와 다음과 같이 Script를 실행한다.

```
# source ~/.bashrc
```

7) 컴파일 테스트

/opt/tinyos-2.x/apps/Blink 예제 애플리케이션으로 이동하여 make micaz 및 make tmote 명령어로 컴파일을 수행했을 때 문제없이 수행되는지 확인한다.

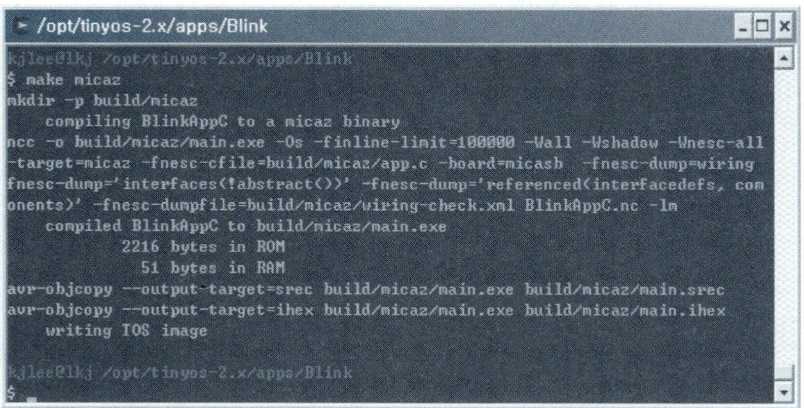

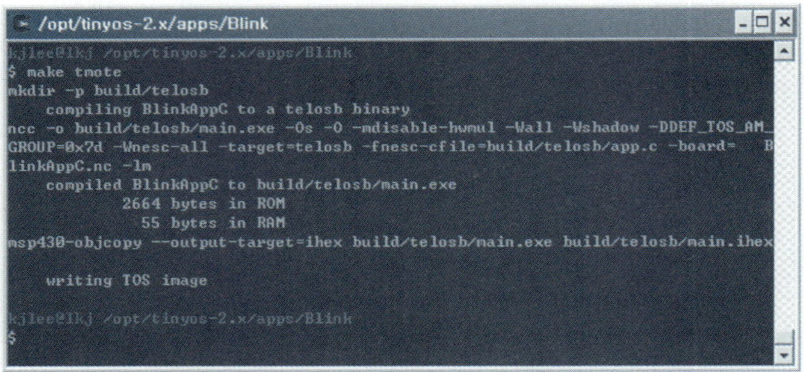

위와 같이 컴파일이 성공하였다면 지금까지의 모든 설치를 정상적으로 완료한 것이다.

8) JDK 환경설정

내 컴퓨터→속성→고급→환경 변수에 javac가 설치된 폴더를 PATH에 추가한다. (PATH : Program Files\JAVA\jdk1.5.0_09\bin;)

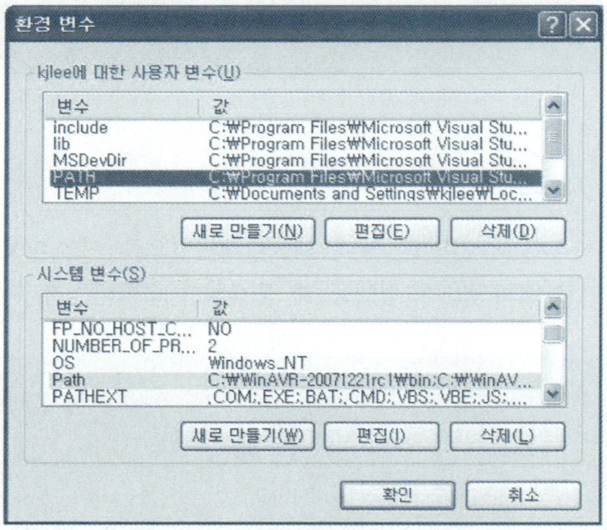

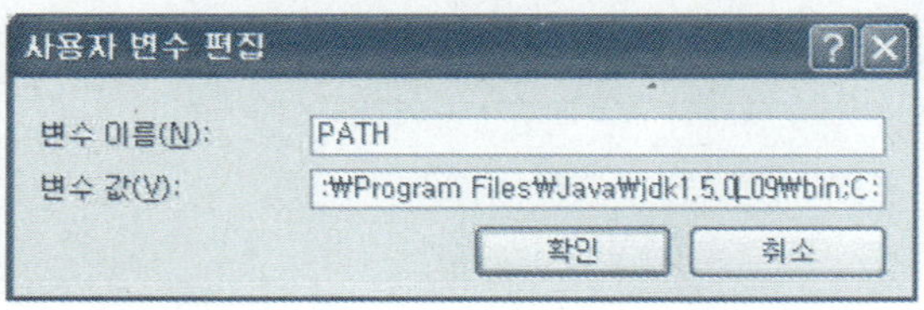

다시 Cygwin을 실행하여 tos-install-jni라고 입력하고 실행한다.

```
# tos-install-jni
```

위의 결과에 의해 나타나는 디렉토리, 즉 getenv.dll과 toscomm.dll이 복사된 디렉토리를 PATH 환경 변수에 추가한다.(PATH : Program Files\Java\jdk1.5.0_09\jre\bin)

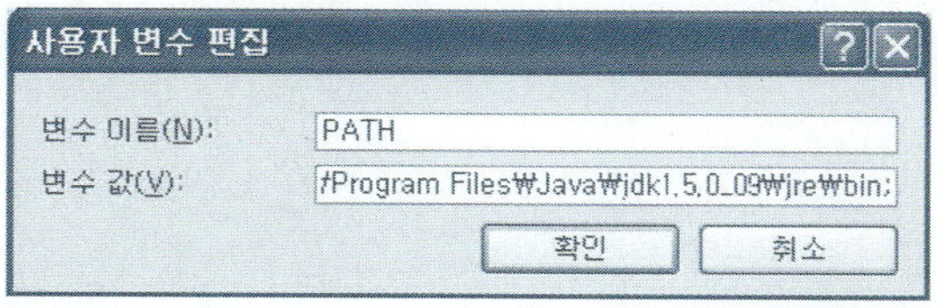

실행중이던 Cygwin을 종료하고 재실행한다.
/opt/tinyos-2.x/support/sdk/java 디렉토리로 이동하여 make를 수행한다.

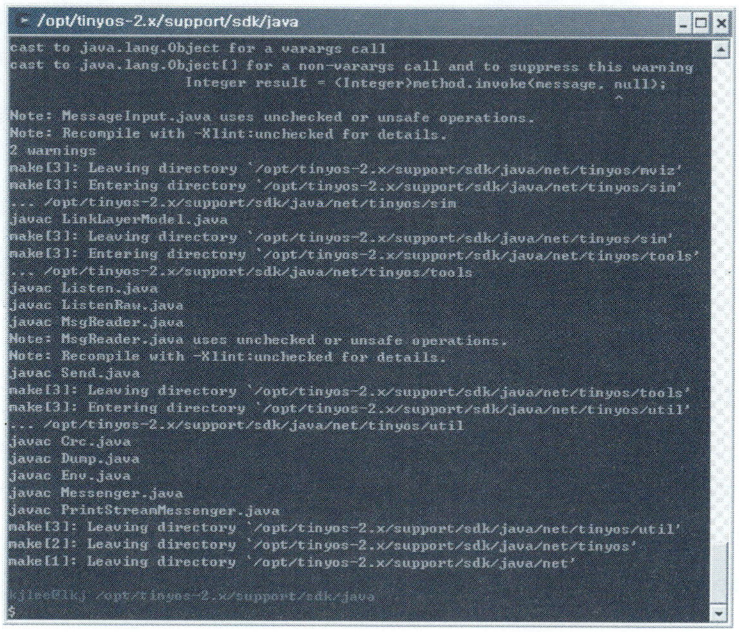

위와 같은 메시지가 출력되면 java 컴파일이 성공적으로 완료된 것이다.

9) Hmote2430 패치

별첨 CD의 H2430_Patch 디렉토리로 이동하면 H2430_Patch.zip 파일이 있다.

압축을 해제하고 /opt/에 덮어쓰기를 한다.

덮어쓰기를 완료하였으면 /opt/tinyos-2.x/apps/Blink로 이동하여 make hmote2430을 수행한다.

```
# make hmote2430
```

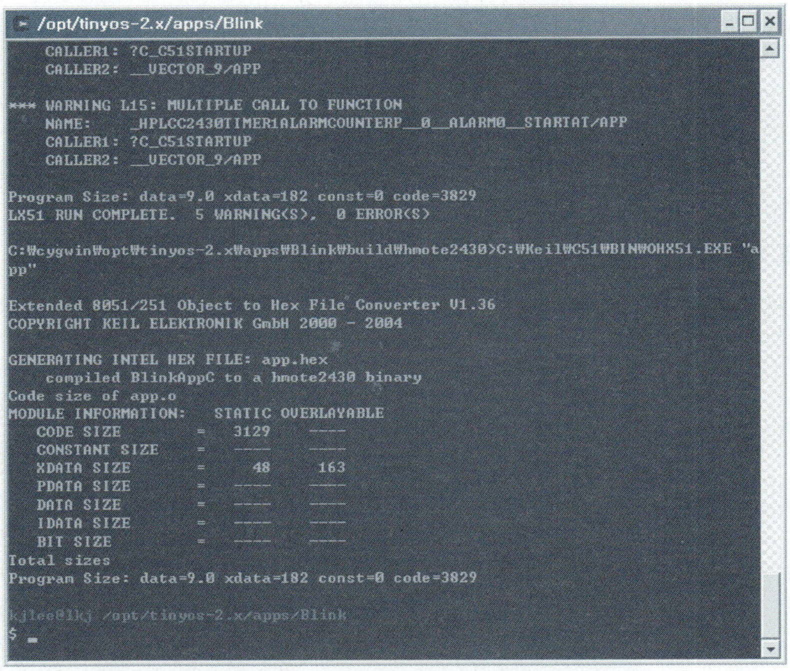

위와 같이 컴파일이 성공적으로 완료되었다면 Hmote2430에 대한 패치를 정확히 한 것이다.

마지막으로 app.hex 파일이 생성되었는지 확인한다.

build/hmote2430으로 이동한다.

app.hex가 생성되었는지 확인한다.

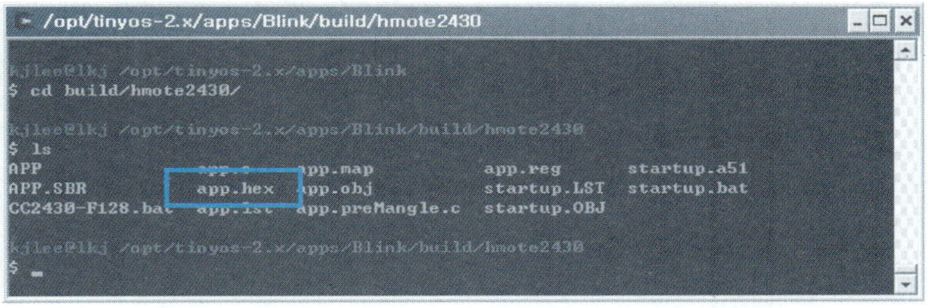

이것으로 Hmote2430에 대한 패치를 완료하였다.

주의 위의 과정은 KEIL 컴파일러(compiler)가 PC에 정상적으로 설치되어 있을 때에 동작한다. 만약 PC에 KEIL 컴파일러(compiler)가 없다면, 라이센스를 구입해서 설치하거나 평가판을 설치해야 한다.
평가판의 경우 사용에 제약이 따를 수 있으니 참고하기 바란다.
(참조 사이트 : http://www.keil.com)

10) SmartRF04 프로그래머 설치

CD의 H2430_Installation/Tool로 이동하여 Setup_SmartRF04Progr_1.3.0.exe를 실행한다. 다음 순서대로 설치를 진행한다.

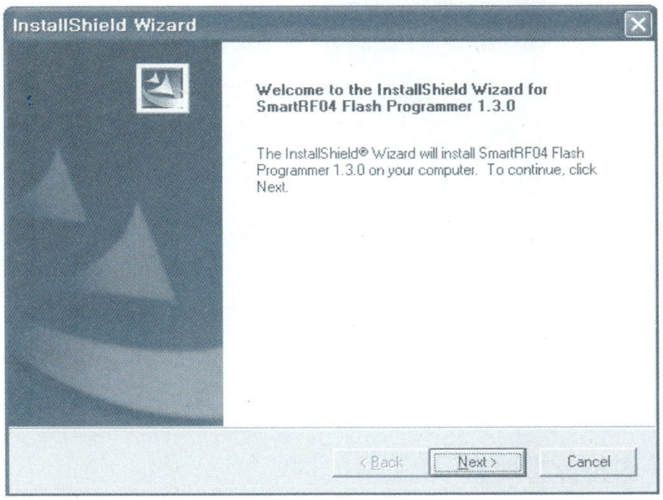

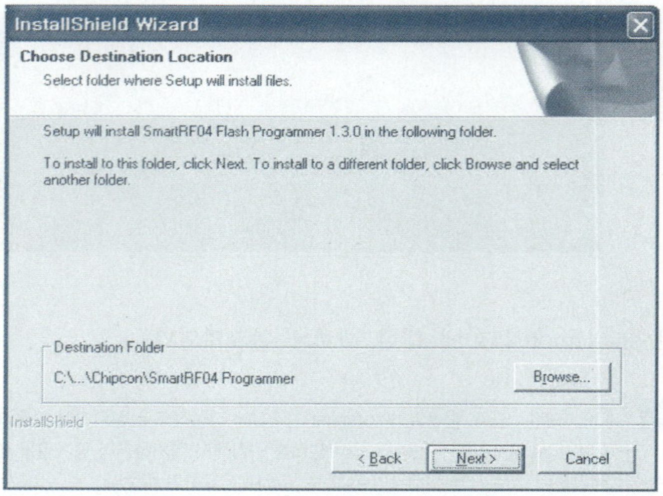
InstallShield Wizard
Choose Destination Location
Select folder where Setup will install files.
Setup will install SmartRF04 Flash Programmer 1.3.0 in the following folder.
To install to this folder, click Next. To install to a different folder, click Browse and select another folder.
Destination Folder
C:\...\Chipcon\SmartRF04 Programmer
Browse...
InstallShield
< Back
Next >
Cancel

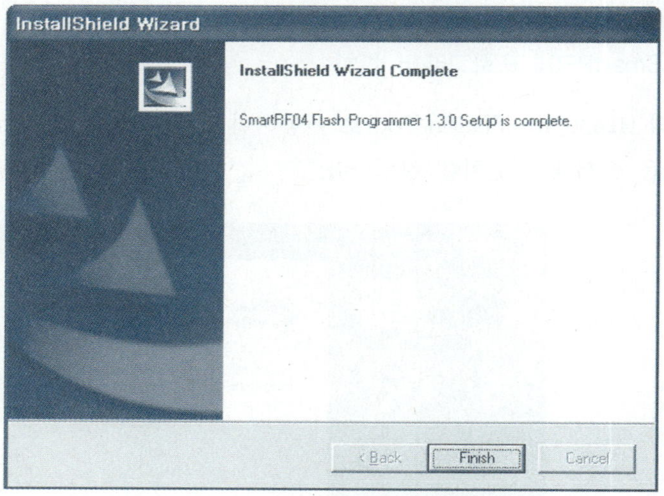
InstallShield Wizard
InstallShield Wizard Complete
SmartRF04 Flash Programmer 1.3.0 Setup is complete.
< Back
Finish
Cancel

11) SmartRF04 프로그래머의 실행

① Hmote2430의 모드(mode) 스위치를 2번으로 변경하고 PC의 USB 포트와 연결한다.

② 인식이 되면 새 하드웨어 검색 마법사가 실행될 것이다. 만약 인식되지 않는다면 USB 허브를 이용해보도록 한다.

③ 다음 순서대로 진행을 한다.

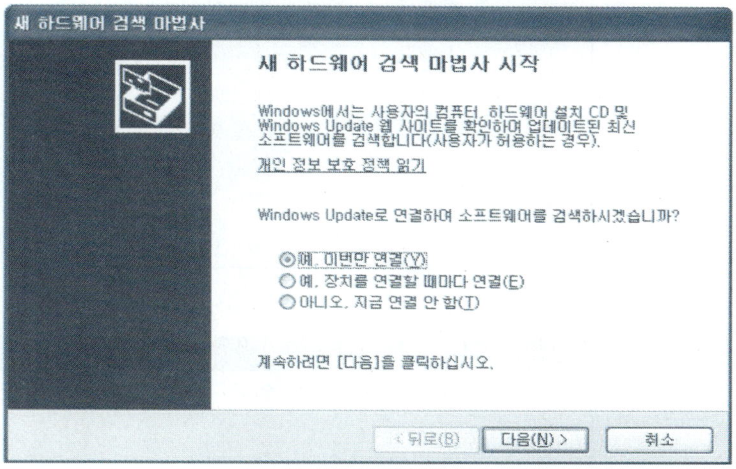

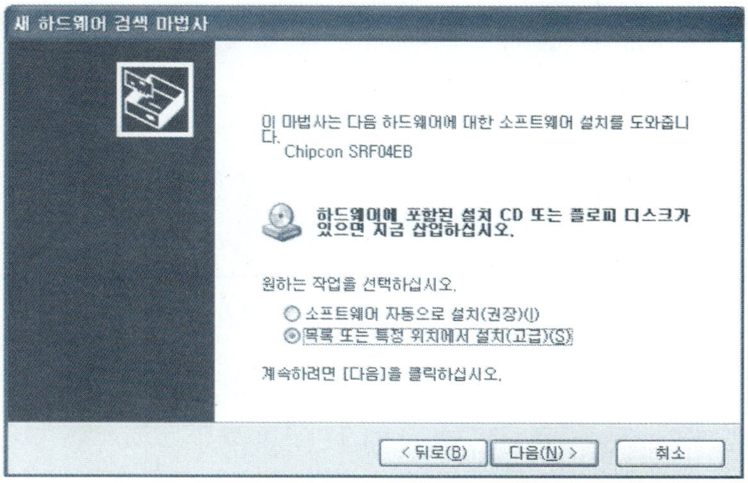

④ 검색 위치를 H2430_Installation/Tool/Driver로 설정하고 다음을 클릭한다.

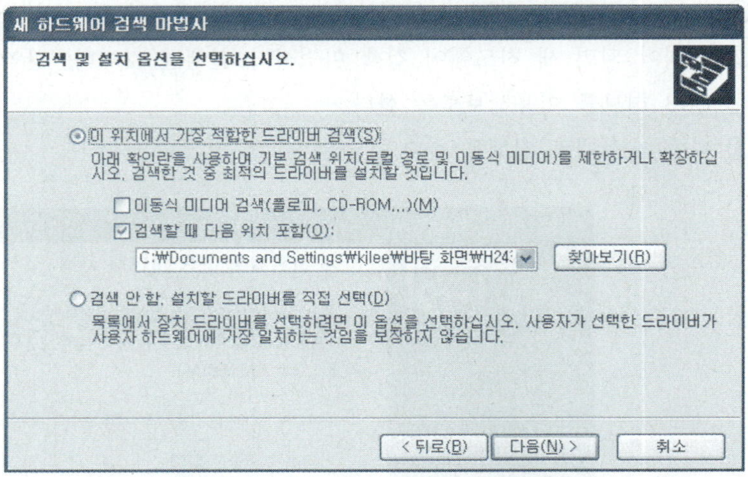

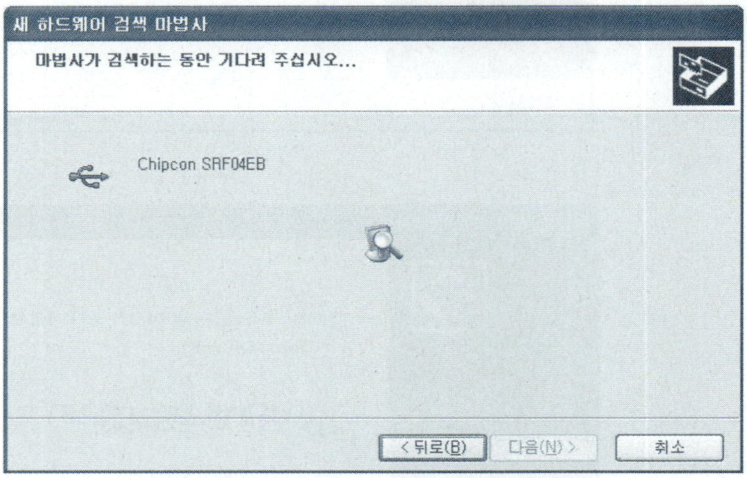

⑤ 장치를 검색하는 동안 다음과 같이 파일 확인을 위한 창이 나타날 것이다.

⑥ 마찬가지로 상기 경로를 입력하고 확인을 클릭한다.

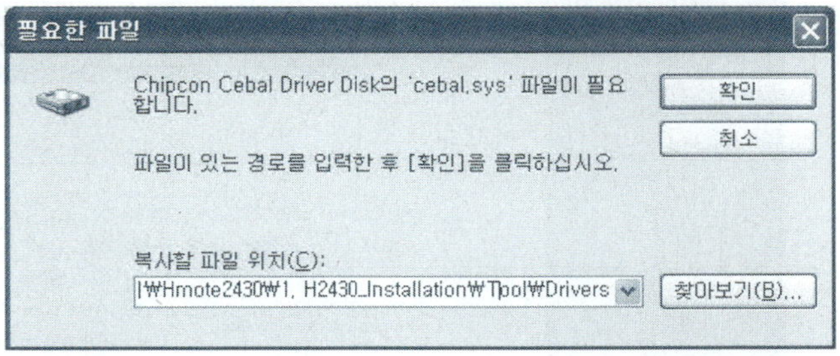

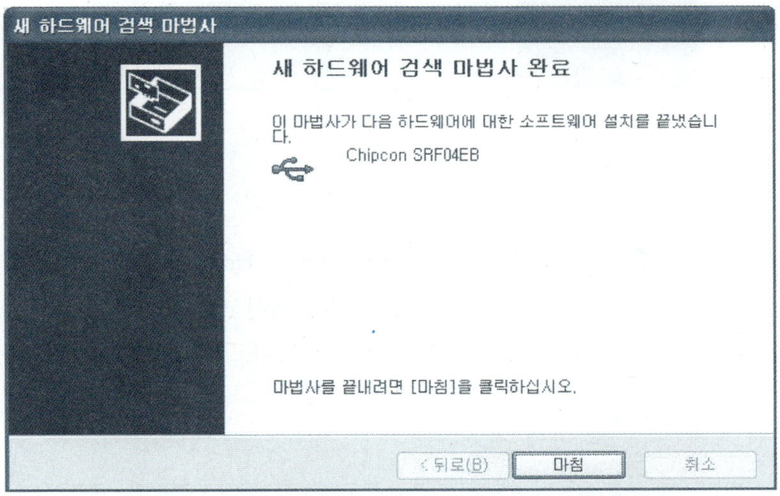

⑦ 드라이버(Driver) 설치가 완료되었다.

⑧ 실행했던 SmartRF04 프로그래머를 보자.

⑨ 상단 4개의 탭들 중 [System-on-Chip]를 선택하자.

⑩ 디바이스 리스트(Device list)에 SmartRF04EB가 나타난 것을 확인할 수 있다.

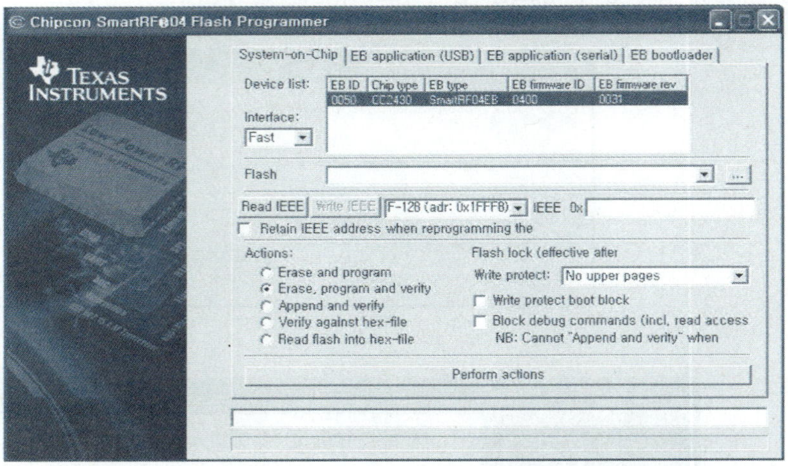

12) 업로딩 및 테스트

SmartRF04 프로그래머를 이용하여 헥사파일을 Hmote2430에 업로딩해보자.

Hmote2430 패치 확인과정에서 Blink 애플리케이션을 컴파일해보았다. 컴파일 후 생성된 app.hex 파일을 Hmote2430에 업로딩해보겠다.

(1) SmartRF04 프로그램을 실행한다

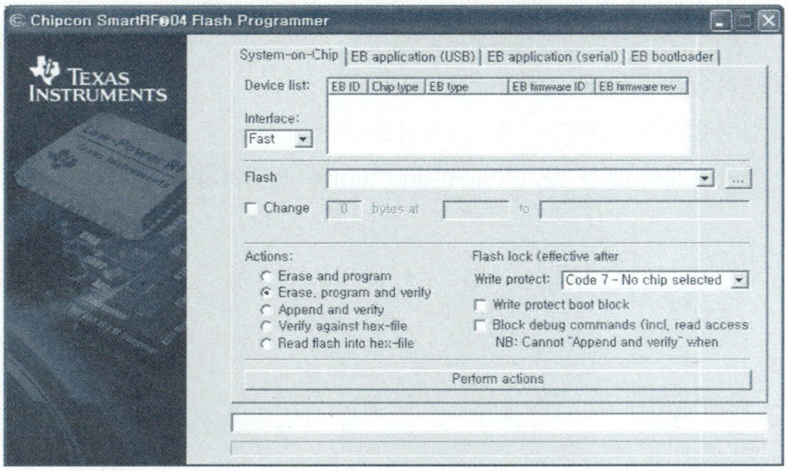

그리고 Hmote2430을 PC의 USB 포트로 연결한다.

Hmote2430은 하나의 USB 포트에서 업로딩과 시리얼 통신을 수행할 수 있도록 되어 있는데 용도에 따라 스위치를 변경해야 한다. 업로딩을 위해 빨간색 스위치를 2번으로 맞추도록 한다.

그림과 같이 디바이스(Device)가 잡히는지 확인한다.

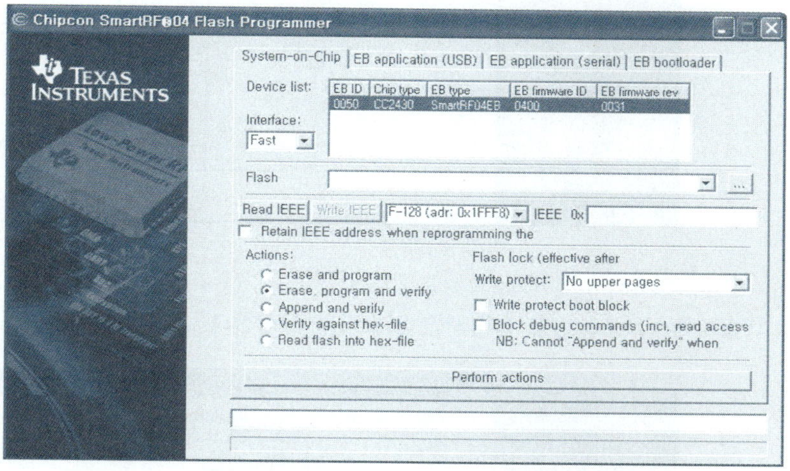

플래시(Flash)의 맨 오른쪽의 [...] 버튼을 클릭한다. 열기창이 나타나는데 파일의 위치로 찾아가서 app.hex 파일을 선택하고 열기를 클릭한다.

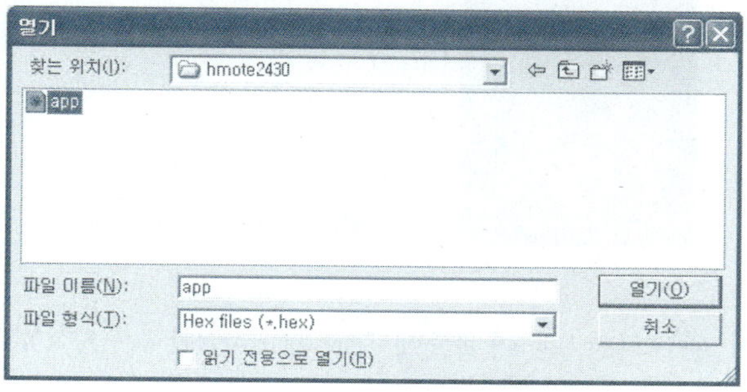

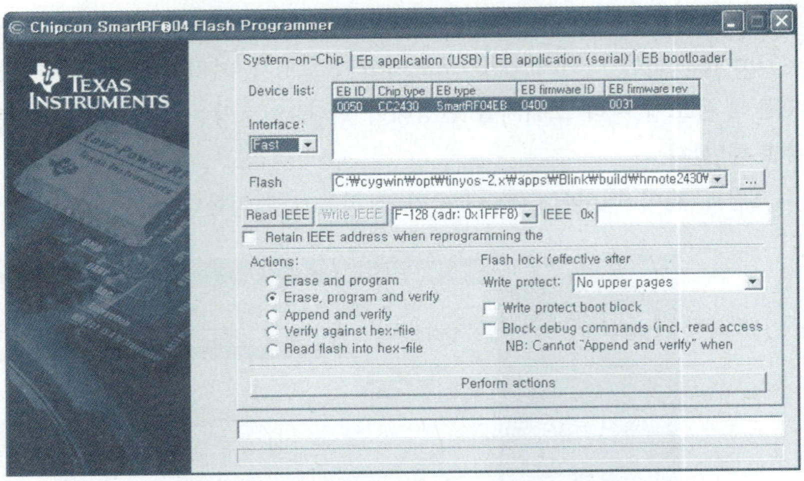

(2) [Permform actions]를 클릭하면 업로딩을 시작한다

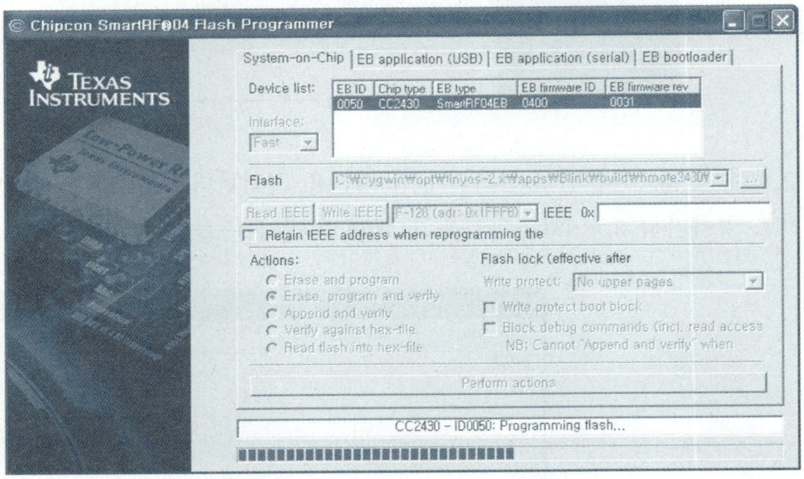

업로딩이 완료되면 맨 아랫줄에 "program and verify OK" 라는 메시지가 출력된다.

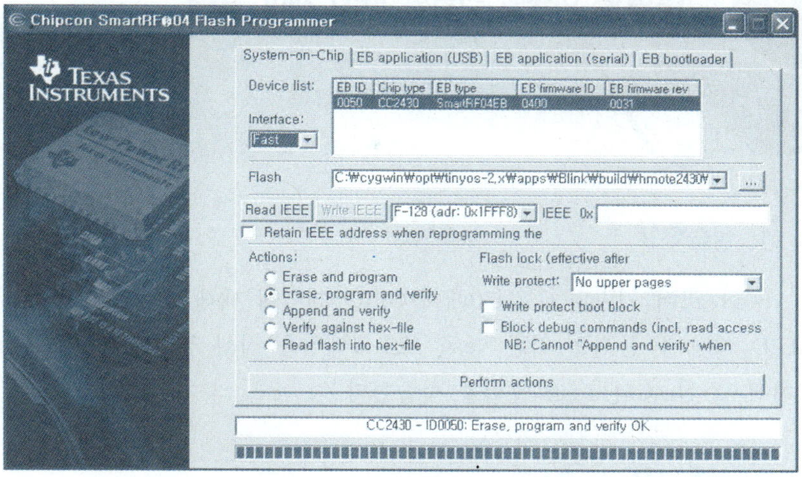

이제 Hmote2430의 LED를 관찰하자. Blink 애플리케이션은 250ms마다 0번 LED가 토글(toggle)되고, 500ms마다 1번 LED가 토글(toggle)되도록 구현되어 있다.

빨간색 LED가 0번 LED이고, 파란색 LED 1번 LED이다.

빨간색 LED가 250ms 주기로 깜박거리고 파란색 LED가 500ms 주기로 깜박거림을 확인할 수 있을 것이다.

실습 2 Task를 이용한 간단한 LED 제어 실습

1. 실습목표

8051 코어 기반의 CC2430에서 GPIO 제어에 대해 알아보고 포트 제어를 통해 2개의 LED 제어 및 동작을 위한 NesC 프로그래밍을 직접 접하여 TinyOS-2.x 환경에서의 포트 제어 및 NesC의 Task 문법을 학습한다.

2. 기초지식

- CC2430의 포트
- 포트 제어 레지스터
- TinyOS-2.x에서의 GPIO 설정
- NesC의 Task 사용법
- LED 인터페이스

3. 기초이론

1) CC2430의 포트

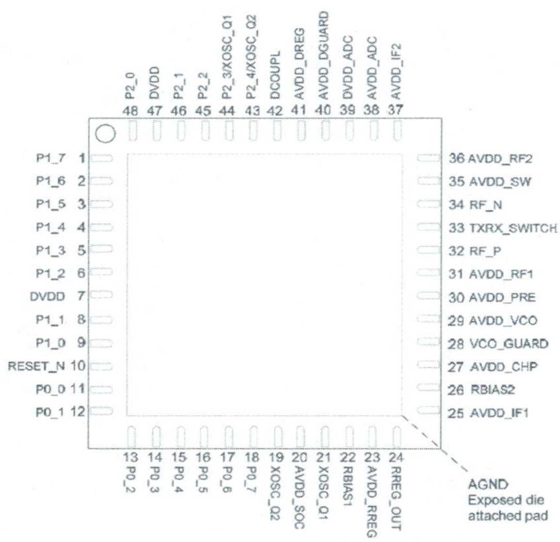

[그림 5]

CC2430의 I/O 핀 구성은 [그림 5]와 같다.

포트는 P0, P1, P2 3부분으로 구성되어 있고, 포트 제어 레지스터를 통해 GPIO 또는 주변기기(Peripheral) I/O로 선택하여 설정할 수 있다. 포트의 개수는 P0과 P1은 각각 7개, P2는 5개로 정해져 있다.

2) 포트 제어 레지스터

포트의 I/O 설정에 관여하는 레지스터는 3가지이다.

Digital 또는 Peripheral을 설정하는 PxSEL, 포트의 방향을 설정하는 PxDIR 및 출력(Output)일 때의 Set, Clear 설정하는 Px 레지스터가 있다.

(1) PxSEL 레지스터(x : 0~2)

■ P2SEL (0×F5) - Port2 Function Select

Bit	Name	Reset	R/W	Description
7	–	0	R0	Not used
6	PRI3PI	0	R/W	Port 1 peripheral priority control. These bits shall determine which module has priority in the case when modules are assigned to case same pins. 0 USTART0 has priority 1 USTART1 has priority
5	PRI2PI	0	R/W	Port 1 peripheral priority control. These bits shall determine the order of priority in the case when PERCFG assigns USART1 and timer 3 to the same pins. 0 USTART1 has priority 1 Timer 3 has priority
4	PRI1PI	0	R/W	Port 1 peripheral priority control. These bits shall determine the order of priority in the case when PERCFG assigns timer 1 and timer 4 to the same pins. 0 Timer 1 has priority 1 Timer 4 has priority
3	PRI0PI	0	R/W	Port 1 peripheral priority control. These bits shall determine the order of priority in the case when PERCFG assigns USART0 and timer 1 to the same pins. 0 USTART0 has priority 1 Timer 1 has priority
2	SELP2_4	0	R/W	P2_4 function select 0 General purpose I/O 1 Peripheral function
1	SELP2_3	0	R/W	P2_3 function select 0 General purpose I/O 1 Peripheral function
0	SELP2_0	0	R/W	P2_0 function select 0 General purpose I/O 1 Peripheral function

P0SEL, P1SEL 레지스터의 비트수는 8비트이고 0일 때는 GPIO, 1일 때는 주변기기(Peripheral) I/O로 설정된다. 단 P2SEL의 경우는 다르게 P1에 대해서 주변기기(Peripheral) I/O로 설정되었을 경우 우선순위를 선택하는 부분과 P2_0, P2_2, P2_3에 대한 GPIO와 주변기기(Peripheral) I/O 설정부분이 같이 포함되어 있다. P2_1, P2_2는 디버깅 인터페이스로 사용하도록 고정되어 있기 때문에 P2SEL에서 제외된다.

■ P0SEL(0×F3) - Port 0 Function Select

Bit	Name	Reset	R/W	Description
7 : 0	SELP0_[7 : 0]	0×00	R/W	P0_7 to P0_0 function select 0 General purpose I/O 1 Peripheral function

■ P1SEL(0×F4) - Port 1 Function Select

Bit	Name	Reset	R/W	Description
7 : 0	SELP1_[7 : 0]	0×00	R/W	P1_7 to P1_0 function select 0 General purpose I/O 1 Peripheral function

(2) PxDIR 레지스터

포트를 입력(Input) 또는 출력(Output)으로 설정하는 레지스터이다.

P0DIR, P1DIR 레지스터는 0일 때 Input, 1일 때 Output 모드로 설정된다. 단 P2DIR 레지스터의 경우 PRIP0[1:0]의 2비트 모드에서 P0에 대해 Peripheral I/O로 설정할 경우 우선순위를 결정할 수 있는 부분과 P2의 방향을 결정하는 부분이 같이 있다.

■ P0DIR(0×FD) - Port 0 Direction

Bit	Name	Reset	R/W	Description
7 : 0	DIRP0_[7 : 0]	0×00	R/W	P0_7 to P0_0 I/O direction 0 Input 1 Output

■ P1DIR(0×FE) - Port 1 Direction

Bit	Name	Reset	R/W	Description
7 : 0	DIRP1_[7 : 0]	0×00	R/W	P1_7 to P1_0 I/O direction 0 Input 1 Output

■ P2DIR(0×FF) – Port 2 Direction

Bit	Name	Reset	R/W	Description
7 : 6	PRIP0_[1 : 0]	00	R/W	Port 0 peripheral priority control. These bits shall determine the order of priority in the case when PERCFG assigns several peripherals to the same pins. 00 USART0 has priority over USART1 01 USART1 has priority OVER Timer 1 10 Timer 1 channels 0 and 1 has priority over USRT1 11 Timer 1 channels 2 and 1 has priority over USRT0
5	–	0	R0	Not used
4 : o	DIRP2_[4 : 0]	00000	R/W	P2_4 to P20 I/O direction 0 Input 1 Output

(3) Px 레지스터

P0~P2를 Set, Clear로 포트 상태를 제어하는 레지스터이다.

■ P0(0×80) – Port 0

Bit	Name	Reset	R/W	Description
7 : 0	P0 [7 : 0]	0×FF	R/W	Port 0. General purpose I/O port. Bit-addressable.

■ P0(0×90) – Port 1

Bit	Name	Reset	R/W	Description
7 : 0	P1 [7 : 0]	0×FF	R/W	Port 1. General purpose I/O port. Bit-addressable.

■ P2(0×A0) – Port 2

Bit	Name	Reset	R/W	Description
7 : 0	–	000	R0	Not used
4 : 0	P2 [4 : 0]	0×1F	R/W	Port 2. General purpose I/O port. Bit-addressable.

3) TinyOS-2.x에서의 GPIO 설정

포트 제어 레지스터에 대한 정의는 다음과 같은 위치의 헤더파일에 포함되어 있다.

- /opt/tinyos-2.x/tos/chips/mcs51/io8051.h
- /opt/tinyos-2.x/tos/chips/cc2430/ioCC2430.h

포트 제어를 위해 인터페이스가 제공되고 인터페이스의 함수들에 대해 정의가 이루어져야 한다. 이러한 정의는 매크로 함수에 의해 구현되도록 하였고, 디바이스 레벨에서 GPIO 초기화 및 드라이버의 GPIO 제어를 위해 정의된 인터페이스를 호출하여 사용하게 된다. 이러한 부분들이 이루어지기 위해서는 CC2430과 Hmote2430 플랫폼 자원이 지원되어야 한다. CC2430을 위한 자원들은 /opt/tinyos-2.x/tos/chips/mcs51/, Hmote2430 플랫폼을 위한 자원들은 /opt/tinyos-2.x/tos/platform/hmote2430/에서 확인할 수 있다.

GPIO를 설정하고 다루는 파일들은 다음과 같다.

- 위치 : /opt/tinyos-2.x/tos/chips/mcs51/pins
- 파일 : HplMcs51GenerialIOC.nc Mcs51GpioC.nc HplMcs51GenerialIO.nc

HplMcs51GenerialIOC.nc에서 매크로 함수를 이용하여 제공되는 인터페이스에 GPIO를 설정하는 기능이 정의되어 있고, Mcs51GpioC.nc 파일에서 범용 GPIO 인터페이스인 GenerialIO와의 연동을 위해 인터페이스 Mapping 부분이 구현되어 있다.

HplMcs51GenerialIO.nc는 CC2430의 GPIO 설정을 위한 인터페이스 파일이고 이것은 HplMcs51GenerialIOC.nc에서 기능을 정의하는데 제공된다.

다음은 HplMcs51GenerialIOC.nc의 기능 구현에 대한 내용이다.

```
#include <io8051.h>
#include <ioCC2430.h>

module HplMcs51GeneralIOC {
provides interface HplMcs51GeneralIO as P00;
provides interface HplMcs51GeneralIO as P01;
provides interface HplMcs51GeneralIO as P02;
provides interface HplMcs51GeneralIO as P03;
provides interface HplMcs51GeneralIO as P04;
provides interface HplMcs51GeneralIO as P05;
provides interface HplMcs51GeneralIO as P06;
provides interface HplMcs51GeneralIO as P07;

provides interface HplMcs51GeneralIO as P10;
provides interface HplMcs51GeneralIO as P11;
provides interface HplMcs51GeneralIO as P12;
provides interface HplMcs51GeneralIO as P13;
provides interface HplMcs51GeneralIO as P14;
```

```
provides interface HplMcs51GeneralIO as P15;
provides interface HplMcs51GeneralIO as P16;
provides interface HplMcs51GeneralIO as P17;

provides interface HplMcs51GeneralIO as P20;
provides interface HplMcs51GeneralIO as P21;
provides interface HplMcs51GeneralIO as P22;
provides interface HplMcs51GeneralIO as P23;
provides interface HplMcs51GeneralIO as P24;
}

implementation {
#define MAKE_NEW_PIN(name, pin, pin_dir, pin_dir_bit) \
inline async command bool name.get(){ return ( pin != 0); } \
inline async command void name.set() { pin = 1; } \
inline async command void name.clr() { pin = 0; } \
async command voidname.toggle()      { atomic { pin = ~pin; } } \
// The syntax for defining the sbit (bit accessible registers) is
// compiler specific, but the usage should be compiler independent

MAKE_NEW_PIN(P00, P0_0, P0_DIR, 0);
MAKE_NEW_PIN(P01, P0_1, P0_DIR, 1);
MAKE_NEW_PIN(P02, P0_2, P0_DIR, 2);
MAKE_NEW_PIN(P03, P0_3, P0_DIR, 3);
MAKE_NEW_PIN(P04, P0_4, P0_DIR, 4);
MAKE_NEW_PIN(P05, P0_5, P0_DIR, 5);
MAKE_NEW_PIN(P06, P0_6, P0_DIR, 6);
MAKE_NEW_PIN(P07, P0_7, P0_DIR, 7);

MAKE_NEW_PIN(P10, P1_0, P1_DIR, 0);
MAKE_NEW_PIN(P11, P1_1, P1_DIR, 1);
MAKE_NEW_PIN(P12, P1_2, P1_DIR, 2);
MAKE_NEW_PIN(P13, P1_3, P1_DIR, 3);
MAKE_NEW_PIN(P14, P1_4, P1_DIR, 4);
MAKE_NEW_PIN(P15, P1_5, P1_DIR, 5);
MAKE_NEW_PIN(P16, P1_6, P1_DIR, 6);
MAKE_NEW_PIN(P17, P1_7, P1_DIR, 7);

MAKE_NEW_PIN(P20, P2_0, P2_DIR, 0);
MAKE_NEW_PIN(P21, P2_1, P2_DIR, 1);
```

```
MAKE_NEW_PIN(P22, P2_2, P2_DIR, 2);
MAKE_NEW_PIN(P23, P2_3, P2_DIR, 3);
MAKE_NEW_PIN(P24, P2_4, P2_DIR, 4);
}
```

HplMcs51GenerialIO 인터페이스가 제공되고 MAKE_NEW_PIN() 매크로 함수에 의해 GPIO 제어에 대한 8가지의 기능이 async command 인터페이스 함수에 정의되고 있다.

다음은 HplMcs51GenerialIO 인터페이스 파일의 구조이다.

```
interface HplMcs51GeneralIO
{
/**
 * Read pin value.
 *
 * @return TRUE if pin is high, FALSE otherwise.
 */
inline async command bool get();

 /**
 * Set pin to high.
 */
inline async command void set();

 /**
 * Set pin to low.
 */
inline async command void clr();

/**
 * Toggle pin status.
 */
inline async command void toggle();
inline async command bool isInput();
inline async command bool isOutput();
 /**
 * Set pin direction to input.
 */
```

```
inline async command void makeInput();

/**
 * Set pin direction to output.
 */
inline async command void makeOutput();
}
```


HplMcs51GenerialIOC.nc에서 8가지의 async command 인터페이스 함수를 선언하고 있다.

정의된 인터페이스 함수들은 Mcs51GpioC.nc에서 범용 GenerialIO 인터페이스에 의해 호출되도록 하여 대체 사용이 가능하도록 구현되어 있다.

아래는 Mcs51GpioC.nc의 구현 내용이다.

```
generic module Mcs51GpioC() {
provides interface GeneralIO;
uses interface HplMcs51GeneralIO as HplGeneralIO;
}
implementation {
async command void GeneralIO.set()   { call HplGeneralIO.clr(); }
async command void GeneralIO.clr()   { call HplGeneralIO.set(); }
async command void GeneralIO.toggle() { call HplGeneralIO.toggle(); }
async command bool GeneralIO.get() { return call HplGeneralIO.get(); }
async command void GeneralIO.makeInput() \
          { call HplGeneralIO.makeInput(); }
async command bool GeneralIO.isInput() \
          { return call HplGeneralIO.isInput(); }
async command void GeneralIO.makeOutput() \
          { call HplGeneralIO.makeOutput(); }
async command bool GeneralIO.isOutput() \
          { return call HplGeneralIO.isOutput(); }
}
```

Hmote2430 플랫폼에서의 LED는 Active Low로 동작하기 때문에 LED와 연결된 GPIO 핀을 High를 시켜주기 위해서는 clr를 해야 한다.

4) NesC의 Task 사용법

NesC의 Task는 implementation{} 내에서 Task 함수의 정의와 선언 그리고 호출을 통하여 이루어진다.

(1) Task 함수의 정의

Task 함수의 정의는 다음과 같이 이루어진다.

```
task void taskFunction() { -- Operation -- }
```

Task 함수는 void 타입을 반환하며 타입 앞에 반드시 task를 붙여야 한다.

(2) Task 함수의 선언

Task 함수가 정의되었다면 함수를 선언해야 한다. 선언위치는 implementation{} 내에서 가장 처음부분이다.

```
implementation {
 task void taskFunction();
 -- Operation --
}
```

(3) Task 함수의 호출

Task 함수는 호출을 통하여 사용할 수 있다. 호출하는 위치는 Event 함수 정의부분이고 post를 사용하여 Task 함수를 호출하게 된다.

```
implementation {
 event void Boot.booted() {
post taskFunction();
 }
 -- Operation --
}
```

5) LED 인터페이스

LED 인터페이스는 TinyOS-2.x에서 제공하는 범용 LED 제어 인터페이스이다.

LED 인터페이스뿐만 아니라 모든 범용 인터페이스들은 /opt/tinyos-2.x/tos/interface/에 위치해 있다.

아래는 Leds.nc의 인터페이스 함수 선언 내용이다.

```
#include "Leds.h"

interface Leds {

/**
 * Turn on LED 0. The color of this LED depends on the platform.
 */
async command void led0On();

/**
 * Turn off LED 0. The color of this LED depends on the platform.
 */
async command void led0Off();

/**
 * Toggle LED 0; if it was off, turn it on, if was on, turn it off.
 * The color of this LED depends on the platform.
 */
async command void led0Toggle();
 /**
 * Turn on LED 1. The color of this LED depends on the platform.
 */
async command void led1On();

/**
 * Turn off LED 1. The color of this LED depends on the platform.
 */
async command void led1Off();

 /**
 * Toggle LED 1; if it was off, turn it on, if was on, turn it off.
 * The color of this LED depends on the platform.
```

```
 */
async command void led1Toggle();

/**
 * Turn on LED 2. The color of this LED depends on the platform.
 */
async command void led2On();

/**
 * Turn off LED 2. The color of this LED depends on the platform.
 */
async command void led2Off();

 /**
 * Toggle LED 2; if it was off, turn it on, if was on, turn it off.
 * The color of this LED depends on the platform.
 */
async command void led2Toggle();

async command uint8_t get();

async command void set(uint8_t val);
}
```

LED ON/OFF를 하고자할 때 LED 인터페이스를 저장(Wiring)한 후 애플리케이션에서 호출하여 사용하면 된다.

다음은 LED 인터페이스 함수들을 정의한 Leds.P 모듈의 내용이다.

```
module LedsP {
provides {
interface Init;
interface Leds;
}
uses {
interface GeneralIO as Led0;
interface GeneralIO as Led1;
```

```
interface GeneralIO as Led2;
}
}
implementation {
command error_t Init.init() {
atomic {
dbg("Init", "LEDS: initialized.\n");
call Led0.makeOutput();
call Led1.makeOutput();
call Led2.makeOutput();
call Led0.set();
call Led1.set();
call Led2.set();
}
return SUCCESS;
}

/* Note: the call is inside the dbg, as it's typically a read of a volatile
 location, so can't be deadcode eliminated */
#define DBGLED(n) \
dbg("LedsC", "LEDS: Led" #n " %s.\n", call Led ## n .get() ? "off" : "on");

async command void Leds.led0On() {
call Led0.clr();
DBGLED(0);
}

async command void Leds.led0Off() {
call Led0.set();
DBGLED(0);
}
async command void Leds.led0Toggle() {
call Led0.toggle();
DBGLED(0);
}

async command void Leds.led1On() {
call Led1.clr();
DBGLED(1);
}
```

```
async command void Leds.led1Off() {
call Led1.set();
DBGLED(1);
}

async command void Leds.led1Toggle() {
call Led1.toggle();
DBGLED(1);
}

async command void Leds.led2On() {
call Led2.clr();
DBGLED(2);
}

async command void Leds.led2Off() {
call Led2.set();
DBGLED(2);
}

async command void Leds.led2Toggle() {
call Led2.toggle();
DBGLED(2);
}
```

LED는 GPIO를 통해 제어되므로 LED 모듈에서 실질적으로 On, Off, 토글의 기능을 위해 위에서 언급한 GenerialIO 인터페이스를 사용, 함수를 호출하여 설정(Set), 삭제(Clear), 토글(Toggle)의 기능을 구현하고 있다. 그러나 Led0, Led1, Led2가 어떠한 GPIO를 통해 제어되는지는 여기서는 알지 못한다.

다음을 살펴보자. LedsC.nc 구성(configuration) 파일의 내용이다.

```
configuration LedsC {
provides interface Leds;
}
implementation {
components LedsP, PlatformLedsC;
Leds = LedsP;
```

```
LedsP.Init <- PlatformLedsC.Init;
LedsP.Led0 -> PlatformLedsC.Led0;
LedsP.Led1 -> PlatformLedsC.Led1;
LedsP.Led2 -> PlatformLedsC.Led2;
}
```

위에서 보여줬던 LedsP 모듈과 PlatformLedsC를 컴포넌트로 선언하여 저장(Wiring)을 하였다.

LedsP 모듈의 Led0, Led1, Led2는 PlatformLedsC의 Led0, Led1, Led2를 제공받는다.

다음은 PlatformLedsC.nc의 내용이다.

```
configuration PlatformLedsC
{
provides interface GeneralIO as Led0;
provides interface GeneralIO as Led1;
provides interface GeneralIO as Led2;
uses interface Init;
}
implementation
{
components HplMcs51GeneralIOC,
PlatformP,
new Mcs51GpioC() as Mcs51Led0,
new Mcs51GpioC() as Mcs51Led1,
new Mcs51GpioC() as Mcs51Led2,
new NoPinC();

 // Let LedsP (from system) handle the Led init...
Init = PlatformP.LedsInit;
/*
 * The bizare Led interface assumes that the led pins are active
 * high...
 */

Led0 = Mcs51Led0;
Led1 = Mcs51Led1;
Led2 = NoPinC;
```

```
Mcs51Led0 -> HplMcs51GeneralIOC.P11;
Mcs51Led1 -> HplMcs51GeneralIOC.P12;
Mcs51Led2 -> HplMcs51GeneralIOC.P12;
}
```

Led0, Led1, Led2는 Mcs51GpioC를 거쳐 HplMcs51GenerialIOC에 정의된 P11, P10, P12과 저장(Wiring)된다.

위에서는 Led0과 Led1만 사용하도록 되어 있다. 이유는 Hmote2430의 LED는 2개만 존재하기 때문이다. 그리고 사용하지 않는 LED에 대해서 NoPinC라는 모듈을 사용하여 처리한다. NoPinC.nc 파일을 살펴보면 GenerialIO 인터페이스 함수 내에 어떠한 동작도 기술하지 않았다는 것을 알 수 있다. 만약 플랫폼의 수정을 통해 Led0이 P13과 연결되도록 하였다면 다음과 같이 수정해야 한다.

```
HplMcs51GeneralIOC.P10; -> HplMcs51GenerialIOC.P13;
```

여기서 하나 집고 넘어가야 할 것은 지금 사용하고 있는 LED의 제어는 플랫폼에 따라 달라질 수 있다는 것이다. 즉, Hmote2430에서의 LED0은 P11과연결되어 제어가 되지만, 플랫폼의 변경(하드웨어 변경)에 따라 P10이 될 수도 있고 P12가 될 수도 있다는 것이다.

PlatformLedC.nc는 Hmote2430을 위한 Configuration 파일로서 위에서 언급했던 Hmote2430의 플랫폼 자원들의 위치인 /opt/tinyos-2.x/tos/platforms/hmote2430에 위치해 있다.

4. 실습내용

지금까지 배운 기초지식을 통하여 실제 애플리케이션을 접하고 Hmote2430에 업로딩하여 어떻게 동작하는지를 살펴보자.

실습 2에서 사용할 애플리케이션은 BlinkNoTimerTask이다. Timer를 사용하지 않고, 소프트웨어 Delay와 Task를 사용하여 2개의 Led를 Toggle시키는 매우 간단한 애플리케이션이다.

애플리케이션의 위치는 /opt/tinyos-2.x/apps/Hmote2430/Exercise_2/BlinkNoTimerTask이다. 일반적으로 TinyOS의 애플리케이션은 /opt/tinyos-2.x/apps/에 존재한다는 것을 알아두자. 해당 디렉토리로 이동한 뒤 ls 명령어를 입력하면 존재하는 파일들을 보여준다.

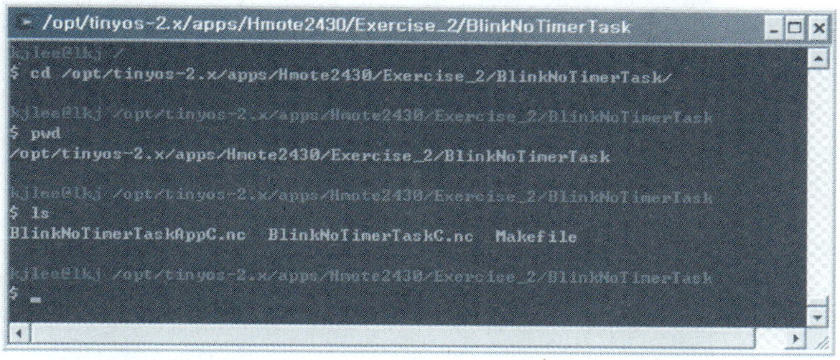

소스들에 대해 간략하게 설명을 하자면 다음과 같다.

1) BlinkNoTimerTaskAppC.nc

구성(configuration) 파일이며 Blink 애플리케이션에서 사용될 모듈들을 컴포넌트로 선언하고 저장(Wiring)을 하는 파일이다.

2) BlinkNoTimerTaskC.nc

모듈 역할을 하는 애플리케이션 파일이다. 실제 Task를 사용한 LED 제어가 기술되어 있다.

3) Makefile

make 명령어를 통해 소스들을 컴파일할 때 사용되는 스크립트 파일이다.

이 파일을 통해 실제로 /opt/tinyos-2.x/support/make/에 있는 해당 플랫폼의 컴파일 환경설정 파일들이 참조가 되어 컴파일된다. Makefile은 모든 애플리케이션에서 존재하는 공통 파일이다. 의미가 같기 때문에 다음 실습부터는 설명에 대해서 생략하겠다.

이제 내용을 간단히 살펴보겠다.

Cygwin 환경에서의 에디터는 vi 편집기를 기본으로 사용한다는 것을 숙지하고 vi 편집기 사용에 익숙해지도록 스스로 연습을 하도록 하고 사용법에 대해서는 인터넷 검색을 통하여 찾도록 한다.

vi 명령어를 사용하여 BlinkNoTimerTaskAppC.nc 파일을 열어본다.

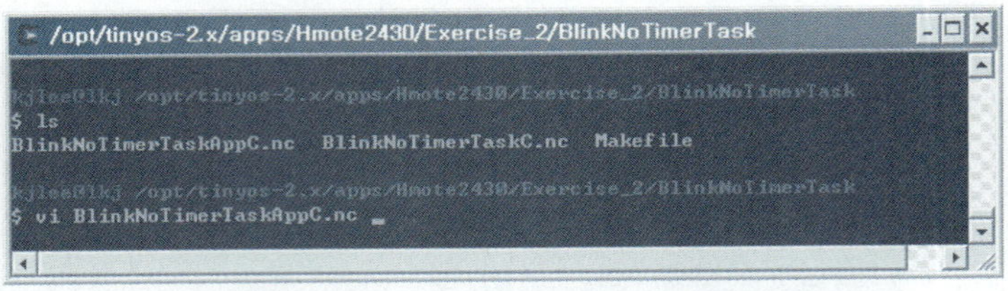

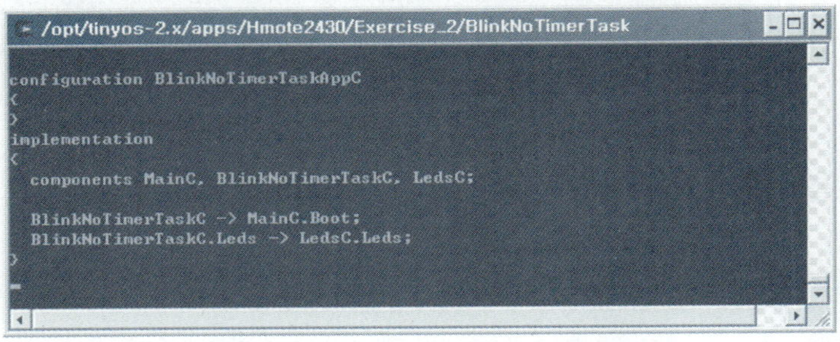

MainC, BlinkNoTimerTaskC, LedsC 모듈이 컴포넌트로 선언되었고 Boot, Leds 인터페이스의 사용을 위해 저장(Wiring)이 되었다.

항상 화살표의 오른쪽이 Provides이고 왼쪽이 uses임을 명심하자.

다음 BlinkNoTimerTaskC.nc 모듈을 열어본다.

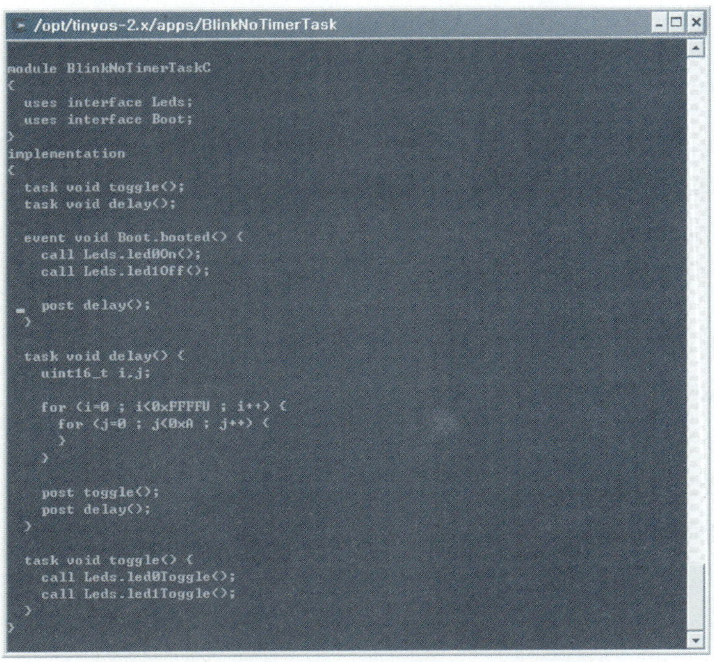

booted()는 시스템이 처음 시작할 때 가장 먼저 수행되는 곳이다. C언어로 말하면 main()과 같은 존재이다. 먼저 LED0을 ON, LED1을 OFF 상태로 두고 설정된 Delay에 따라 두 개의 LED가 토글(toggle)되도록 구현되어 있다.

2개의 Task 함수를 생성하였는데 하나는 delay()이고 다른 하나는 toggle()이다.

delay()는 for문을 이용하여 임의의 Delay를 생성하였다. 이 delay() 함수는 재귀적으로 사용되었다. toggle()은 LED0과 LED1이 번갈아가면서 토글되도록 구현되어 있고 delay() 함수 내에서 호출되도록 하였다.

이제 소스들을 컴파일해보자. 다음과 같이 입력한다.

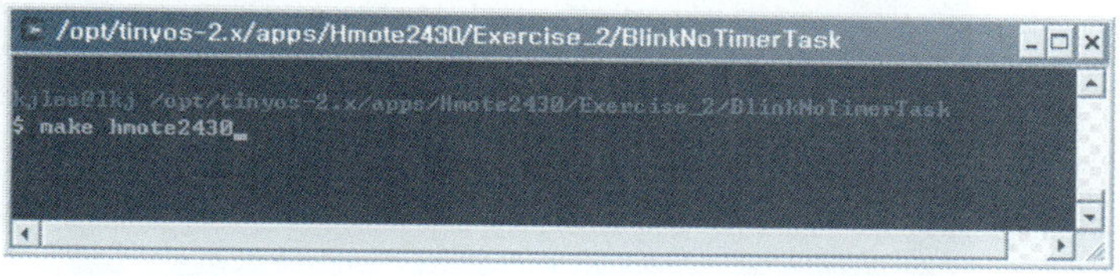

make는 명령어이고 뒤의 hmote2430은 플랫폼 이름이다. 해당 플랫폼의 이름을 같이 입력해야만 cc2430em 플랫폼의 형식으로 설정되어 컴파일이 수행될 수 있다.

다음과 같은 메시지가 출력되면 컴파일이 성공적으로 완료된 것이다.

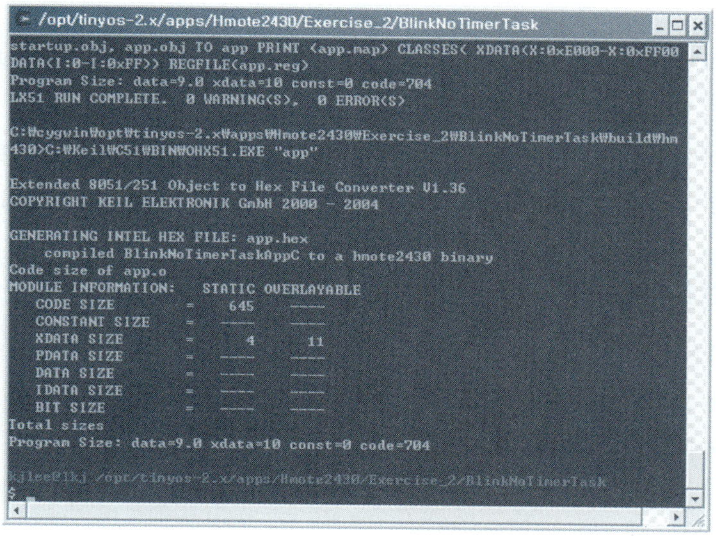

ls 명령어를 입력하면 build라는 디렉토리가 새로이 생성되어 있는 것을 볼 수 있다. build 디렉토리로 이동하여 ls 명령어를 입력해본다. hmote2430이라는 디렉토리를 볼 수 있다. 이 디렉토리는 플랫폼의 이름으로 생성된다. hmote2430으로 이동하여 다시 ls 명령어를 입력해본다.

다음과 같이 생성된 파일들의 목록을 볼 수 있다.

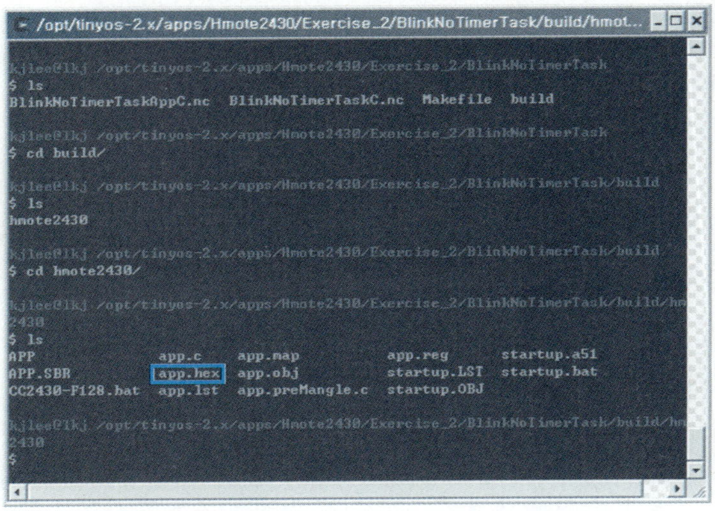

이 파일들 중에서 실제로 Hmote2430에 업로딩될 파일은 app.hex 파일이다. 이 헥사파일이 생성되었는지 확인을 한다.

이 헥사(Hex)파일을 실습환경구축에서 실습해보았던 SmartRF04 프로그래머를 사용하여 업로딩한 후 Hmote2430의 2개의 LED가 번갈아 가면서 토글(toggle)되는지 살펴본다.

5. 실습과제

BlinkNoTimerTask 애플리케이션에서는 LED 인터페이스의 토글 함수를 호출하여 구현되었다. 토글 함수 대신에 LED 인터페이스의 다른 함수를 사용하여 똑같이 동작하도록 구현하여라.

실습 3

Task와 타이머를 이용한 LED 제어 실습

1. 실습목표

CC2430의 타이머를 알아보고 TinyOS-2.x에서의 타이머를 이용한 LED 제어방법을 학습한다.

2. 기초지식

- CC2430의 타이머
- TinyOS-2.x에서의 타이머 설정
- NesC에서의 타이머 사용법

3. 기초이론

1) CC2430의 타이머

CC2430에서는 총 4개의 타이머가 제공된다. 이 중에서 Timer1에 대해 알아본다.

Timer1은 16bit 타이머로 3개의 채널이 제공된다. 타이머 자체에 대한 설정은 T1CTL 레지스터를 통해 이루어지고 각각의 채널에 대한 설정은 T1CCTLx를 통해 이루어진다.

(1) T1CTL 레지스터

▪ T1CTL(0×E4) – Timer 1 Control and Status

Bit	Name	Reset	R/W	Description
7	CH2IF	0	R/W0	Timer 1 channel 2 interrupt flag. Set when the channel 2 interrupt condition occurs. Writing a 1 has no effect.
6	CH1IF	0	R/W0	Timer 1 channel 1 interrupt flag. Set when the channel 1 interrupt condition occurs. Writing a 1 has no effect.
5	CH0IF	0	R/W0	Timer 1 channel 0 interrupt flag. Set when the channel 0 interrupt condition occurs. Writing a 1 has no effect.
4	OVEIF	0	R/W0	Timer 1 channel overflow interrupt flag. Set when the counter reaches the terminal count value in free-running or modulo mode, and when zero is reached counting down in up-down mode. Writing a 1 has no effect.

Bit	Name	Reset	R/W	Description
3 : 2	DIV [1 : 0]	00	R/W	Prescaler divider value. Generates the active clock edge use to update the counter as follows. 00 Tick frequency/1 01 Tick frequency/8 10 Tick frequency/32 11 Tick frequency/128
1 : 0	MODE [1 : 0]	00	R/W	Timer 1 mode select. The timer operating mode is selected as follows. 00 Operation is suspended 01 Free-running, repeatedly count from 0×0000 to 0×FFFF 10 Modulo, repeatedly count from 0×0000 to T1CC0 11 Up/down, repeatedly count from 0×0000 to T1CC0 and from T1CC0 down to 0×0000

DIV[1:0]에서 분주값을 설정할 수 있고 MODE[1:0]에서 동작방식을 정할 수 있다.

(2) T1CNTL/T1CNTH 레지스터

■ T1CNTH(0×E3) – Timer 1 Counter High

Bit	Name	Reset	R/W	Description
7 : 0	CNT [15 : 8]	0×00	R	Timer counter high order byte. Contains the high byte of the 16-bit timer counter buffered at the time T1CNTL is read.

■ T1CNTL(0×E2) – Timer 1 Counter Low

Bit	Name	Reset	R/W	Description
7 : 0	CNT [7 : 0]	0×00	R/W	Timer counter low order byte. Contains the low byte of the 16-bit timer counter. Writing to this register results in the counter being cleared to 0×0000.

타이머 카운트 레지스터이다. 카운트 범위는 0x0000~0xFFFF이다. 카운트 1이 증가하는 데는 T1CTL에서 설정한 Tick Freq * 분주값의 시간이 소요된다.

(3) T1CCTLx/T1CCxH/T1CCxL(x : 0~2)

Timer1의 채널에 대한 Capture/Compare를 설정하는 레지스터이다.

▪ T1CCTL0(0×E5) – Timer 1 Channel 0 Capture/Compare Control

Bit	Name	Reset	R/W	Description
7	–	0	R/W	Reserved. Always set to 0
6	IM	1	R/W	Channel 0 interrupt mask. Enables interrupt request when set.
5 : 3	CMP [2 : 0]	000	R/W	Channel 0 compare mode select. Selects action on output when timer value equals compare value in T1CC0 000 Set output on compare 001 Clear out on compare 010 Toggle output on compare 011 Set output on compare-up, clear on 0 (clear on compare-down in up/down mode) 100 Clear output on compare-up, set on 0 (set on compare-down in up/down mode) 101 Not used 110 Not used 111 Not used
2	MODE	0	R/W	Mode, Select Timer 1 channel 0 capture or compare mode 0 Capture mode 1 Compare mode
1 : 0	CAP [1 : 0]	00	R/W	Channel 0 capture mode select 00 No capture 01 Capture on rising edge 10 Capture on falling edge 11 Capture on all edges

▪ T1CC0H(0×DB) – Timer 1 Channel 0 Capture/Compare Value High

Bit	Name	Reset	R/W	Description
7 : 0	T1CC0 [15 : 8]	0×00	R/W	Timer 1 channel 0 capture/compare value, high order byte

▪ T1CC0L(0×DA) – Timer 1 Channel 0 Capture/Compare Value Low

Bit	Name	Reset	R/W	Description
7 : 0	T1CC0 [7 : 0]	0×00	R/W	Timer 1 channel 0 capture/compare value, low order byte

▪ T1CCTL1(0×E6) – Timer 1 Channel 1 Capture/Compare Control

Bit	Name	Reset	R/W	Description
7	–	0	R/W	Reserved. Always set to 0
6	IM	1	R/W	Channel 1 interrupt mask. Enables interrupt request when set.
5 : 3	CMP [2 : 0]	000	R/W	Channel 1 compare mode select. Selects action on output when timer value equals compare value in T1CC1 000 Set output on compare 001 Clear out on compare 010 Toggle output on compare 011 Set output on compare-up, clear on 0 (clear on compare-down in up/down mode) 100 Clear output on compare-up, set on 0 (set on compare-down in up/down mode) 101 Clear when equal T1CC0, set when equal T1CC1 110 Set when equal T1CC0, clear when equal T1CC1 111 Not used
2	MODE	0	R/W	Mode, Select Timer 1 channel 1 capture or compare mode 0 Capture mode 1 Compare mode
1 : 0	CAP [1 : 0]	00	R/W	Channel 1 capture mode select 00 No capture 01 Capture on rising edge 10 Capture on falling edge 11 Capture on all edges

▪ T1CC1H(0×DD) – Timer 1 Channel 1 Capture/Compare Value High

Bit	Name	Reset	R/W	Description
7 : 0	T1CC1 [15 : 8]	0×00	R/W	Timer 1 channel 1 capture/compare value, high order byte

▪ T1CC1L(0×DC) – Timer 1 Channel 1 Capture/Compare Value Low

Bit	Name	Reset	R/W	Description
7 : 0	T1CC1 [7 : 0]	0×00	R/W	Timer 1 channel 1 capture/compare value, low order byte

■ T1CCTL2(0×E7) - Timer 1 Channel 2 Capture/Compare Control

Bit	Name	Reset	R/W	Description
7	–	0	R/W	Reserved. Always set to 0
6	IM	1	R/W	Channel 2 interrupt mask. Enables interrupt request when set.
5 : 3	CMP [2 : 0]	000	R/W	Channel 2 compare mode select. Selects action on output when timer value equals compare value in T1CC2 000 Set output on compare 001 Clear out on compare 010 Toggle output on compare 011 Set output on compare-up, clear on 0 (clear on compare-down in up/down mode) 100 Clear output on compare-up, set on 0 (set on compare-down in up/down mode) 101 Clear when equal T1CC0, set when equal T1CC2 110 Set when equal T1CC0, clear when equal T1CC2 111 Not used
2	MODE	0	R/W	Mode, Select Timer 1 channel 2 capture or compare mode 0 Capture mode 1 Compare mode
1 : 0	CAP [1 : 0]	00	R/W	Channel 2 capture mode select 00 No capture 01 Capture on rising edge 10 Capture on falling edge 11 Capture on all edges

■ T1CC2H(0×DF) - Timer 1 Channel 2 Capture/Compare Value High

Bit	Name	Reset	R/W	Description
7 : 0	T1CC2 [15 : 8]	0×00	R/W	Timer 1 channel 2 capture/compare value, high order byte

■ T1CC2L(0×DE) - Timer 1 Channel 2 Capture/Compare Value Low

Bit	Name	Reset	R/W	Description
7 : 0	T1CC2 [7 : 0]	0×00	R/W	Timer 1 channel 2 capture/compare value, low order byte

2) TinyOS-2.x에서의 타이머

하드웨어 타이머의 초기화는 타이머 모듈 함수 내에서 이루어진다.

Timer1에 대한 초기설정 및 기능 구현 부분은 다음 위치의 파일에서 정의되어 있다.

- /opt/tinyos-2.x/tos/chips/cc2430/timer_hpl/HplCC2430Timer1AlarmCounterP.nc

Init.init() 함수에서 타이머의 초기화 설정을 수행하도록 되어 있다.
초기화 부분은 다음과 같다.

```
command error_t Init.init() {
CLKCON = 0xC0;
T1CTL = 0x00;
T1CCTL0 = 0x00;
TIMIF &= ~0x40;

T1CNTL = 0;
T1CNTH = 0;

// Prescaler setting
//T1CTL = ((T1CTL & ~CC2430_T1CTL_DIV_MASK) | CC2430_TIMER1_DIV_8);
//T1CTL = ((T1CTL & ~CC2430_T1CTL_DIV_MASK) | CC2430_TIMER1_DIV_32);
//T1CTL = ((T1CTL & ~CC2430_T1CTL_DIV_MASK) | CC2430_TIMER1_DIV_128);
T1CTL = ((T1CTL & ~CC2430_T1CTL_DIV_MASK) | CC2430_TIMER1_DIV_1);

// Mode setting
T1CTL = (T1CTL & ~CC2430_T1CTL_MODE_MASK) | CC2430_TIMER1_MODE_FREE;
//T1CTL = (T1CTL & ~CC2430_T1CTL_MODE_MASK) |
CC2430_TIMER1_MODE_MODULO;

// Clear all interrupt flags
T1CTL &= ~(CC2430_T1_CH0IF) & ~(CC2430_T1_CH1IF) & ~(CC2430_T1_CH2IF)
 & ~(CC2430_T1_OVFIF);

// Compare register 0/1/2
T1CCTL0 |= (1 << CC2430_T1CCTLx_MODE); // Mode = compare
T1CCTL1 |= (1 << CC2430_T1CCTLx_MODE); // Mode = compare
T1CCTL2 |= (1 << CC2430_T1CCTLx_MODE); // Mode = compare

// Start compare running
T1IE = 1; // enable events
TIMIF |= _BV(CC2430_TIMIF_OVFIM); // Enable overflow int
T1CCTL0 |= 0x40; // Compare int on

return SUCCESS;
}
```

Timer Tick을 시스템 클록으로 설정하고 Timer Tick에 대한 분주는 1로 하였고, Free-running 모드에서 오버플로우(overflow)가 발생하도록 하였다.

3) NesC에서의 타이머 사용법

NesC에서의 타이머는 범용 타이머 인터페이스를 사용한다.
타이머 인터페이스는 별도의 lib 디렉토리에 위치해 있다.

- /opt/tinyos-2.x/tos/lib/timer

인터페이스 파일뿐만 아니라 CPU의 타이머와 연동되어 값을 설정하는 소프트웨어적인 파일들도 존재한다.

범용 타이머 인터페이스 구조는 다음과 같다.

```
interface Timer<precision_tag>
{
// basic interface
/**
 * Set a periodic timer to repeat every dt time units. Replaces any
 * current timer settings. Equivalent to startPeriodicAt(getNow(),
 * dt). The <code>fired</code> will be signaled every dt units (first
 * event in dt units).
 * @param dt Time until the timer fires.
 */
command void startPeriodic(uint32_t dt);

/**
 * Set a single-short timer to some time units in the future. Replaces
 * any current timer settings. Equivalent to startOneShotAt(getNow(),
 * dt). The <code>fired</code> will be signaled when the timer expires.
 * @param dt Time until the timer fires.
 */
command void startOneShot(uint32_t dt);

/**
 * Cancel a timer.
 */
command void stop();
```

```
/**
 * Signaled when the timer expires (one-shot) or repeats (periodic).
 */
event void fired();

/**
 * Check if timer is running. Periodic timers run until stopped or
 * replaced, one-shot timers run until their deadline expires.
 * @return TRUE if the timer is still running.
 */
command bool isRunning();
/**
 * Check if this is a one-shot timer.
 * @return TRUE for one-shot timers, FALSE for periodic timers.
 */
command bool isOneShot();

/**
 * @param t0 Base time for timer.
 * @param dt Time until the timer fires.
 */
command void startPeriodicAt(uint32_t t0, uint32_t dt);
command void startOneShotAt(uint32_t t0, uint32_t dt);

/**
 * Return the current time.
 * @return Current time.
 */
command uint32_t getNow();

/**
 * Return the time anchor for the previously started timer or the time of

 * the previous event for periodic timers. The next fired event will occur
 * at gett0() + getdt().
 * @return Timer's base time.
 */
command uint32_t gett0();
```

```
/**
 * Return the delay or period for the previously started timer. The next
 * fired event will occur at gett0() + getdt().
 * @return Timer's interval.
 */
command uint32_t getdt();
}
```

타이머는 기본적으로 1ms 단위의 주기로 동작되도록 설정되어 있다.

타이머의 동작은 command void startPeriodic(uint32_t dt) 함수를 호출함으로써 동작되고 command void stop() 함수를 호출하면 멈추게 된다. 여기서 변수 dt는 주기 값을 나타낸다.

타이머의 오버플로우(overflow)가 발생되면 이벤트 핸들러 함수인 event void fired() 내에서 처리하게 된다.

타이머의 사용법에 대해 알아보자.

- 타이머 선언

타이머 인터페이스를 사용하기위해서는 먼저 모듈 파일 내에서 uses 인터페이스로 선언이 되어야 한다.

예를 들면 다음과 같다.

```
module TimerExam
{
provides interface Init;
uses interface Timer<TMilli> as HTimer;
uses interface Timer<TMilli> as PTimer;
}
```

Timer1의 경우 3개의 채널을 제공하기 때문에 Timer 인터페이스를 최대 3개까지 선언할 수 있다. Timer 인터페이스를 선언할 때마다 자동적으로 Timer ID가 할당이 된다.

- 타이머 설정 및 사용

위와 같이 타이머를 선언하게 되면 타이머 인터페이스를 호출하여 사용할 수 있다. 타이머의 사용 예는 다음과 같다.

```
implementation
{
comman error_t Init.init() {
call HTimer.startPeriodic(100);
}
-- Operation --
}
```

현재 타이머의 주기가 100ms로 설정되었고 동작을 시작하였다. 타이머는 단순히 카운터의 기능만 사용할 수도 있지만 보편적으로 인터럽트와 연동하여 사용한다. TinyOS-2.x에서도 마찬가지로 오버플로우(overflow)가 발생하면 인터럽트 이벤트가 발생되고 이벤트 핸들러 함수 내에서 처리하도록 구성되어 있다.

이벤트 처리는 다음과 같다.

```
implementation
{
  -- Operation --
  event void HTimer.fired() {
  -- Event Handler Routine --
  }
}
```

4. 실습내용

실습 3에서 사용할 애플리케이션은 BlinkTimerTask이다. 타이머를 이용하여 2개의 LED를 제어하는 프로그램이다.

애플리케이션의 위치는 /opt/tinyos-2.x/apps/Hmote2430/Exercise_3/BlinkTimerTask 이다.

해당 디렉토리로 이동하여 ls 명령어를 입력하면 존재하는 파일들을 보여준다.

```
/opt/tinyos-2.x/apps/Hmote2430/Exercise_3/BlinkTimerTask
kjlee@lkj /
$ cd /opt/tinyos-2.x/apps/Hmote2430/Exercise_3/BlinkTimerTask/

kjlee@lkj /opt/tinyos-2.x/apps/Hmote2430/Exercise_3/BlinkTimerTask
$ pwd
/opt/tinyos-2.x/apps/Hmote2430/Exercise_3/BlinkTimerTask

kjlee@lkj /opt/tinyos-2.x/apps/Hmote2430/Exercise_3/BlinkTimerTask
$ ls
BlinkTimerTaskAppC.nc  BlinkTimerTaskC.nc  Makefile

kjlee@lkj /opt/tinyos-2.x/apps/Hmote2430/Exercise_3/BlinkTimerTask
$ _
```

소스들에 대해 간략하게 설명하면 다음과 같다.

- BlinkTimerTaskAppC.nc

사용될 컴포넌트들을 선언하고, Timer와 LED 인터페이스를 저장(Wiring)한다.

- BlinkTimerTaskC.nc

Blink 애플리케이션 모듈이다. Timer를 이용한 LED 제어가 기술되어 있다.
구성(configuration) 파일인 BlinkTimerTaskAppC.nc부터 살펴보겠다.

```
/opt/tinyos-2.x/apps/Hmote2430/Exercise_3/BlinkTimerTask

configuration BlinkTimerTaskAppC
{
}

implementation
{
  components MainC, BlinkTimerTaskC, LedsC;
  components new TimerMilliC() as HTimer;

  BlinkTimerTaskC.Boot -> MainC.Boot;
  BlinkTimerTaskC.Leds -> LedsC.Leds;
  BlinkTimerTaskC.HTimer -> HTimer.Timer;
}
_
```

MainC, BlinkTimerTaskC, LedsC 모듈이 컴포넌트로 선언되었고 Boot, Leds, Timer 인터페이스를 사용하기 위해 저장(Wiring)하였다.

다음은 BlinkTimerTaskC.nc 모듈 파일이다.

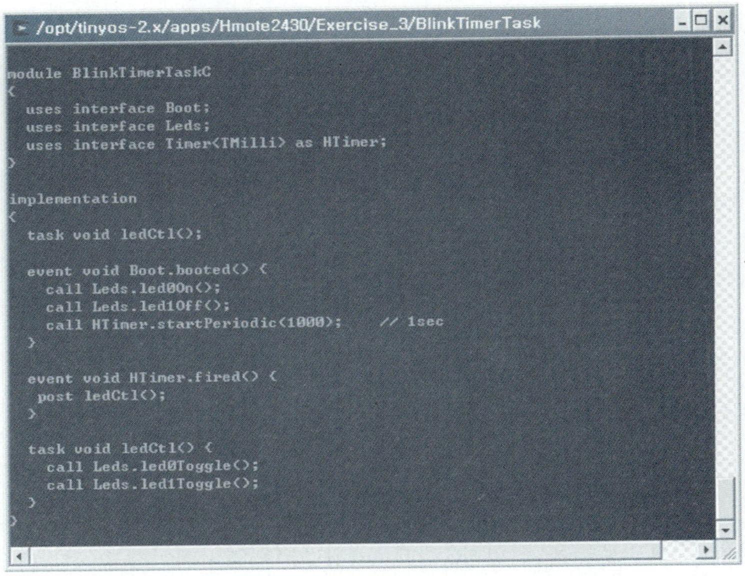

Timer와 Leds 인터페이스를 사용하였다. Timer는 as 용법을 사용하여 HTimer라는 이름으로 임시로 대체하였다.

booted() 인터페이스에 LED를 초기화하였고 Timer를 호출하였다.

타이머는 1000ms, 즉 1초를 주기로 동작하게 된다.

타이머의 오버플로우(overflow)가 발생되면 이벤트 핸들러 함수로 분기하게 된다.

HTimer.fired() 내에서 2개의 LED를 Toggle시키는 Task 함수를 호출하였다.

이제 소스들을 컴파일 해보자. 컴파일 방법은 Hmote2430에서 사용하는 모든 애플리케이션이 동일하다.

컴파일을 진행하고 다음과 같은 메시지가 출력되면 컴파일이 성공적으로 완료된 것이다.

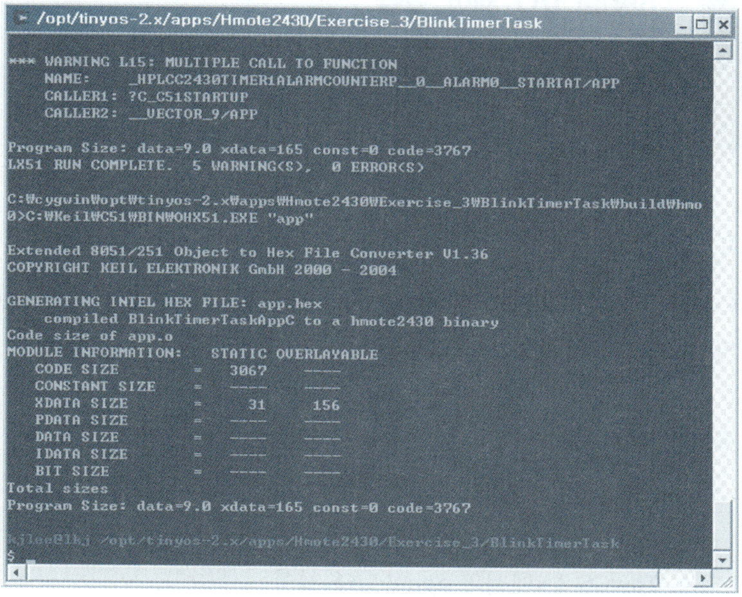

build/hmote2430/로 이동해서 app.hex 파일이 생성되었는지 확인을 한다.

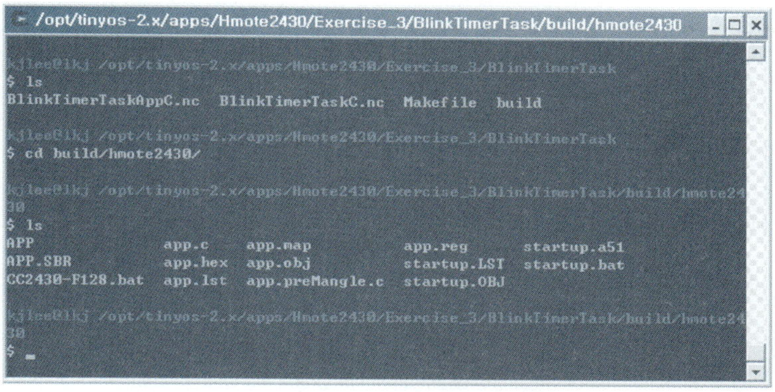

헥사(Hex)파일을 SmartRF04 프로그래머를 사용하여 업로딩한 후 1초 마다 2개의 LED가 토글(Toggle)되는지 살펴본다.

5. 실습과제

BlinkTimerTask 애플리케이션에서 PTimer(가칭) 이름의 타이머를 하나 더 선언하여 각각의 타이머 밑에서 LED가 하나씩 따로 Toggle되도록 구현하여라.

(조건 : HTimer 주기 500ms, PTimer 주기 500ms)

실습 4 Serial I/O 제어 실습

1. 실습목표

CC2430의 USART에 대해 알아보고 TinyOS-2.x 환경에서의 Serial I/O 제어를 통해 PC 상의 터미널 프로그램에서 문자 입출력을 실습한다.

2. 기초지식

- CC2430의 USART
- USART 제어 레지스터
- TinyOS-2.x에서의 Serial I/O 제어
- NesC의 UART 기능 사용법

3. 기초이론

1) CC2430의 USART

CC2430에는 USART0과 USART1이 제공된다.

(1) UART 전성(Transmit)

UART 전송은 USART Rx/Tx 데이터 버퍼인 UxDBUF 레지스터에 데이터가 써질 때 시작되고 UxCSR의 ACTIVE Bit는 1로 설정된다.

(2) UART 수신(Receive)

UART 수신은 UxCSR 레지스터의 RE Bit를 1로 설정할 때 시작된다.

(3) UART 하드웨어 플로우 제어(Hardware Flow Control)

하드웨어 플로우 제어(Hardware Flow Control)은 UxUCR 레지스터의 FLOW Bit를 1로 설정함으로써 사용이 가능하게 된다.

(4) UART 문자 포맷(Character Format)

UxUCR 레지스터의 BIT9와 패리티(PARITY) Bit를 1로 설정하면 패리티(Parity)가 생성과 감지(Detection) 기능이 활성화된다. UART 통신과정에서 패리티 에러(Partiy Error)가 발생되면 UxCSR 레지스터의 ERR Bit가 1로 설정된다.

(5) USART 인터럽트(Interrupts)

각각의 USART는 Rx 완료 인터럽트와 Tx 완료 인터럽트를 가진다.

USART 인터럽트는 IEN0, IEN2 레지스터에서 각각 URXxIE, UTXxIE, Bit를 1로 설정함으로써 동작하게 된다. 인터럽트가 발생되면 각각 TCON과 IRCON2 레지스터의 URXxIF, UTXxIFBit가 1로 설정이 된다.

2) USART 레지스터

CC2430의 UART 제어는 UxCSR, UxUCR, UxGCR, UxDBUF, UxBAUD 레지스터 설정을 통해 이루어진다.

(1) UxCSR 레지스터 (x : 0~1)

▪ U0CSR(0×86) - USART 0 Control and Status

Bit	Name	Reset	R/W	Description
7	MODE	0	R/W	USART mode select 0 SPI mode 1 UART mode
6	RE	0	R/W	UART 수신기(Receiver) enable 0 수신기(Receiver) disabled 1 수신기(Receiver) enabled
5	SLAVE	0	R/W	SPI master or slave mode select 0 SPI master 1 SPI slave
4	FE	0	R/W0	UART Framing error status 0 No framing error detected 1 Byte received with incorrect stop bit level
3	ERR	0	R/W0	UART parity error status 0 No parity error detected 1 Byte received with parity error
2	RX_BYTE	0	R/W0	Receive byte status. UART mode and SPI slave mode 0 No byte received 1 Received byte ready
1	TX_BYTE	0	R/W0	Transmit byte status. UART mode and SPI master mode 0 Byte not transmitted 1 Last byte written to Data Buffer register transmitted
0	ACTIVE	0	R	USART transmit/receive active status 0 USART idle 1 USART busy in transmit or receive mode

■ U1CSR(0×F8) – USART 1 Control and Status

Bit	Name	Reset	R/W	Description
7	MODE	0	R/W	USART mode select 0 SPI mode 1 UART mode
6	RE	0	R/W	UART 수신기(Receiver) enable 0 수신기(Receiver) disabled 1 수신기(Receiver) enabled
5	SLAVE	0	R/W	SPI master or slave mode select 0 SPI master 1 SPI slave
4	FE	0	R/W0	UART framing error status 0 No framing error detected 1 Byte received with incorrect stop bit level
3	ERR	0	R/W0	UART parity error status 0 No parity error detected 1 Byte received with parity error
2	RX_BYTE	0	R/W0	Receive byte status. UART mode and SPI slave mode 0 No byte received 1 Received byte ready
1	TX_BYTE	0	R/W0	Transmit byte status. UART mode and SPI master mode 0 Byte not transmitted 1 Last byte written to Data Buffer register transmitted
0	ACTIVE	0	R	USART transmit/receive active status 0 USART idle 1 USART busy in transmit or receive mode

(2) UxUCR 레지스터

- U0UCR(0×C4) - USART 0 UART Control

Bit	Name	Reset	R/W	Description
7	FLUSH	0	R0/W1	Flush unit. When set, this event will stop the current operation and return the unit to idle state.
6	FLOW	0	R/W	UART hardware flow enable. Selects use of hardware flow control with RTS and CTS pins 0 Flow control disabled 1 Flow control enabled
5	D9	0	R/W	UART data bit 9 contents. This value is used when 9 bit transfer is enabled. When parity is disabled, the value written to D9 is transmitted as the bit 9 when 9 bit data is enabled. If parity is enabled then this bit sets the parity level as follows. 0 Even parity 1 Odd parity
4	BIT9	0	R/W	UART 9-bit data enable. When this bit is 1, data is 9 bits and the content of data bit 9 is given by D9 and PARITY. 0 8 bits transfer 1 9 bits transfer
3	PARITY	0	R/W	UART parity enable. 0 Parity disabled 1 Parity enabled
2	SPB	0	R/W	UART number of stop bits. Selects the number of stop bits to transmit. 0 1 stop bit 1 2 stop bits
1	STOP	1	R/W	UART stop bit level 0 Low stop bit 1 High stop bit
0	START	0	R/W	UART start bit level. The polarity of the line is assumed the opposite of the selected start bit level. 0 Low start bit 1 High start bit

■ U1UCR(0×FB) - USART 1 UART Control

Bit	Name	Reset	R/W	Description
7	FLUSH	0	R0/W1	Flush unit. When set, this event will immediately stop the current operation and return the unit to idle state.
6	FLOW	0	R/W	UART hardware flow enable. Selects use of hardware flow control with RTS and CTS pins 0 Flow control disabled 1 Flow control enabled
5	D9	0	R/W	UART data bit 9 contents. This value is used 9 bit transfer is enabled. When parity is disabled, the value written to D9 is transmitted as the bit 9 when 9 bit data is enabled. If parity is enabled then this bit sets the parity level as follows. 0 Even parity 1 Odd parity
4	BIT9	0	R/W	UART 9-bit data enable. when this bit is 1, data is 9 bits and the content of data bit 9 is given by D9 and PARITY. 0 8 bits transfer 1 9 bits transfer
3	PARITY	0	R/W	UART parity enable. 0 Parity disabled 1 Parity enabled
2	SPB	0	R/W	UART number of stop bits. Selects the number of stop bits to transmit. 0 1 stop bit 1 2 stop bits
1	STOP	1	R/W	UART stop bit level 0 Low stop bit 1 High stop bit
0	START	0	R/W	UART start bit level. The polarity of the idle is assumed the opposite of the selected start bit level. 0 Low start bit 1 High start bit

(3) UxGCR 레지스터

■ U0GCR(0×C5) - USART 0 Generic Control

Bit	Name	Reset	R/W	Description
7	CPOL	0	R/W	SPI clock polarity 0 Negative clock polarity 1 Positive clock polarity
6	CPHA	0	R/W	SPI clock phase 0 Data is output on MOS/when SCK goes from CPOL inverted to CPOL, and data input is sampled on MISO when SCK goes from CPOL to CPOL inverted. 1 Data is output on MOS/when SCK goes from CPOL inverted, and data input is sampled on MISO when SCK goes from CPOL inverted to CPOL.
5	ORDER	0	R/W	Bit ordet for transfers 0 LSB first 1 MSB first
4 : 0	BAUD_E[4 : 0]	0×00	R/W	Baud exponent value. BAUD_E along with BAUD_M decides the UART baud rate and the SPI master SCK clock frequency

■ U1GCR(0×FC) - USART 1 Generic Control

Bit	Name	Reset	R/W	Description
7	CPOL	0	R/W	SPI clock polarity 0 Negative clock polarity 1 Positive clock polarity
6	CPHA	0	R/W	SPI clock phase 0 Data is output on MOS/when SCK goes from CPOL inverted to CPOL, and data input is sampled on MISO when SCK goes from CPOL to CPOL inverted. 1 Data is output on MOS/when SCK goes from CPOL inverted, and data input is sampled on MISO when SCK goes from CPOL inverted to CPOL.
5	ORDER	0	R/W	Bit ordet for transfers 0 LSB first 1 MSB first
4 : 0	BAUD_E [4 : 0]	0×00	R/W	Baud exponent value. BAUD_E along with BAUD_M decides the UART baud rate and the SPI master SCK clock frequency

(4) UxDBUF 레지스터

- U0DBUF(0×C1) - USART 0 Receive/Transmit Data Buffer

Bit	Name	Reset	R/W	Description
7 : 0	DATA [7 : 0]	0×00	R/W	USART receive and transmit data. When writing this register the data written is written to the internal, transmit data register. When reading this register, the data from the internal read data register is read.

- U1DBUF(0×F9) - USART 1 Receive/Transmit Data Buffer

Bit	Name	Reset	R/W	Description
7 : 0	DATA [7 : 0]	0×00	R/W	USART receive and transmit data. When writing this register the data written is written to the internal, transmit data register. When reading this register, the data from the internal read data register is read.

(5) UxBAUD 레지스터

- U0BAUD(0×C2) - USART 0 Baud Rate Control

Bit	Name	Reset	R/W	Description
7 : 0	BAUD_M [7 : 0]	0×00	R/W	Baud rate mantissa value. BAUD_E along with BAUD_M decides the UART baud rate and the SPI master SCK clock frequency

- U1BAUD(0×FA) - USART 1 Baud Rate Control

Bit	Name	Reset	R/W	Description
7 : 0	BAUD_M [7 : 0]	0×00	R/W	Baud rate mantissa value. BAUD_E along with BAUD_M decides the UART baud rate and the SPI master SCK clock frequency

보드 비율(Baud Rate) 설정에 대한 공식은 다음과 같다.

$$\text{Baud Rate} = \frac{(256 + \text{BAUD\_M}) * 2^{\text{BAUD\_E}}}{2^{28}} * F$$

여기서 F는 시스템 클록 주파수(system clock frequency)를 말한다.
다음의 표를 토대로 원하는 보드 비율(Baud Rate)값을 구할 수 있다.

Baud rate (bps)	U×BAUD.BAUD_M	U×GCR.BAUD_E	Error(%)
2400	59	6	0.14
4800	59	7	0.14
9600	59	8	0.14
14400	216	8	0.03
19200	59	9	0.14
28800	216	9	0.03
38400	59	10	0.14
57600	216	10	0.03
76800	59	11	0.14
115200	216	11	0.03
230400	216	12	0.03

3) TinyOS-2.x에서의 시리얼(Serial) I/O 제어

USART의 인터페이스 파일은 TinyOS-2.x에서 제공하는 SerialByteComm.nc이다.

Configuration 파일에서 SerialByteComm 인터페이스를 제공하고 모듈과 저장(Wiring)하여 그 기능을 모듈 파일에서 정의하였다.

USART의 SerialByteComm 인터페이스는 다음의 위치에 존재한다.

- /opt/tinyos-2.x/tos/lib/serials
- USART의 Configuration과 모듈 파일은 다음 위치에 있다.
- /opt/tinyos-2.x/tos/chips/cc2430/usart

관련 파일들은 다음과 같다.

- HalSimpleUartC.nc- 구성(configuration)
- HalSimpleUartP.nc- 모듈(Module)

먼저 인터페이스 파일을 살펴보겠다.

USART 인터페이스 파일에는 문자 입출력 함수가 선언되어 있다.

```
interface SerialByteComm {
/**
 * Put a single byte to the serial port.
```

```
  * @param data The byte to send to the serial port.
  * @return Returns an error_t code indicating whether this byte was
  * successfully put (SUCCESS) or not (FAIL).
  */
 async command error_t put(uint8_t data);

 /**
  * Receive a single byte from the serial port.
  * @param data The byte that has been received from the serial port.
  */
 async event void get(uint8_t data);

 /**
  * Split phase event to indicate that the last put request
  * has completed.
  */
 async event void putDone();
}
```

USART 인터페이스를 사용하기 위해 HalSimpleUartC.nc 구성(configuration) 파일에서 HalCC2430SimpleUartP 모듈과 인터페이스를 저장(Wiring)하였다. 구성 내용은 다음과 같다.

```
configuration HalCC2430SimpleUartC {
provides interface Init;
provides interface SerialByteComm as uart0;
}

implementation {
components HalCC2430SimpleUartP;

HalCC2430SimpleUartP.Init = Init;
HalCC2430SimpleUartP.uart0 = uart0;
}
```

HalCC2430SimpleUartP.nc 모듈 파일과 인터페이스 함수가 매핑(mapping)되었고 모듈 파일에서 인터페이스 함수에 대한 정의가 구현된다.

모듈파일에 대한 내용은 다음과 같다.

```
#include <ioCC2430.h>

module HalCC2430SimpleUartP {
provides {
interface Init;
interface SerialByteComm as uart0;
}
/*uses {
interface HalMcs51Led as Led1;
interface HalMcs51Led as Led3;
}*/
}
implementation {
command error_t Init.init() {

/* Borrowed from ChipCon */
#define BAUD_E(baud, clkDivPow) ( \ (baud==2400) ?6+clkDivPow : \
(baud==4800) ?7+clkDivPow : \ (baud==9600) ?8+clkDivPow : \
(baud==14400)?8+clkDivPow : \
(baud==19200)?9+clkDivPow : \
(baud==28800)?9+clkDivPow : \
(baud==38400)?10 +clkDivPow : \
(baud==57600)?10 +clkDivPow : \
(baud==76800)?11 +clkDivPow : \
(baud==115200) ?11 +clkDivPow : \
(baud==153600) ?12 +clkDivPow : \
(baud==230400) ?12 +clkDivPow : \
(baud==307200) ?13 +clkDivPow : \ 0)

#define BAUD_M(baud) (      \ (baud==2400)      ? 59: \
(baud==4800)        ? 59: \ (baud==9600)        ? 59: \
(baud==14400)       ? 216 : \ (baud==19200)     ? 59: \
(baud==28800)       ? 216 : \ (baud==38400)     ? 59: \
(baud==57600)       ? 216 : \ (baud==76800)     ? 59: \
(baud==115200)      ? 216 : \ (baud==153600)    ? 59: \
```

```
(baud==230400)    ? 216 : \ (baud==307200)      ? 59: \ 0)
// PERCFG selects beween alternative pin mappings for the
// peripherals PERCFG.U0CFG == PERCFG.U0CFG select Uart0 as part
// of port0 (U0CFG=0) or port1 (U0CFG=1)
PERCFG &= ~0x1u;

/* HUH!?
CLKCON |= 0x40;
// XOSC stable status
while(! (SLEEP & 0x20)); //HIGH_FREQUENCY_RC_OSC_STABLE
if( ((CLKCON & 0x38) >> 3) == 0){ // TICKSPD == 0
}
*/

// UART_SETUP(0, 57600, HIGH_STOP);
P0_ALT |= 0x0Cu; // Aka P0SEL
//U0GCR = 10 + (CLKCON & 0x07); //BAUD_E((57600),CLKSPD);
//U0GCR = 10; //BAUD_E((57600),CLKSPD);
//U0GCR = BAUD_E((230400),(CLKCON & _BV(CC2430_CLKCON_CLKSPD)));
//U0GCR = BAUD_E((230400), ((CLKCON & _BV(CC2430_CLKCON_OSC)) >>
           CC2430_CLKCON_OSC) );
U0GCR = BAUD_E((115200), ((CLKCON & _BV(CC2430_CLKCON_OSC)) >>
          CC2430_CLKCON_OSC) );

//U0BAUD = 216; //BAUD_M(57600)
//U0BAUD = BAUD_M(230400);
U0BAUD = BAUD_M(115200);
U0CSR |=0x80u | 0x40u; // U0CSR.Mode=1 | U0CSR.ReceiveEnable=1
U0UCR |= (0x2u| 0x80u); //((HIGH_STOP) | FLUSH)

// Clear any pending flags
UTX0IF = 0;
URX0IF = 0;
URX0IE = 1; // Enable Receiveinterrupt interrupt
// Enable Transmit interrupt interrupt
IEN2 |= 1<<2; // UTX0IE = 1
return SUCCESS;
}
async command error_t uart0.put(uint8_t data){
U0BUF = data;
```

```
return SUCCESS;
}

MCS51_INTERRUPT(SIG_URX0) { // RX0 complete interrupt
URX0IF = 0;
signal uart0.get(U0BUF);
}
MCS51_INTERRUPT(SIG_UTX0) { // TX0 complete interrupt
int done = 0;
atomic {
// Check if the transmission is done before clearing the flag.. which means
// a sort of interrupt spin lock
// WHY!?
if (! (U0CSR & 0x1)) {
UTX0IF = 0;
done = 1; }
}
if (done) {
signal uart0.putDone(); }
}

default async event void uart0.get(uint8_t data) { return; }
default async event void uart0.putDone() { return; }
}
```

보드 비율(Baud Rate) 설정을 위한 매크로가 구현되어 있고 Init.init() 함수에서 초기 보드 비율값과 Rx/Tx 인터럽트 활성화(enable)에 대해 설정하였다. 보드 비율 초기값은 115200bps이다.

MCS51_INTERRUPT() 매크로 함수를 이용하여 Serial Tx/Rx 인터럽트 핸들러 루틴을 구현하였다.

4) NesC의 UART 기능 사용법

(1) USART 인터페이스 선언

USART 인터페이스 다음과 같이 선언된다.

```
module UartFunc {
uses interface SerialByteComm as UART0;
}
```

(2) USART 함수 사용법

USART 인터페이스의 get 함수는 이벤트 함수로써 Serial Tx 인터럽트가 발생될 때 수행된다.

```
implementation {
char buf;
async event void UART0.get(uint8_t data) {
        atomic buf = data;
        call UART0.put(buf)
}
```

put 함수는 커맨드 함수로 call을 통해 호출되어 사용된다. Char 타입의 출력될 문자이다.

4. 실습내용

USART 인터페이스를 사용하여 문자 입출력을 구현해 보자.

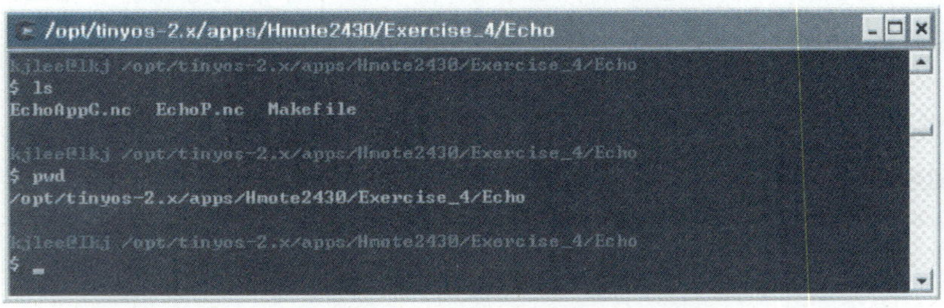

실습 4에서 사용될 애플리케이션은 Echo이다.

애플리케이션의 위치는 /opt/tinyos-2.x/apps/Hmote2430/Exercies_4/Echo이고 해당

디렉토리로 이동하여 다음과 같은 파일들이 존재하는지 살펴본다.

소스들에 대해 간략히 설명하면 다음과 같다.

- EchoAppC.nc - SerialBytecomm 인터페이스와 EchoP 모듈간 저장(Wiring)하는 파일이다.
- EchoP.nc - 실제 UART 통신을 수행하는 메인 모듈이다.

```
/opt/tinyos-2.x/apps/Hmote2430/Exercise_4/Echo
configuration EchoAppC {
}
implementation {inyos-2.x/apps/Hmote2430/Exercise_4/Echo
  components MainC, EchoP;

  EchoP.Boot -> MainC.Boot;

  components LedsC;
  EchoP.Leds -> LedsC.Leds;

  components HalCC2430SimpleUartC;
  EchoP.uart0 -> HalCC2430SimpleUartC.uart0;
  HalCC2430SimpleUartC.Init <- MainC.SoftwareInit;
```

EchoAppC.nc의 내용은 다음과 같다.

다음은 USART 통신의 메인 모듈인 EchoP.nc의 내용이다.

```
/opt/tinyos-2.x/apps/Hmote2430/Exercise_4/Echo
module EchoP {
  uses {
    interface Boot;
    interface Leds;
    interface SerialByteComm as uart0;
  }
  provides {
    interface Init;
  }
}

implementation
{
  char buf;
  command error_t Init.init() {
    return SUCCESS;
  }

  event void Boot.booted() {
  }

  async event void uart0.putDone() {
  }

  void task print() {
    call uart0.put(buf);
  }

  async event void uart0.get(uint8_t data) {
    atomic buf = data;
    call Leds.led0Toggle();
    post print();

    return;
  }
}
```

get 이벤트 함수를 통해 문자를 입력받으면 Task 함수로 정의된 print 함수를 post하여 입력값을 출력시킨다. print 함수에서는 인터페이스 함수인 put을 호출하도록 구현하였다.

확인을 하였으면 컴파일을 수행한다.

컴파일이 성공적으로 완료되었는지 다음과 같은 메시지를 확인한다.

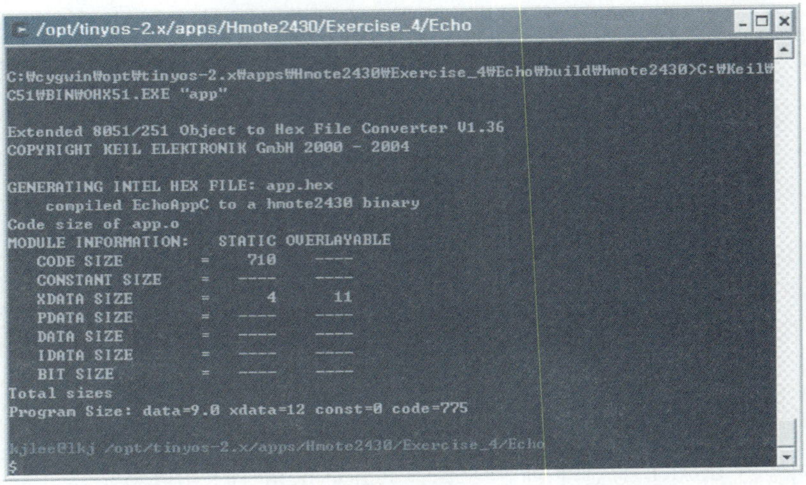

build/hmote2430/로 이동해서 app.hex 파일이 생성되었는지 확인한다.

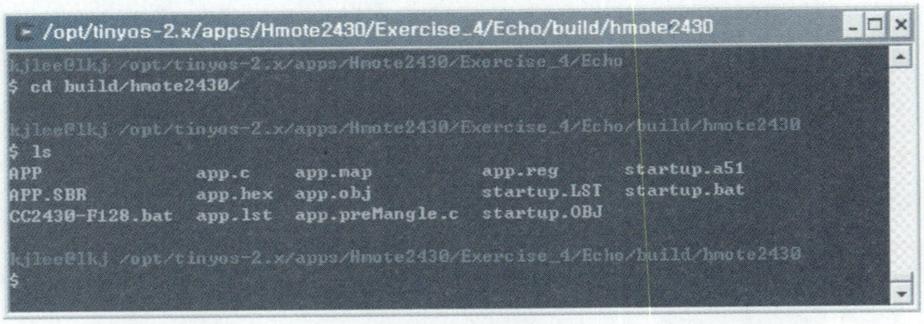

헥사파일을 SmartRF04 프로그래머를 사용하여 업로딩한 후 PC상에서 터미널 프로그램을 통해 테스트를 수행한다.

여기서는 테라텀(Tera Term)이라는 시리얼 모니터링 툴을 사용할 것이다.

업로딩한 Hmote2430의 Mode 선택 스위치를 USB Serial로 변경한 후 USB 포트로 연결한다.

장치관리자에서 USB 시리얼 포트(Serial Port)가 몇 번으로 인식되는지 확인한다.

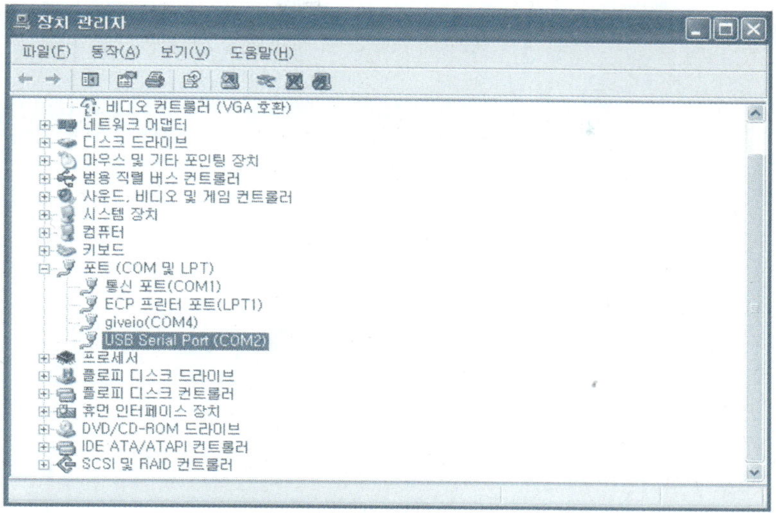

USB 시리얼 포트(Serial Port)가 COM2로 잡힌 것을 확인할 수 있다. COM Port는 사용자의 컴퓨터마다 인식이 다르기 때문에 꼭 확인을 한다. 테라텀(Tera Term)의 경우 지원되는 포트가 COM1~COM4까지만 지원되므로 COM5 이상으로 인식되는 경우 포팅 설정(Port Setting)을 통해 포트의 번호를 수동으로 4개 중 한 포트로 설정해야 한다. 설정이 완료되었으면 테라텀 프로그램을 실행시킨다.

[File] -> [New Connection]을 선택하여 COM Port를 설정한다.

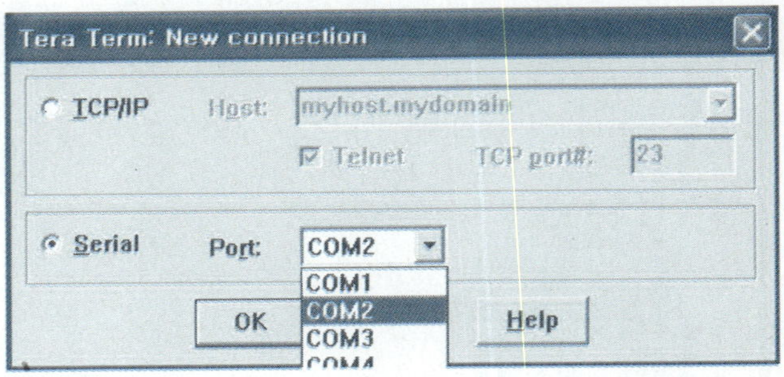

[Setup] -> [Serial Port]를 선택하여 다음과 같이 설정한다.

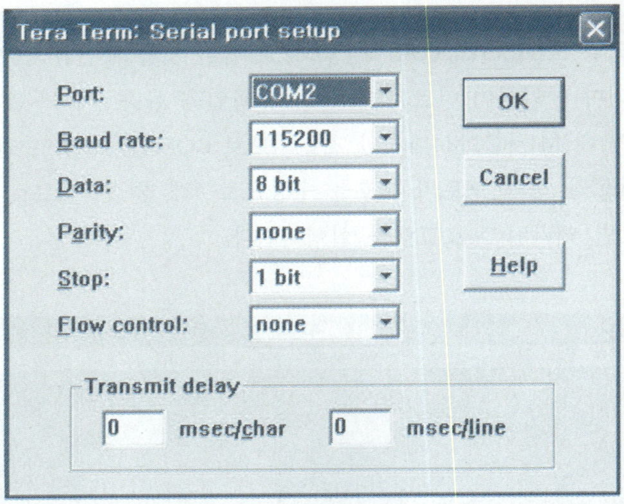

모든 설정이 완료되었으면 Hmote2430의 Reset 버튼을 누른다.
그리고 테라 텀(Tera Term) 스크린상에 키보드로 아무 문자나 입력을 해본다.

다음 그림과 같이 문자가 입력되는 즉시 바로 출력되어 테라 텀상의 스크린에 입력한 문자가 출력되는 것을 확인할 수 있다.

아무런 반응이 없다면 시리얼 포트 설정이 정확히 되었는지 재확인한다.

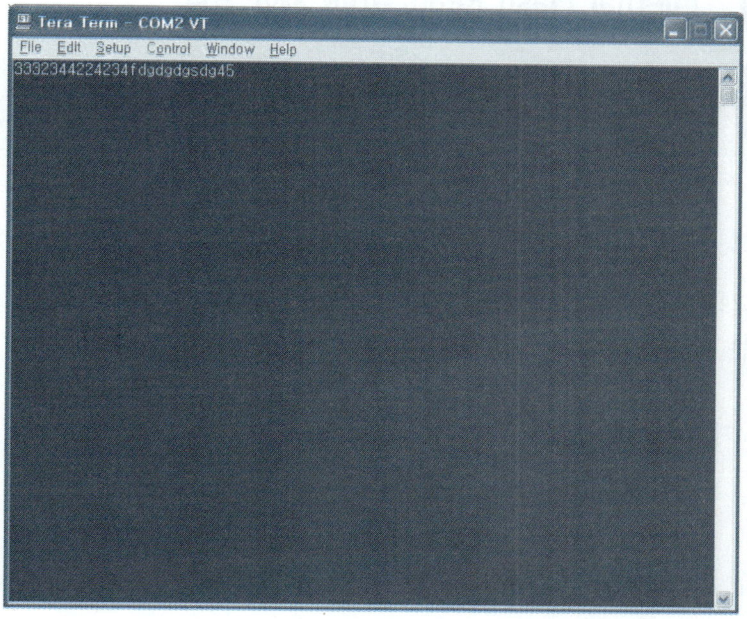

5. 실습과제

에코(Echo) 애플리케이션은 1byte 단위로 문자를 입력하면 곧 바로 출력되도록 구현되어 있다. 주어진 애플리케이션을 수정하여 문자열을 출력할 수 있도록 구현하되 임의의 Text 환경을 구성하고 문자 '1'을 입력하면 LED0이 토글(toggle), '2'를 입력하면 LED1이 토글되도록 애플리케이션을 구현하여라. (참조 : StdOut 인터페이스를 사용하고, 사용법은 apps/ 관련 예제를 찾아서 참조하도록 한다.)

실습 5 Internal Flash Read/Write 제어 실습

1. 실습목표

CC2430의 내부 플래시(Flash)에 대해 알아보고 TinyOS-2.x 환경에서 플래시를 R/W 제어하는 방법을 실습을 통해 익힌다.

2. 기초지식

- CC2430의 내부 메모리(Internal Flash)
- CC2430 메모리 맵(Memory Map)
- 플래시(Flash) 제어 레지스터
- TinyOS-2.x에서의 플래시(Flash) 제어
- NesC의 플래시(Flash) 기능 사용법

3. 기초이론

1) CC2430의 내부 플래시(Internal Flash)

Hmote2430에 탑재된 CC2430의 정확한 명칭은 CC2430-F128이다. F128은 Flash의 용량을 나타내는 것으로 128k 내부 플래시(Flash)를 포함한다는 것을 의미한다.

플래시의 특징을 살펴보면 다음과 같다.

- 플래시 삭제시간(Flash erase time) : 20ms
- 플래시 칩 삭제시간(Flash Chip(mass) erase time) : 200ms
- 플래시 저장시간(Flash write time) : 20μs
- 데이터 보존(Data retention) : 100years
- 프로그램/삭제 횟수(Program/erase enduration) : 1000cycles
- 64페이지 어드레스(Page address) / 512워드 어드레스(Word address)
- 4뱅크(banks) : BANK0～BANK3(32K×4)
- 플래시 보호(Flash protection) 기능

2) CC2430 메모리 맵(Memory Map)

CC2430의 메모리 매핑(Memory Mapping)은 크게 3가지로 구분된다.

- XDATA 메모리 공간(Memory space)
- CODE 공간(Space)의 Non-unified mapping
- CODE 공간(Space)의 Unified mapping

플래시(Flash)를 읽기(Read)하기 위해서는 XDATA 공간(Space)의 어드레스를 통해 접근해야 하고, 저장(Write)하기 위해서는 Unified mapping of Code Space 어드레스를 통해 접근해야 한다.

0x0000 ~ 0xDEFF(56K 어드레스) 영역을 통해 Flash에 접근할 수 있다.
0xE000 ~ 0xFFFF 영역을 통해 8K SRAM에 저장된 데이터에 접근할 수 있다.

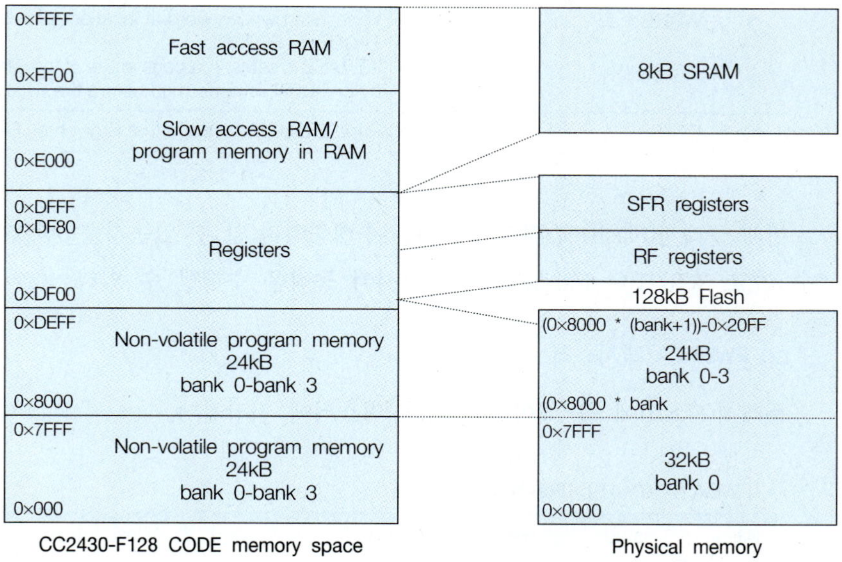

MEMCTR.MUNIF = 1
COED maps to unified memory

3) 플래시(Flash) 제어 레지스터

플래시(Flash)를 제어하는 레지스터는 FCTL, FWDATA, FADDRH, FADDRL, FWT가 있고 Memory Mapping과 관련된 레지스터에는 MEMCTR, FMAP가 있다.

(1) FCTL 레지스터

▪ FCTL(0×AE) - Flash Control

Bit	Name	Reset	R/W	Description
7	BUSY	0	R	Indicates that write or erase is in operation 0 No write or erase operation active 1 Write or erase operation activated
6	SWBSY	0	R	Indicates that current word write is busy, avoid writing to FWDATA register while this id true 0 Ready to accept data 1 Busy
5	–	0	R/W	Not used
4	CONTRD	0	R/W	Continuous read enable mode 0 Avoid wasting power, turn on read enables to flash only when needed 1 Enable continuous read enables to flash when read is to be done. Reduces internal switching of read enables, but greatly increases power consumption.
3:2		0	R/W	Not used.
1	WRITE	0	R0/W	Write. Start writing word at location given by FADDRH : FADDRL If ERASE is set to 1, a page erase of the whole page addressed by FADDRH, is performed before the write.
0	ERASE	0	R0/W	Page Erase. Erase page that is given by FADDRH [6 : 1]

현재 플래시(Flash)에 저장(Write)을 수행중인지 알 수 있는지를 SWBSY를 통해 체크할 수 있고, WRITE나 ERASE Bit를 Set시켜 동작을 수행할 수 있다.

(2) FWDATA 레지스터

플래시(Flash)에 쓸 데이터를 이 레지스터에 저장한다.

▪ FWDATA(0×AF) - Flash Write Data

Bit	Name	Reset	R/W	Description
7 : 0	FWDATA [7 : 0]	0x00	R/W	Flash write data. Data written to FWDATA is written to flash when FCTL.WRITE is set to 1.

(3) FADDRH 레지스터

페이지(Page) 어드레스와 워드(Word) 어드레스의 최상위 Bit를 설정하는 레지스터이다.

▪ FADDRH(0×AD) – Flash Address High Byte

Bit	Name	Reset	R/W	Description
7	–	0	R/W	Not used
6 : 0	FADDRH [6 : 0]	0×00	R/W	Page address/High byte of flash word address Bits 6 : 1 will select which page to access.

페이지(Page)어드레스는 6bit로 64개의 페이지(Page) 어드레스를 할당할 수 있으며 1Page의 크기는 2048byte이다.

(4) FADDRL 레지스터

워드(Word) 어드레스의 나머지 부분을 설정하는 레지스터이다.

▪ FADDRL(0×AC) – Flash Address Low Byte

Bit	Name	Reset	R/W	Description
7 : 0	FADDRL [7 : 0]	0×00	R/W	Low byte of flash word address

워드(Word) 어드레스는 9bit로, 512 워드(Word) 어드레스를 할당할 수 있으며 1Word의 크기는 4byte이다.

(5) FWT 레지스터

플래시(Flash)의 저장 타이밍(Write Timing)을 설정하는 레지스터이다.

▪ FWT(0×AB) – Flash Write Timing

Bit	Name	Reset	R/W	Description
7 : 6	–	0	R/W	Not used
6 : 0	FWT [5 : 0]	0 × 2A	R/W	Flash Write Timing. Controls flash timing generator.

CPU clock frequency (MHz)	FWT
16	0 × 15
32	0 × 2A

Hmote2430에서는 32MHz의 CPU Clock을 사용하기 때문에 FWT를 0x2A로 설정해야 한다.

(6) MEMCTR 레지스터

- MEMCTR(0×C7) - Memory Arbiter Control

Bit	Name	Reset	R/W	Description
7	–	0	R0	Not used
6	MUNIF	0	R/W	Unified memory mapping. When unified mapping is enabled, all physical memories are mapped into the CODE memory space as far as possible, when uniform mapping is disabled only flash memory is mapped to CODE space. 0 Disable unified mapping 1 Enable unified mapping
5 : 4	FMAP [1 : 0]	01	R/W	Flash bank map. These bits are supported by CC2430-F128 only. Controls which of the four 32 KB flash memory banks to map to program address 0×8000 – 0×FFFF in CODE memory space. These bits are aliased to FMAP .MAP [1 : 0] 00 Map program address 0×8000 – 0×FFFF to physical memory address 0×00000 – 0×07FFF 01 Map program address 0×8000 – 0×FFFF to physical memory address 0×08000 – 0×0FFFF 10 Map program address 0×8000 – 0×FFFF to physical memory address 0×10000 – 0×17FFF 11 Map program address 0×8000 – 0×FFFF to physical memory address 0×18000 – 0×1FFFF
3 : 2	–	00	R0	Not used
1	CACHDIS	0	R/W	Flash cache disable. Invalidates contents of instruction cache and forces all instruction read accesses to read straight from flash memory. Disabling will increase power consumption and is provided for debug purposes. 0 Cache enabled 1 Cache disabled
0	–	1	R/W	Reserved. Always set to 1.

플래시(Flash)에 저장(Write)하거나 삭제(Erase)할 때 MUNIF Bit를 '1'로 설정하여 Unified mapping 상태에서 메모리에 접근해야 한다.

(7) FMAP 레지스터

■ FMAP(0×9F) – Flash Bank Map

Bit	Name	Reset	R/W	Description
7 : 2	–	0	R0	Not used
1 : 0	MAP [1 : 0]	01	R/W	Flash bank map. Control which of the four 32 KB flash memory banks to map to program address 0×8000 – 0×FFFF in CODE memory space. These bits are aliased to MEMCTR .FMAP [5 : 4] 00 Map program address 0×8000 – 0×FFFF to physical memory address 0×00000 – 0×07FFF 01 Map program address 0×8000 – 0×FFFF to physical memory address 0×08000 – 0×0FFFF 10 Map program address 0×8000 – 0×FFFF to physical memory address 0×10000 – 0×17FFF 11 Map program address 0×8000 – 0×FFFF to physical memory address 0×18000 – 0×1FFFF

4) TinyOS-2.x에서의 플래시(Flash) 제어

플래시(Flash) 제어 모듈과 구조(configuration) 파일의 위치와 파일명은 다음과 같다.

- /opt/tinyos-2.x/tos/chips/cc2430/flash
- HalFlashC.nc, HalFlashP.nc

Configuration의 구성은 다음과 같다.

```
configuration HalFlashC {
provides interface HalFlash;
}

implementation {
components MainC, HalFlashP;
HalFlash = HalFlashP;
MainC.SoftwareInit -> HalFlashP.Init;
}
```

HalFlash를 인터페이스로 사용하며 HalFlashP 모듈에서 초기화를 위해 Wiring하였다. HalFlash 인터페이스 파일은 /opt/tinyos-2.x/common/tos/interfaces/HalFlash.nc이고 내용은 다음과 같다. 여기서 read, write, erase 함수를 제공한다.

```
interface HalFlash {
command error_t read(uint8_t * destination, uint8_t * source, uint16_t length);
command error_t write(uint8_t * source, uint8_t * destination, uint16_t length);
command error_t erase(uint8_t * address);
}
```

다음은 HalFlashP.nc 모듈 파일이다.

```
module HalFlashP {
provides interface Init;
provides interface HalFlash;
}
implementation {
void (*eraseFunction)();
void (*writeFunction)(uint8_t * data, uint16_t length);
```

모듈에서 Init, HalFlash 인터페이스를 정의하고 제공한다.

Init에서 Flash의 Erase와 Write 함수는 RAM Table 형식으로 작성하여 저장되어 있다.

CC2430의 Flash 제어에서 Erase와 Write를 수행하기 위해서는 RAM 영역에서 동작해야 한다. 이유는 Flash 내부에 오퍼레이션이 일어나는 상황에서는 Flash를 제어할 수 없도록 되어 있기 때문이다. 그 내용은 다음과 같다.

```
uint8_t_xdata eraseFunctionBuffer[] =
{0x75, 0xAE, 0x01, 0x00, 0xE5, 0xAE, 0x54, 0x80, 0x70, 0xFA, 0x22};
uint8_t_xdata writeFunctionBuffer[] =
{0x7B, 0x01, 0x10, 0xAF, 0x02, 0x7B, 0x00, 0xC0, 0x83, 0xC0, 0x82, 0xC0, 0x85, 0xC0,
0x84, 0xC0, 0x92, 0xEA, 0xF5, 0x83, 0xE9, 0xF5, 0x82, 0x75, 0x92, 0x00, 0xE5, 0xAE,
0x54, 0x80, 0x70, 0xFA, 0x75, 0xAE, 0x02, 0xEC, 0x60, 0x17, 0x7A, 0x40, 0x79, 0x04,
0xE0, 0xA3, 0xF5, 0xAF, 0xD9, 0xFA, 0x75, 0xAF, 0x00, 0xE5, 0xAE, 0x54, 0x40, 0x70,
0xFA, 0xDA, 0xED, 0xDC,
0xE9, 0xED, 0x60, 0x19, 0xED, 0x54, 0xFC, 0x03, 0x03, 0xFD, 0x79, 0x04, 0xE0, 0xA3,
0xF5, 0xAF, 0xD9, 0xFA, 0x75, 0xAF, 0x00, 0xE5, 0xAE, 0x54, 0x40, 0x70, 0xFA, 0xDD,
0xED, 0xD0, 0x92, 0xD0, 0x84, 0xD0, 0x85, 0xD0, 0x82, 0xD0, 0x83, 0xEB, 0x60, 0x02,
0xD2, 0xAF, 0x22 };

command error_t Init.init() {
```

```
eraseFunction = (void(*)()) eraseFunctionBuffer;
writeFunction = (void(*)(uint8_t *, uint16_t)) writeFunctionBuffer;
return SUCCESS;
}
```

Init.init() 함수에서 버퍼 형식의 함수를 void 타입의 주소로 Mapping하고 있다.

```
command error_t HalFlash.read(uint8_t * destination, uint8_t * source, uint1
6_t length) {
memcpy((uint8_t_xdata*)destination, (uint8_t_xdata*)source, length);
return SUCCESS;
}

command error_t HalFlash.write(uint8_t * source, uint8_t * destination, uint
16_t length) {
uint8_t page, row, location, old;
page = (uint16_t) destination / 2048;
row = ((uint16_t) destination % 2048) >> 8;
location = (((uint16_t) destination % 2048) & 0xFF) >> 2;
FADDRH = (page << 1) | (row >> 2);
FADDRL = (row << 6) | location;
FWT = 0x2A; // 32MHz Clock Speed
old = MEMCTR;
MEMCTR |= 0x40;
writeFunction(source, length);
MEMCTR = old;
return SUCCESS;
}
```

HalFlash.read() 함수에서 저장할 버퍼와 XDATA 영역의 어드레스, 길이를 인자로 받아 memcpy 함수를 이용하여 버퍼에 원하는 데이터를 지정한 길이만큼 저장을 한다.

HalFlash.write() 함수에서는 Flash에 쓸 버퍼의 어드레스와 Code 영역의 어드레스, 길이를 인자로 받는다. Code 영역의 어드레스는 실제 Flash의 어드레스가 아닌 Mapping 어드레스이다. Code 어드레스를 Page와 Row 어드레스로 구분하고 이를 Flash 어드레스 레지스터에 저장한다. Flash에 접근하여 Write와 Erase 기능 수행하기 위해서는 unified mapping CODE Space 상태로 변경해야 한다. 이를 위해 MEMCTR 레지스터에서 MUNIF Bit를 '1'로 설정한다.

```
command error_t HalFlash.erase(uint8_t * address) {
uint8_t page;
uint8_t old;
page = ((uint16_t) address) / 2048;
FADDRH = (page << 1);
old = MEMCTR;
MEMCTR |= 0x40;
eraseFunction();
MEMCTR = old;
return SUCCESS;
}
}
```

HalFlash.erase() 함수의 경우도 마찬가지로 unified mapping CODE Space 상태에서 Flash에 접근하도록 구현되어 있다. Erase는 Page 단위로 수행된다. 인자로 받은 Code 영역의 어드레스에서 Page 어드레스를 추출해서 FADDRH 레지스터에 설정한다.

Write, Erase의 수행이 끝나면 반드시 MUNIF Bit를 '0'으로 변경해야 한다.

5) NesC의 플래시(Flash) 기능 사용법

(1) 인터페이스 선언

NesC에서 Flash를 제어하기 위해서는 HalFlash 인터페이스를 모듈 내에 선언한다.

```
module FlashTest {
        uses interface HalFlash;
}
```

(2) Read/Write/Erase

call을 사용하여 인터페이스 함수를 호출한다.

```
call HalFlash.read(buf, address, length);
call HalFlash.write(buf, address, length);
call HalFlash.erase(address);

call HalFlash.read(buf, address, length);
call HalFlash.write(buf, address, length);
call HalFlash.erase(address);
```

buf는 uint8_t 타입의 버퍼이고 address는 uint8_t의 변수를 갖는 포인터, length는 uint16_t 타입의 변수이다.

4. 실습내용

직접 Flash 제어 애플리케이션 프로그램을 통해 Flash를 제어해보도록 한다.

이번 실습에 사용될 애플리케이션은 FlashControl이다.

애플리케이션의 위치는 /opt/tinyos-2.x/apps/Hmote2430/Exercies_5/FlashControl이고 해당 디렉토리로 이동하여 다음과 같은 파일들이 존재하는지 살펴본다.

```
/opt/tinyos-2.x/apps/Hmote2430/Exercise_5/FlashControl
kjlee@lkj /opt/tinyos-2.x/apps/Hmote2430/Exercise_5/FlashControl
$ ls
FlashCtlAppC.nc  FlashCtlAppP.nc  Makefile  build

kjlee@lkj /opt/tinyos-2.x/apps/Hmote2430/Exercise_5/FlashControl
$
```

소스들에 대해 간략히 설명하면 다음과 같다.

- FlashCtlAppC.nc - HalFlash 인터페이스를 위해 HalFlashC와 FlashCtlAppP를 Wiring한다.
- FlashCtlAppP.nc - Flash를 제어하기 위한 메인모듈이다.

FlashCtlAppC.nc의 내용은 다음과 같다.

```
/opt/tinyos-2.x/apps/Hmote2430/Exercise_5/FlashControl
configuration FlashCtlAppC {
}

implementation {
    components MainC, FlashCtlAppP, LedsC, StdOutC;

    MainC.SoftwareInit -> FlashCtlAppP.Init;
    MainC.Boot <- FlashCtlAppP;
    FlashCtlAppP.Leds -> LedsC;
    FlashCtlAppP.StdOut -> StdOutC;

    components HalFlashC;
    FlashCtlAppP.HalFlash -> HalFlashC;
}
```

HalFlashC를 컴포넌트로 선언하여 HalFlash 인터페이스를 제공하고 FlashCtlAppP 모듈에서 사용하도록 Wiring하였다. LedsC는 Flash를 제어하는데 시각적인 효과로 사용할 목적으로 컴포넌트로 선언하였다.

다음은 FlashCtlAppP.nc 모듈 파일의 내용이다.

```
/opt/tinyos-2.x/apps/Hmote2430/Exercise_5/FlashControl

#define MAX_FLASH        256
#define FLASH_BASE   (uint8_t *)0x8000

module FlashCtlAppP {
    provides interface Init;
    uses interface Boot;
    uses interface Leds;
    uses interface StdOut;
    uses interface HalFlash;
}

implementation {

  uint8_t  src[MAX_FLASH];
  uint8_t dest[MAX_FLASH];

  /***************************************************************
   ** Init/Boot
   ***************************************************************/
  command error_t Init.init() {
    uint16_t i;

    for (i = 0; i < 256; i++) {
        src[i] = i;
    }
    return SUCCESS;
  }

  event void Boot.booted() {
    call Leds.led0Off();
    call Leds.led1Off();

    call StdOut.print("***********************************\n\r");
    call StdOut.print("Internal Flash R/W Control Program\n\r");
    call StdOut.print("-----------------------------------\n\r");
    call StdOut.print("r : Read a Flash\n\r");
    call StdOut.print("w : Write a Flash\n\r");
    call StdOut.print("e : Erase a Flash\n\r");
    call StdOut.print("***********************************\n\r");
  }

  /***************************************************************
   ** StdOut
   ***************************************************************/
  uint8_t keyBuffer;
  task void consoleTask();

  async event void StdOut.get(uint8_t data) {
    keyBuffer = data;
    call Leds.led0Toggle();
    post consoleTask();
  }
```

제어할 플래시(Flash)의 길이를 256으로 정의하였고 제어할 플래시(Flash)의 코드(Code) 어드레스를 0x8000으로 지정하였다. Init.init() 함수에서 uint8_t 타입으로 선언한 src 버퍼에 0~256까지 저장하도록 구현하였고 Boot.booted() 함수에서는 모트가 시작될 때 2개의 LED를 OFF시켜 놓고 Text UI를 출력하도록 구현하였다.

StdOut.get 비동기 이벤트 함수를 사용하여 문자를 입력할 때까지 대기상태에 있도록 한다.

문자의 입력이 있으면 consoleTask() Task 함수로 분기하게 된다.

```
/opt/tinyos-2.x/apps/Hmote2430/Exercise_5/FlashControl
task void consoleTask()
{
  uint16_t j;
  uint8_t data;

  atomic data = keyBuffer;

  switch (data) {
      case '\r':
        call StdOut.print("\r\n");
        break;
      case 'r':
        call HalFlash.read(dest, FLASH_BASE, 256);
        for (j = 0; j < 256; j++) {
          call StdOut.printHex(dest[j]);
          call Leds.led1Toggle();
        }
        call StdOut.print("\n\r");
        break;
      case 'w':
        call StdOut.print("Writing segment\n\r");
        call HalFlash.write(src, FLASH_BASE, 256);
        break;
      case 'e':
        call StdOut.print("Erasing segment\n\r");
        call HalFlash.erase(FLASH_BASE);
        break;
      default:
        break;
  }
}
}
```

'r'이 입력되면 HalFlash.read() 함수를 호출하여 Read 동작을 하고 읽어온 데이터를 시리얼로 출력하게 된다. 'w'이 입력될 경우 HalFlash.write() 함수를 호출하여 플래시(Flash)에 저장(Write)을 한다. 'e'가 입력되면 HalFlash.erase() 함수를 호출하고 페이지(Page)단위로 플래시의 데이터를 삭제하게 된다.

컴파일을 수행하자. 컴파일이 성공적으로 완료되었는지 다음과 같은 메시지가 출력되는지 확인한다.

```
/opt/tinyos-2.x/apps/Hmote2430/Exercise_5/FlashControl
COPYRIGHT KEIL ELEKTRONIK GmbH 2000 - 2004

GENERATING INTEL HEX FILE: app.hex
    compiled FlashCtlAppC to a hmote2430 binary
Code size of app.o
MODULE INFORMATION:   STATIC OVERLAYABLE
   CODE SIZE        =   2302    ----
   CONSTANT SIZE    =    212    ----
C51 COMPILER V8.02    APP
            02/22/2008 20:54:29 PAGE 58

   XDATA SIZE       =   1651      61
   PDATA SIZE       =   ----    ----
   DATA SIZE        =   ----    ----
Total sizes
Program Size: data=9.0 xdata=1680 const=0 code=3148

kjlee@lkj /opt/tinyos-2.x/apps/Hmote2430/Exercise_5/FlashControl
$
```

build/hmote2430/로 이동해서 app.hex 파일이 생성되었는지 확인을 한다.

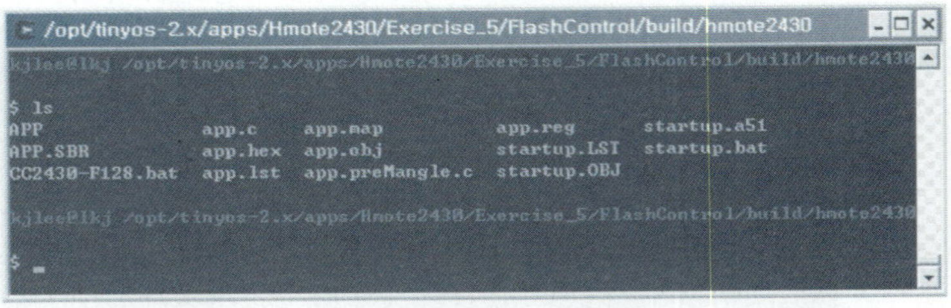

헥사(Hex)파일을 SmartRF04 프로그래머를 사용하여 업로딩한 후 PC상에서 터미널 프로그램을 통해 테스트를 수행한다.

터미널 프로그램은 테라 텀(Tera Term)을 사용하겠다.

업로딩된 모트를 USB Serial로 연결하고 테라 텀을 실행시킨다.

COM 포트(Port)를 설정한 다음 연결한다.

모트의 리셋(Reset) 스위치를 누르면 다음과 같이 Test UI 출력될 것이다.

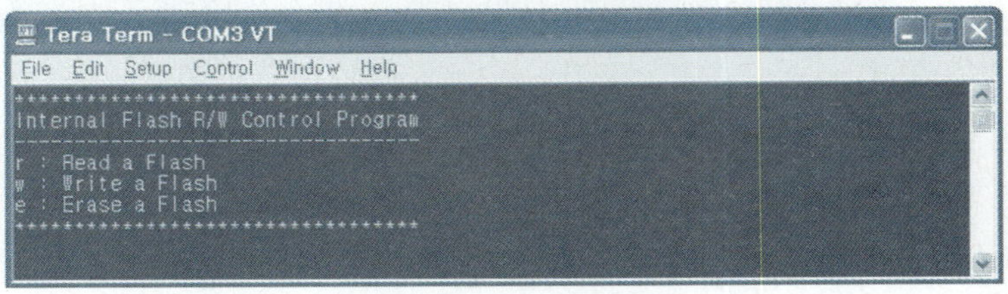

먼저 'r'을 입력해본다.

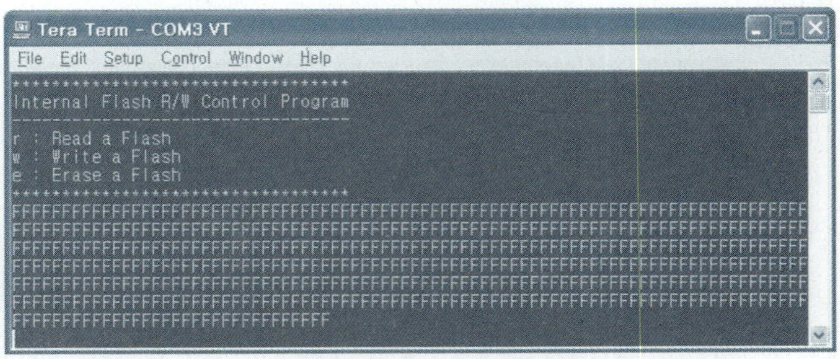

Code 어드레스 0x8000의 플래시(Flash)에는 Flash 초기값 FF가 채워져 있을 것이다.

'w'을 입력해보자.

0x01부터 0xFF까지 해당 어드레스에 데이터가 채워질 것이다.

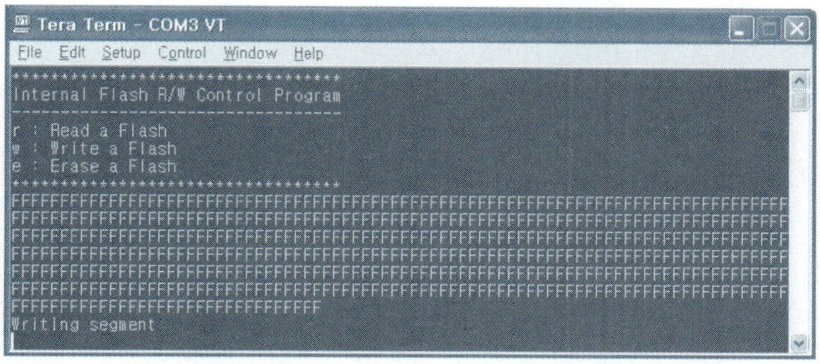

다시 'r'을 입력해본다.

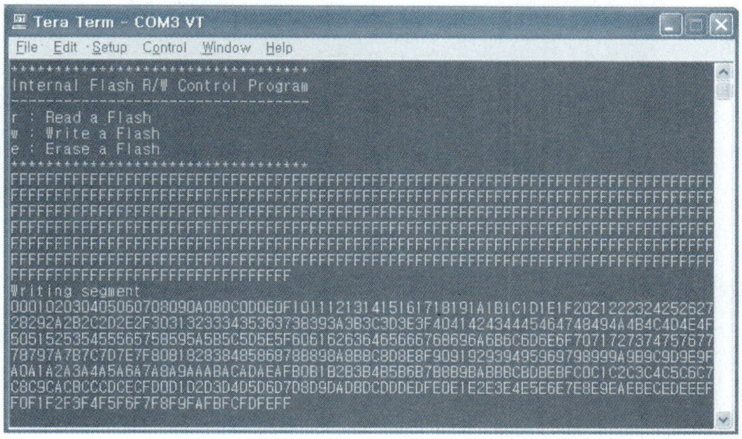

그림과 같이 저장(Write)했던 데이터들을 플래시(Flash)에서 읽어들여 출력하였다. 이번에는 삭제를 해보자. 'e'를 입력한다.

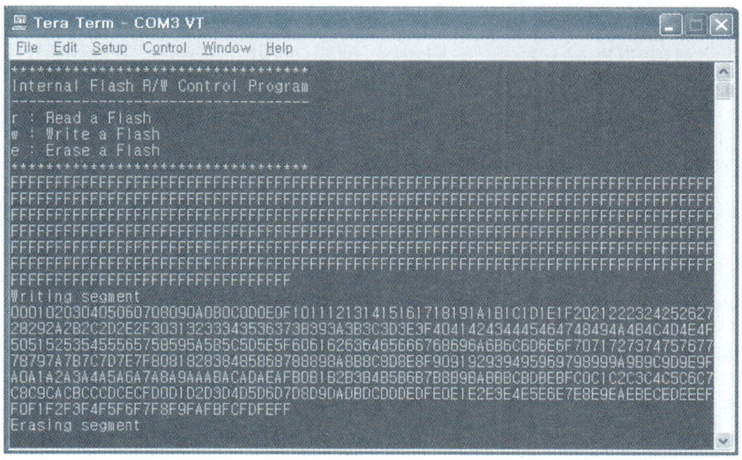

다시 'r'을 입력하여 읽어보자.

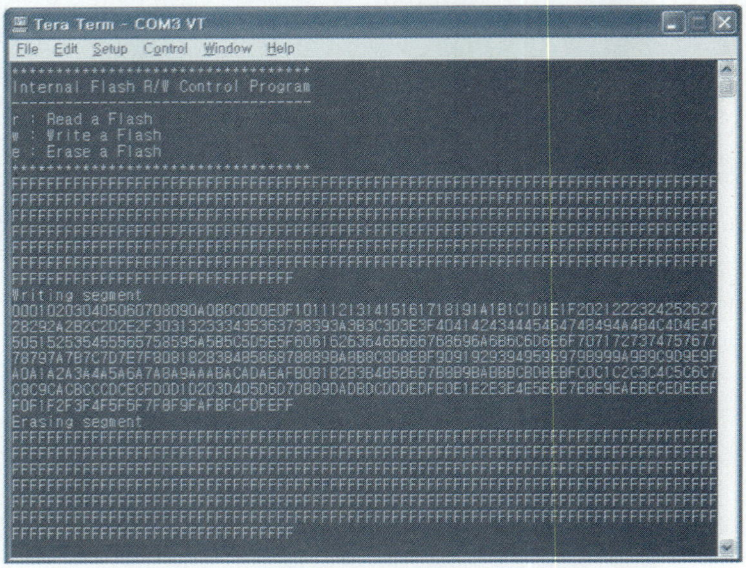

처음에 저장(Write)했던 데이터들이 지워지고 FF로 채워져 있다. 이렇게 해서 내부 플래시(Internal Flash)에 대한 기본적인 Read/Write/Erase 제어방법을 실습해보았다.

5. 실습과제

FlashControl 애플리케이션을 응용하여 다음과 같은 조건으로 구현하여라.

- 지정된 어드레스에만 접근하는 방식을 Text UI상에서 어드레스값을 입력하고 R/W를 수행하도록 구현
- 페이지(Page) 값을 입력하여 해당 페이지(Page) 영역이 삭제되도록 구현
- Write를 할 때 코드(Code) 어드레스에 매핑(Mapping)되는 실제 플래시(Flash) 어드레스가 함께 출력되도록 구현

실습 6 조도 센서 제어 실습

1. 실습목표

- ADC를 사용해 봄으로써 아날로그 데이터에 대한 처리과정을 이해한다.
- TinyOS 응용 프로그램을 이해하고 작성을 할 수 있다.
- 빌드된 헥사(Hex)파일을 보드에 업로드하여 조도 센서 데이터를 모니터링한다.

2. 기초 지식

- ADC의 의미와 기능
- Timer와 LED의 사용

3. 기초이론

1) 하드웨어 연결

기본 센서에 부착되어 있는 조도 센서(GL5537)는 Hmote2430의 CC2430과 ADC4, P2_0으로 연결되어 있다. ADC4는 CC2430의 8개의 채널 중 4번 채널을 나타내며, P2_0은 전압공급 핀으로 High 시그널을 보내 3V의 전압을 센서로 흘려준다. 조도 센서의 동작원리는 다음과 같다.

조도 센서(GL5537)는 센서 내부에 조도 혹은 광량에 따라 변화하는 저항을 포함하고 있고, 이 저항은 P2_0으로부터 들어오는 3V전압에 영향을 미치게 된다. 예를 들어, 광량이 증가(밝은 상태)하여 저항값이 작아지면 전압이 높아지게 되고, 결국 출력 포트인 ADC4로 높은 값의 데이터를 보내게 된다. 반대로 광량이 감소(어두운 상태)하여 저항값이 커지면 전압이 낮아지게 되고, ADC4로 낮은 값의 데이터를 보내게 된다.

[그림 6]은 조도 센서의 회로도이다.

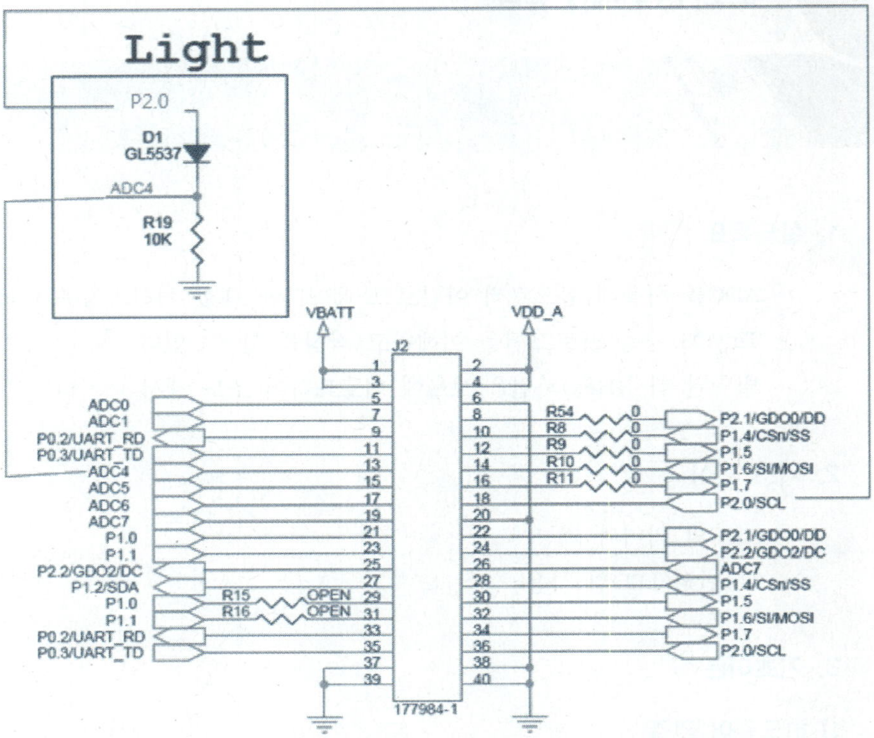

[그림 6]

2) ADC 함수 분석

Hmote2430과 40핀 커넥터로 연결되는 Hmote 센서보드(Sensor Board)의 이름이 hy2430이다. hy2430에서는 조도 제어 컴포넌트인 LightC를 제공해주는데, 여기에서 ADC 센서의 리퍼런스(reference) 전압, 다운 샘플링 주기, 입력 채널과 전압을 공급하는 GPIO 핀을 설정한다.

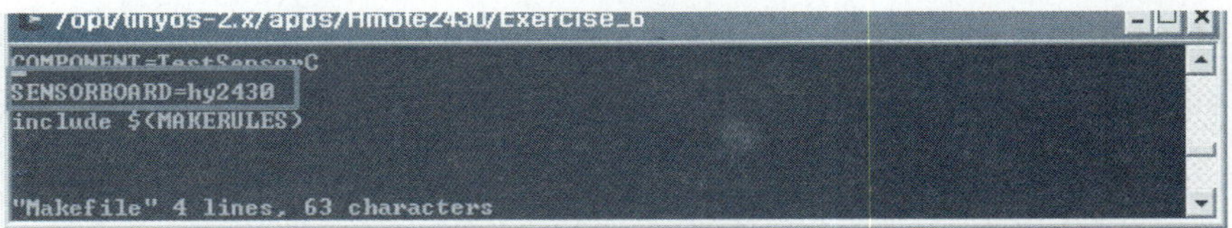

/opt/tinyos-2.x/tos/sensorboards/hy2430

```
module LightM {

  provides interface StdControl;
  provides interface SimpleADC;

  uses interface AdcControl as LightControl;
  uses interface Read<int16_t> as Light;
}
implementation
{

  int16_t Light_val;

  /************************************************************************
  ** StdControl
  ************************************************************************/
  command error_t StdControl.start() {

        call LightControl.enable(ADC_REF_1_25_V, ADC_14_BIT, ADC_AIN4);
    /* set sleep pin high on accelerometer to wakeup device*/
        P1_DIR |= (1<<7);
        P1_7 = 1;
/*
        P2_DIR |= (1<<0);
        P2_0 = 1;
*/

    return SUCCESS;
  }
```


AdcControl.enable(uint8_t reference, uint8_t resolution, uint8_t input)

■ Reference – reference 전압

MACRO	VALUE	DESCRIPTION
ADC_REF_1_25_V	0×00	Internal 1.25V reference
ADC_REF_P0_7	0×40	External reference on AIN7 pin
ADC_REF_AVDD	0×80	AVDD_SOC pin
ADC_REF_P0_6_P0_7	0×C0	External reference on AIN6~AIN7 differential input

■ Resolution – ADC down sampling 주기

MACRO	VALUE	DESCRIPTION
ADC_8_BIT	0×00	64 decimation rate
ADC_10_BIT	0×10	128 decimation rate
ADC_12_BIT	0×20	256 decimation rate
ADC_14_BIT	0×30	512 decimation rate

■ Input – ADC 입력 채널

MACRO	VALUE	DESCRIPTION
ADC_AIN0 ~ 7	0×00 ~ 0×07	single ended P0_o ~ p0_7
ADC_GND	0×0C	Ground
ADC_TEMP_SENS	0×0E	on-chip temperature sensor
ADC_VDD_3	0×0F	(vdd/s)

AdcControl.enable()함수가 call되어 불러지면 해당하는 ADC채널에 대해 사용 가능한 환경으로 설정된다.

AdcControl.enable()의 함수 원형은 다음과 같다.

(/opt/tinyos-2.x/tos/chips/cc2430/adc/AdcP.nc)

```
command void AdcControl.enable[uint8_t id](uint8_t reference, uint8_t resoluti
on, uint8_t input) {

/* enable interrupt when a channel is enabled (and stop any sampling in prog
ress */
if (counter == 0) {
ADCIE = 1;//ADC 인터럽트 enable
ADC_STOP();
}
 /* enable channel if not already enabled */
if (!inUse[id]) {
inUse[id] = TRUE;
counter++;
ADC_ENABLE_CHANNEL(inputs[id]);
}
/* save parameters */
        references[id] = reference;
resolutions[id] = resolution;
inputs[id] = input;
```

ADC_ENABLE_CHANNEL(inputs[id])이 실행되면 ADC 입력 구성(configuration) 레지스터인 ADCCFG에 1(high)이 설정되어 ADC0~ADC7의 입력이 가능해진다.

```
/Adc.h:#define ADC_ENABLE_CHANNEL(ch) ADCCFG |=(0x01<<(ch)
```

센서의 특성에 맞게 위와 같이 설정하고 응용 프로그램에서는 SimpleADC.getData() 함수를 호출하여 조도값을 얻어온 후, 정상적으로 ADC값을 얻어왔을 때 이벤트 형태로 리턴되는 SimpleADC.dataReady(uint16_t data, uint8_t status) 함수를 통해 ADC값(data)을 처리한다.

ADC에 대한 설정을 마쳤다면 응용 프로그램에서 getData()문을 통해 센서값을 가져오게 되는데 getData()에 대한 함수원형은 다음과 같다.

```
command error_t Read.read[uint8_t id]() {
/* check if ADC is in use */
if (lastId < uniqueCount("UNIQUE_ADC_PORT")) {
return FAIL;
} else {
uint8_t temp;
/* remember caller */
lastId = id;
/* read out any old conversion value */
temp = ADCH;
temp = ADCL;
/* start conversion */
ADC_SINGLE_CONVERSION(references[id] | resolutions[id] | inputs[id]);
return SUCCESS;
}
}
```

4. 실습내용

1) TestSensorC.nc

이제부터 실습할 TinyOS 응용 프로그램은 apps/Hmote2430/Exercise_6이다. 이 디렉토리에는 3개의 파일이 있는데, 컴파일에 관련된 Makefile과 각 컴포넌트(component)간의 연결 관계를 정립하는 TestSensorC.nc(configuration), 프로그램의 코드 부분이 들어가 실제 구현부분을 다루는 TestSensorP.nc(module)가 그것이다.

TestSensorC.nc는 컴포넌트(component)간의 연관관계를 정립하는 구성(configuration) 파일로 공급받는 자(상위 컴포넌트)와 공급하는 자(하위 컴포넌트)에 대해 화살표를 사용해서 그 관계를 나타낸다. Main에서 사용하는 컴포넌트는 모듈 TestSensorP가 제공하는 부트(Boot)와 초기화(Init)이다. 보드가 초기화될 때 main()에서 softwareInit()를 실행하고, Boot.booted가 시그널로 리턴되면 TestSensorP의 Boot.booted가 동기적으로 실행될 것이다.

```
configuration TestSensorC {

}
implementation {
components MainC, TestSensorP;

MainC.SoftwareInit -> TestSensorP.Init;
MainC.Boot <- TestSensorP;

components LedsC;
TestSensorP.Leds -> LedsC;

components new TimerMilliC() as TimerC;
TestSensorP.Timer -> TimerC;

components StdOutC;
TestSensorP.StdOut -> StdOutC;

components LightC;
TestSensorP.LightControl -> LightC.StdControl;
TestSensorP.Light -> LightC.SimpleADC;
}
```

TestSensorP는 컴포넌트인 Timer, LED, StdOutC 및 LightC로부터 각각의 인터페이스(interface)를 통해 제공을 받아 컴포넌트의 명령어(command)들을 수행하게 된다.

2) TestSensorP.nc

모듈인 TestSensorP는 자신이 제공할 인터페이스(interface)와 제공받을 인터페이스에 대해 각각 선언 및 "as"를 사용한 재이름(re-naming)을 해준다. 구현부(implementation) 안에서 실제적인 코딩 부분이 들어가게 된다. Init.init()과 Boot.booted()함수에서 보드가 초기화된 후 수행될 동작(operation)에 대해 각각의 해당하는 내용이 들어가게 된다.

Boot.booted()가 main()에 의해 동기화되어 리턴되면 2개의 LED를 모두 Off한 후 LightControl.start()를 호출하여 조도 센서에 대한 리퍼런스(reference) 전압, 다운 샘플링, 입력 채널을 설정한 후 전압을 인가할 GPIO핀에 High 시그널로 설정함으로써 조도 센서에 대한 초기 설정을 마친다.

마지막으로 Timer.startPeriodic(300)을 호출하면 300ms단위로 타이머가 실행되어 event

형태로 반환되는 Timer.fired()의 내용인 Light.getData()가 호출되게 된다. 센서 값을 성공적으로 얻어오게 되면, event형태의 Light.dataReady(uint16_t data, uint8_t status)가 리턴되어 수행되고 이 함수 안에서 조도값을 UART로 출력하게 된다.

즉, 300ms마다 한 번씩 조도값을 얻어오고 그 값을 UART로 출력하게 된다.

```
module TestSensorP {
provides interface Init;
uses interface Boot;
uses interface Timer<TMilli>;
uses interface Leds;
uses interface StdOut;
uses interface StdControl as LightControl;
uses interface SimpleADC as Light;
}

implementation {

/************************************************************************
 ** Init/Boot
 ************************************************************************/
command error_t Init.init() {
return SUCCESS;
}

event void Boot.booted() {
call Leds.led1Off();
call Leds.led0Off();
call LightControl.start();
call Timer.startPeriodic(300);
}
event error_t Light.dataReady(uint16_t data, uint8_t status)
{
call StdOut.printBase10uint16(data);
call StdOut.print("\n\r");
call Leds.led1Toggle();
}

async event void StdOut.get(uint8_t data) {
return;
```

```
}

event void Timer.fired()
{
call Light.getData();
}
}
```

3) 프로그램 업로드 및 테스트

위의 프로그램을 빌드하여 올리면 빨간 LED가 토글되면서 UART로 값을 보내게 된다. UART로 보내는 값을 확인하기 위해선 하이퍼 터미널을 비롯한 어떤 시리얼 프로그램을 사용해도 무방하다.

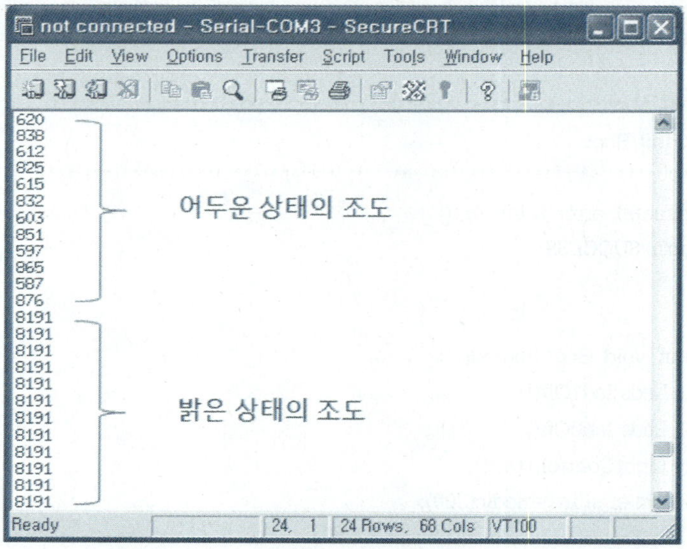

4) GUI 응용(application) 실행

시그윈(Cygwin)을 실행하여 startxwin.sh를 실행한다.

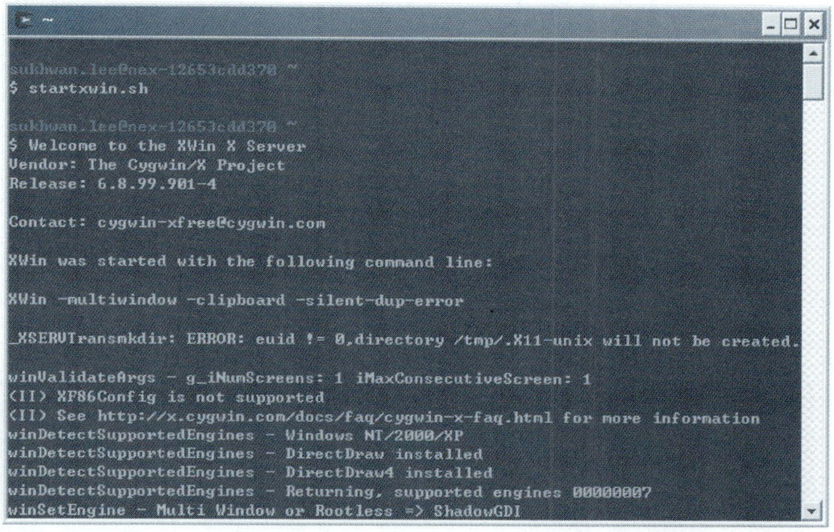

X가 실행된 터미널에서 Exercise_6의 위치의 하부 디렉토리인 TEST_app로 이동한 후 ./start_meter.sh를 실행한다.

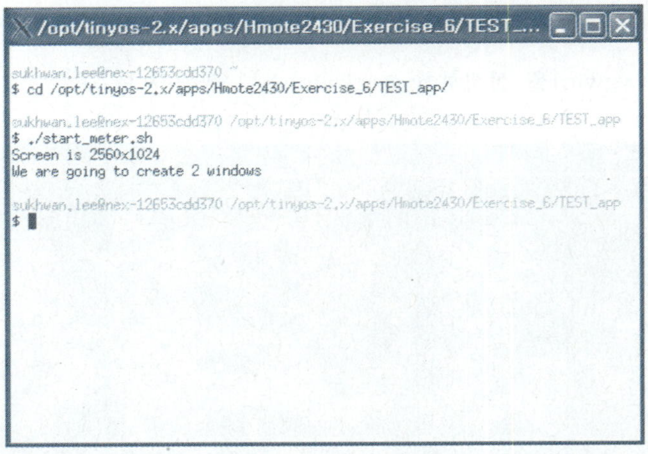

시리얼(UART)로 입력이 들어오지 않으므로 그래프의 모양은 변화가 없다. all.sh를 실행하면 다음과 같이 조도값이 그래프로 출력된다. (all.sh를 열면 다음과 같이 되어 있는데 연결된 시리얼 포트에 맞게 설정한 후 실행한다. ㉥ COM3=/dev/ttyS2)

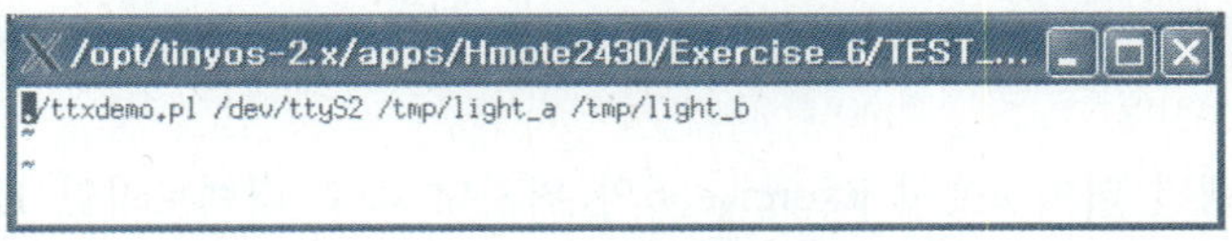

위의 그림은 조도의 변화를 나타낸다. 조도 센서에 빛을 가하거나 혹은 반대로 어둡게 한다면 그래프가 조도값에 맞게 뿌려지게 된다.

5) 문제해결

- Could not open /dev/ttyS...

① all.sh를 실행했을 때 위와 같이 출력된다면 포트를 잘못 설정한 것이므로 다음을 확인하자. 내컴퓨터 -> 속성 -> 하드웨어 -> 장치관리자 -> 포트 -> USB Serial Port (COM4)

만약 위와 같이 COM4로 가상 시리얼 포트가 잡혀있다면 all.sh를 다음과 같이 수정하면 된다.

./ttxdemo.pl /dev/ttyS3 /tmp/light_a /tmp/light_b

- 그래프가 뜨지 않거나 all.sh를 실행했는데도 아무런 반응이 없다면

② Ctrl + Alt + Del을 눌러 프로세스 탭을 보면 trend.exe가 몇 개 실행되고 있는데 프로세스 끝내기를 클릭하여 모두 없앤 후 다시 실행하면 된다.

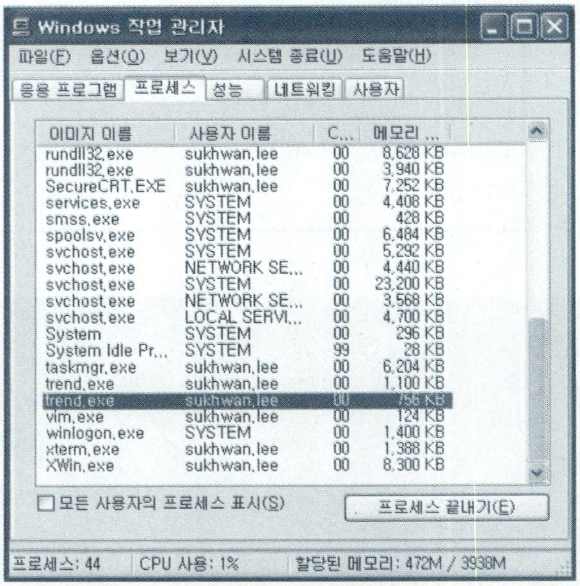

5. 실습과제

① 조도 값이 1000 이하일 때 RED LED와 BLUE LED을 켜고 1000 이상이면 모든 LED를 끄는 프로그램을 작성하여라.

② UART로부터 문자를 입력받아 'a'나 'A'가 입력되었을 때 10번의 조도값 센싱을 한뒤 평균 조도를 구하는 프로그램을 작성하여라.

③ /opt/tinyos-2.x/tos/sensorboards/hy2430의 LightM.nc을 수정하여 Mic 센서를 센싱하고, UI 응용(application)을 통해 모니터링하여라. (마이크 센서는 ADC 채널 2번과 연결되어 있고, P1_5를 전력 활성화 핀(Power Enable Pin)으로 사용한다.)

실습 7 내부 온도 센서 및 배터리 잔량 체크 실습

1. 실습목표

- CC2430의 ADC를 이용하여 배터리 잔량을 체크할 수 있다.
- AdcControl의 파라미터(parameter)를 변경하여 내부 온도 측정이 가능하다.
- TinyOS 응용 프로그램을 이해하고 작성을 할 수 있다.

2. 기초지식

- ADC 센서의 하드웨어 관련 지식
- ADC 컨트롤 레지스터
- Timer, LED 및 UART의 사용

3. 기초이론

1) AdcControl의 채널 설정

/opt/tinyos-2.x/tos/chips/cc2430/adc

```
// Input channel:
#define ADC_AIN0          0x00     // single ended P0_0
#define ADC_AIN1          0x01     // single ended P0_1
#define ADC_AIN2          0x02     // single ended P0_2
#define ADC_AIN3          0x03     // single ended P0_3
#define ADC_AIN4          0x04     // single ended P0_4
#define ADC_AIN5          0x05     // single ended P0_5
#define ADC_AIN6          0x06     // single ended P0_6
#define ADC_AIN7          0x07     // single ended P0_7

#define ADC_AIN0_AIN1     0x08     // differential input P0_0-P0_1
#define ADC_AIN2_AIN3     0x09     // differential input P0_2-P0_3
#define ADC_AIN4_AIN5     0x0A     // differential input P0_4-P0_5
#define ADC_AIN6_AIN7     0x0B     // differential input P0_6-P0_7

#define ADC_GND           0x0C     // Ground
#define ADC_PVR           0x0D     // Positive voltage reference
#define ADC_TEMP_SENS     0x0E     // on-chip temperature sensor
#define ADC_VDD_3         0x0F     // (vdd/3)


//-----------------------------------------------------------------
```

CC2430은 배터리 잔량과 내부 온도 센서를 ADC를 통하여 모니터링할 수 있는 기능을 제공해준다. 이런 기능을 사용하기 위해서는 6장에서 학습한 AdcControl을 사용하면 간단하게 구현될 수 있다. 다만 배터리 잔량이나 내부 온도 센서는 외부에서 아날로그 입력을 받는 형태가 아니고, 내부적으로 측정을 해야 하므로 AdcControl의 채널(channel) 부분을 특정한 값을 넣어야 작동한다.

/opt/tinyos-2.x/tos/chips/cc2430/adc의 Adc.h를 보면 AdcControl의 채널에 입력할 수 있는 매크로가 나열되어 있다.

실습 6에서 조도 센서를 제어하기 위해 ADC_AIN4를 채널로 하여 사용을 했다. 앞에서도 설명했듯이 조도 센서가 하드웨어적으로 CC2430의 ADC 4번 채널과 연결되어 있기 때문에 반드시 ADC_AIN4로 연결해 주어야 조도 센서의 제어가 가능하다.

```
//배터리 잔량 체크
command error_t StdControl.start() {
//Positive voltage reference
call AdcControl.enable(ADC_REF_1_25_V, ADC_12_BIT, ADC_VDD_3);
return SUCCESS;
}

//내부 온도 센서 측정
command error_t StdControl.start() {
//on-chip temperature sensor
call AdcControl.enable(ADC_REF_1_25_V, ADC_12_BIT, ADC_TEMP_SENS);
return SUCCESS;
}
```

반면, 배터리 잔량이나 내부 온도 센서는 외부 센서의 연결이 없고 칩 내부의 계산에 의해 측정되므로 항상 특정한 채널을 사용해야 한다. 배터리 잔량의 체크를 위해서는 channel을 ADC_VDD_3으로 설정하고, 내부 온도 센서를 제어하기 위해서는 채널을 ADC_TEMP_SENS로 설정해야 한다.

■ Input – ADC 입력 채널

MACRO	VALUE	DESCRIPTION
ADC_AIN0 ~ 7	0×00 ~ 0×07	single ended P0_o ~ P0_7
ADC_GND	0×0C	Ground
ADC_TEMP_SENS	0×0E	on-chip temperature sensor
ADC_VDD_3	0×0F	(vdd/s)

resolution 또한 측정값이 12 비트 resolution으로 할당되기 때문에, ADC_14_BIT가 아닌 ADC_12_BIT를 사용한다. reference는 ADC_REF_1_25_V로 기존 값과 동일하다.

2) ADC 컨트롤 레지스터 설정

ADC 컨트롤 레지스터는 총 3개가 있는데, ADCCON1, ADCCON2, ADCCON3이 그것이다. ADCCON1은 아날로그 신호에서 디지털 데이터로의 변환을 시작하는 설정이나 변환을 모두 마치고 난 뒤의 다음 변환을 위한 설정 등이 포함된다.

▪ ADCCON1(0×B4) – ADC Control 1

Bit	Name	Reset	R/W	Description
7	EOC	0	R H0	End of conversion Cleared when both ADCH and ADCL has been read. If a new conversion is completed before the previous data has been read, the EOC bit will remain high. 0 conversion not complete 1 conversion complete
6	ST	0	R/W1	Stare conversion. Read as 1 until conversion has completed 0 no conversion in progress 1 start a conversion sequence if ADCCON1.STSEL = "11" and no sequence is running.
5 : 4	STSEL [1 : 0]	11	R/W	Start select. Selects which event that will start a naw conversion sequence 00 External trigger on P2_0 pin 01 Full speed. Do nor wait for triggers. 10 Timer 1 channel 0 compare event 11 ADCCON1.ST = 1
3 : 2	RCTRL [1 : 0]	00	R/W	Controls 16 bit random generator. When written "01" or "10", the setting will automatically return to "00" when operation has completed. 00 Normal operation. (13× unrolling) 01 Clock the LFSR once (no unrolling) 10 Seeding from modulator. NOTE : The ADC must be runing in order for the seeding to start. 11 Stopped. Random generator is turned off.
1 : 0	–	11	R/W	Reserved. Always set to 11.

EOC는 End Of Conversion의 약자로 디지털 데이터로의 변환이 완료되면 1이 아니면 0을 유지한다. 쓰기용 bit가 아닌 read전용으로 변환완료 시점을 알기 위해 사용한다.

STSEL은 Start Select의 약자로, 변환시에 어떠한 이벤트를 선택할 것이지에 대해 설정할 수 있다. default값으로 11이 정해져 있으며 용도에 맞게 정해진 비트를 삽입하면 된다.

default값은 00110011이고 STSEL을 Full Speed(01)로 바꾸고자 한다면 00010011로 설정하면 된다. ADCCON2 레지스터는 순차적인 채널 선택을 통해 동시에 여러 개의 채널을 제어할 때 사용하는 레지스터이다.

▪ ADCCON2(0×B5) - ADC Control 2

Bit	Name	Reset	R/W	Description
7 : 6	SREF [1 : 0]	00	R/W	Selects reference voltage used for the sequence of conversions 00 Internal 1.25V reference 01 External reference on ALN7 pin 10 AVDD_SOC pin 11 External reference on AIN6 - AIN7 differential input
5 : 4	SDIV [1 : 0]	01	R/W	Sets the decimation rate for channels included in the sequence of conversions. The decimation rate also determines the resolution and time required to complete a conversion. 00 64dec rate(8bites resolution) 01 128dec rate(10bites resolution) 10 256dec rate(12bites resolution) 11 512dec rate(14bites resolution)
3 : 0	SCH [3 : 0]	00	R/W	Sequence Channel Select. Selects the end of the sequence. A sequence can either be from AIND to AIN7 (SCH <= 7) or from the differential input AIN0 - AIN1 to ALN6 - AIN7 (8 <=SCH <=11). For other settings, only single conversions are performed. When read, these bits will indicate the channel number of current conversion result. 0000 AIN0 0001 AIN1 0010 AIN2 0011 AIN3 0100 AIN4 0101 AIN5 0110 AIN6 0111 AIN7 1000 AIN0 - AIN1 1001 AIN2 - AIN3 1010 AIN4 - AIN5 1011 AIN6 - AIN7 1100 GND 1101 Positive voltage reference 1110 Temperature sensor 1111 VDD/3

ADCCON2.SCH의 제어를 통해 ADC0~ADC7채널까지의 아날로그 입력을 순차적으로 제어할 수 있다. SREF는 리퍼런스 전압(reference voltage)에 대한 설정, SDIV는 다운 샘플링(Down sampling)의 주기를 설정할 수 있다.

ADCCON3 레지스터는 extra conversion 및 일반적인 변환에 쓰이는 ADC 제어 레지스터로서 Hmote2430의 ADC제어는 모두 ADCCON3를 통해 하고 있다. ADCCON2 레지스터와의 차이점은 순차적으로 ADC채널을 접근하여 변환하지 않고 할당된 ADC채널에 대해서만 변환을 한다는 점이다.

■ ADCCON3(0×B6) – ADC Control 3

Bit	Name	Reset	R/W	Description
7 : 6	EREF [1 : 0]	00	R/W	Selects reference voltage used for the extra conversions 00 Internal 1.25V reference 01 External reference on ALN7 pin 10 AVDD_SOC pin 11 External reference on AIN6–AIN7 differential input
5 : 4	EDIV [1 : 0]	01	R/W	Sets the decimation rate used for the extra conversions. The decimation rate also determines the resolution and time required to complete the conversion. 00 64 dec rate (8 bites resolution) 01 128 dec rate (10 bites resolution) 10 256 dec rate (12 bites resolution) 11 512 dec rate (14 bites resolution)
3 : 0	ECH [3 : 0]	0000	R/W	Extra Channel select. Selects the channel number of the extra conversion that is carried out after a conversion sequence has ended. As long as these bits remain at "0000", no extra conversion is performed. If the ADC is not running, writing to these bits will trigger a single conversion from the selected extra channel. The bits are automatically cleared when the extra conversion has finished. 0000 AIN0 0001 AIN1 0010 AIN2 0011 AIN3 0100 AIN4 0101 AIN5 0110 AIN6 0111 AIN7 1000 AIN0–AIN1 1001 AIN2–AIN3 1010 AIN4–AIN5 1011 AIN6–AIN7 1100 GND 1101 Positive voltage reference 1110 Temperature sensor 1111 VDD/3

ADCCON3.ECH의 제어를 통해 ADC0~ADC7, GND, TempSensor, VDD 등의 채널을 선택할 수 있다. EREF는 reference voltage에 대한 설정, EDIV는 다운 샘플링(Down sampling)의 주기를 설정할 수 있다.

실습 6에서 학습했던 getData()의 함수 원형에서 다음과 같은 변환 매크로를 볼 수 있었다.

```
command error_t Read.read[uint8_t id]() {

/* check if ADC is in use */
if (lastId < uniqueCount("UNIQUE_ADC_PORT")) {
return FAIL;
} else {
uint8_t temp;

/* remember caller */
lastId = id;

/* read out any old conversion value */
temp = ADCH;
temp = ADCL;

/* start conversion */
ADC_SINGLE_CONVERSION(references[id] | resolutions[id] | inputs[id]);

return SUCCESS;
}
}
```

매크로 ADC_SINGLE_CONVERSION은 /opt/tinyos-2.x/tos/chips/cc2430/adc/Adc.h에서 확인할 수 있다.

```
/*******************************************************************************
******************* ADC macros/functions*******************
*******************************************************************************

These functions/macros simplifies usage of the ADC.

*******************************************************************************/
// Macro for setting up a single conversion. If ADCCON1.STSEL = 11, using this
// macro will also start the conversion.
#define ADC_SINGLE_CONVERSION(settings) \
 do{ ADCCON3 = settings; }while(0)
```

만약, AdcControl.enable(ADC_REF_1_25_V, ADC_14_BIT, ADC_AIN7)을 실행한다면 ADCCON3에는 다음과 같은 값이 할당되게 된다.

```
// Reference voltage:
#define ADC_REF_1_25_V0x00 // Internal 1.25V reference
#define ADC_REF_P0_70x40 // External reference on AIN7 pin
#define ADC_REF_AVDD0x80 // AVDD_SOC pin
#define ADC_REF_P0_6_P0_7 0xC0 // External reference on AIN6-AIN7 differen
tial input

// Resolution (decimation rate):
#define ADC_8_BIT 0x00 //64 decimation rate
#define ADC_10_BIT0x10 // 128 decimation rate
#define ADC_12_BIT0x20 // 256 decimation rate
#define ADC_14_BIT0x30 // 512 decimation rate
// Input channel:
#define ADC_AIN00x00 // single ended P0_0
#define ADC_AIN10x01 // single ended P0_1
#define ADC_AIN20x02 // single ended P0_2
#define ADC_AIN30x03 // single ended P0_3
#define ADC_AIN40x04 // single ended P0_4
#define ADC_AIN50x05 // single ended P0_5
#define ADC_AIN60x06 // single ended P0_6
#define ADC_AIN70x07 // single ended P0_7
```

EREF=0x00, EDIV=0x30, ECH=0x07이고 모두 합하면 0x37이 된다. 표에 나온 2진수로 나타내면 다음과 같다. (00110111(0x37)).

BIT	NAME	BIT DESCRIPTION
7:6	EREF[1:0] 00	internal 1.25V reference
5:4	EDIV[1:0] 11	512 dec rate (14 bit resolution)
3:0	ECH[3:0] 0111	AIN7

결국 AdcControl.enable(ADC_REF_1_25_V, ADC_14_BIT, ADC_AIN7); 및 getData()는 ADCCON3=0x37;과 같은 결과가 나타나게 되고, 실제로 ADC 7번 채널에 대한 제어 설정이 이뤄지게 된다.

4. 실습내용

1) TestSensorC.nc

이제부터 실습할 TinyOS 응용 프로그램은 apps/Hmote2430/Exercise_7이다. 이 디렉토리에는 3개의 파일이 있는데, 컴파일에 관련된 Makefile과 각 컴포넌트(component)간의 연결 관계를 정립하는 TestSensorC.nc(configuration), 프로그램의 코드 부분이 들어가 실제 구현부분을 다루는 TestSensorP.nc(module)가 그것이다.

TestSensorC.nc는 컴포넌트(component)간의 연관관계를 정립하는 구성(configuration) 파일로 공급받는 자(상위 컴포넌트)와 공급하는 자(하위 컴포넌트)에 대해 화살표를 사용해서 그 관계를 나타낸다. Main에서 사용하는 컴포넌트는 모듈 TestSensorP가 제공하는 Boot와 초기화(Init)이다. 보드가 초기화될 때 main()에서 softwareInit()를 실행하고 Boot.booted가 시그널로 리턴되면 TestSensorP의 Boot.booted가 동기적으로 실행될 것이다.

TestSensorP는 컴포넌트(component)인 Timer, LED, StdOutC 및 BattC로부터 각각의 인터페이스를 통해 제공을 받아 컴포넌트의 명령어(command)들을 수행하게 된다.

```
configuration TestSensorC {
}
implementation {
components MainC, TestSensorP;
MainC.SoftwareInit -> TestSensorP.Init;

MainC.Boot <- TestSensorP;
components LedsC;
TestSensorP.Leds -> LedsC;

components new TimerMilliC() as TimerC;
TestSensorP.Timer -> TimerC;

components StdOutC;
TestSensorP.StdOut -> StdOutC;

//FOR Battery remain check, enable comment.
components BattC;
TestSensorP.BattControl -> BattC.StdControl;
TestSensorP.Batt -> BattC.SimpleADC;
```

```
//FOR Internal Temperature Sensor Control, enable comment.
/*components InternalTempC;
TestSensorP.BattControl -> InternalTempC.StdControl;
TestSensorP.Batt -> InternalTempC.SimpleADC; */
}
```

TestSensorC.nc는 현재 배터리 잔량 체크를 위한 BattC에 대한 부분을 활성화시켜 놓고, 내부 온도 센서에 대한 부분은 주석처리 해놓은 상태다. 만약 내부 온도 센서의 측정값을 구하고자 한다면 다음과 같이 바꿔주면 된다.

```
//FOR Battery remain check, enable comment. (주석처리)
/*
components BattC;
TestSensorP.BattControl -> BattC.StdControl;
TestSensorP.Batt -> BattC.SimpleADC;
*/

//FOR Internal Temperature Sensor Control, enable comment. (주석 해제)
components InternalTempC;
TestSensorP.BattControl -> InternalTempC.StdControl;
TestSensorP.Batt -> InternalTempC.SimpleADC;
```

2) TestSensorP.nc

module인 TestSensorP는 자신이 제공할 interface와 제공받을 interface에 대해 각각 선언 및 "as"를 사용한 re-naming을 해준다. 구현부(implementation)안에서 실제적인 코딩 부분이 들어가게 된다. Init.init()과 Boot.booted() 함수에서 보드가 초기화된 후 수행될 operation에 대해 각각의 해당하는 내용이 들어가게 된다. Boot.booted()가 main()에 의해 동기화되어 리턴되면 2개의 LED를 모두 Off한 후 BattControl.start()를 호출하여 reference 전압, 다운 샘플링 및 입력 채널을 ADC_AVDD_3으로 설정한 후 초기 설정을 마친다.

마지막으로 Timer.startPeriodic(300)을 호출하면 300ms단위로 타이머가 실행되어 event 형태로 반환되는 Timer.fired()의 내용인 Batt.getData()가 호출되게 된다. 센서 값을 성공적으로 얻어오게 되면 event형태의 Batt.dataReady(uint16_t data, uint8_t status)가 리턴되어 수행되고 이 함수 안에서 배터리 잔량 체크 값을 UART로 출력하게 된다.

```
module TestSensorP {
provides interface Init;
uses interface Boot;
uses interface Timer<TMilli>;
uses interface Leds;
uses interface StdOut;
uses interface StdControl as BattControl;
uses interface SimpleADC as Batt;
}
```

즉, 300ms마다 한 번씩 배터리 양을 얻어오고 그 값을 UART로 출력하게 된다.

```
implementation {

command error_t Init.init() {
return SUCCESS;
}

event void Boot.booted() {
call Leds.led1On();
call Leds.led0On();
call StdOut.print("**************************\n\r");
call StdOut.print("*Program initialized*\n\r");
call StdOut.print("*Exercise 7 : Voltage *\n\r");
call StdOut.print("**************************\n\r");

call BattControl.start();
call Timer.startPeriodic(300);
}

 event error_t Batt.dataReady(uint16_t data, uint8_t status)
 {
call StdOut.print("Battery remains ");
call StdOut.printBase10uint16(data);
call StdOut.print(" of 1666");
call StdOut.print("\n\r");
 }
```

```
event void Timer.fired()
{
call Leds.led1Toggle();
call Batt.getData();
}

async event void StdOut.get(uint8_t data) {
return;
}
}
```

3) 프로그램 업로드 및 테스트

(1) 배터리 잔량 체크

위의 프로그램을 빌드하여 올리면 빨간 LED가 토글되면서 UART로 값을 보내게 된다. UART로 보내는 값을 확인하기 위해선 하이퍼 터미널을 비롯한 어떤 시리얼 프로그램을 사용해도 무방하다.

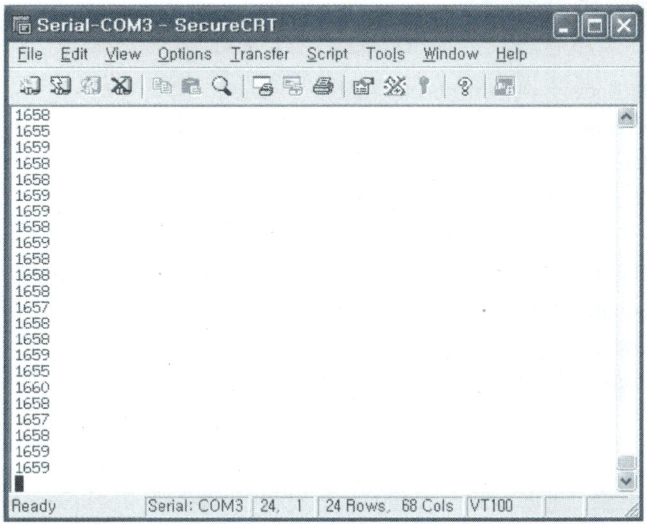

터미널 프로그램에는 1658~1660 정도의 값으로 나오게 되는데, 이 데이터는 밑의 변환식을 통하여 실제 mV값을 구할 수 있다.

실습7

```
// Max ADC input voltage = reference voltage =>
// (VDD/3) max = 1.25 V => max VDD = 3.75 V
// 12 bits resolution means that max ADC value = 0x07FF = 2047 (dec)
// (the ADC value is 2''s complement)
// Battery voltage, VDD = adc value * (3.75 / 2047)
// To avoid using a float, the below function will return the battery voltage * 10
// Battery voltage * 10 = adc value * (3.75 / 2047) * 10
#define CONST 0.0183195 // (3.75 / 2047) * 10

return ADC_VALUE * CONST;
```

만약 값이 1659로 나왔다면 1659*0.018 mV가 되고 이는 결국 2.9862V가 된다.

USB를 통해 Hmote2430이 인가받는 전압이 3V이므로 USB와 연결되어 있다면 3V와 비슷한 전압이 측정될 것이다.

(2) 내부 온도 측정

BattC에 대한 부분을 주석 처리하고 내부 온도 센서에 대한 부분은 활성화시켜서 컴파일 및 업로드를 실행한다.

```
//FOR Battery remain check, enable comment. (주석 처리)
/*components BattC;
TestSensorP.BattControl -> BattC.StdControl;
TestSensorP.Batt -> BattC.SimpleADC;*/

//FOR Internal Temperature Sensor Control, enable comment. (주석 해제)
components InternalTempC;
TestSensorP.BattControl -> InternalTempC.StdControl;
TestSensorP.Batt -> InternalTempC.SimpleADC;
```

터미널 프로그램을 Hmote2430과 연결하면 다음과 같이 출력되는 것을 볼 수 있다.

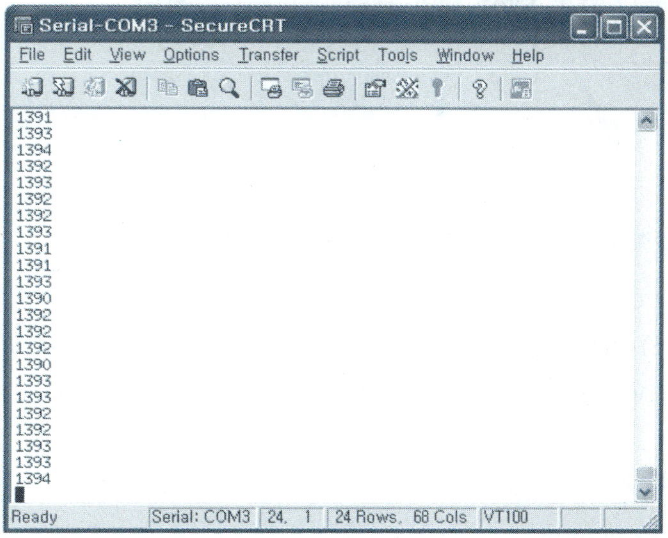

터미널 프로그램에는 1390~1394 정도의 값으로 나오게 되는데, 이 데이터는 밑의 변환식을 통하여 실제 온도값을 구할 수 있다.

```
#define CONST 0.61065 // (1250 / 2047)
#define OFFSET_DATASHEET                750
#define OFFSET_MEASURED_AT_25_DEGREES_CELCIUS       29.75
#define OFFSET (OFFSET_DATASHEET + OFFSET_MEASURED_AT_25_DEGREES_CELCIUS) //
779.75
#define TEMP_COEFF                      2.43

outputVoltage = adcValue * CONST;
return ((outputVoltage - OFFSET) / TEMP_COEFF);
}
```

((1390*0.61065)-779.95)/2.43=28.33 정도가 나오고 이 값은 실제 28.33℃를 나타낸다. (CC2430칩에 온도를 가하면 온도값이 상승한다.)

5. 실습과제

① 변환식을 적용하여 온도가 30℃가 넘었을 때 LED를 토글하는 프로그램을 작성하여라.

② USB를 사용하지 말고 1.5V 용량의 배터리를 연결하여 배터리 잔량 체크를 한 후 (5회), 그 결과를 UART로 출력하여라. (Internal Flash 사용 필요)

실습 8 온·습도 센서 제어 실습

1. 실습목표

- I^2C 인터페이스인 온·습도 센서 SHT11을 제어할 수 있다.
- SHT11의 동작원리를 이해하여 다른 응용에 적용할 수 있다.
- TinyOS 응용 프로그램을 이해하고 작성을 할 수 있다.

2. 기초지식

- I^2C의 의미
- SHT11의 동작 원리
- Timer, LED 및 UART의 사용

3. 기초이론

1) 하드웨어 연결

기본 센서에 부착되어 있는 온·습도 센서는 SENSIRION사에서 제작한 SHT11이란 센서로 많은 테스트와 안정성 테스트를 통과한 신뢰도 있는 센서로 알려져 있다.

[그림 7]과 [그림 8]은 온·습도 센서(SHT11)와 기본 센서 보드와의 연결을 나타내는 회로도이다.

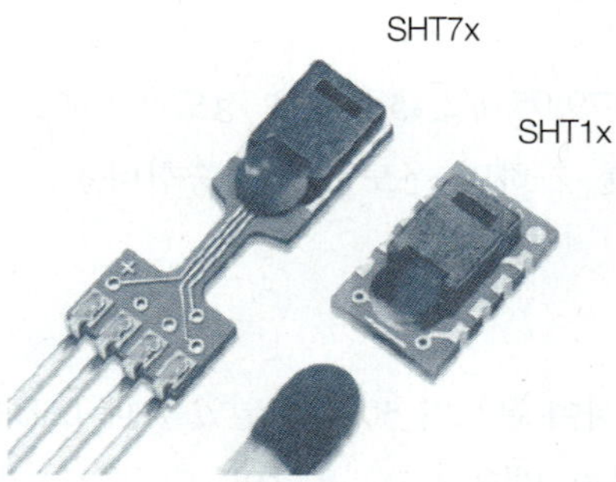

[그림 7]

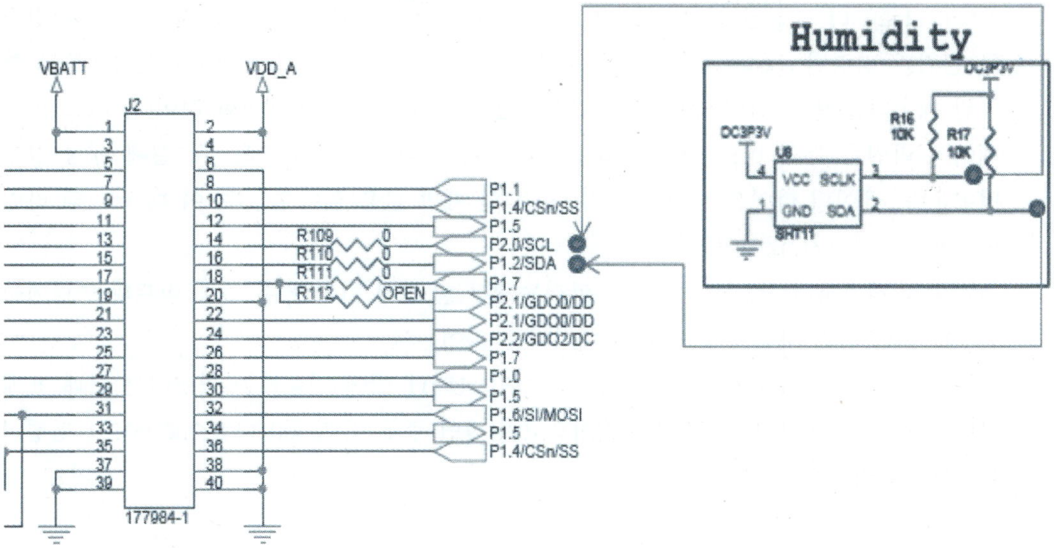

[그림 8]

2) SHT11의 동작 원리

SHT11은 자체적으로 측정한 아날로그 신호를 디지털 신호로 바꿔주는 ADC 기능을 포함하고 있어 센싱한 데이터를 바로 CPU에 보낼 수 있다. SHT11은 2개의 라인을 통해 클럭(clock)과 데이터를 CC2430에 전송한다.

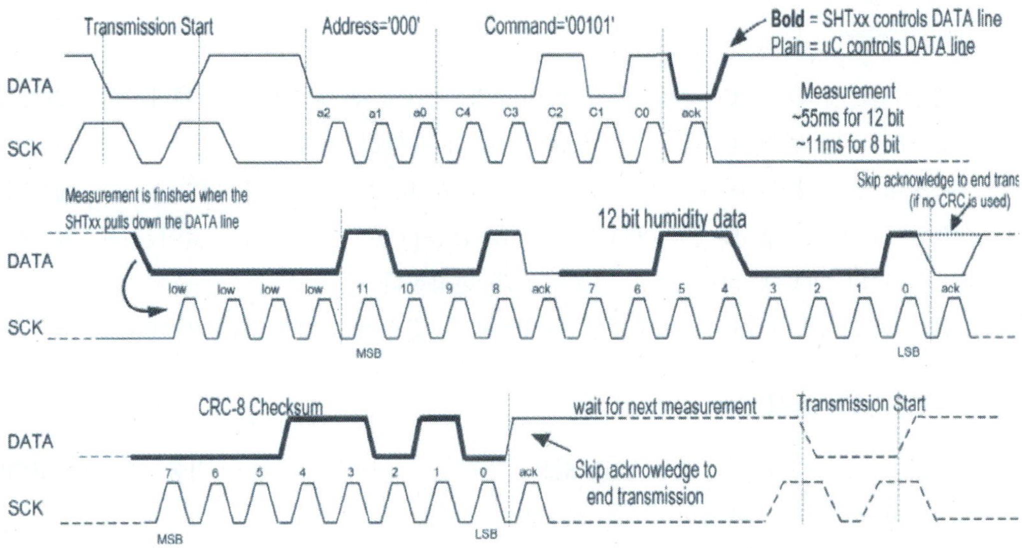

SHT11로부터 측정된 센싱 값을 읽기 위해서는 CC2430과 연결된 두 라인을 통해 일정한 클럭과 명령어(command)를 입력시켜야 한다. 앞 그림은 CC2430에서 센서로부터 측정된 데이터를 받기 위한 클럭 타이밍과 명령어의 입력 방식을 표현한 것이다. CC2430은 데이터 라인을 통해 비트 단위의 명령어를 SHT11 센서와 주고받은 후, 실제 센싱 값을 얻어온다. 데이터 라인은 클럭 신호가 HIGH일 때만 값을 읽어오는데, 이 때 데이터 라인의 신호는 변하지 않아야 한다.

전송을 시작하기 전, 전송 시작을 알리는 펄스를 먼저 입력한 후 주소 비트와 명령어를 SHT11에 보내고 사용자가 원하는 데이터를 읽어온다.

주소 비트는 현재 '000'만 사용하고 있으며, SHT11 칩에 전송하는 명령어는 아래 표에 나타나 있다. 만약 습도 데이터를 읽어오고 싶다면 주소 비트 000 다음으로 00101 명령어를 데이터 라인으로 보내주면 된다.

Command	Code
Reserved	0000X
Measure Temperature	00011
Measure Humidity	00101
Read Status Register	00111
Write Status Register	00110
Reserved	0101X-1110X
Soft reset, resets the interface, clears the status register to default values wait minimum 11 ms before next command	11110

명령어를 입력하면 CC2430은 SHT11이 습도 측정을 완료할 때까지 기다린다. 12비트의 습도 데이터를 얻기 위해서는 약 55ms 정도의 시간이 소요된다.

측정이 완료되면 SHT11은 데이터 라인을 LOW로 만들어 준 후 CC2430에게 데이터를 전송한다. CC2430은 데이터 라인을 통해 12비트의 측정된 데이터를 읽어온 후 CRC 에러 체크 필드의 내용에 따라 ACK 전송여부를 결정한다.

만약 데이터를 읽어올 수 없다면 SHT11과의 접속을 리셋(RESET)시킨다.

3) SHT11의 동작 순서

초기화 및 제어 순서는 인터럽트 초기화 → 연결 재설정 → 전송 시작 → 명령어(command) 전송 → 데이터 수신으로 된다.

(1) 인터럽트 초기화

클록 라인에 LOW신호를 주고, 데이터 라인을 HIGH로 설정한다. 데이터 라인의 인터럽트는 비활성화(disable)로 설정한다.

```
void initPins() {
call CLOCK.makeOutput();
call CLOCK.clr();
call DATA.makeInput();
call DATA.set();
call InterruptDATA.disable();
}
```

(2) 연결 재설정

```
void resetDevice() {
uint8_t i;
call DATA.makeOutput();
call DATA.set();
call CLOCK.clr();
for( i = 0; i < 9; i++ ) {
call CLOCK.set();
call CLOCK.clr();
}
}
```

데이터 라인을 HIGH로 설정하고 클럭라인을 LOW신호로 설정한 다음 클럭라인을 9번 (혹은 그 이상) 토글시킨다.

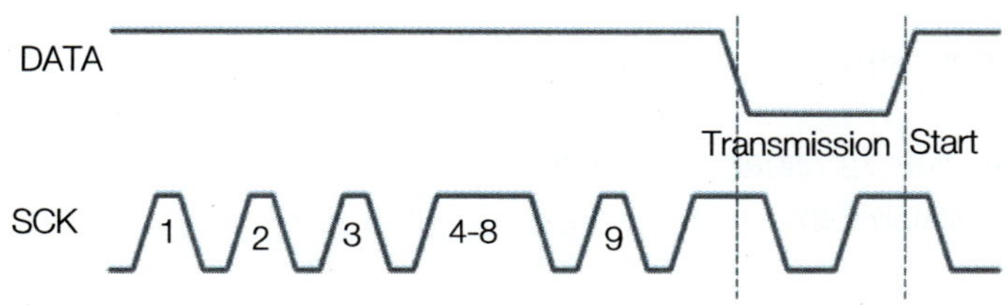

(3) 전송 시작

```
void transmissionStart() {
call DATA.makeOutput();
call DATA.set();
call CLOCK.clr();
call CLOCK.set();
call DATA.clr();
call CLOCK.clr();
call CLOCK.set();
call DATA.set();
call CLOCK.clr();
}
```

- 데이터 라인 : HIGH → LOW → HIGH
- 클럭 라인 : LOW → HIGH → LOW → HIGH → LOW

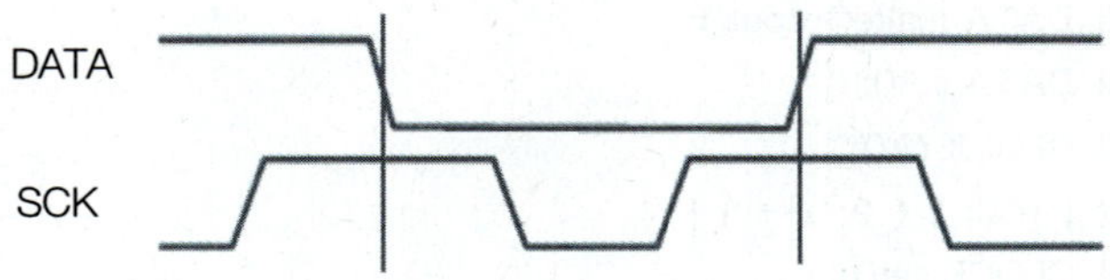

위처럼 신호를 주어서 전송의 시작함을 SHT11에게 알려준다.

```
error_t performCommand() {
....
cmd &= 0x1F; // clear the first 3 address bits to 000
sendCommand(cmd);
....
switch(cmd) {
....
case CMD_MEASURE_HUMIDITY:
enableInterrupt();

if ( status & SHT11_STATUS_LOW_RES_BIT ) {
```

```
call Timer.startOneShot( TIMEOUT_8BIT );
} else {
call Timer.startOneShot( TIMEOUT_12BIT );
}
break;
....
```

(4) 명령어(command) 전송

처음 3bit는 '000'으로 그 다음 bit는 습도(Humidity)값을 요구하는 명령어(command)인 '00101'로 채워서 명령어를 보내고 약 55ms 이상의 지연(delay)를 주어서 습도 값을 구하는 최소한의 시간을 제공한다. 지연 후 읽기 상태(read status) 레지스터로 설정하고 sht11에서 제공하는 데이터를 받아오면 된다.

4. 실습내용

1) TestSensorC.nc

이제부터 실습할 TinyOS 응용 프로그램은 apps/Hmote2430/Exercise_8이다.

TestSensorC.nc는 디버그에 사용할 LED 컴포넌트, 주기적인 센싱을 위한 Timer 컴포넌트, 센싱된 값을 UART를 통해 모니터링하기 위한 StdOutC 컴포넌트 그리고 SHT11 센서를 사용하기 위한 SensirionSHT11C() 컴포넌트를 선언하고, 모듈 파일인 TestSensorP에 Wiring한다.

TestSensorP는 컴포넌트(component)인 Timer, LED, StdOutC 및 SensirionSHT11C() 로부터 각각의 인터페이스(interface)를 통해 제공을 받아 컴포넌트(component)의 명령어(command)들을 수행하게 된다.

```
configuration TestSensorC {

}
implementation {
components MainC, TestSensorP;

MainC.SoftwareInit -> TestSensorP.Init;
MainC.Boot <- TestSensorP;
```

```
components LedsC;
TestSensorP.Leds -> LedsC;

components new TimerMilliC() as TimerC;
TestSensorP.Timer -> TimerC;

components StdOutC;
TestSensorP.StdOut -> StdOutC;

components new SensirionSht11C() as Sensor;
TestSensorP.Temperature -> Sensor.Temperature;
TestSensorP.Humidity -> Sensor.Humidity;
}
```

2) TestSensorP.nc

TestSensorP는 기존의 ADC 센서의 제어에 사용했던 SimpleADC나 StdControl을 사용하지 않는다. SensirionSHT11C에서 인터페이스 리드(interface Read)에게 제공하도록 제작되었기 때문에 SimpleADC 대신 Read를 사용한다.

온·습도를 모두 구하기 위해서 재이름(re-naming)을 해준다.

Timer.startPeriodic(200)을 호출하면 200ms단위로 타이머가 실행되어 이벤트(event) 형태로 반환되는 Timer.fired()의 내용인 Temperature.read()가 호출되게 된다. 센서값을 성공적으로 얻어오면 이벤트 형태의 Temperature.readDone(error_t result, uint16_t data)가 리턴되어 수행되고 온도값을 출력한 후 Humidity.read()를 호출하여 습도값을 얻어오게 된다. 온도와 마찬가지로 습도값을 얻어오게 되면 UART로 출력하게 된다.

```
module TestSensorP {
provides interface Init;
uses interface Boot;
uses interface Timer<TMilli>;
uses interface Leds;
uses interface StdOut;
uses interface Read<uint16_t> as Temperature;
uses interface Read<uint16_t> as Humidity;

}
```

```
implementation {
command error_t Init.init() {
return SUCCESS;
}

event void Boot.booted() {
call Leds.led1Off();
call Leds.led0Off();
call Timer.startPeriodic(200);
}

event void Temperature.readDone(error_t result, uint16_t data){
call StdOut.printBase10uint16(data);
call StdOut.print(", ");
call Humidity.read();
}
....
event void Humidity.readDone(error_t result, uint16_t data)
{
call StdOut.printBase10uint16(data);
call StdOut.print("\n\r");
call Leds.led1Toggle();
}

event void Timer.fired()
{
call Temperature.read();
}

async event void StdOut.get(uint8_t data) {
return;
}

}
```

3) 프로그램 업로드 및 테스트

위의 프로그램을 빌드하여 올리면 UART로 온도와 습도값을 보내게 된다. 하이퍼터미널을 비롯한 시리얼 프로그램을 Hmote2430에 연결하여 보면 다음과 같다.

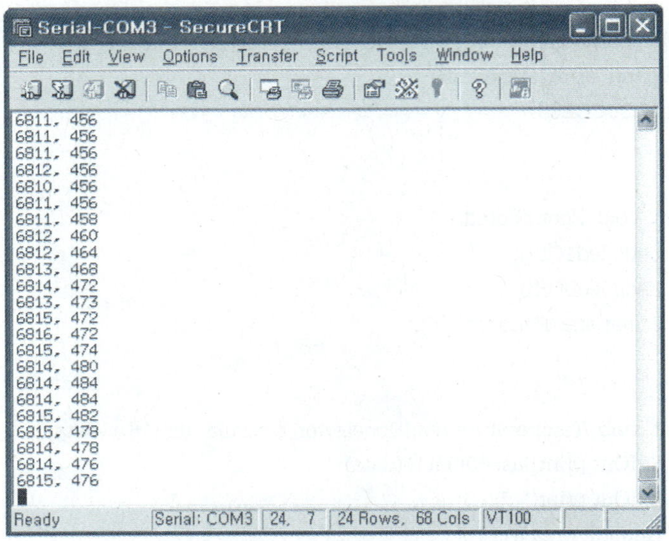

앞의 숫자가 온도, 뒤의 숫자가 습도값이다. 이 데이터들은 다음 변환식을 통하여 실제 값으로 변환할 수 있다.

```
t_c = (double)raw_temperature * 0.01 - 40;
rh_lin = -0.000028 * (double)raw_humidity * (double)raw_humidity + 0.0405 *
         (double)raw_humidity - 4;
rh_true = (t_c - 25) * (0.01 + 0.00008 * (double)raw_humidity) + rh_lin;

** t_c : 실제 온도값 , raw_temperature : SHT11로부터 구한 12 혹은 14bit 데이터
** rh_true : 실제 습도값, raw_humidity : SHT11로부터 구한 8 혹은 12bit 데이터
```

온도의 경우 6815가 나왔다면 6815*0.01-40=28.15가 되고, 이는 실제 28.15℃ 임을 나타낸다.

습도의 경우 476이 나왔다면 약 9.08%의 값이 나오게 된다.

5. 실습과제

① CC2430의 내부 온도 센서와 SHT11의 온도 센서를 제어하여 그 값을 비교하여라.

② 조도, 마이크, 온·습도를 모두 구하는 프로그램을 작성하여라.

실습 9 간단한 RF 송·수신 실습

1. 실습목표

실습을 통하여 CC2430의 RF 기능을 이용한 간단한 RF 송·수신 방법을 익힌다.

2. 기초지식

- CC2430의 RF 모듈 특징
- CC2430 RF 모듈 블록도(Block Diagram)
- TinyOS-2.x에서의 C2430 드라이버(Driver)
- SimplcMAC 인터페이스
- NesC에서의 CC2430 무선 제어(Radio Control)

3. 기초이론

1) CC2430의 RF 모듈 특징

CC2430의 RF 전송기(Trasnceiver)의 특징은 다음과 같다.

- CC2430 코어(Core) 탑재
- IEEE802.15.4 MAC 하드웨어 제공(Hardware support)
  - O-QPSK
  - 채널 평가 삭제(Clear Channel Assessment)
  - 에너지 감지(Energy Detection)
  - 디지털(Digital) RSSI
  - 링크 품질표시(Link Quality Indication)
  - CSMA/CA
  - 어드레스 필터(Address Filter)
  - Auto CRC/ACK
- DMA 액세스 활성화(Access Enable)
- 저전력 소모(Low Power Consumption)
- 250kbps 데이터 비율(Data rate)

2) CC2430 RF 모듈 블록도

CC2430 RF 모듈에 대한 블록도는 [그림 9]와 같다.

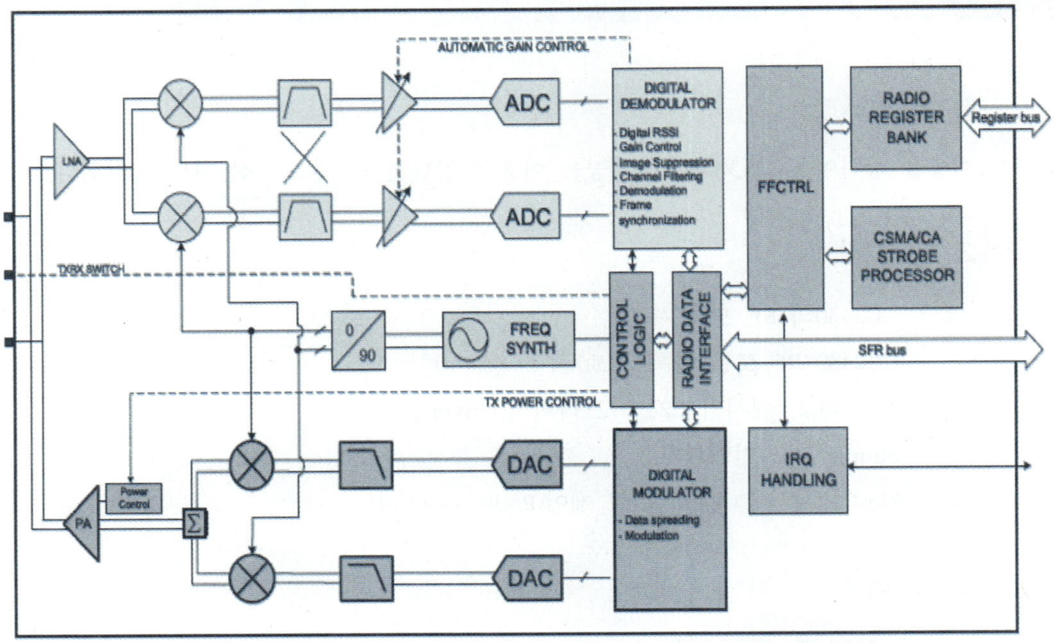

[그림 9]

3) TinyOS-2.x에서의 C2430 드라이버(Driver)

CC2430 드라이버(Driver) 모듈의 위치와 파일명은 다음과 같다.

- /opt/tinyos-2.x/tos/chips/cc2430/radio
- HalCC2430RadioP.nc

HalCC2430RadioP 모듈의 내용은 다음과 같다.

```
#include 〈CC2430_CSP.h〉

module HalCC2430RadioP {
provides {
interface HALCC2420;
interface StdControl as HALCC2420Control;
```

```
interface Init;
}
uses {
interface GpioInterrupt as InterruptTXDone;
interface GpioInterrupt as InterruptFIFOP;
interface GpioInterrupt as InterruptRFErr;
interface StdOut;
}
}
```

HALCC2420의 인터페이스를 제공하고 내부에 RF 송수신 동작을 기술한다. 발생하는 인터럽트 처리를 위해 GpioInterrupt 인터페이스를 사용한다.

```
implementation {
#include "hplcc2420.h"
#include "packet.h"

norace uint8_t volatile RFIF__attribute((sfrAT0xE9)); /*RF Interrupt Flags */
void CC2430SetPanid(uint16_t id);
void CC2430SetShortaddr(uint16_t shortAddr);
void CC2420SetIEEEAddr(ieee_mac_addr_t extAddress);
void CC2430Reset();
void CC2430RFEnable();
void CC2430RFDisable();
void CC2430ExternalOscillator();
void CC2430RxEnable();
void CC2430RxDisable();
void CC2430ChannelSet(uint8_t channel);
void CC2430PALevelSet(uint8_t new_power);
void CC2430ControlSet();
void CC2430TxWait();
void wait(uint16_t u);
task void initTask();
task void transmitTask();
task void setChannelTask();

ieee_mac_addr_t ieeeAddress;
mac_addr_t shortAddress, panid;
```

```
bool rxEnabled = FALSE;
uint8_t receivedPacket[128];
uint8_t * receivedPacketPtr;
uint8_t packet_buf_real[PACKET_MAX_PAYLOAD];
```

CC2430 제어를 위한 일반 함수들과 Task 함수 및 사용할 변수들을 선언하였다.

```
/************************************************************************
 * Init
 ***********************************************************************/
command error_t Init.init()
{
receivedPacketPtr = receivedPacket;

post initTask();
return SUCCESS;
}

task void initTask()
{
/* Chipcons manufacture ID */
ieeeAddress[0] = 0x10;
ieeeAddress[1] = 0x3d;
ieeeAddress[2] = 0x23;

/* no unique ID use TOS_NODE_ID instead */
ieeeAddress[3] = 0;
ieeeAddress[4] = 0;
ieeeAddress[5] = 0;
ieeeAddress[6] = TOS_NODE_ID >> 8;
ieeeAddress[7] = TOS_NODE_ID;

/* Power cycle radio*/
CC2430Reset();

/* turn on oscillator, enabling RAM access */
CC2430ExternalOscillator();
```

Init.init() 함수에서 initTask() Task 함수를 쓰고 RF 초기화를 수행한다.

CC2430 Reset을 수행하여 RF Power를 할당하고 CC2430을 위한 클록 소스(Clock Source)를 설정한다.

```
/*******************************************
** RAM related **
*******************************************/
/* Write IEEE adress to radio */
CC2420SetIEEEAddr(ieeeAddress);

/* Write lowest bits as default shortAdr */
shortAddress = ((uint16_t) ieeeAddress[6]) << 8 | ieeeAddress[7];
CC2430SetShortaddr(shortAddress);

/* Write scan address in PAN ID */
panid = shortAddress;
CC2430SetPanid(panid);

/*******************************************
** Register related**
*******************************************/
/* Set control registers */
CC2430ControlSet();

/* Set channel */
CC2430ChannelSet(CC2420_DEFAULT_CHANNEL);

/* Set transmitter power */
CC2430PALevelSet(CC2420_DEFAULT_POWER);
call InterruptTXDone.enableRisingEdge();
call InterruptRFErr.enableRisingEdge();
}
```

IEEE 어드레스, Short 어드레스 및 PANID를 설정하고 초기 채널 및 RF 출력을 설정한다.

CC2430ControlSet() 함수를 통해 모뎀 제어 레지스터를 설정하게 되는데, 이 때 어드레스 디코더, Auto-CRC. Auto-ACK를 사용할 것인지 결정한다. 또한 FIFO, TX 제어 레지스터 초기값을 설정한다.

여기서는 간략하게 RF 기능을 사용하기 위한 초기화 부분만 다루었고 선언된 각 함수들에 대한 정의는 따로 설명하지 않았다. 모듈 내에 정의가 되어 있으니 동작의 기술들을 이해하고자 한다면 먼저 CC2430 데이터 북(Datasheet)을 참조한 후 함수를 분석하기 바란다.

4) SimpleMac 인터페이스

TinyOS-2.x에서의 MAC은 SimpleMac을 사용한다.
SimpleMac 인터페이스 파일은 /opt/tinyos-2.x/common/lib/simplemac에 존재한다.
SimpleMac 인터페이스 파일의 구조는 다음과 같다.

```
includes packet;
interface SimpleMac
{
/**
 * sendPacket will perform a CCA, put the device into transmit mode,
 * send the packet and return. If the SPI bus is not free or CCA
 * fails, the sending of the packet is delayed. The contents
 * of packet_t must not be changed after the call to sendPacket.
 * @param packet_t * packet The packet that should be sent.
 * @return error_t If the packet was queued for sending successfully.      */
command error_t sendPacket(packet_t *packet);

/**
 * sendPacketDone is signaled when a packet have been sent successfully.
 * @param packet_t *packet The packet that have been sent.
 * @param error_t result If the packet was sent successfully.
 */
event void sendPacketDone(packet_t *packet, error_t result);

/**
 * receivedPacket is signalled when the radio have received a full
 * packet.The function must return a free packet_t to the radio
 * stack. This can be the same packet that have been signaled
 * @param packet_t *packet The received packet
 * @return packet_t* A free packet
 */
```

```
event packet_t *receivedPacket(packet_t *packet);
command error_t setChannel(uint8_t channel);
command error_t setTransmitPower(uint8_t power);
command error_t setAddress(mac_addr_t *addr);
command const mac_addr_t * getAddress();
command const ieee_mac_addr_t * getExtAddress();
command error_t rxEnable();
command error_t rxDisable();
command error_t addressFilterEnable();
command error_t addressFilterDisable();
command error_t setPanAddress(mac_addr_t *addr);
command const mac_addr_t * getPanAddress();
}
```

RF 모듈을 제어하기 위한 인터페이스 함수들이다.

이 함수들에 대한 정의는 SimpleMacM.nc에 기술되어 있다.

SimpleMacM 모듈은 SimpleMaC Configuration 파일에서 HalCC2430RadioC와 저장(Wiring)되어 HalCC243RadioP 모듈의 함수들을 호출하여 사용할 수 있다.

5) NesC에서의 CC2430 무선 제어(Radio Control)

(1) SimpleMac 인터페이스 선언

```
module RadioControl{
        uses interface Boot;
        uses interface SimpleMac;
}
```

(2) 인터페이스 함수 사용

명령어(command) 타입의 인터페이스 함수를 사용할 때 콜(call)을 이용하여 호출한다.

이벤트(event)타입의 핸들러 함수들을 사용되는 곳에서 루틴을 정의한다.

```
implementation {
        event void Boot.booted() {
                call SimpleMac.rxEnable();
                call SimpleMac.setChannel(channel);
                call SimpleMac.sendPacket(transmitPacketPtr);
        }

        event void SimpleMac.sendPacketDone(packet_t *packet, error_t result) {
                return;
        }

        event packet_t * SimpleMac.receivePacket(packet_t *packet) {
                return packet;
        }
}
```

4. 실습내용

직접 간단한 RF 통신을 실습해보도록 한다.

이번 실습에 사용할 애플리케이션은 RF_송신기(Sender)와 RF_수신기(Receiver)이다.

애플리케이션의 위치는 opt/tinyos-2.x/apps/Hmote2430/Exercise_9/RF_Communication이고 해당 디렉토리로 이동하여 각각의 RF_송신기(Sender)와 RF_수신기(Receiver) 애플리케이션 소스코드들이 존재하는지 확인한다.

1) RF_송신기(Sender) 애플리케이션

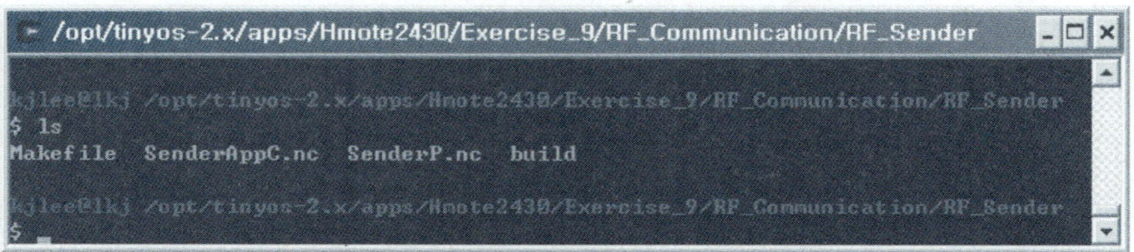

(1) RF_수신기(Receiver) 애플리케이션

먼저 RF_송신기(Sender) 애플리케이션의 소스코드부터 살펴보자.

```
/opt/tinyos-2.x/apps/Hmote2430/Exercise_9/RF_Communication/RF_Receiver
kjlee@lkj /opt/tinyos-2.x/apps/Hmote2430/Exercise_9/RF_Communication/RF_Receiver
$ ls
Makefile  ReceiverAppC.nc  ReceiverP.nc  build

kjlee@lkj /opt/tinyos-2.x/apps/Hmote2430/Exercise_9/RF_Communication/RF_Receiver
$
```

(2) 송신기(Sender) AppC.nc

```
/opt/tinyos-2.x/apps/Hmote2430/Exercise_9/RF_Communication/RF_Sender
configuration SenderAppC
{
}

implementation
{
  components MainC, SenderP;
  components new TimerMilliC() as HTimer;
  components SimpleMacC;
  components LedsC;

  MainC.SoftwareInit -> SenderP.Init;

  SenderP -> MainC.Boot;
  SenderP.HTimer -> HTimer.Timer;
  SenderP.Leds -> LedsC.Leds;
  SenderP.SimpleMacControl -> SimpleMacC.StdControl;
  SenderP.SimpleMac -> SimpleMacC.SimpleMac;
}
```

MainC, 송신기(Sender)P, TimerMilliC, SimpleMacC, LedsC를 컴포넌트로 선언하였고 송신기(Sender)P 모듈과 나머지 컴포넌트들을 저장(Wiring)하였다.

RF 제어를 위해 SimpleMacC를 사용하였다.

LedsC는 RF Send에서 SendDone() 이벤트가 발생할 때 전송이 되었음을 확인하기 위해 Toggle용으로 사용하고자 컴포넌트로 선언하였다.

TimerMilliC는 일정 주기로 RF 패킷을 전송하기 위해 타이머를 사용하고자 선언하였다.

RF 전송은 타이머(Timer)가 만기되어 오버플로우(overflow)이벤트가 발생될 때 수행되도록 구현된다.

(3) 송신기(Sender) P.nc

메인 모듈이다. 구현 내용은 다음과 같다.

/opt/tinyos-2.x/apps/Hmote2430/Exercise_9/RF_Communication/RF_Sen...

```
module SenderP
{
  provides interface Init;
  uses interface Boot;
  uses interface Timer<TMilli> as HTimer;
  uses interface SimpleMac;
  uses interface StdControl as SimpleMacControl;
  uses interface Leds;
}

implementation
{
  uint8_t trasnmitPacket[128];
  packet_t * transmitPacketPtr;

  uint8_t channel;
  uint8_t sequence = 0;

  task void sendPacketTask();

  command error_t Init.init() {
    TOS_NODE_ID = 1;
    transmitPacketPtr = (packet_t *) trasnmitPacket;

    transmitPacketPtr->length = 9;
    transmitPacketPtr->fcf != 0x0000;
    transmitPacketPtr->data_seq_no = sequence;
    transmitPacketPtr->dest = 0xFFFF;
    transmitPacketPtr->src = 0;

    transmitPacketPtr->fcs.rssi = 0;
    transmitPacketPtr->fcs.correlation = 0;

    return SUCCESS;
  }

  event void Boot.booted() {
    channel = 11;
    call SimpleMac.setChannel(channel);

    call SimpleMacControl.start();
    call SimpleMac.rxDisable();

    call Leds.led0On();
    call Leds.led1On();

    call HTimer.startPeriodic(500);      // 500ms
  }

  task void sendPacketTask() {
    call SimpleMac.sendPacket(transmitPacketPtr);
  }

  event void HTimer.fired() {
    post sendPacketTask();
  }
```

Init.init() 함수에서 TOS_NODE_ID를 1로 설정하고 패킷 구조체의 내용을 초기화하였다. 목표(dest)의 값을 0xFFFF로 함으로써 패킷의 전송이 브로드캐스팅하도록 하였다. Boot.booted()에서 초기 RF 채널을 11로 설정하고 SimpleMac을 시작한다.

2개의 LED 상태를 ON으로 하고 타이머를 500ms 주기로 동작하도록 하였다.

송신(Send)은 Task 함수에서 동작하도록 구현하였고 타이머가 만기되어 오버플로우(overflow) 이벤트가 발생할 때마다 Task 함수를 개제하여 패킷을 전송하도록 하였다.

/opt/tinyos-2.x/apps/Hmote2430/Exercise_9/RF_Communication/RF_Sender

```
event void SimpleMac.sendPacketDone(packet_t *packet, error_t result) {
  call Leds.led1Toggle();
  transmitPacketPtr->data_seq_no = sequence++;
}

event packet_t * SimpleMac.receivedPacket(packet_t *packet) {
  return packet;
}
}
```

패킷의 전송이 완료되면 FIFOP 인터럽트가 발생하는데 이 때 1번 LED를 토글(toggle)시키고 데이터의 시퀀스 넘버를 증가시켜서 패킷 내로 갱신해서 저장(Wiring)한다.

수신(Receive)에 대한 동작은 없으나 이벤트에 대한 처리는 해줘야 하므로 단순히 패킷을 반환하는 형식으로만 기술하였다.

이제 RF_수신기(Receiver) 애플리케이션 소스코드를 살펴보자.

(4) 수신기(Receiver) AppC.nc

/opt/tinyos-2.x/apps/Hmote2430/Exercise_9/RF_Communication/RF_Receiver

```
configuration ReceiverAppC
{
}

implementation
{
  components MainC, ReceiverP;
  components SimpleMacC;
  components LedsC;

  MainC.SoftwareInit -> ReceiverP.Init;
  ReceiverP -> MainC.Boot;
  ReceiverP.Leds -> LedsC.Leds;
  ReceiverP.SimpleMacControl -> SimpleMacC.StdControl;
  ReceiverP.SimpleMac -> SimpleMacC.SimpleMac;
}
```

RF_수신기의 구성(configuration) 파일의 소스내용이다.

마찬가지로 MainC, SimpleMacC, LedsC와 수신기 P 모듈과 저장하였다.

LedsC는 수신기에서 TxDone 인터럽트가 발생했다는 것을 확인하는데 사용하고자 컴포넌트로 선언하였다.

(5) 수신기(Receiver) P.nc

/opt/tinyos-2.x/apps/Hmote2430/Exercise_9/RF_Communication/RF_Receiver

```
module ReceiverP
{
  provides interface Init;
  uses interface Boot;
  uses interface SimpleMac;
  uses interface StdControl as SimpleMacControl;
  uses interface Leds;
}

implementation
{
  uint8_t channel;

  command error_t Init.init() {
    TOS_NODE_ID = 2;
    return SUCCESS;
  }
  event void Boot.booted() {
    channel = 11;
    call SimpleMac.setChannel(channel);

    call SimpleMacControl.start();
    call SimpleMac.rxEnable();

    call Leds.led0On();
    call Leds.led1On();
  }

  event packet_t * SimpleMac.receivedPacket(packet_t *packet) {
    call Leds.led1Toggle();
    return packet;
  }

  event void SimpleMac.sendPacketDone(packet_t *packet, error_t result) {
    return;
  }
}
```

Init.init()에서 TOS_NODE_ID를 2로 설정하였다. 수신기(Receiver)에서는 수신기능만 제공하므로 별도의 패킷 구조체에 대한 초기화를 하지는 않는다.

송신기(Sender)와의 통신을 위해 RF 채널을 같은 11로 설정하였고 Rx를 활성화(Enable) 상태로 하였다.

RF 패킷을 수신하면 1번 LED가 토글(toggle)된다.

컴파일을 수행하고, build/hmote2430으로 이동하여 app.hex 파일이 생성되었는지 확인하자.

SmartRF04 프로그래머를 사용하여 모트 하나에는 RF_송신기(Sender)의 헥사파일을 다른 모트에는 RF_수신기의 헥사(Hex)파일을 업로딩한다.

모트의 전원을 켠 다음 2개의 모트 모두 1번 LED(Blue LED)가 토글되는지 확인한다.

2개의 모트 LED1이 토글되면 정상적으로 RF 통신이 되는 것이다.

실습시 주의할 사항은 공동으로 실습할 경우 같은 RF 채널과 TOS_NODE_ID를 사용하므로 패킷 충돌이 발생한다. 지원되는 RF 채널은 11~26까지 총 16개의 채널이 제공되므로 팀 또는 그룹 단위별로 RF 채널을 다르게 설정하거나 또는 같은 RF 채널을 사용하고자 할 경우 TOS_NODE_ID를 개인별 송수신 모트 2개씩 별도로 지정하고 패킷의 dest 부분을 수신기(Receiver) 모트의 TOS_NODE_ID로 설정 후 어드레스 필터 기능을 적용해야한다.

어드레스 필터 기능의 경우 실습 12에서 다뤄질 내용이므로 여기서는 RF 채널을 변경하여 실습하도록 한다.

5. 실습과제

RF_송신기와 RF_수신기의 통신은 단방향 통신으로 구현되어 있다. 소스를 수정하여 쌍방향 통신이 되도록 구현하여라.

실습 10 RF 패킷 구조 분석 실습

1. 실습목표

실습을 통하여 CC2430 RF 패킷의 구조를 살펴보자.

2. 기초지식

- IEEE 802.15.4 프레임 포맷(Frame Format)
- TinyOS-2.x의 RF 패킷 구조

3. 기초이론

1) IEEE 802.15.4 프레임 포맷(Frame Format)

RF 송신할 때 패킷의 구조는 다음과 같다.

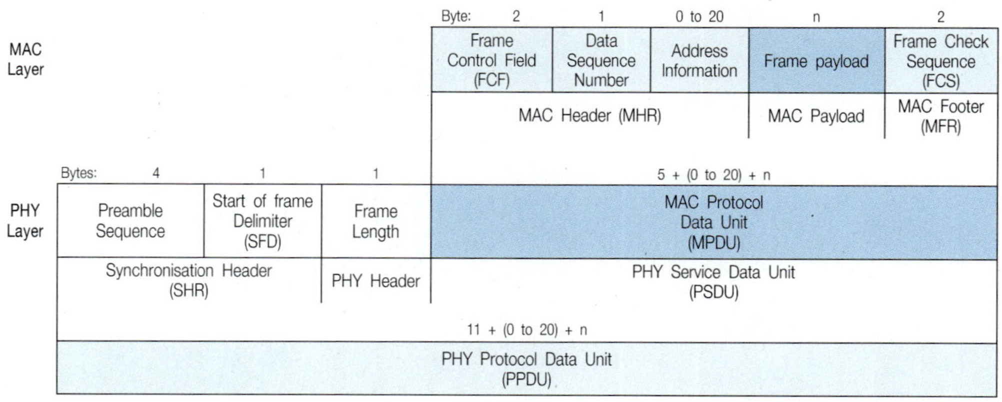

MAC 계층(Layer)에서 MHR + Payload + MFR을 하나로 묶어서 MPDU라고 한다. 이 부분에 대한 초기화는 프레임 길이(Frame Length)와 더불어 Init.init() 인터페이스 함수에서 이루어진다.

PHY 계층(Layer)에서 MPDU 앞에 SHR + PHR을 붙여서 하나의 PPDU로 구성하고 이것은 RF-SAP를 통해 RF로 전송이 된다.

프레임 형태(Frame Type)를 제외한 나머지 필드 부분은 해당되는 RF 레지스터의 설정값에 의해 채워진다.

데이터 시퀀스 넘버(Data Sequence Number) 필드는 TXDONE 인터럽트가 발생할 때 하나씩 증가하게 된다.

어드레스 정보(Address Information)는 목표(Destination) 어드레스와 소스(Source) 어드레스로 구성되어 있다.

프레임 페이로드(Frame payload)는 데이터가 저장되는 부분이고, FCS는 RSSI와 CRC로 구성되어 있다.

다음은 MHR에서 FCF에 대한 상세한 내용이다.

Bits : 0-2	3	4	5	6	7-9	10-11	12-13	14-15
Frame Type	Security Enabled	Frame Pending	Acknowledge request	Intra PAN	Reserved	Destination addressing mode	Reserved	Source addressing mode

MDMCTRL0L 레지스터의 AUTOACK 필드를 '1'로 설정하면 FCF의 Ack request 필드에 '1'로 설정되어 수신측에서 자동으로 Ack Frame을 전송하게 된다.

싱크 헤더(Sync Header)는 서문 시퀀스(Preamble Sequence)와 SFD로 구성되어 있다.

싱크 헤더는 항상 전송되는 모든 패킷의 제일 첫 부분에 위치하며 패킷 전송의 동기화를 맞추는데 사용된다.

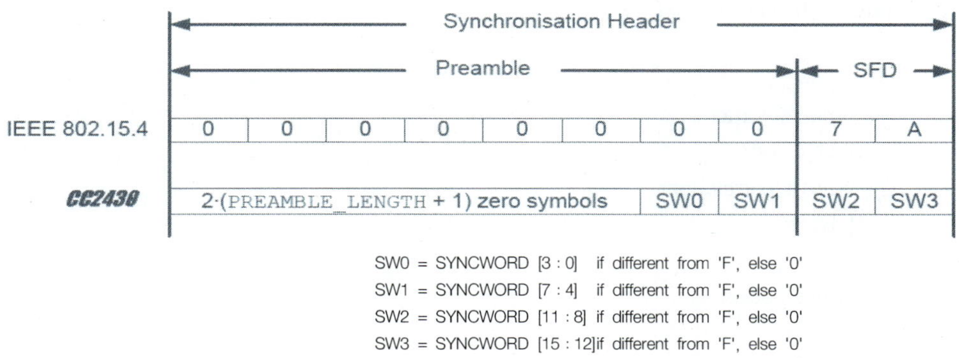

SYNCWORD 레지스터의 값을 설정하여 싱크 헤더(Sync Header)의 초기값을 구성할 수 있다.

다음은 MFR에 대한 내용이다.

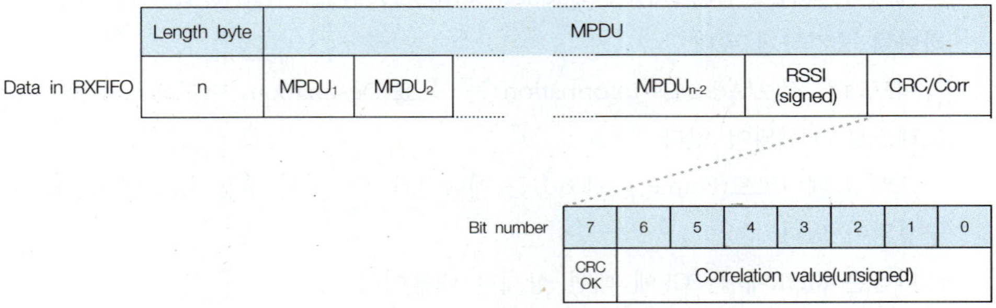

MPDU의 FCS부분으로 RSSI와 CRC로 구성되어 있다.

CRC는 MDMCTRL0L 레지스터의 AUTOCRC를 활성화(enable)로 설정함으로써 자동으로 발생하게 된다.

2) TinyOS-2.x의 RF 패킷 구조

TinyOS-2.x에서의 RF 패킷은 헤더파일에 구조체로 선언되어 있다.

헤더파일의 위치와 파일명은 다음과 같다.

- 위치 : /opt/tinyos-2.x/common/lib/simplemac/
- 파일명 : packet.h

packet.h 헤더파일의 내용은 다음과 같다.

```
typedef struct {
int8_t rssi;
uint8_t correlation;
} fsc_t;

struct packet
{
uint8_t length;

uint16_t fcf;
uint8_t data_seq_no;
mac_addr_t dest;
mac_addr_t src;
```

```
uint8_t data[PACKET_MAX_PAYLOAD - 2 * sizeof(mac_addr_t)];
fsc_t fcs;
#ifdef __i386__
} __attribute__ ((packed));
#else
};
#endif
```

fsc_t 구조체와 packet 구조체를 볼 수 있다.

packet 구조체 내에는 length, fcf, data_seq_no, dest, src data fcs 필드가 선언되어 있고 fcs 필드에는 rssi, correlation 필드가 선언되어 있다.

TinyOS-2.x에서의 모든 RF 패킷의 기본구조는 여기에 선언된 패킷 구조를 사용하게 된다.

4. 실습내용

이번 실습에서 사용될 애플리케이션은 PacketSniper이다.

송신기(Sender)의 경우는 실습 9에서 사용했던 RF_송신기(Sender)를 그대로 사용한다.

애플리케이션의 위치는 아래와 같다.

- /opt/tinyos-2.x/apps/Hmote2430/Exercise_10/RF_Packet/PacketSniper

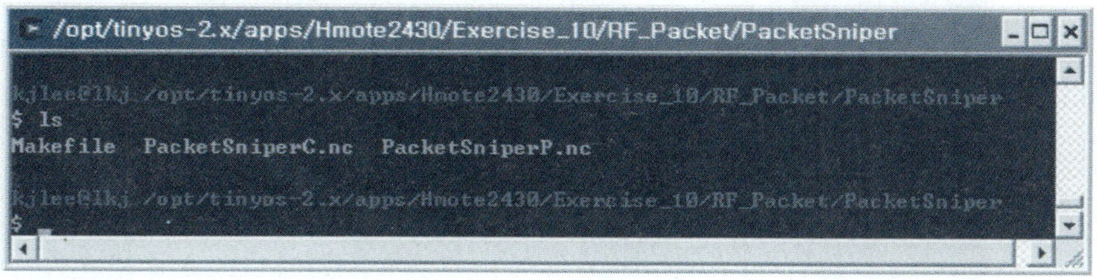

소스코드를 살펴보자.

- PacketSniperC.nc

/opt/tinyos-2.x/apps/Hmote2430/Exercise_10/RF_Packet/PacketSniper

```
configuration PacketSniperC
{
}

implementation
{
  components MainC, PacketSniperP, StdOutC;
  components SimpleMacC;
  components LedsC;

  MainC.SoftwareInit -> PacketSniperP.Init;
  PacketSniperP -> MainC.Boot;
  PacketSniperP.Leds -> LedsC.Leds;
  PacketSniperP.SimpleMacControl -> SimpleMacC.StdControl;
  PacketSniperP.SimpleMac -> SimpleMacC.SimpleMac;
  PacketSniperP.StdOut -> StdOutC;
}
```

RF 통신을 위해 SimpleMacC를 사용하였다.

PacketSniperP 모듈과 나머지 Configuration 파일들과 Wiring하였다.

- PacketSniperP.nc

/opt/tinyos-2.x/apps/Hmote2430/Exercise_10/RF_Packet/PacketSniper

```
module PacketSniperP
{
  provides interface Init;
  uses interface Boot;
  uses interface SimpleMac;
  uses interface StdControl as SimpleMacControl;
  uses interface Leds;
  uses interface StdOut;
}

implementation
{
  uint8_t channel;

  command error_t Init.init() {
    TOS_NODE_ID = 2;
    return SUCCESS;
  }
  event void Boot.booted() {
    channel = 11;
    call SimpleMac.setChannel(channel);

    call SimpleMacControl.start();
    call SimpleMac.rxEnable();

    call Leds.led0On();
    call Leds.led1On();
  }

  async event void StdOut.get(uint8_t data) {
    return;
  }
```

인터페이스를 선언하였고 Init.init()에서 TOS_NODE_ID를 2로 설정하였다. Boot.booted()에서 RF 모듈 초기화를 수행하였다.

/opt/tinyos-2.x/apps/Hmote2430/Exercise_10/RF_Packet/PacketSniper

```
event packet_t * SimpleMac.receivedPacket(packet_t *packet) {
  uint8_t i;
  call Leds.led1Toggle();
  call StdOut.print("Received packet: ");
  call StdOut.printHex(packet->length);
  call StdOut.print(" ");
  call StdOut.printHexword(packet->fcf);
  call StdOut.print(" ");
  call StdOut.printHex(packet->data_seq_no);
  call StdOut.print(" ");
  call StdOut.printHexword(packet->dest);
  call StdOut.print(" ");
  call StdOut.printHexword(packet->src);
  call StdOut.print(" ");

  for (i = 0; i < packet->length - 9; i++) {
    call StdOut.printHex(packet->data[i]);
    call StdOut.print(" ");
  }

  call StdOut.printHex(packet->fcs.rssi);
  call StdOut.print(" ");
  call StdOut.printHex(packet->fcs.correlation);
  call StdOut.print("\r\n");
  return packet;
}

event void SimpleMac.sendPacketDone(packet_t *packet, error_t result) {
  return;
}
}
```

패킷을 수신하게 되면 패킷의 각각 내용을 StdOut 인터페이스를 이용하여 시리얼로 순서대로 출력하게 된다. 페이로드 부분은 페이로드에 데이터가 존재하면 출력하고 없으면 출력하지 않는다.

컴파일을 수행하고 build/hmote2430으로 이동해서 app.hex 파일 유무를 확인한다.

확인 후 SmartRF04 프로그래머를 이용하여 하나의 모트에 RF_송신기(Sender)를 다른 하나의 모트에 PacketSniper 헥사파일을 각각 업로딩한다.

업로딩이 완료되었으면 PacketSniper가 업로딩된 모트를 USB Serial 모드로 변경하고 PC의 USB 포트와 연결한다.

여기서는 이전 실습과 동일하게 Tera Term 프로그램을 사용하겠다.

시리얼 모니터링 프로그램을 실행시키고 장치관리자에서 확인한 COM Port로 설정한 다음 모트의 리셋 스위치를 클릭하여 초기화시킨다.

RF_송신기(Sender)가 업로딩 모트의 전원은 ON시키면 모니터링 프로그램에서 수신된 패킷의 메시지가 차례로 출력되는 것을 볼 수 있다.

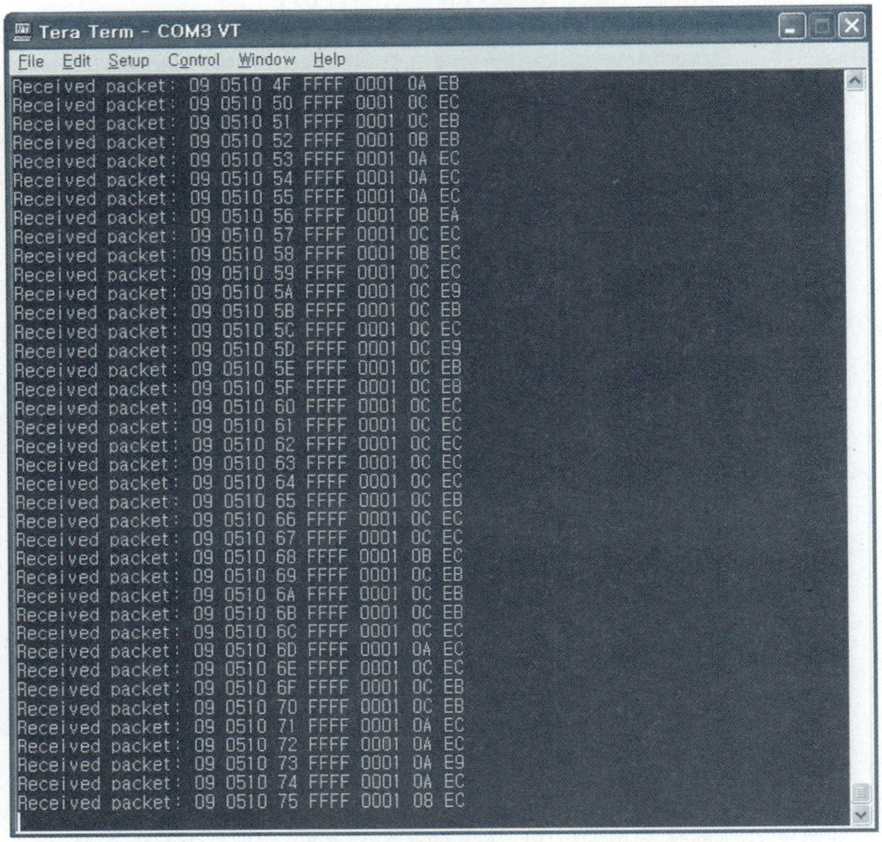

출력되는 메시지를 토대로 분석해보자.

처음부터 length, fcf, data_seq_no, dest, src, RSSI, correlation을 나타낸다.

여기서 참고할 사항은 length 필드는 PHY Layer의 헤더 부분으로 length 값 자체에는 포함되지 않는다. length가 나타내는 값은 MPDU의 length이다.

5. 실습과제

RF_송신기(Sender) 소스를 수정하여 LED0에 대한 ON/OFF 제어 커맨드를 생성하고 RF로 커맨드를 전송할 수 있는 제어기능을 갖춘 송신기 프로그램을 작성하고, 수신측에서 제어 커맨드에 따라 LED0이 ON/OFF될 수 있도록 구현하여라.

실습 11

센서를 이용한 RF 송·수신 실습

1. 실습목표

- 센서 데이터를 측정하여 RF로 패킷을 보낼 수 있다.
- 응용 프로그램을 통하여 센서 데이터를 모니터링할 수 있다.
- TinyOS 응용 프로그램을 이해하고 작성을 할 수 있다.

2. 기초지식

- 패킷 송·수신을 위한 RF 컴포넌트의 사용
- 센서 보드의 센서 제어
- Timer, LED 및 UART의 사용

3. 기초이론

1) Packet 삽입(inject)

SimpleMac이 사용하는 패킷 구조체인 packet.h의 data(payload)부분에 데이터를 실어서 RF로 전송할 수 있다. data 영역의 최대 크기는 118byte로 설정되어 있어서 user가 원하는 사이즈의 데이터를 118byte 이하로 보낼 수 있다.

data 영역은 1byte 크기의 배열로 이루어져 있으므로, 만약 2byte 이상의 데이터를 한 번에 보내야 한다면 Shift bit를 하여 byte수만큼 데이터를 쪼개서 보내야 한다.

다음은 Shift bit의 예를 보여준다.

```
uint16_t temp = 0x1234;
packet_t * transmitPacketPtr;
 ....
transmitPacketPtr -> data[0] = temp >> 8;
transmitPacketPtr -> data[1] = temp;
....

call SimpleMac.sendPacket(transmitPacketPtr);
```

temp는 2byte 데이터이므로, data영역의 2개의 공간을 이용해야 한다. "temp 〉〉 8"은 0x1234를 오른쪽으로 8번 Shift하므로 0x12가 된다.

(0x1234=0001 | 0010 | 0011 | 0100 이고, 오른쪽으로 8번 shift하면 0000 | 0000 | 0001 | 0010이 된다.)

2바이트 데이터 temp를 shift하지 않고 바로 할당한다면 앞의 1 byte가 잘려진 데이터가 할당되므로 0x34가 된다.

```
uint32_t temp = 0x12345678;
packet_t * transmitPacketPtr;
 ....
transmitPacketPtr -> data[0] = temp >> 24;
transmitPacketPtr -> data[1] = temp >> 16;
transmitPacketPtr -> data[2] = temp >> 8;
transmitPacketPtr -> data[3] = temp;
....

call SimpleMac.sendPacket(transmitPacketPtr);
```

만약 32bit 데이터를 쪼개서 보내야 한다면 다음과 같이 하면 된다.

위와 같은 방법 외에 구조체를 이용해서 2byte 이상의 데이터를 데이터의 사이즈에 맞게 삽입(inject)할 수도 있다. 구조체의 멤버를 데이터의 크기만큼 할당한 후에 packet.h의 data영역을 구조체에 할당하는 방법이다.

```
struct TempMsg
{
uint16_t temp;
uint16_t hum;
};
...
event void Temperature.readDone(error_t result, uint16_t data)
{
struct TempMsg *pack;
pack = (struct TempMsg *)transmitPacketPtr[0].data;
pack->temp = data;
}
```

```
...
call SimpleMac.sendPacket(transmitPacketPtr);
```

위와 같이 하게 되면 Shift Bit로 데이터를 쪼개서 삽입(inject)하는 패킷과 똑같은 패킷이 전송되게 된다. TempMsg라는 구조체에 2byte의 temp, hum을 멤버로 선언하고, 함수 안에서는 pack이라는 구조체 변수로서 사용하도록 한다. 이 구조체 변수 pack에 packet_t 타입(packet.h의 packet(구조체)인 transmitPacketPtr의 데이터 영역을 할당한다. 마지막으로 pack의 멤버인 temp에 2byte 데이터를 할당하면 transmitPacketPtr->data의 data[0]과 data[1]에 데이터가 채워져서 전송된다.

다음 그림은 위의 소스에 대한 설명을 그림으로 나타낸 것이다.

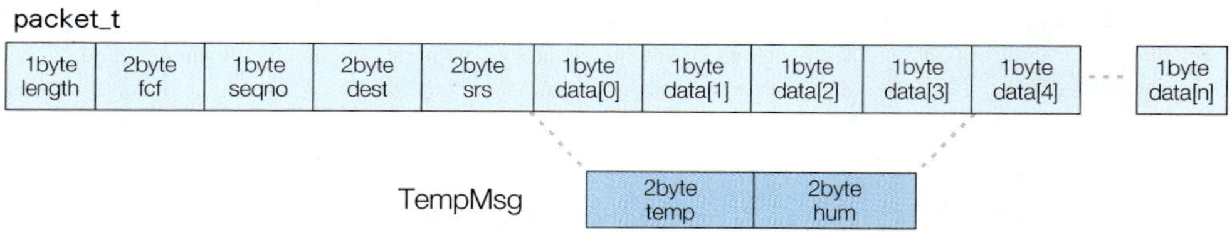

2) 여러 개의 센서 이용

Hmote2430의 기본 센서에는 온 · 습도, 마이크, 조도의 3가지 센서가 있으며, 온 · 습도를 따로 구해야 하는 것을 고려할 때 프로그램에서는 총 4종류의 센서를 제어할 수 있다.

이 4가지 센서를 모두 제어하고 모든 센서 데이터가 패킷에 삽입(inject)되었을 때 패킷을 전송하도록 프로그램을 작성하는 방법은 크게 두 가지가 있다.

첫 번째는 타이머를 센서의 개수만큼 분할하여 타이머 이벤트가 발생할 때마다 센서를 제어하여 데이터를 얻어오는 방식이다. 타이머 이벤트가 발생하여 센서 값을 얻어오면 그 값을 패킷에 삽입(inject)하고, 마지막 타이머가 발생했을 때 패킷을 전송하게 한다.

```
event void Temperature.readDone(error_t result, uint16_t data){
        //삽입(inject) data to payload//
}

event void Humidity.readDone(error_t result, uint16_t data){
        //삽입(inject) data to payload//
}
```

```
event error_t Light.dataReady(uint16_t data, uint8_t status){
        //삽입(inject) data to payload//
}

event error_t Mic.dataReady(uint16_t data, uint8_t status){
        //삽입(inject) data to payload//
        call SimpleMac.sendPacket(transmitPacketPtr);
}

event void Timer.fired(){
if(cnt % 4 == 1)   call Temperature.read();
else if(cnt % 4 == 2)        call Humidity.read();
else if(cnt % 4 == 3)        call LightADC.getData();
else       call MicADC.getData();
cnt++;
}
```

두 번째는 센싱이 완료되고 readDone이나 dataReady가 리턴되어 실행되면 다른 센서를 제어하여 마지막 센서를 제어했을 때 패킷을 전송하는 방법이다.

```
event void Temperature.readDone(error_t result, uint16_t data){
//삽입(inject) data to payload//
call Humidity.read();
}

event void Humidity.readDone(error_t result, uint16_t data){
//삽입(inject) data to payload//
call Light.getData();
}

event error_t Light.dataReady(uint16_t data, uint8_t status){
//삽입(inject) data to payload//
call Mic.getData();
}

 event error_t Mic.dataReady(uint16_t data, uint8_t status){
 //삽입(inject) data to payload//
```

```
call SimpleMac.sendPacket(transmitPacketPtr);
 }
```

첫 번째와 같은 방식은 센싱을 하는 시간이 긴 센서를 사용하거나 신뢰성 있는 센싱과 패킷 전송을 구현할 때 적합한 방식이다. 하지만 전송 시간이 길어지고, 두 번째 방식보다는 배터리 소모가 더욱 많은 것이 단점이다.

두 번째와 같은 방식은 빠른 시간 안에 센싱을 끝내고 패킷 전송을 해야 할 때 적합한 방식이다. 하지만 타이머 주기를 너무 빠르게 하면 센서가 센싱을 마치기도 전에 타이머 이벤트가 발생하여 데이터 손실 및 전송 실패를 야기할 수도 있다.

4. 실습내용

1) 송신기(Sender)/TestSensorC.nc

이제부터 실습할 TinyOS 응용 프로그램은 apps/Hmote2430/Exercise_11/의 송신기(Sender)와 수신기(Receiver)이다. TestSensorC.nc는 디버그에 사용할 LED 컴포넌트, 주기적인 센싱을 위한 Timer 컴포넌트, SHT11센서를 사용하기 위한 SensirionSHT11C() 컴포넌트 및 MicC와 LightC 컴포넌트, 그리고 RF 송신을 위한 SimpleMacC를 선언하고 모듈 파일인 TestSensorP에 저장(Wiring)한다.

```
configuration TestSensorC {

}
implementation {
components MainC, TestSensorP;

MainC.SoftwareInit -> TestSensorP.Init;
MainC.Boot <- TestSensorP;

components new SensirionSht11C() as Sensor;
TestSensorP.Temperature -> Sensor.Temperature;
TestSensorP.Humidity -> Sensor.Humidity;

components LedsC;
TestSensorP.Leds -> LedsC;
```

실습11

```
components new TimerMilliC() as TimerC;
TestSensorP.Timer -> TimerC;

components SimpleMacC;
TestSensorP.SimpleMacControl -> SimpleMacC.StdControl;
TestSensorP.SimpleMac -> SimpleMacC.SimpleMac;

components LightC;
TestSensorP.LightControl -> LightC.StdControl;
TestSensorP.Light -> LightC.SimpleADC;

components MicC;
TestSensorP.MicControl -> MicC.StdControl;
TestSensorP.Mic -> MicC.SimpleADC;
}
```

2) 송신기(Sender)/TestSensorP.nc

Init.init()에서는 전송할 패킷의 length, seqno를 비롯한 패킷 구조체의 멤버에 대해 값을 설정해준다. Boot.booted()가 실행되면 SimpleMac.setChannel()을 호출하여 CC2430의 RF 채널을 설정하고, SimplMac.start()을 호출하여 Radio의 기능을 On시킨다.

RF를 위한 설정을 마쳤으면 마이크와 조도 센서에 대해 ADC 바인드 및 power-enable을 시킨 후 타이머를 일정 주기로 돌린다.

타이머 이벤트가 발생했을 때 온도값을 센싱하도록 하고 센싱이 완료되면 패킷의 데이터 영역에 데이터를 삽입(inject)한 후 습도값을 구한다. 습도값 센싱이 완료되면 패킷의 데이터 영역에 데이터를 삽입(inject)한 후 조도값을 구한다. 조도의 경우도 마찬가지로 처리한 후 마이크 데이터를 얻어 오게 되면 모든 센서 데이터가 모두 저장되었으므로 비로소 SimpleMac.sendPacket을 호출하여 패킷을 전송하게 된다.

```
module TestSensorP {
provides interface Init;
uses interface Boot;
uses interface Timer<TMilli>;
uses interface Leds;
```

```
uses interface SimpleMac;
uses interface StdControl as SimpleMacControl;
uses interface StdControl as LightControl;
uses interface StdControl as MicControl;
uses interface Read<uint16_t> as Temperature;
uses interface Read<uint16_t> as Humidity;
uses interface SimpleADC as Light;
uses interface SimpleADC as Mic;

}implementation {
mac_addr_t shortAddress;
uint8_t transmitPacket[128];
packet_t * transmitPacketPtr;
int pkt_cnt = 0;
bool echo = FALSE, filter = TRUE;
bool radioOn = FALSE, 수신기(Receiver)On = FALSE, timerOn = FALSE;
uint8_t channel;
uint8_t sequence = 1;
uint8_t counter=0;

const ieee_mac_addr_t * ieeeAddress;
command error_t Init.init() {
shortAddress = TOS_NODE_ID;
transmitPacketPtr = (packet_t *) transmitPacket;
 // Beacon packet
transmitPacketPtr->length = 9 + 8; //7 + 118 + 2;
transmitPacketPtr->fcf = 0x0000;
transmitPacketPtr->data_seq_no = sequence++;
transmitPacketPtr->dest = 0xFFFF;
transmitPacketPtr->src = 0;
// 2 bytes
transmitPacketPtr->fcs.rssi = 0;
transmitPacketPtr->fcs.correlation = 0;

return SUCCESS;
}
 event void Boot.booted() {
call Leds.led1Off();
call Leds.led0Off();
channel = 18;
```

```
call SimpleMac.setChannel(channel);
radioOn = TRUE;
수신기(Receiver)On = FALSE;
call SimpleMacControl.start();
call SimpleMac.rxEnable();
call LightControl.start();
call MicControl.start();
call Timer.startPeriodic(500);
}

event void Temperature.readDone(error_t result, uint16_t data) {
        transmitPacketPtr -> data[0] = data >> 8;
        transmitPacketPtr -> data[1] = data;
        call Humidity.read();
}

event void Humidity.readDone(error_t result, uint16_t data){
        transmitPacketPtr -> data[2] = data >> 8;
        transmitPacketPtr -> data[3] = data;
        call Light.getData();
}
event error_t Light.dataReady(uint16_t data, uint8_t status)
{
        transmitPacketPtr -> data[4] = data >> 8;
        transmitPacketPtr -> data[5] = data;
        call Mic.getData();
}
 event error_t Mic.dataReady(uint16_t data, uint8_t status)
 {
transmitPacketPtr->data_seq_no = sequence++;
        transmitPacketPtr -> data[6] = data >> 8;
        transmitPacketPtr -> data[7] = data;
        call SimpleMac.sendPacket(transmitPacketPtr);
 }
event void Timer.fired()
{
        call Temperature.read();
}
/***************************************************************************
```

```
** CC2420
************************************************************************/
event void SimpleMac.sendPacketDone(packet_t *packet, error_t result)
{
call Leds.led1Toggle();
return;
}

event packet_t * SimpleMac.receivedPacket(packet_t *packet)
{
return packet;
}
}
```

3) 수신기(Receiver)/TestSensorC.nc

TestSensorC.nc는 디버그에 사용할 LED 컴포넌트, 센싱된 값을 UART를 통해 모니터링하기 위한 StdOutC 컴포넌트, 그리고 RF 수신을 위한 SimpleMacC를 선언하고 모듈 파일인 TestSensorP에 저장(Wiring)한다.


```
configuration TestSensorC {

}
implementation {
components MainC, TestSensorP;

MainC.SoftwareInit -> TestSensorP.Init;
MainC.Boot <- TestSensorP;

components LedsC;
TestSensorP.Leds -> LedsC;

components StdOutC;
TestSensorP.StdOut -> StdOutC;

components SimpleMacC;
TestSensorP.SimpleMacControl -> SimpleMacC.StdControl;
```

```
TestSensorP.SimpleMac -> SimpleMacC.SimpleMac;
}
```

4) 수신기(Receiver)/TestSensorP.nc

Boot.booted()가 실행되면 SimpleMac.setChannel()을 호출하여 CC2430의 RF 채널을 설정하고, SimplMac.start()을 호출하여 무선(Radio)의 기능을 On시킨다.

마지막으로 SimpleMac.rxEnable()을 호출하여 수신 인터럽트가 가능하도록 설정한다.

수신 인터럽트가 발생되어 패킷을 받아오면 StdOut.print()를 호출하여 길이(length)를 비롯한 패킷 구조체의 멤버를 모두 출력하도록 한다.

```
module TestSensorP {
provides interface Init;
uses interface Boot;
uses interface Leds;
uses interface SimpleMac;
uses interface StdOut;
uses interface StdControl as SimpleMacControl;
}

implementation {
mac_addr_t shortAddress;
uint8_t transmitPacket[128];
packet_t * transmitPacketPtr;
int pkt_cnt = 0;
bool echo = FALSE, filter = TRUE;
bool radioOn = FALSE, 수신기(Receiver)On = FALSE, timerOn = FALSE;
uint8_t channel;
uint8_t sequence = 1;
uint8_t counter=0;
uint16_t temp;
const ieee_mac_addr_t * ieeeAddress;

command error_t Init.init() {
shortAddress = TOS_NODE_ID;
transmitPacketPtr = (packet_t *) transmitPacket;
```

```
// Beacon packet
transmitPacketPtr->length = 9 + 8; //7 + 118 + 2;
transmitPacketPtr->fcf = 0x0000;
transmitPacketPtr->data_seq_no = sequence++;
transmitPacketPtr->dest = 0xFFFF;
transmitPacketPtr->src = 0;
transmitPacketPtr->fcs.rssi = 0;
transmitPacketPtr->fcs.correlation = 0;
return SUCCESS;
}
event void Boot.booted() {
call Leds.led1Off();
call Leds.led0Off();

channel = 18;
call SimpleMac.setChannel(channel);
radioOn = TRUE;

수신기(Receiver)On = FALSE;
call SimpleMacControl.start();
call SimpleMac.rxEnable();
}
/************************************************************************
 ** CC2420
 ************************************************************************/
event void SimpleMac.sendPacketDone(packet_t *packet, error_t result)
{
return;
}
event packet_t * SimpleMac.receivedPacket(packet_t *packet)
{
call StdOut.print("******* Received packet Monitoring tool ********\n\r");
call StdOut.print("* length is: ");
call StdOut.printHex(packet->length);
...............................
call StdOut.print("* Light is : ");
call StdOut.printHex(packet->data[4]);
call StdOut.print(" ");
call StdOut.printHex(packet->data[5]);
.................................
```

```
call StdOut.printHex(packet->fcs.correlation);
call StdOut.print("\r\n");
call StdOut.print("***************************************************\n\r");

call Leds.led0Toggle();
return packet;
}
```

5) 프로그램 업로드 및 테스트

송신기(Sender) 및 수신기(Receiver)를 빌드하여 각각 Hmote2430에 올린 후 수신기를 PC와 연결한다.

하이퍼터미널(시리얼 프로그램)을 실행하면 다음과 같은 화면이 나온다.

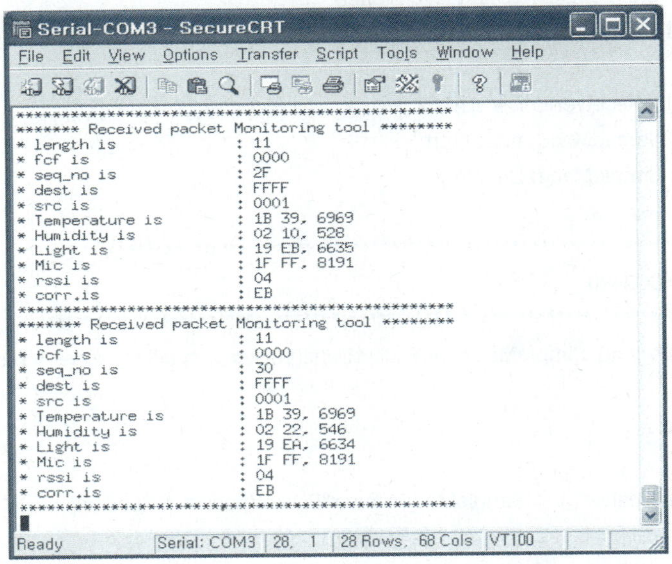

5. 실습과제

① 패킷(Packet) 삽입(inject)의 방식을 Shift bit가 아닌 구조체를 사용하는 방식으로 바꾸어라.

실습 12 CC2430 RF 모듈의 Autoack 설정 및 Address Filter 실습

1. 실습목표

실습을 통하여 CC2430 RF 모듈의 Autoack 및 어드레스 필터(Address Filter) 사용법을 익힌다.

2. 기초지식

- 승인 프레임(Acknowledge Frames)
- 어드레스 인식(Address Recognition)
- CC2430 무선(Radio) 레지스터 설정

3. 기초이론

1) 승인 프레임(Acknowledge Frames)

Ack 프레임의 포맷은 다음과 같다.

Bytes : 4	1	1	2	1	2
Preamble Sequence	start of frame delimiter (SFD)	Frame Length	Frame Control Field (FCF)	Data Sequence Number	Frame Check Sequence (FCS)
Synchronisation Header (SHR)		PHY Header (PHR)	MAC Header (MHR)		MAC Footer (MFR)

Ack 프레임은 송신측에서 보내는 패킷의 FCF 부분에서 Ack Request 필드 부분이 '1'로 설정될 경우 수신측에서 Ack 프레임을 전송하게 된다.

Ack Request 필드는 Radio 레지스터 중 MDMCTRL0L에서 AUTOACK Bit를 '1'로 설정하면 패킷을 전송하기 전에 하드웨어 내부에서 FCF 필드의 Ack Request 부분에 자동으로 '1'을 저장하게 된다. 그리고 IRQSRC 레지스터의 TXACK Bit를 '1'로 설정해야만 수신했을 때 TXDONE 인터럽트가 발생하고 Ack 프레임을 하드웨어에서 구성하여 전송하게 된다.

2) 어드레스 인식(Address Recognition)

CC2430 RF 모듈에서는 어드레스 필터 기능을 제공하고 있다.

수신측에서 어드레스 필터 기능을 적용하게 되면 패킷이 들어올 때 수신측의 TOS_NODE_ID와 송신측의 목적지 어드레스가 일치하는지를 RF단에서 체크를 하게 된다. 일치하는 패킷은 받아들이고 아닌 패킷들은 수신하지 않는다.

어드레스 필터를 적용하기 위해서는 MDMCTRL0H의 ADDR_DECODE Bit를 '1'로 설정한다. 이것은 하드웨어 어드레스 디코더 기능을 활성화시키는 Bit이다.

3) CC2430 무선(Radio) 레지스터 설정

Autoack와 어드레스 필터(Address Filter)를 위한 레지스터는 다음과 같다.

(1) MDMCTRL0H 레지스터

▪ MDMCTRL0H (0×DF02)

Bit	Name	Reset	R/W	Description
7 : 6	FRAMET_FILT	00	R/W	These bits used to perform special operations on the frame type field of a received packet. These operations do not influence the packet that is written to the RXFIFO. 00 Leave frame type as it is. 01 Invert MSB of frame type. 10 Set MSB of frame type to 0. 11 Set MSB of frame type to 1. For IEEE 802.15.4 compliant operation these bits should always be set to 00.
5	RESERVED_FRAME_MODE	0	R/W	Mode for accepting reserved IEEEE 802.15.4 frame types when address recognition is enabled (MIMCTRL0. ADDR_DECODE = 1). 0 : Reserved frame types (100, 101, 110, 111) are rejected by address recognition. 1 : Reserved frame types (100, 101, 110, 111) are always accepted by address recognition. No further address decoding is done. When address recognition is disabled (MIMCTRL0. ADDR_DECODE = 0). all frames are received and RESERVED_ FRAME_MODE is don't care. For IEEE 802.15.4 compliant operation these bits should always be set to 00.
4	PAN_COORDINATIOR	0	R/W	PAN Coordinator enable. Used for filtering packets with no destination address, as specified in section 7.5.6.2 in 802.15.4 [1] 0 : Device is not a PAN Coordinator 1 : Device is a PAN Coordinator
3	ADDR_DECOIE			Hardware Address decode enable. 0 : Address decoding is disabled 1 : Address decoding is enabled
2 : 0	CCA_HYST [2 : 0]			CCA Hysteresis in dB, values 0 through 7 dB

ADDR_DECODE Bit를 '1'로 설정한다.

(2) MDMCTRL0L 레지스터

- MDMCTRL0L (0×DF03)

Bit	Name	Reset	R/W	Description
7 : 6	CCA_MODE [1 : 0]	11	R/W	Clear Channel Assessment mode select. 00 : Reserved 01 : CCA = 1 when RSSI <CCA_THR-CCA_HYST CCA = 0 when RSSI >= CCA_THR 10 : CCA = 1 when not receiving a packet 11 : CCA = 1 when RSSI >= CCA_THR-CCA_HYST and not receiving a packet CCA = 0 when RSSI >= CCA_THR or receiving a packet
5	AUTOCRC	1	R/W	In packet mode a CRC-16(ITU-T) is calculated and is transmitted after the last data byte in TX. In RX CRC is calculated and checked for validity.
4	AUTOACK	0	R/W	If AUTOACK is enabled, all packets accepted by address recognition with the acknowledge request flag set and a valid CRC are acknowledged 12 symbol periods after being received if MDMCTRLIH, SLOTTED_ACK = 0. Acknowledgment is at the beginning of the first back off slot more than 12 symbol periods after the end of the received frame if the MDMCTRLIH.SLOTTED_ACK = 1 0 : AUTOACK disabled 1 : AUTOACK enabled
3 : 0	PREAMBLE_LENGTH [3 : 0]	0010	R/W	The number of preamble bytes (2 zero-symbols) to be sent in TX mode prior to the SYNCWORD. The reset value of 0010 is compliant with IEEE 802.15.4, since the 4th zero byte is included in the SYNCWORD. 0000 : 1 leading zero bytes (not recommended) 0001 : 2 leading zero bytes (not recommended) 0010 : 3 leading zero bytes (IEEE 802.15.4 compliant) 0011 : 4 leading zero bytes ... 1111 : 16 leading zero bytes

AUTOACK Bit를 '1'로 설정한다.

(3) IRQSRC 레지스터

- IRQSRC(0×DF64)

Bit	Name	Reset	R/W	Description
7 : 1	–	0000000	R0	rESERVED, READ AS 0.
0	TXACK	0	R/W	tx aCKNOWLEDGE INTERRUPT ENABLE. 0 : RFIF interrupt is not set for acknowledge frames 1 : RFIF interrupt is set for acknowledge frames

TXACK Bit를 '1'로 설정한다.

4. 실습내용

실습에 사용할 애플리케이션은 Hybus_RF_LightSensor와 Hybus_수신기(Receiver)이다. apps/Hmote2430/Exercise_12에 위치해 있고 소스파일들이 모두 있는지 확인한다.

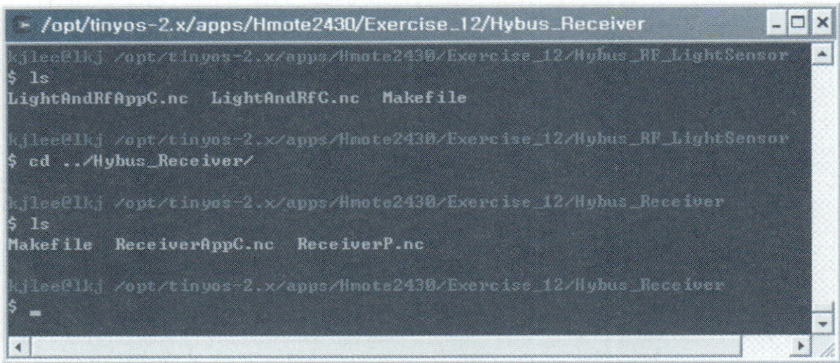

1) 송신기(Sender)(Hybus_RF_LightSensor)

송신기(Sender)의 역할은 조도 센서를 활성화(enable)하고, 타이머를 500ms 주기로 동작하도록 한 다음 ADC 채널로부터 변환된 디지털 값을 RF 패킷의 페이로드 부분에 저장하고 타이머가 만기될 때 패킷을 전송한다.

사용할 컴포넌트들에 대해 정리하면 다음과 같은 것들이 필요하다.

- MainC, PlatformGpioC, AdcC, TimerMilliC, SimpleMacC, LedsC, LightAndRfC, StdOutC

MainC는 메인 컴포넌트로써 가장 먼저 수행이 되는 초기화 부분을 담당한다.

PlatformGpioC는 CC2430의 GPIO를 제어하기 위한 컴포넌트이다.

AdcC는 CC2430의 ADC 기능을 사용하기 위한 컴포넌트이고, TimerMilliC는 Timer1 16Bit 타이머를 사용하기 위한 컴포넌트이다. SimpleMacC는 TinyOS-2.x에서 제공하는 무선 네트워크를 위한 가장 기본적인 MAC 프로토콜을 정의한 컴포넌트이며 RF 통신을 제어하는데 사용된다. 마지막으로 LedsC는 Hmote2430의 2개의 LED를 제어하는데 사용된다.

StdOutC는 C 언어에서의 print문과 같은 기능을 제공하는 모듈이다. UART Serial로 문자를 전송하는데 필요하다. 이 컴포넌트들은 모두 여기서 작성될 LightAndRfC 모듈과 Wiring된다.

(1) LightAndRfAppC.nc

/opt/tinyos-2.x/apps/Hmote2430/Exercise_12/Hybus_RF_LightSensor

```
configuration LightAndRfAppC
{
}

implementation
{
  components MainC, LightAndRfC, PlatformGpioC;
  components new AdcC() as Adc;
  components new TimerMilliC() as HTimer;
  components SimpleMacC;
  components LedsC;
  components StdOutC;

  MainC.SoftwareInit -> LightAndRfC.Init;

  LightAndRfC -> MainC.Boot;
  LightAndRfC.AdcControl -> Adc;
  LightAndRfC.AdcRead -> Adc;
  LightAndRfC.HTimer -> HTimer.Timer;
  LightAndRfC.Leds -> LedsC.Leds;
  LightAndRfC.LightPortEn -> PlatformGpioC.Gp20;
  LightAndRfC.SimpleMacControl -> SimpleMacC.StdControl;
  LightAndRfC.SimpleMac -> SimpleMacC.SimpleMac;
  LightAndRfC.StdOut -> StdOutC;
}
```

파일명은 LightAndRfAppC.nc이고 구성(configuration)이름과 동일하다. NesC 프로그래밍의 규칙상 파일명과 Configuration명은 동일해야 한다. 사용할 컴포넌트들을 선언하고 컴포넌트들 간에 인터페이스를 위해 Wiring을 하였다.

이제 모듈파일을 만들어 보자. 모듈 파일명은 LightAndRfC.nc이고 마찬가지로 모듈명과 동일해야 한다.

모듈에서 가장 먼저 해야 할 것은 제공하거나 사용될 인터페이스의 선언이다. 선언된 인터페이스들은 이전의 Configuration 과정에서 Wiring된 것들이다.

(2) LightAndRfC

Init.init()에서 송신기(Sender)의 Node ID를 1번으로 할당하고, RF 패킷 구조체의 내용을 초기화한다.

패킷 길이는 11Byte로 설정하고 목적지 어드레스는 0x0002로(Node ID 2번 모트의 어드레스) 설정한다.

패킷 구조체는 /opt/tinyos-2.x/common/lib/simplemac/packet.h에 정의되어 있다.

/opt/tinyos-2.x/apps/Hmote2430/Exercise_12/Hybus_RF_LightSensor

```
#include "Adc.h"

module LightAndRfC
{
  provides interface Init;
  uses interface Boot;
  uses interface AdcControl;
  uses interface Read<int16_t> as AdcRead;
  uses interface Timer<TMilli> as HTimer;
  uses interface GeneralIO as LightPortEn;
  uses interface SimpleMac;
  uses interface StdControl as SimpleMacControl;
  uses interface Leds;
  uses interface StdOut;
}
```

/opt/tinyos-2.x/apps/Hmote2430/Exercise_12/Hybus_RF_LightSensor

```
implementation
{
  uint8_t trasnmitPacket[128];
  packet_t * transmitPacketPtr;
  uint8_t channel;
  uint8_t sequence = 0;
  task void sendPacketTask();

  command error_t Init.init() {
    TOS_NODE_ID = 1;
    transmitPacketPtr = (packet_t *) trasnmitPacket;

    transmitPacketPtr->length = 11;
    transmitPacketPtr->fcf |= 0x0000;
    transmitPacketPtr->data_seq_no = sequence;
    transmitPacketPtr->dest = 0x0002;
    transmitPacketPtr->src = 0;
    transmitPacketPtr->fcs.rssi = 0;
    transmitPacketPtr->fcs.correlation = 0;
    return SUCCESS;
  }

  event void Boot.booted() {
    channel = 19;
    call SimpleMac.setChannel(channel);
    call SimpleMacControl.start();
    call SimpleMac.rxEnable();

    // Light Sensor Port Enable
    call LightPortEn.makeOutput();
    call LightPortEn.set();

    // ADC Init
    call AdcControl.enable(ADC_REF_1_25_V, ADC_14_BIT, ADC_AIN4);

    call Leds.led0On();
    call Leds.led1On();
    call HTimer.startPeriodic(500);      // 500ms
  }

  task void sendPacketTask() {
    call SimpleMac.sendPacket(transmitPacketPtr);
  }

  event void HTimer.fired() {
    call AdcRead.read();
  }

  event void AdcRead.readDone(error_t result, int16_t val) {
    transmitPacketPtr->data[0] = val >> 8;
    transmitPacketPtr->data[1] = val;
    post sendPacketTask();
  }
```

Boot.booted()는 Init,init() 다음으로 수행되는 함수이다. 여기서 무선(Radio)관련해서 초기 채널 값을 설정하고 조도 센서와 연결된 GPIO 포트 GP20을 '1'로 설정함으로써 Enable시킨다. 또한 ADC 레지스터를 제어하여 초기화한다.

조도 센서는 하드웨어적으로 ADC 채널 4번과 연결이 되고 1.25 레퍼런스 전압을 사용하도록 되어 있기 때문에 ADC 초기화도 이에 맞춰서 설정해야 한다. 타이머의 주기는 500ms로 설정한다.

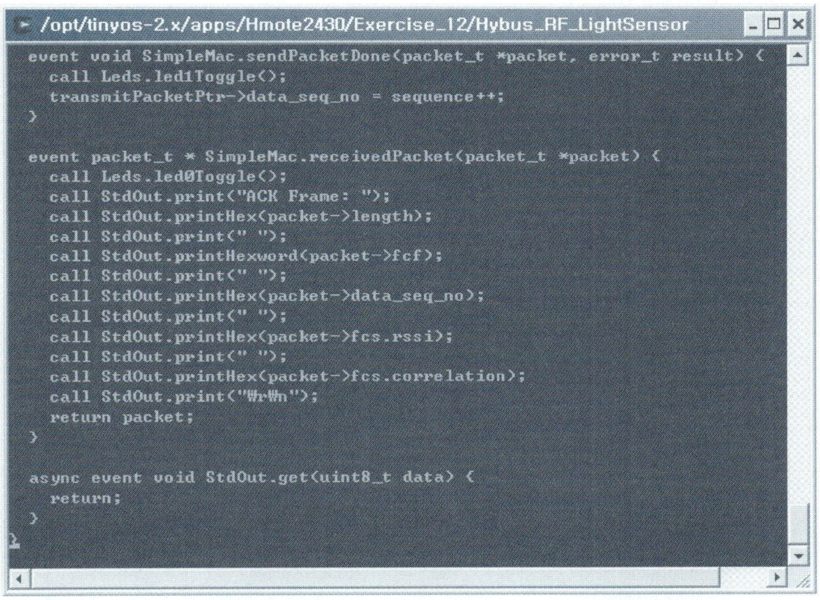


```
event void SimpleMac.sendPacketDone(packet_t *packet, error_t result) {
  call Leds.led1Toggle();
  transmitPacketPtr->data_seq_no = sequence++;
}

event packet_t * SimpleMac.receivedPacket(packet_t *packet) {
  call Leds.led0Toggle();
  call StdOut.print("ACK Frame: ");
  call StdOut.printHex(packet->length);
  call StdOut.print(" ");
  call StdOut.printHexword(packet->fcf);
  call StdOut.print(" ");
  call StdOut.printHex(packet->data_seq_no);
  call StdOut.print(" ");
  call StdOut.printHex(packet->fcs.rssi);
  call StdOut.print(" ");
  call StdOut.printHex(packet->fcs.correlation);
  call StdOut.print("₩r₩n");
  return packet;
}

async event void StdOut.get(uint8_t data) {
  return;
}
}
```

타이머가 만기되면 오버플로우 이벤트가 발생하고 이벤트 핸들러 함수가 수행된다. 이 부분이 HTimer.fired()이다. 만기될 때마다 AdcRead.read() 함수를 통해 ADC로부터 변환된 데이터를 읽어온다. ADC가 데이터를 읽어 와서 버퍼에 저장하게 되면 ADC 인터럽트가 발생한다. 이 때의 이벤트 핸들러 함수는 AdcRead.readDone()이다.

Task 함수에서는 SimpleMac.sendPacket() 함수를 호출하여 전송하도록 구현한다. 이 Task는 ADC 인터럽트가 발생했을 때 버퍼로부터 읽어온 ADC 데이터를 패킷에 저장을 하고 난 뒤에 쓰게 된다.

송신기(Sender)는 Autoack가 되도록 설정하였기 때문에 수신측에서 보내오는 Ack 프레임을 수신하게 된다. 이 때 Ack 프레임을 시리얼로 출력하도록 하였다.

그리고 송신기(Sender) 모듈에서는 수신역할을 할 필요가 없기 때문에 구현하지는 않았는데, 이벤트 핸들러 함수들에 대해서는 최소한의 리턴(return)만 하도록 정의를 해야 컴파일시 오류가 발생하지 않는다.

2) 수신기(Receiver)(Hybus_수신기(Receiver))

수신기(Receiver)의 역할은 RF 패킷을 수신하여 PC로 보내주는 것이다.
채널 11~26까지 설정할 수 있으며, 어드레스 필터링 기능을 사용할 수 있다.

사용할 컴포넌트는 다음과 같다.

- MainC, 수신기(Receiver)P, StdOutC, SimpleMacC, LedsC

위의 컴포넌트들은 송신기(Sender)에서 설명하였기 때문에 생략하겠다. 여기서 쓰이는 컴포넌트들은 무선 네트워크 프로그래밍에서 가장 일반적이고 사용빈도가 높은 것들이다.

(1) 수신기(Receiver)AppC

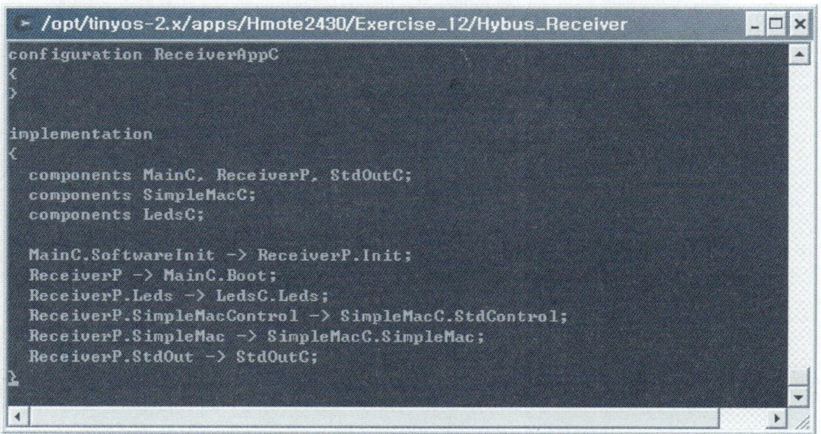

```
~ /opt/tinyos-2.x/apps/Hmote2430/Exercise_12/Hybus_Receiver
configuration ReceiverAppC
{
}

implementation
{
  components MainC, ReceiverP, StdOutC;
  components SimpleMacC;
  components LedsC;

  MainC.SoftwareInit -> ReceiverP.Init;
  ReceiverP -> MainC.Boot;
  ReceiverP.Leds -> LedsC.Leds;
  ReceiverP.SimpleMacControl -> SimpleMacC.StdControl;
  ReceiverP.SimpleMac -> SimpleMacC.SimpleMac;
  ReceiverP.StdOut -> StdOutC;
}
```

구성(configuration)의 이름은 수신기(Receiver) AppC이다.
모든 컴포넌트들을 메인 모듈로 작성될 수신기(Receiver)P와 Wiring시킨다.

(2) 수신기(Receiver) P.nc

```
/opt/tinyos-2.x/apps/Hmote2430/Exercise_12/Hybus_Receiver
module ReceiverP
{
  provides interface Init;
  uses interface Boot;
  uses interface SimpleMac;
  uses interface StdControl as SimpleMacControl;
  uses interface Leds;
  uses interface StdOut;
}
```

모듈을 작성한다. 모듈명은 Receiver P이다.

구성(configuration) 파일에서 Wiring된 인터페이스들을 선언한다.

```
/opt/tinyos-2.x/apps/Hmote2430/Exercise_12/Hybus_Receiver
implementation
{
  mac_addr_t shortAddress, panAddress;
  uint8_t kval, channel, cnt;
  bool radioOn, receiverOn, filterOn;
  const ieee_mac_addr_t *ieeeAddress;
  task void consoleTask();

  command error_t Init.init() {
    TOS_NODE_ID = 2;
    return SUCCESS;
  }

  event void Boot.booted() {
    call Leds.led0On();
    call Leds.led1On();

    call StdOut.print("****************************************₩n₩r");
    call StdOut.print("Packet Monitoring Program₩n₩r");
    call StdOut.print("----------------------------------------₩n₩r");
    call StdOut.print("s : Radio Start/Stop₩n₩r");
    call StdOut.print("r : Rx Enable/Disable₩n₩r");
    call StdOut.print("+ : RF Channel up₩n₩r");
    call StdOut.print("- : RF Channel down₩n₩r");
    call StdOut.print("f : Address Filter Enable/Disable₩n₩r");
    call StdOut.print("a : Get Short Address₩n₩r");
    call StdOut.print("e : Get Extended Address₩n₩r");
    call StdOut.print("p : Get PAN Address₩n₩r");
    call StdOut.print("****************************************₩n₩r");

    channel = 11;
    call SimpleMac.setChannel(channel);

    radioOn = TRUE;
    receiverOn = TRUE;
    filterOn = FALSE;

    call SimpleMacControl.start();
    call SimpleMac.rxEnable();
  }

  async event void StdOut.get(uint8_t data) {
    atomic kval = data;
    post consoleTask();
    return;
  }
```

Init.init() 함수에서 Node ID를 2번으로 설정한다.

Boot.booted() 함수를 작성한다. 모트가 부팅되고 나서 Text UI가 출력될 수 있도록 StdOut.print() 함수를 이용하여 작성한다.

/opt/tinyos-2.x/apps/Hmote2430/Exercise_12/Hybus_Receiver

```
task void consoleTask() {
  switch (kval) {
  case '₩r':
      call StdOut.print("₩r₩n");
      break;
  case 's' :
      if (radioOn) {
        radioOn = FALSE;
        receiverOn = FALSE;
        call SimpleMacControl.stop();
        call StdOut.print("Radio turned off₩r₩n");
      } else {
        radioOn = TRUE;
        call SimpleMacControl.start();
        call StdOut.print("Radio turned on₩r₩n");
      }
      break;
  case 'r' :
      if (!radioOn) {
        call StdOut.print("Radio is off₩r₩n");
      } else if (!receiverOn) {
        receiverOn = TRUE;
        call StdOut.print("Receiver turned on₩r₩n");
        call SimpleMac.rxEnable();
      } else {
        receiverOn = FALSE;
        call StdOut.print("Receiver turned off₩r₩n");
        call SimpleMac.rxDisable();
      }
      break;
  case '+' :
      channel = (channel == 26) ? 11 : channel + 1;
      call StdOut.print("Channel : ");
      call StdOut.printBase10uint8(channel);
      call StdOut.print("₩n₩r");
      call SimpleMac.setChannel(channel);
      break;
  case '-' :
      channel = (channel == 11) ? 26 : channel - 1;
      call StdOut.print("Set Channel : ");
      call StdOut.printBase10uint8(channel);
      call StdOut.print("₩n₩r");
      call SimpleMac.setChannel(channel);
      break;
  case 'f' :
      if (!radioOn) {
        call StdOut.print("Radio is off₩r₩n");
      } else if (!filterOn) {
        filterOn = TRUE;
        call StdOut.print("Address Filter Enable₩n₩r");
        call SimpleMac.addressFilterEnable();
      } else {
        filterOn = FALSE;
        call StdOut.print("Address Filter Disable₩n₩r");
        call SimpleMac.addressFilterDisable();
      }
      break;
```

기본 채널 설정을 11로 하고, RF 동작을 시작하도록 한다. 이 모듈은 수신 역할을 하는 것이기 때문에 시작될 때 Rx를 Enable시킨다.

Boot.booted() 함수의 수행이 끝나면 StdOut.get() 함수에 의해 프로세서가 입력 대기 상태로 진입하게 된다. 비동기 방식의 이벤트 핸들러 함수이기 때문에 반드시 문자의 입력이 있어야 동작을 한다. 이벤트가 발생되면 입력받은 문자를 임시 버퍼에 저장하고 consoleTask()라는 Task 함수를 쓰게 한다.

```
~ /opt/tinyos-2.x/apps/Hmote2430/Exercise_12/Hybus_Receiver
    case 'a' :
        shortAddress = *(call SimpleMac.getAddress());
        call StdOut.print("Short Address : ");
        call StdOut.printHexword(shortAddress);
        call StdOut.print("₩r₩n");
        break;
    case 'e' :
        ieeeAddress = call SimpleMac.getExtAddress();
        call StdOut.print("Extended Address : ");
        call StdOut.dumpHex((uint8_t *) ieeeAddress, 8, " ");
        call StdOut.print("₩r₩n");
        break;
    case 'p' :
        panAddress = *(call SimpleMac.getPanAddress());
        call StdOut.print("PAN Address : ");
        call StdOut.printHexword(panAddress);
        call StdOut.print("₩r₩n");
        break;
    default :
        break;
    }
  }

  event packet_t * SimpleMac.receivedPacket(packet_t *packet) {
    call Leds.led1Toggle();

    call StdOut.print("Received packet: ");
    call StdOut.printHex(packet->length);
    call StdOut.print(" ");
    call StdOut.printHexword(packet->fcf);
    call StdOut.print(" ");
    call StdOut.printHex(packet->data_seq_no);
    call StdOut.print(" ");
    call StdOut.printHexword(packet->dest);
    call StdOut.print(" ");
    call StdOut.printHexword(packet->src);
    call StdOut.print(" ");

    for (cnt = 0; cnt < packet->length - 9; cnt++) {
      call StdOut.printHex(packet->data[cnt]);
      call StdOut.print(" ");
    }

    call StdOut.printHex(packet->fcs.rssi);
    call StdOut.print(" ");
    call StdOut.printHex(packet->fcs.correlation);
    call StdOut.print("₩r₩n");
    return packet;
  }

  event void SimpleMac.sendPacketDone(packet_t *packet, error_t result) {
    return;
  }
}
```

consoleTask()가 하는 역할은 문자의 입력이 있을 때 입력된 문자를 선택적으로 명령어로 인식하고 해당되는 명령을 수행하도록 하는 Task 함수이다.

구현된 각각의 명령에 대해 설명하면 's'를 입력하여 Radio를 제어할 수 있고, 'r'을 입력하여 Rx를 제어할 수 있다. '+'와 '−' 입력을 통해 채널을 변경할 수 있고, 'f'를 입력하여 어드레스 필터링 기능의 사용을 제어한다. 'a', 'e', 'p'를 입력하여 어드레스 정보들을 읽어 올 수 있다.

Rx FIFOP 인터럽트가 발생되면 이벤트가 발생한다.

이 때의 핸들러는 SimpleMac.receivedPacket() 함수이다. 수신된 데이터를 패킷 구조의 순서대로 print 함수를 이용하여 출력시키는 역할을 한다.

이제 Autoack 기능을 사용하기 위해 RF 모듈을 수정한다.

/opt/tinyos-2.x/tos/chips/cc2430/radio/HalCC2430RadioP.nc를 오픈한다.

```
/opt/tinyos-2.x/tos/chips/cc2430/radio
800     /***********************************************
801     ** Set the correlation threshold = 20
802     ** Turn off "Security enable"
803     ** Set the FIFOP threshold to maximum
804     ***********************************************/
805     void CC2430ControlSet()
806     {
807         /* disable address recognition */
808         _CC2430_MDMCTRL0H &= ~_BV(CC2430_MDMCTRL0H_ADDR_DECODE);
809 //      _CC2430_MDMCTRL0H |= _BV(CC2430_MDMCTRL0H_ADDR_DECODE);
810
811         /* enable auto-crc */
812         _CC2430_MDMCTRL0L |= _BV(CC2430_MDMCTRL0L_AUTOCRC);
813
814         /* enable auto-ack */
815         _CC2430_MDMCTRL0L |= _BV(CC2430_MDMCTRL0L_AUTOACK);
816         _CC2430_IRQSRC = 0x01;
817 //      _CC2430_MDMCTRL1H |= 0x80;
818
819 //      _CC2430_MDMCTRL0 = mcr0;
820
821
822         /* set FIFOP threshold to 0x7F */
823         _CC2430_IOCFG0  = 0x7F;
824
825         /* */
826         _CC2430_TXCTRL = 0x050F;
827
828         return;
829     }
```

CC2430ControlSet() 함수에서 815라인부터 Autoack를 위한 레지스터 설정을 수행한다. 다음과 같이 추가하도록 한다.

```
_CC2430_MDMCTRL0L  |= _BV(CC2430_MDMCTRL0L_AUTOACK);
_CC2430_IRQSRC = 0x01;
```

다시 애플리케이션 디렉터리 이동하여 컴파일을 수행하고 각각의 build/hmote2430에 app.hex파일이 생성되었는지 확인한다.

확인이 되었으면 SmartRF04 프로그래머를 이용하여 모트 하나에는 송신기(Sender)를 다른 하나에는 수신기(Receiver)를 업로딩한다.

업로딩이 완료되었으면 수신기(Receiver)가 업로딩된 모트를 PC의 USB 포트와 연결하고 시리얼 모니터링 프로그램을 실행하자. 해당 COM 포트(Port)와 보드 비율(Baud Rate)을 설정하고 연결(connection)을 한 다음 모트의 리셋(Reset) 스위치를 누른다.

다음과 같은 Text UI가 출력되는 것을 볼 수 있다.

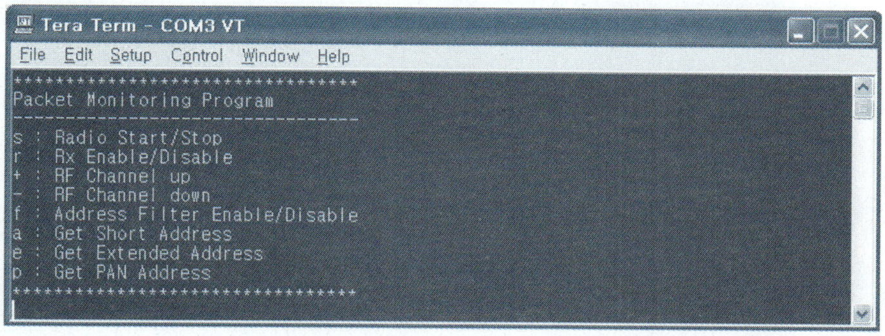

송신기(Sender)가 업로딩된 모트 또한 PC의 USB 포트와 연결한다. 시리얼 모니터링 프로그램을 하나 더 실행한다.

장치관리자에서 COM Port를 확인하고 설정한다. 마찬가지로 연결(connection)을 한 다음 모트의 리셋(Reset)스위치를 누른다.

수신기(Receiver)의 Text UI에서 RF 채널을 19로 설정한다.

다음과 같이 송신기(Sender)에서 전송하는 패킷을 시리얼로 출력되는 것을 확인할 수 있다.

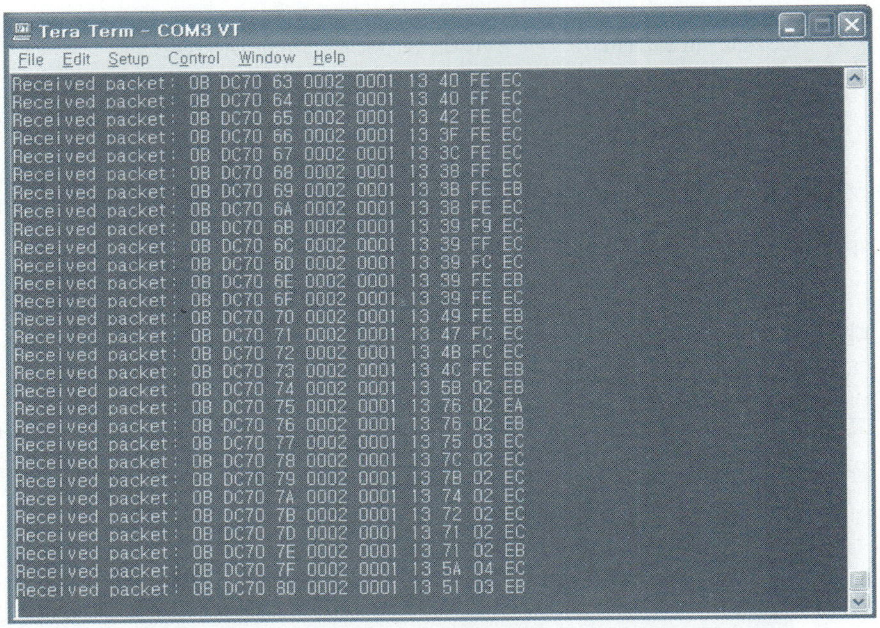

송신기(Sender)와 연결된 시리얼 모니터링 프로그램창을 보자.
다음과 같이 수신된 Ack Frame이 출력되는 것을 볼 수 있을 것이다.

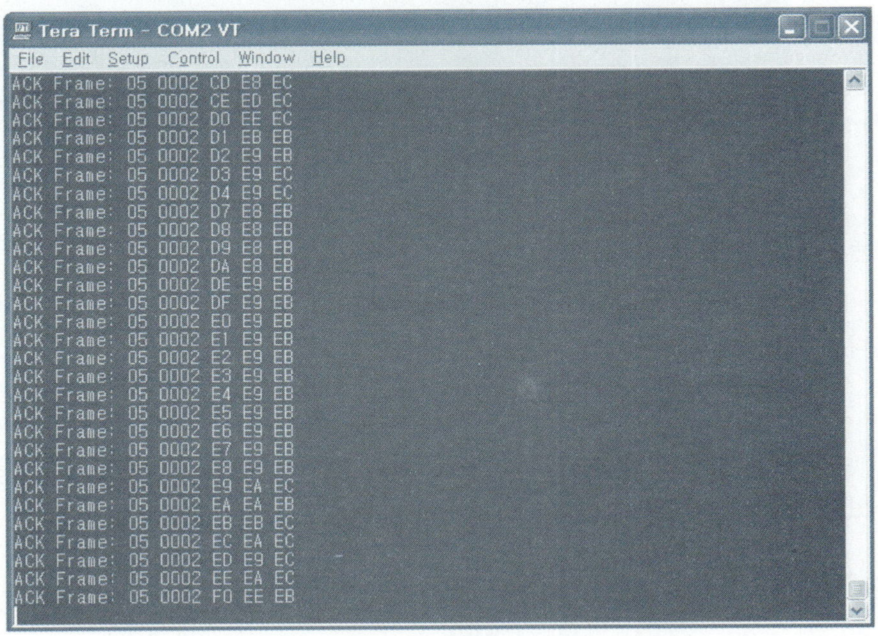

다시 수신기(Receiver)와 연결된 시리얼 모니터링 프로그램의 창을 보자.

'f'를 누르자. 어드레스 필터 기능을 활성화하였다.

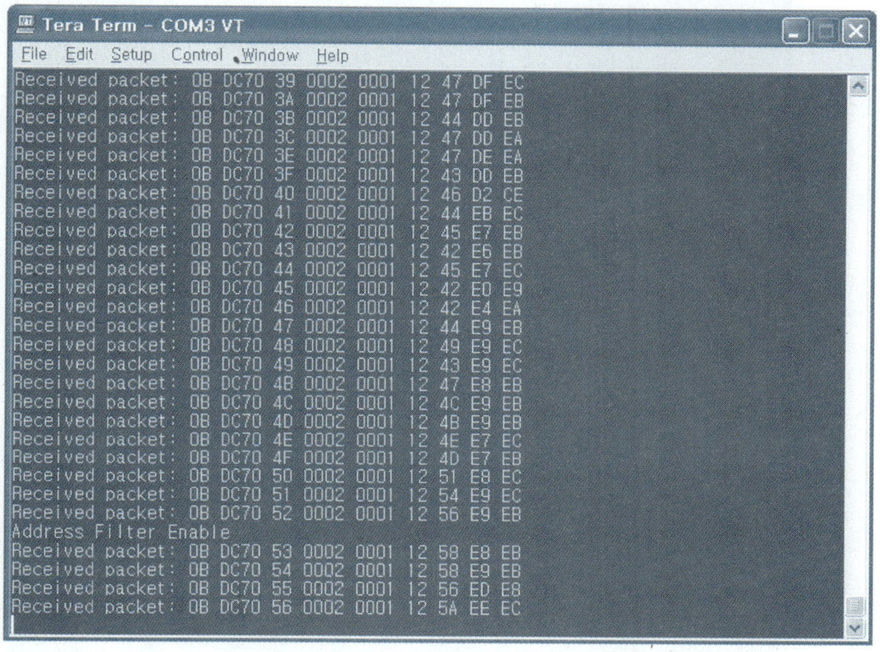

어드레스 필터가 활성화된 상태에서도 패킷 수신이 잘 될 것이다. 송신기(Sender)의 목적지 어드레스와 수신기(Receiver)의 TOS_NODE_ID가 0x0002로 일치하기 때문이다.

만약, 송신기의 목적지 어드레스를 변경하면 어떻게 될까?

송신기의 LightAndRfC.nc 파일을 열고 Init.init() 함수에서 transmitPacketPtr ->dest의 값을 0x0003으로 설정해서 컴파일하고 모트에 다시 업로딩하자.

```
transmitPacketPtr->dest = 0x0003;
```

마찬가지로 시리얼 모니터링 프로그램에서 연결을 하고 다시 테스트를 해보자.

어드레스 필터가 비활성화 상태에서는 패킷을 수신한다. 'f'를 입력하여 어드레스 필터를 활성화시켜보자. 수신되던 패킷이 더 이상 수신되고 있지 않다는 것을 볼 수 있다.

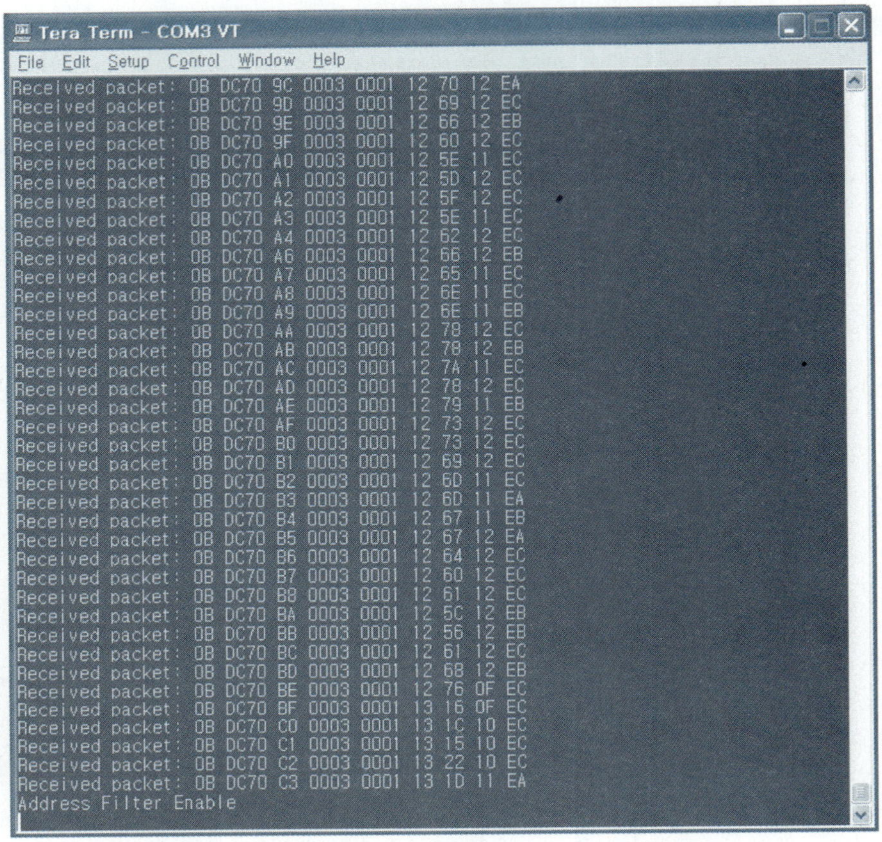

이것으로 Autoack와 어드레스 필터 기능을 적용해보았다.

5. 실습과제

1) 송신기(Sender)에서 목적지 어드레스를 0xFFFF로 하였을 경우 수신기(Receiver)에서 어드레스 필터를 적용하게 되면 패킷을 수신하는지 아닌지 확인하여라.
2) 수신기(Receiver)의 Text UI상에서 작은 어드레스(Short Address), 확장 어드레스(Extended Address), PAN 어드레스(Address) 기능을 활용해 보고 각각 출력되는 어드레스의 값을 확인하여라.

실습 13 CC2430의 RSSI와 LQI 실습

1. 실습목표

- RSSI와 LQI를 이용한 에너지 감지(energy detection)가 가능하다.
- 에너지 감지로 자원이 더 좋은 노드와 연결할 수 있다.
- TinyOS 응용 프로그램을 이해하고 작성할 수 있다.

2. 기초지식

- 패킷 송수신을 위한 RF 컴포넌트의 사용
- RSSI와 LQI에 대한 이해
- Timer, LED 및 UART의 사용

3. 기초이론

1) RSSI

RSSI는 Received Signal Strength Indicator의 약자로, "수신신호의 강도 측정" 정도의 의미로 풀이할 수 있다. 즉 수신한 패킷의 수신강도를 의미한다.

RSSI의 단위는 dBm으로 용어를 정리하면 다음과 같다.

dBm이란 mW 단위의 전력을 dB 스케일로 나타낸 단위를 의미한다.

상용화된 RF에서는 작은 전력을 다루는 경우가 많다.

W단위가 아닌 보통 mW단위의 전력을 주로 다루기 때문에 기준의 간편함을 위하여 mW를 기준으로 만든 dB전력값을 dBm이라 부르는 것이다.

만약 1W를 dB 스케일로 하면 → $10 \times \log 1 = 0$dB, 0.001W, 즉 1mW를 dB 스케일로 하면 → $10 \times \log 0.001 = -30$dB가 된다.

- dBm 정리 -
1mW = 0dBm
10mW = 10dBm
100mW = 20dBm
1000mW = 1W = 30dBm = 0dB(W)

CC2430의 경우 RF 출력 파워를 1~31까지의 레벨로 설정할 수 있고, 31로 설정했을 때 가장 높은 RF 전력(Power)으로 설정된다. RF 전력(Power)과 RSSI는 비례관계로, RF 전력이 높으면 RSSI(dBm)가 상승하게 된다.

TinyOS에서는 SimpleMacC 컴포넌트에서 setTransmitPower()라는 인터페이스를 제공해주고 있고, 파라미터로 1(1)~100(31)까지 입력할 수 있다.

다음 그림은 레벨 값에 따른 출력 전력과 소비전력을 나타낸다.

PA_LEVEL	TXCTELL register	Output Power [dBm]	Current consumption [mA]
31	0×FF	0	17.4
27	0×FB	-1	16.5
23	0×F7	-3	15.2
19	0×F3	-5	13.9
15	0×EF	-7	12.5
11	0×EB	-10	11.2
7	0×E7	-15	9.9
3	0×E3	-25	8.5

SimpleMac.setTransmitPower()의 함수 원형은 다음과 같다.

```
command error_t HALCC2420.setTransmitPower(uint8_t power)
{
if (power > 100)
return FAIL;
else
CC2430PALevelSet(power);

return SUCCESS;
}

void CC2430PALevelSet(uint8_t new_power)
{
uint16_t power;

power = new_power * 0x1F; // 0x1F ~ 100% power level
```

```
power /= 100;

_CC2430_TXCTRL = (_CC2430_TXCTRL & ~0x1F) | (power & 0x1F);
}
```

수신한 패킷의 RSSI값을 dBm으로 변환하기 위해서는 "RSSI-45"를 해주면 된다. 하지만 rssi가 int8_t로 설정되어 있어서 헥사(Hex)로 리턴되었을 때 음수에 대한 표현을 할 수 없게 된다. 이는 프로그램에서 2의 보수를 사용해 RSSI를 음수로 만들어주면 된다.

만약 RSSI의 값으로 0xF7이 들어왔다면 다음 공식으로 dBm값을 구할 수 있다.

```
temp_val: 0xFF - (RSSI_DATA) + 0x01
dBm             : temp_val - 45
```

0xFF-0xF7+0x01 = (-)9, (-)9-45 = -54(dBm)이 된다.

2) LQI

LQI는 Link Quality Indicator의 약자로 "링크(네트워크)의 품질"을 나타낸다.

IEEE 802.15.4에서 LQI는 0~255 사이의 값을 가지며, 이는 단순히 칩에서 수신 가능한 최소 신호강도(minimum signal strength)에서 최대 신호강도(maximum signal strength) 사이의 값으로 매핑되어야 하고, 최소한 8개 이상의 값으로 구분하도록 명시되어 있다. 하지만 그 이상의 어떠한 공식같은 것은 정해진 것이 없어서 개발 프로그래머가 RSSI를 이용하여 직접 구현하거나 칩을 제작하는 업체에서 제공해주는 라이브러리를 사용하는 것이 일반적이다.

CC2430에서는 RXFIFO(수신된 패킷이 저장되는 버퍼) 중 MPDU(payload)의 마지막 프레임의 값을 CRC bit와 상호관계 값(correlation value)으로 사용하고 있다.

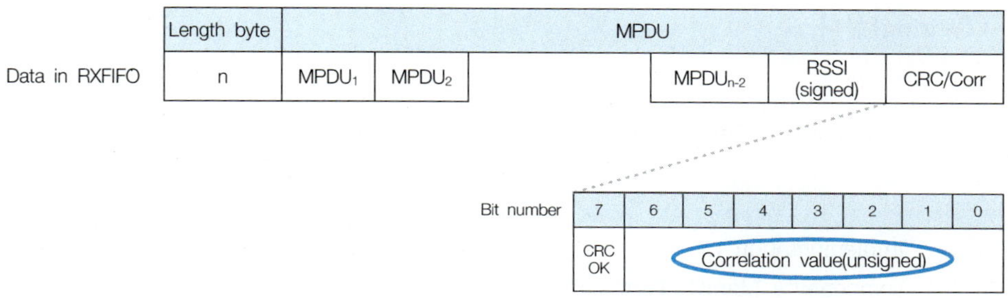

실습13

즉, CC2430을 통해 패킷을 수신되면 패킷의 마지막에 CRC bit를 포함한 상호관계 값(correlation value)이 자동으로 계산된다.

CC2430의 제조사가 만든 데이터 시트를 참고하면 상호관계 값(correlation value)은 프레임의 품질(quality)이며, 최대 110에서 최소 50까지의 값을 갖는다.

만약, 수신된 패킷의 fcs ->correlation가 EC라면 2진수로 변환했을 때 11101100이 되고 가장 처음의 1은 CRC bit이므로 삭제하면 1101100이 된다. 이는 10진수로 변환하면 108이 되고, 약 96.6%(58/60=0.966)의 프레임 품질(quality)을 나타낸다.

```
(Corr_value-50)/60(110-50)=temp_value
```

네트워크 라우팅 알고리즘을 설계할 때 자원이 좋은 노드를 부모 노드로 선택하는 방법은 크게 세 가지로 나눌 수 있다.

첫 번째가 RSSI를 이용한 노드 선택 방법
두 번째가 LQI를 이용한 노드 선택 방법
세 번째가 RSSI와 LQI의 연산을 이용한 노드 선택 방법이다.

일반적으로 RSSI만을 이용하거나 RSSI와 LQI의 값을 연산하여 라우팅 알고리즘을 설계하는 방법이 많이 쓰이고 있다.

4. 실습내용

1) 송신기(Sender)/TestSensorC.nc

이제부터 실습할 TinyOS 응용 프로그램은 apps/Hmote2430/Exercise_13/의 송신기(Sender)와 수신기(Receiver)이다.

TestSensorC.nc는 디버그에 사용할 LED 컴포넌트, 주기적인 센싱을 위한 Timer 컴포넌트, 그리고 RF 송신을 위한 SimpleMacC를 선언하고 모듈 파일인 TestSensorP에 저장(Wiring)한다.

```
configuration TestSensorC {

}
implementation {
components MainC, TestSensorP;
```

```
MainC.SoftwareInit -> TestSensorP.Init;
MainC.Boot <- TestSensorP;

components LedsC;
TestSensorP.Leds -> LedsC;

components new TimerMilliC() as TimerC;
TestSensorP.Timer -> TimerC;

components SimpleMacC;
TestSensorP.SimpleMacControl -> SimpleMacC.StdControl;
TestSensorP.SimpleMac -> SimpleMacC.SimpleMac;
}
```

2) 송신기(Sender)/TestSensorP.nc

Init.init()에서는 전송할 패킷의 length, seqno를 비롯한 패킷 구조체의 멤버에 대해 값을 설정해준다. payload에는 데이터가 없으므로 패킷의 길이는 9가 된다. Boot.booted()가 실행되면 SimpleMac.setChannel()을 호출하여 CC2430의 RF 채널을 설정하고, SimplMac.start()을 호출하여 Radio의 기능을 On시킨다.

RF를 위한 설정을 마쳤으면 타이머를 일정 주기로 돌려서 타이머 이벤트가 발생했을 때 SimpleMac.sendPacket을 호출하여 패킷을 전송하게 된다.


```
module TestSensorP {
provides interface Init;
uses interface Boot;
uses interface Timer<TMilli>;
uses interface Leds;
uses interface SimpleMac;
uses interface StdControl as SimpleMacControl;
}

implementation {
mac_addr_t shortAddress;
uint8_t transmitPacket[128];
packet_t * transmitPacketPtr;
```

```
uint8_t channel;
uint8_t sequence = 1;
const ieee_mac_addr_t * ieeeAddress;

command error_t Init.init() {
shortAddress = TOS_NODE_ID;
transmitPacketPtr = (packet_t *) transmitPacket;
// Beacon packet
transmitPacketPtr->length = 9; //7 + 118 + 2;
transmitPacketPtr->dest = 0xFFFF;
transmitPacketPtr->src = 0;
// 2 bytes
transmitPacketPtr->fcs.rssi = 0;
transmitPacketPtr->fcs.correlation = 0;
return SUCCESS;
}
event void Boot.booted() {
call Leds.led1Off();
call Leds.led0Off();

channel = 26;
call SimpleMac.setChannel(channel);
call SimpleMacControl.start();

call Timer.startPeriodic(200);
}

event void Timer.fired()
{
call SimpleMac.sendPacket(transmitPacketPtr);
}

/************************************************************************
 ** CC2420
 ************************************************************************/
event void SimpleMac.sendPacketDone(packet_t *packet, error_t result)
{
call Leds.led1Toggle();
return;
}
```

```
event packet_t * SimpleMac.receivedPacket(packet_t *packet)
{
return packet;
}
}
```

3) 수신기(Receiver)/TestSensorC.nc

```
configuration TestSensorC {

}
implementation {
components MainC, TestSensorP;

MainC.SoftwareInit -> TestSensorP.Init;
MainC.Boot <- TestSensorP;

components LedsC;
TestSensorP.Leds -> LedsC;

components StdOutC;
TestSensorP.StdOut -> StdOutC;

components SimpleMacC;
TestSensorP.SimpleMacControl -> SimpleMacC.StdControl;
TestSensorP.SimpleMac -> SimpleMacC.SimpleMac;
}
```

TestSensorC.nc는 디버그에 사용할 LED 컴포넌트, 센싱된 값을 UART를 통해 모니터링 하기 위한 StdOutC 컴포넌트 그리고 RF 수신을 위한 SimpleMacC를 선언하고 모듈 파일인 TestSensorP에 쓴(Wiring)다.

4) 수신기(Receiver)/TestSensorP.nc

Boot.booted()가 실행되면 SimpleMac.setChannel()을 호출하여 CC2430의 RF 채널을 설정하고, SimplMac.start()을 호출하여 무선(Radio)의 기능을 동작(On)시킨다.

마지막으로 SimpleMac.rxEnable()을 호출하여 수신 인터럽트가 가능하도록 설정한다.

수신 인터럽트가 발생되어 패킷을 받아오면 packet -> fcs.rssi의 값을 음수처리하고 45를 뺀 결과값을 출력한다. packet -> fcs. correlation의 값 또한 StdOut.printHex를 이용하여 출력한다.

```
module TestSensorP {
provides interface Init;
uses interface Boot;
uses interface Leds;
uses interface SimpleMac;
uses interface StdOut;
uses interface StdControl as SimpleMacControl;
}

implementation {
mac_addr_t shortAddress;
uint8_t channel;
uint8_t sequence = 1;
uint8_t counter=0;
const ieee_mac_addr_t * ieeeAddress;
uint8_t temp, temp1;

/*************************************************************************
 ** Init/Boot
 *************************************************************************/
command error_t Init.init() {
return SUCCESS;
}

event void Boot.booted() {
call Leds.led1Off();
call Leds.led0Off();
channel = 26;
call SimpleMac.setChannel(channel);
call SimpleMac.setTransmitPower(100);
call SimpleMacControl.start();
call SimpleMac.rxEnable();
}

uint8_t ConvertRSSI(uint8_t rssi_val){
```

```
temp = 0xFF - rssi_val + 0x01; //2's complement
temp = temp+0x26; ////RSSI_OFFSET is approximately 45
return temp;
}

uint8_t ConvertLQI(uint8_t lqi_value){
temp1 = lqi_value - 0x80; //Remove CRC bit
return temp1;
}

event void SimpleMac.sendPacketDone(packet_t *packet, error_t result){
return;
}

event packet_t * SimpleMac.receivedPacket(packet_t *packet)
{
call StdOut.print("RSSI");
call StdOut.print("(");
call StdOut.printHex(packet->fcs.rssi);
call StdOut.print(") : -");
call StdOut.printBase10uint8(ConvertRSSI(packet->fcs.rssi));
call StdOut.print("dBm");
call StdOut.print(" // ");

call StdOut.print("LQI");
call StdOut.print("(");
call StdOut.printHex(packet->fcs.correlation);
call StdOut.print(") : ");
call StdOut.printBase10uint8(ConvertLQI(packet->fcs.correlation));
call StdOut.print("/110");
call StdOut.print("\n\r");

call Leds.led0Toggle();
return packet;
}
async event void StdOut.get(uint8_t data) {
return;
}
}
```

5) 프로그램 업로드 및 테스트

송신기(Sender) 및 수신기(Receiver)를 빌드하여 각각 Hmote2430에 올린 후 수신기를 PC와 연결한다.

터미널 프로그램(시리얼 프로그램)을 실행하면 다음과 같은 화면이 나온다.

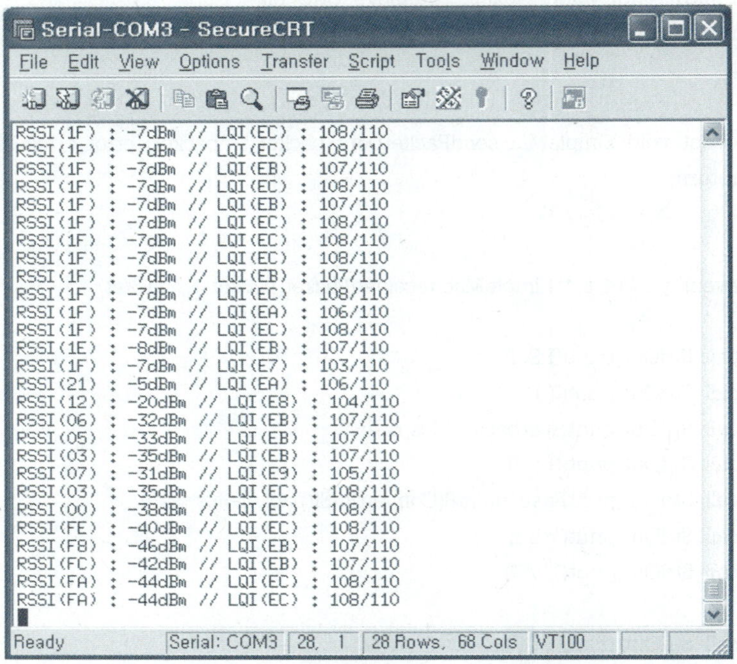

5. 실습과제

① RSSI를 사용해서 대략적인 거리를 측정하는 프로그램을 작성하여라.

② 전송 출력전력(transmit out power)을 10부터 100까지 10씩 증가시켜, 10개의 레벨에 대한 RSSI값을 dBm으로 변환하여 출력하는 프로그램을 작성하여라.
(rxEnable과 rxDisable을 사용하되 setTransmitPower()를 이용해서 값을 설정한 후 rxEnable을 호출하는 방법을 사용하여라)

③ 수신기(Receiver)에서 2개의 송신기(Sender)로부터 RSSI값을 측정하여 더 좋은 RSSI값을 가진 송신기(Sender)를 목표 어드레스(dest address)로 정하고 패킷을 전송하는 시스템을 구성하여라.

동작순서는 다음과 같다.

① 2개의 송신기(Sender)는 어드레스 필터(address Filter)를 활성화(enable)시키고 브로드캐스트(broadcast)로 패킷 전송
(송신기)는 각각 다른 TOS_NODE_ID를 가짐)
② 수신기(Receiver)에서 2개의 송신기(Sender)로부터 src address와 rssi값을 수신
③ rssi값을 비교하여 더 높은 값을 가진 src address를 목표 어드레스(dest address)로 정하고 패킷 전송
④ 수신기(Receiver)로부터 패킷을 받은 송신기(Sender)만 LED 토글

실습 14 Simple-Hop 프로토콜 실습

1. 실습목표

- 멀티홉 네트워크에 대해 이해하고 간단하게 구현할 수 있다.
- 호핑(Hopping)을 통한 데이터 전달로 더욱 긴 거리의 네트워크를 구현할 수 있다.
- TinyOS 응용 프로그램을 이해하고 작성할 수 있다.

2. 기초지식

- 패킷 송·수신을 위한 RF 컴포넌트의 사용
- 소스(source) 및 목표(destination) 주소에 대한 이해
- Timer, LED 및 UART의 사용

3. 기초이론

1) 멀티홉(multi-Hop)

홉은 라우팅에서 사용되는 용어로서 하나의 데이터 링크를 말한다. 네트워크 내에서 출발지부터 목적지에 이르는 경로는 일련의 홉들로 연결된다. 홉은 패킷이 통과해야만 하는 라우터의 숫자를 측정하는데 자주 사용된다.

- 패킷 교환방식의 네트워크에서 홉은 데이터 패킷이 하나의 라우터로부터 네트워크상의 다른 라우터로 보내는 여정이다. TCP/IP를 사용하는 인터넷과 같은 네트워크에서 하나의 패킷이 목적지로 가는데 걸린 홉 숫자는 패킷 헤더에 유지된다. (그것을 "hop count"라고 부른다) 엄청나게 많은 갯수의 홉을 기록한 패킷은 폐기된다.
- CDPD(Cellular Digital Packet Data)를 사용할 때의 홉은 다른 라디오 주파수 채널로 넘기는 스위치이다.
- RIP에서는 거리값으로서 각 경유 네트워크에 1이란 값을 부여하는 데 이를 홉(Hop)이라 한다. 즉 어떤 목적지까지의 홉(경로값)이 2라면 그 목적지까지 가기 위해서는 2개의 네트워크를 경유함을 알 수 있다.

RIP에서는 거리값을 계산하기 위한 것으로서 홉(Hop)을 사용하는데 이 홉은 망을 하나씩 통과할 때마다 1씩 증가하게 된다. 경로 테이블의 전체를 매 30초마다 전송하므로 효율적인 네트워크 대역폭 사용을 제한한다.

RIP에서는 최대 Hop을 15로 제한하므로 15 이상의 경우는 도달할 수 없는 네트워크를 의미한다. RIP로 수신한 라우팅 정보는 단지 180초 동안만 유효하다. Hop수가 15로 제한되어 있어 대규모 네트워킹에서는 RIP를 적용할 수 없다.

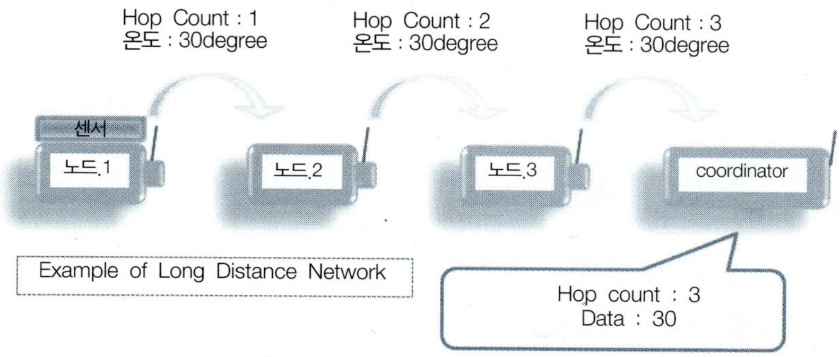

[그림 10]

[그림 10]은 노드의 최대 송수신 거리를 넘는 넓은 네트워크 상황에서의 멀티 호핑을 보여주는 그림이다. 각 노드는 지정된 노드 혹은 통신이 가능한 이웃 노드에게 정보를 전달함으로써 노드의 하드웨어적인 송수신 거리제한을 해결할 수 있다.

2) 애드혹 네트워크(Ad-Hoc network)

애드혹 네트워크(Ad-Hoc network)는 멀티홉 네트워크의 개념에 포함되는 네트워크 기술로서, 이동형 네트워크라고도 부른다.

애드혹 네트워크는 노드(node)들에 의해 자율적으로 구성되는 기반 구조가 없는 네트워크로서 네트워크의 구성 및 유지를 위해 기지국이나 액세스 포인트와 같은 기반 네트워크 장치를 필요로 하지 않는다.

애드혹(Ad-Hoc) 노드들은 무선 인터페이스를 사용하여 서로 통신하고, 멀티홉 라우팅 기능에 의해 무선 인터페이스가 가지는 통신거리상의 제약을 극복하며, 노드들의 이동이 자유롭기 때문에 네트워크 토폴로지가 동적으로 변화되는 특징이 있다. 애드혹 네트워크는 완전 독립형이 될 수도 있고, 인터넷 게이트웨이를 거쳐 인터넷과 같은 기반 네트워크와 연동될 수도 있다. 응용 분야로는 긴급구조, 긴급회의, 전쟁터에서의 군사 네트워크 등이 있다.

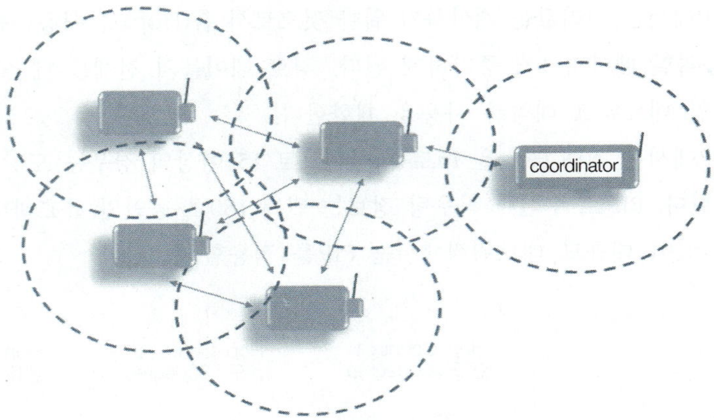

[그림 11]

4. 실습내용

실습은 2가지 형태로 할 수 있다.

실습할 환경이 넓은 공간(약 반경 30~40M 이상)일 경우 어드레스 필터(address Filer)를 적용하지 않고, 브로드캐스트(broadcast)로 송신하는 방법과 좁은 공간일 경우 어드레스 필터를 적용하여 목표 어드레스(destination address)를 지정하여 송신하는 방법이다.

실습 환경에 맞게 테스트를 하기를 바란다.

1) 송신기(Sender)/TestSensorC.nc

이제부터 실습할 TinyOS 응용 프로그램은 apps/Hmote2430/Exercise_14/의 송신기와 라우터(Router)_2/3, 그리고 수신기(Receiver)이다. TestSensorC.nc는 디버그에 사용할 LED 컴포넌트, UART 입/출력을 위한 StdOutC 컴포넌트, 그리고 RF 송수신을 위한 SimpleMacC를 선언하고, 모듈 파일인 TestSensorP에 Wiring한다.

```
configuration TestAppC {

}
implementation {
components MainC, TestAppP;

MainC.SoftwareInit -> TestAppP.Init;
MainC.Boot <- TestAppP;
```

```
components LedsC;
TestAppP.Leds -> LedsC;

components SimpleMacC;
TestAppP.SimpleMacControl -> SimpleMacC.StdControl;
TestAppP.SimpleMac -> SimpleMacC.SimpleMac;

components StdOutC;
TestAppP.StdOut -> StdOutC;
}
```

2) Sender/TestSensorP.nc

Init.init()에서는 전송할 패킷의 length, seqno를 비롯한 패킷 구조체의 멤버에 대해 값을 설정해준다. payload에는 2byte 이므로 패킷의 길이는 11이 된다. Boot.booted()가 실행되면 SimpleMac.setChannel()을 호출하여 CC2430의 RF 채널을 설정하고, SimpleMac.start()을 호출하여 Radio의 기능을 On시킨다.

```
module TestAppP {
provides interface Init;
uses interface Boot;
uses interface Leds;
uses interface StdOut;
uses interface SimpleMac;
uses interface StdControl as SimpleMacControl;
}implementation {
mac_addr_t shortAddress;
uint8_t transmitPacket[128];
packet_t * transmitPacketPtr;
uint8_t channel;
uint8_t sequence = 1;
uint8_t counter=0;
 const ieee_mac_addr_t * ieeeAddress;

 command error_t Init.init() {
TOS_NODE_ID = 1;
shortAddress = TOS_NODE_ID;
transmitPacketPtr = (packet_t *) transmitPacket;
```

```
// Beacon packet
transmitPacketPtr->length = 9 + 2; //7 + 118 + 2;
transmitPacketPtr->fcf = 0x0000;
transmitPacketPtr->data_seq_no = sequence++;
//목표 어드레스(dest address) is 2
transmitPacketPtr->dest = 0x0002;
transmitPacketPtr->src = 0;
// 2 bytes
transmitPacketPtr->fcs.rssi = 0;
transmitPacketPtr->fcs.correlation = 0;
return SUCCESS;
}
```

UART로부터 문자가 입력되면 전송할 패킷의 페이로드(payload) 영역의 첫 번째 공간에 문자를 삽입(inject)하고, 두 번째 공간을 0으로 채워서 패킷을 전송한다. 첫 번째 공간은 데이터, 두 번째 공간은 홉 카운트를 나타낸다.

```
event void Boot.booted() {
call Leds.led1On();
channel = 26;
call SimpleMac.setChannel(channel);
call SimpleMacControl.start();
}

/************************************************************************
 ** CC2420
 ************************************************************************/
event void SimpleMac.sendPacketDone(packet_t *packet, error_t result)
{
call StdOut.print(" completed");
call StdOut.print("\n\r");
return;
}

event packet_t * SimpleMac.receivedPacket(packet_t *packet)
{
return packet;
```

```
}
/************************************************************************
 ** StdOut
 ************************************************************************/
async event void StdOut.get(uint8_t data) {
uint8_t temp[2];
atomic{
        temp[0] = data;
        temp[1] = '\0';
}
call StdOut.print(temp);
call StdOut.print(" is pressed..");
transmitPacketPtr->data[0] = data;
transmitPacketPtr->data[1] = 0;
call StdOut.print("Transmit start..");
call SimpleMac.sendPacket(transmitPacketPtr);

call Leds.led0Toggle();
}
}
```

3) 라우터(Router)/TestSensorC.nc

```
configuration TestAppC {
}implementation {
components MainC, TestAppP;
MainC.SoftwareInit -> TestAppP.Init;
MainC.Boot <- TestAppP;
components LedsC;
TestAppP.Leds -> LedsC;

components SimpleMacC;
TestAppP.SimpleMacControl -> SimpleMacC.StdControl;
TestAppP.SimpleMac -> SimpleMacC.SimpleMac;
}
```

TestSensorC.nc는 디버그에 사용할 LED 컴포넌트, RF 송수신을 위한 SimpleMacC를 선언하고, 모듈 파일인 TestSensorP에 쓴다.

4) 라우터(Router)/TestSensorP.nc

Init.init()에서는 전송할 패킷의 length, seqno를 비롯한 패킷 구조체의 멤버에 대해 값을 설정해준다. payload에는 2byte이므로 패킷의 길이는 11이 된다. Boot.booted()가 실행되면 SimpleMac.setChannel()을 호출하여 CC2430의 RF 채널을 설정하고, SimpleMac.start()을 호출하여 Radio의 기능을 On시킨다.

현재 소스는 좁은 공간에서 테스트하기 위해 직접 목표(destination)의 어드레스(address)를 지정하여 패킷을 전송하도록 되어 있다. 만약 실습환경이 송신기(Sender)가 보내는 데이터가 수신기(Receiver)에서 직접 수신하지 못할 만큼 크고 넓은 공간이 있다면 SimpleMac.addressFilterEnable()을 사용하지 않아도 된다.

패킷을 받으면 송신기(Sender)에서 보낸 데이터를 다시 전송할 패킷의 데이터 영역에 삽입(inject)한다. data[1]은 홉 카운트로 1씩 증가시킨다.

```
module TestAppP {
provides interface Init;
uses interface Boot;
uses interface Leds;
uses interface SimpleMac;
uses interface StdControl as SimpleMacControl;
}implementation {
mac_addr_t shortAddress;
uint8_t transmitPacket[128];
packet_t * transmitPacketPtr;
uint8_t channel;
uint8_t sequence = 1;
uint8_t counter=0;

const ieee_mac_addr_t * ieeeAddress;
/************************************************************************
 ** Init/Boot
 ************************************************************************/
command error_t Init.init() {
TOS_NODE_ID = 2;
shortAddress = TOS_NODE_ID;
transmitPacketPtr = (packet_t *) transmitPacket;

// Beacon packet
```

```
transmitPacketPtr->length = 9 + 2; //7 + 118 + 2;
transmitPacketPtr->fcf = 0x0000;
transmitPacketPtr->data_seq_no = sequence++;
//목표 어드레스(dest address) is 3
transmitPacketPtr->dest = 0x0003;
transmitPacketPtr->src = 0;

// 2 bytes
transmitPacketPtr->fcs.rssi = 0;
transmitPacketPtr->fcs.correlation = 0;
return SUCCESS;
}

event void Boot.booted() {
call Leds.led1On();
channel = 26;
call SimpleMac.setChannel(channel);
call SimpleMac.addressFilterEnable();
call SimpleMacControl.start();
call SimpleMac.rxEnable();
}
/**************************************************************************
 ** CC2420
 **************************************************************************/
event void SimpleMac.sendPacketDone(packet_t *packet, error_t result)
{
return;
}

event packet_t * SimpleMac.receivedPacket(packet_t *packet)
{
transmitPacketPtr->data[0] = packet->data[0]; //data
transmitPacketPtr->data[1] = packet->data[1] + 1; //hop count
call SimpleMac.sendPacket(transmitPacketPtr);
call Leds.led0Toggle();
call Leds.led1Toggle();
return packet;
}
}
```

5) 수신기(Receiver)/TestSensorC.nc

```
configuration TestAppC {
}implementation {
components MainC, TestAppP;
MainC.SoftwareInit -> TestAppP.Init;
MainC.Boot <- TestAppP;
components LedsC;
TestAppP.Leds -> LedsC;

components SimpleMacC;
TestAppP.SimpleMacControl -> SimpleMacC.StdControl;
TestAppP.SimpleMac -> SimpleMacC.SimpleMac;

components StdOutC;
TestAppP.StdOut -> StdOutC;
}
```

TestSensorC.nc는 디버그에 사용할 LED 컴포넌트, UART 입/출력을 위한 StdOutC 컴포넌트 그리고 RF 송신을 위한 SimpleMacC를 선언하고, 모듈 파일인 TestSensorP에 Wiring한다.

6) 수신기(Receiver)/TestSensorP.nc

이 소스도 마찬가지로 좁은 공간에서 테스트하기 위해 직접 목표(destination)의 어드레스(address)를 지정하여 패킷을 전송하도록 되어 있다.

넓은 공간이 있다면 SimpleMac.addressFilterEnable()을 사용하지 않아도 된다.

패킷을 받으면 라우터(Router)가 보낸 메시지를 출력한다. 소스 어드레스(source address), 홉 카운트, 데이터가 포함된다.

```
module TestAppP {
provides interface Init;
uses interface Boot;
uses interface Leds;
uses interface StdOut;
uses interface SimpleMac;
```

```
uses interface StdControl as SimpleMacControl;
}implementation {
mac_addr_t shortAddress;
uint8_t transmitPacket[128];
packet_t * transmitPacketPtr;
uint8_t channel;
uint8_t sequence = 1;
uint8_t counter=0;
const ieee_mac_addr_t * ieeeAddress;
/************************************************************************
 ** Init/Boot
 ************************************************************************/
command error_t Init.init() {
TOS_NODE_ID = 4;
shortAddress = TOS_NODE_ID;
transmitPacketPtr = (packet_t *) transmitPacket;
// Beacon packet
transmitPacketPtr->length = 9 + 2; //7 + 118 + 2;
transmitPacketPtr->fcf = 0x0000;
transmitPacketPtr->data_seq_no = sequence++;
transmitPacketPtr->dest = 0xFFFF;
transmitPacketPtr->src = 0;
// 2 bytes
transmitPacketPtr->fcs.rssi = 0;
transmitPacketPtr->fcs.correlation = 0;
return SUCCESS;
}
event void Boot.booted() {
call Leds.led1On();
channel = 26;
call SimpleMac.setChannel(channel);
call SimpleMac.addressFilterEnable();
call SimpleMacControl.start();
call SimpleMac.rxEnable();
}

event void SimpleMac.sendPacketDone(packet_t *packet, error_t result){
return;
}
```

```
event packet_t * SimpleMac.receivedPacket(packet_t *packet)
{
uint8_t temp[2];
atomic{
        temp[0] = packet->data[0];
        temp[1] = '\0';
}
call StdOut.print("Source Address is 0x000");
call StdOut.printBase10uint16(packet->src);
call StdOut.print("\r\n");
call StdOut.print("Hop Count is ");
call StdOut.printBase10uint8(packet->data[1]);
call StdOut.print("\r\n");
call StdOut.print("Data is ");
call StdOut.print(temp);
call StdOut.print("\r\n");
call StdOut.print("\r\n");

call Leds.led0Toggle();
call Leds.led1Toggle();
return packet;
}
/*************************************************************************
 ** StdOut
 *************************************************************************/
async event void StdOut.get(uint8_t data) {
        return;
}
```

7) 프로그램 업로드 및 테스트

송신기(Sender), 라우터(Router)_2, 라우터(Router)_3, 수신기(Receiver)를 빌드하여 각각 Hmote2430에 올린 후, 송신기(Sender)와 수신기(Receiver)를 PC와 연결한다.

하이퍼터미널(시리얼 프로그램)을 실행하고, 송신기와 연결된 터미널에서 문자를 입력하면 다음과 같은 화면이 나온다.

(1) 송신기(Sender)

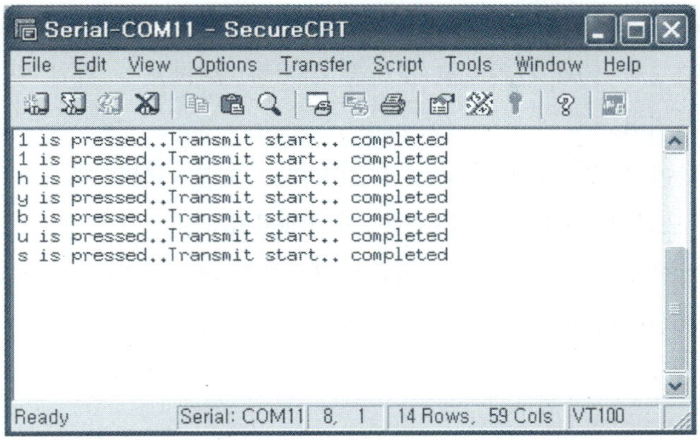

(2) 수신기(Receiver)

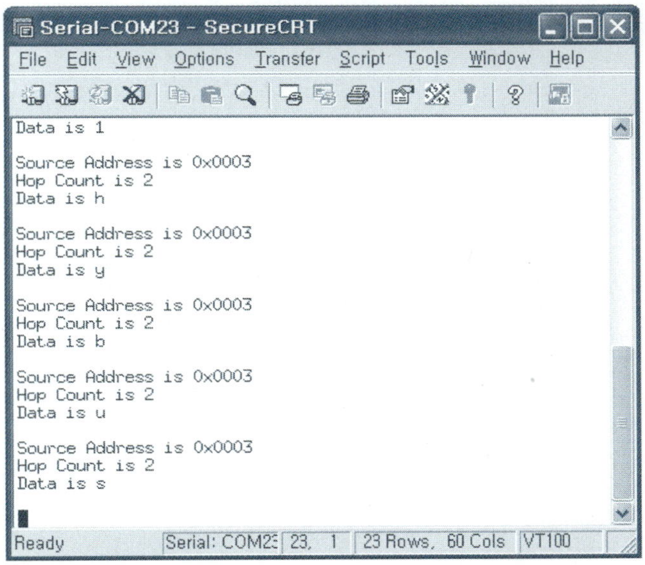

송신기(Sender)가 보낸 메시지가 그대로 출력이 되고, 라우터(Router)의 노드 아이디와 홉 카운트가 출력되게 된다.

라우터(Router)를 2개 사용했으니 홉 카운트는 2가 된다.

만약 2개의 라우터(Router) 중 하나라도 전원이 꺼지면 패킷의 홉핑이 되지 않으므로, 수신기(Receiver)에서 값을 얻어오지 못한다.

5. 실습과제

① 라우터(Router)와 수신기(Receiver)의 어드레스 필터(address Filter) 부분을 주석처리하고 25~30M 간격으로 노드를 설치한 후 테스트 결과 및 어떤 문제점이 있는지 작성하여라.

② 온도값이 삽입(inject)된 패킷을 전송하고, 2번 이상의 홉핑을 거쳐 수신기(Receiver)에서 모니터링하는 프로그램을 작성하여라.
수신기(Receiver)에서는 홉 카운트와 소스 어드레스(source address), 소스 어드레스(source address)의 RSSI 값(dBm), 온도 데이터를 출력하여라.

실습 15 기초 멀티홉 프로토콜 실습

1. 실습목표

- 플러딩(Flooding) 및 Gossiping 프로토콜의 원리에 대해 이해한다.
- 각 네트워크 프로토콜에 대한 차이점과 장·단점을 이해한다.
- 각 네트워크 프로토콜을 적용하여 구현할 수 있다.
- TinyOS 응용 프로그램을 이해하고 작성할 수 있다.

2. 기초지식

- 플러딩(Flooding) 프로토콜의 이해
- Gossiping 프로토콜의 이해
- Timer, LED, UART 및 RF 컴포넌트의 사용

3. 기초이론

1) 플러딩(Flooding) 프로토콜

이동 Ad-Hoc 네트워크는 무선 인터페이스를 가진 다수의 노드들에 의해 자율적으로 구성되는 네트워크로서 무선 자원과 배터리상의 제약을 가진다. 또한, 노드의 이동성으로 인하여 네트워크 토폴로지(Topology)가 동적으로 변화하는 특성을 가지기 때문에 기존 유선 네트워크에서 사용되는 패킷 전달방식을 그대로 적용하기에는 많은 문제점이 있다.

플러딩은 패킷을 네트워크 전체로 브로드캐스팅하기 위한 패킷 전달방식으로, 이동 Ad-Hoc 네트워크에서는 라우팅 프로토콜, 서비스 탐색 프로토콜, 주소 자동설정 프로토콜 등에서 이를 필수적으로 사용하고 있기 때문에 플러딩 기법의 효율성은 이동 Ad-Hoc 네트워크의 성능을 결정짓는 주요 요소의 하나로 작용하고 있다. 특히, 이동 Ad-Hoc 네트워크에서 모든 노드들은 서로 공유된 무선 채널을 사용하고 있고 인접 노드들 간의 무선 전송영역이 서로 중첩되는 특성을 가지고 있기 때문에 플러딩 수행중에 무선 자원에 대한 경쟁(contention), 패킷 충돌(collision) 및 브로드캐스트 패킷의 중복 수신(duplication)에 따른 네트워크 성능저하가 큰 문제점으로 인식되고 있다.

플러딩의 가장 기본적인 형태인 블라인드 플러딩(Blind Flooding)은 브로드캐스트 패킷

을 수신한 노드가 이를 다시 이웃 노드에게 플러딩하는 방식이다.

네트워크상에 N개의 노드가 존재할 경우 블라인드 플러딩을 사용하면 N번의 플러딩이 발생한다. [그림 12]에서와 같이 7개의 노드로 구성된 이동 Ad-Hoc 네트워크에서 블라인드 플러딩을 사용할 경우 7번의 플러딩을 수행해야 한다.

그러나 노드들의 무선 전송영역이 서로 겹치기 때문에 최적화된 플러딩(optimal Flooding)의 경우 2번의 플러딩만으로 모든 노드들에게 브로드캐스트 패킷을 전달할 수가 있다.

블라인드 플러딩은 구현이 용이한 장점이 있는 반면 브로드캐스트 패킷을 중복되게 수신할 가능성이 크며 이웃 노드간의 자원경쟁 및 패킷 충돌현상을 발생시킴으로써 네트워크 성능에 심각한 영향을 주게 된다.

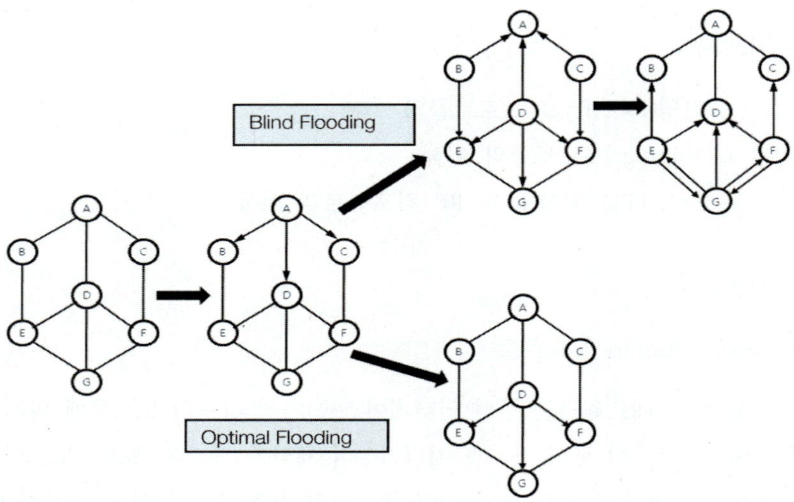

[그림 12] Blind Flooding과 Optimal Flooding의 비교

플러딩(Flooding) 프로토콜의 또 다른 문제들 및 제한점들을 살펴보면 다음과 같다.

- 여러 노드가 전송한 패킷이 목적지 노드로 집중되면서 목적지 노드에 병목현상이 발생하게 된다.
- 패킷은 브로드 캐스트 형식으로 전파되기 때문에 한 노드가 같은 패킷을 두 번 이상 수신할 수 있다.
- 구축된 네트워크의 성능은 RF 출력에 의존하게 된다.
- 하나의 패킷을 목적지 노드에게 전송하기 위해서 매우 많은 노드들이 데이터 통신에 참여해야 한다.

- 목적 노드가 데이터를 수신한 상황에서도 다른 노드들에 의해 전송된 데이터가 계속해서 포워딩될 수 있다.
- 많은 전력소모로 인하여 네트워크의 라이프 사이클이 짧아진다.
- 많은 노드들이 전송에 참여하므로 데이터 충돌 확률이 크게 증가한다.

2) 주요 플러딩(Flooding) 기술

[그림 13]에서와 같이 플러딩(Flooding) 방식은 중복적으로 수신된 브로드캐스트 패킷의 정보를 이용하는 휴리스틱 기반(Heuristic based) 방식과 토폴로지 정보를 이용하는 토폴로지 기반(Topology based) 방식으로 크게 나눌 수 있다.

휴리스틱 기반 방식은 확률 기반(Probability based) 방식과 영역 기반(Area based) 방식으로 나눌 수 있으며, 토폴로지 기반 방식은 이웃 토폴로지 기반(Neighbor Topology based) 방식, 소스 트리 기반(Source Tree based) 방식 및 클러스터 기반(Cluster based) 방식으로 나눌 수 있다.

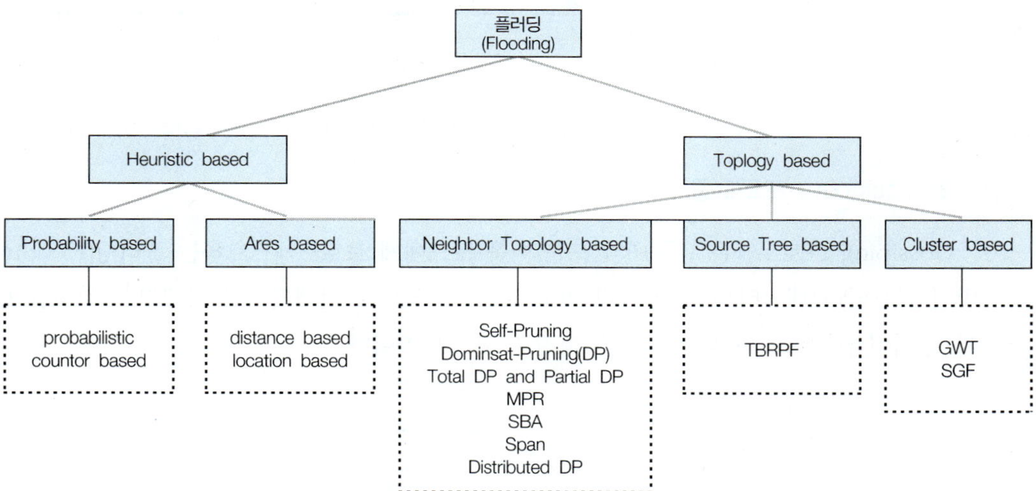

[그림 13] 플러딩 방식의 분류

(1) 휴리스틱 기반 방식

노드 A가 이웃 노드 B로부터 수신한 브로드캐스트 패킷을 자신의 다른 이웃 노드에게 플러딩하기 위해서는 해당 패킷을 MAC 계층으로 전달하여야 하며, MAC 계층에서는 공유된 무선 채널이 가용될 경우 물리계층에게 전달하여 실제 전송이 이루어지게 한다.

따라서 [그림 14]에서와 같이 노드 A가 브로드캐스트 패킷을 최초로 수신한 시각과 해당 브로드캐스트 패킷을 물리계층에서 실제로 송신하기까지는 다소의 시간이 소요되며, 이 시간 동안에 다수의 중복된 브로드캐스트 패킷이 수신될 수 있다. 따라서 이 기간 동안 중복 수신된 브로드캐스트 패킷의 정보를 이용하여 플러딩 여부를 다시 결정한다.

(2) 토폴로지 기반 방식

토폴로지 기반 방식에서는 네트워크 토폴로지 정보를 이용하여 브로드캐스트 패킷의 플러딩 횟수를 최소화하고자 하며, 대부분이 MCDS를 근사적으로 계산하기 위한 다양한 기법들을 제안하고 있다.

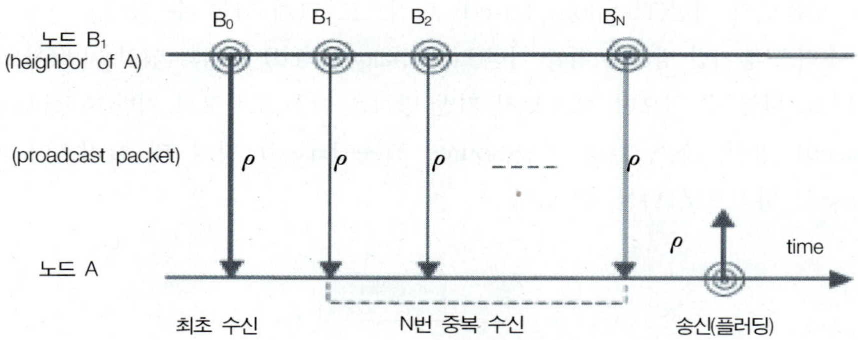

[그림 14] 브로드캐스트 패킷의 중복 수신

3) Gossiping 프로토콜

Gossiping 프로토콜은 1홉 내의 모든 이웃 노드에게 브로드캐스트하는 플러딩(Flooding) 방식과는 달리 데이터를 수신한 뒤 이웃 노드 중 임의로 선택된 노드에게만 재전송함으로써 플러딩 protocol의 비효율성을 해결한 프로토콜이다.

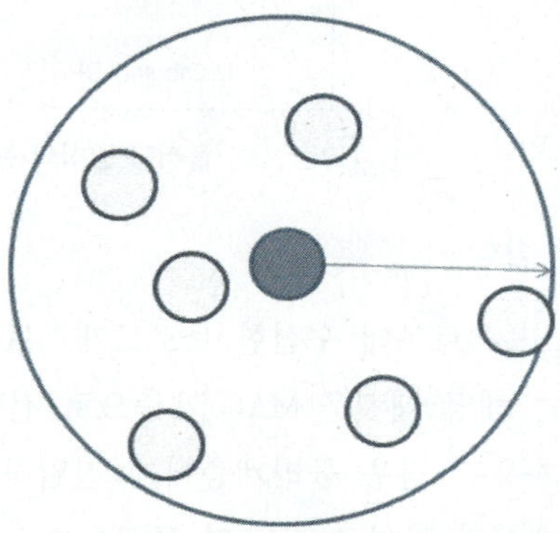

[그림 15] Advertise Packet

Gossiping protocol은 너무 많은 노드가 네트워크에 참여함으로써 발생될 수 있는 여러 문제점들을 해결하기 위해 확률적 패킷 전송방식을 사용한다.

Gossiping 프로토콜 안에서는 각 노드들마다 자신의 1홉 내에 위치한 이웃 노드들의 존재 여부를 확인하기 위해 주기적 Advertise 패킷을 전송한다. 주기적 Advertise 패킷이란 일정 시간마다 자신의 아이디 정보를 브로드캐스트함으로써 주변 노드들에게 자신의 존재여부를 알려주는 패킷을 의미한다. Advertise 패킷은 1홉 내에서만 전송되며, 다른 노드들에 의해서 포워딩되지 않는다.

Gossiping 프로토콜에서 만약 다른 노드로부터 포워딩해야 할 데이터 패킷을 받을 경우 패킷을 포워딩하기에 앞서 먼저 자신의 이웃 노드들을 확인해야 한다. 그리고 그 이웃 노드들 중 하나의 노드를 랜덤하게 선택하여 수신한 데이터 패킷을 랜덤하게 선택된 노드에게만 전송한다. 즉, 모든 노드에게 브로드캐스트하는 플러딩(Flooding) 프로토콜과는 달리 하나의 노드에게만 데이터를 전송함으로써 전송에 참여하는 노드의 숫자를 획기적으로 줄일 수 있다. 줄어든 참여노드의 숫자는 전송 패킷 숫자의 감소를 의미함으로써 네트워크 오버헤드면이나 전송 에너지면에서 기존 플러딩(Flooding) 프로토콜에 비해 매우 효과적이다.

[그림 16]은 Gossiping 프로토콜의 동작을 표현한 것이다.

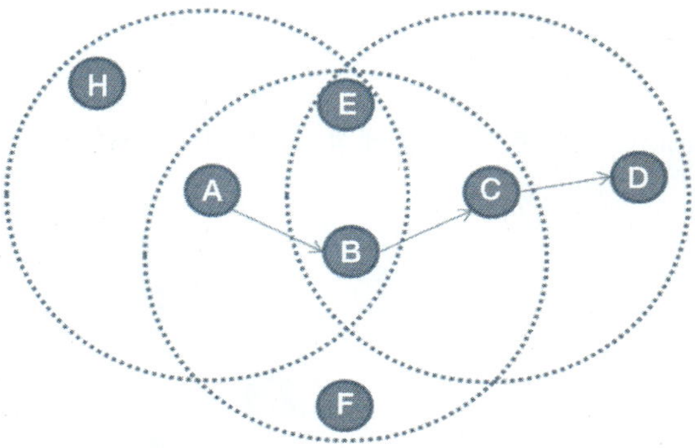

[그림 16] Gossiping 프로토콜의 동작

현재 노드 A가 노드 D에게 전송할 데이터를 가지고 있는 상황이다. 노드 A는 주변 이웃 노드 B, H, E 중 노드 B를 랜덤하게 선택하여 데이터를 포워딩한다. 만약 노드 B가 노드 C를 선택하여 데이터를 포워딩하게 된다면 패킷의 경로는 ①, ②의 그림과 같다. 기존의 플러딩(Flooding) 프로토콜의 경우 노드 A에서 노드 D에게로 패킷을 전송하기 위해 전체 노드가 패킷 포워딩에 참석해야 했지만 Gossiping 프로토콜에서는 노드 A, B, C의 전송만으로 원하는 데이터를 목적 노드에게 전달할 수 있다. 하지만 Gossiping 프로토콜도 매우 심각한 문제점을 가지고 있다. [그림 16]은 Gossiping 프로토콜이 가장 효과적으로 동작하였을 때의 예이다. Gossiping 프로토콜에서는 포워딩에 참석할 이웃노드를 랜덤하게 선택하기 때문에, 효과적으로만 이웃 노드들을 선택하는 것은 아니다. 최악의 경우 노드 A가 이웃 노드 H를 선택하여 패킷을 포워딩할 경우 데이터 패킷은 절대 노드 D에게 전달 될 수 없다. 또한 ①의 그림과 같이 중간 포워딩 노드에서 조금만 잘못 패킷을 포워딩하게 되면 패킷은 손실되어 버릴 가능성이 높다.

① Gossiping 프로토콜의 문제점 : 노드 A가 H를 선택했을 경우

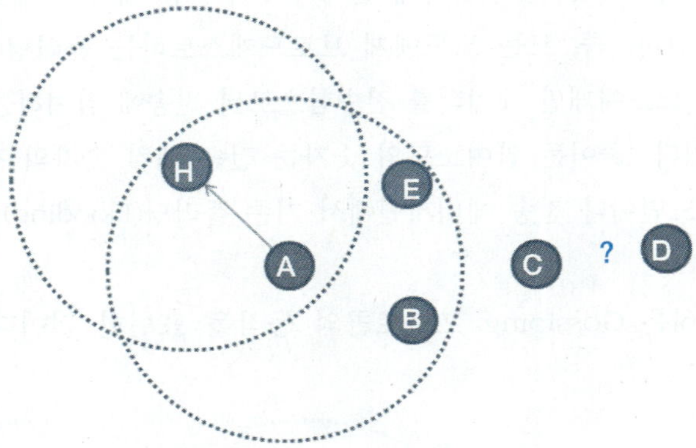

② Gossiping 프로토콜의 문제점 : 노드 B가 F를 선택했을 경우

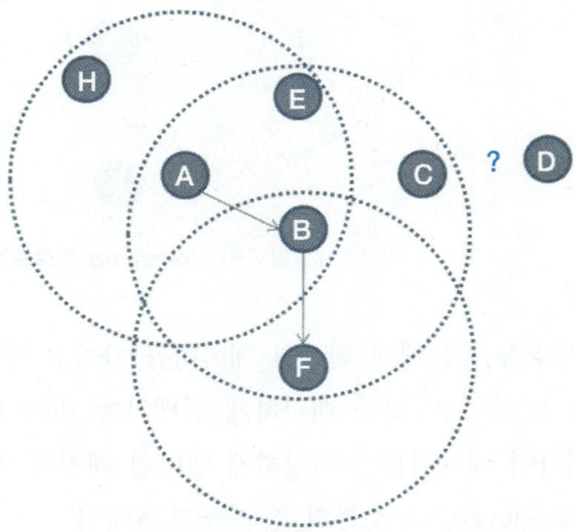

이러한 패킷 손실을 줄이기 위해 다른 논문들에서는 포워딩하기 전 여러 이웃 노드들을 선택하여 동시에 데이터를 전송하는 방법을 사용하기도 한다. 또 다른 논문에서는 Advertise패킷의 오버헤드를 줄이기 위해 패킷을 받은 후 특정 확률값을 근거로 패킷의 포워딩 혹은 포기 여부를 스스로 결정하기도 한다. 이 방식은 자신이 패킷을 전송할지 안 할지를 직접 결정하기 때문에 주변 이웃 노드들의 존재를 유지할 필요가 없다.

Gossiping 프로토콜 역시 많은 논문들에 의해 그 성능 및 동작이 개선되었다. 하지만 Gossiping 형태의 라우팅 프로토콜은 네트워크에 있는 모든 노드가 참여하는 플러딩(Flooding) 기법에 비해 목적 노드에 도착하는 패킷의 도착률은 낮을 수밖에 없다. 통신 에너지 소모 면에서나 네트워크 오버헤드 면에서는 Gossiping 프로토콜이 효과적일 수 있지만, 패킷 도착률 면에서는 플러딩(Flooding) 프로토콜이 보다 효과적이다. 네트워크 관리자는 설치할 네트워크의 목적에 맞게 적합한 라우팅 프로토콜을 선택해야 한다.

4. 실습내용

실습을 하기 위해서는 3개 이상의 노드가 필요하다. 데이터를 전송할 Source 노드와 Source 노드가 최종적으로 데이터를 보내려고 하는 Destination 노드 그리고 Source 노드와 Destination 사이에서 데이터를 포워딩할 라우팅 노드가 1개 이상 필요하다.

(라우팅 노드는 개수에 제한이 없고, 효과적인 실습을 위해서는 2~5개 정도의 노드가 적당하다.)

1) 플러딩(Flooding) Routing Protocol

이제부터 실습할 Multi-Hop 응용 프로그램은

apps/Hmote2430/Exercise_15/플러딩(Flooding)))의 Fld_Src와 Fld_Hop 및 Fld_Dest 이다.

Fld_Src는 데이터를 전송하는 Source노드용 프로그램이고, Fld_Hop는 라우팅 노드용 프로그램, Fld_Dest는 Source노드의 목적지인 Destination 노드용 프로그램이다.

(1) 플러딩/Fld_Src

Fld_Src의 SenderAppC는 디버그에 사용할 LED 컴포넌트, 주기적인 송신을 위한 Timer 컴포넌트 및 RF 송수신을 위한 SimpleMacC를 선언하고, 모듈 파일인 SenderP와 Wiring 한다.

실습15

① SenderAppC.nc

```
/opt/tinyos-2.x/apps/Hmote2430/Exercise_15/Flooding/Fld_Src

configuration SenderAppC
{
}

implementation
{
  components MainC, SenderP;
  components new TimerMilliC() as HTimer;
  components SimpleMacC;
  components LedsC;

  MainC.SoftwareInit -> SenderP.Init;

  SenderP -> MainC.Boot;
  SenderP.HTimer -> HTimer.Timer;
  SenderP.Leds -> LedsC.Leds;
  SenderP.SimpleMacControl -> SimpleMacC.StdControl;
  SenderP.SimpleMac -> SimpleMacC.SimpleMac;
}
```

② SenderP.nc

Init.init()에서는 전송할 패킷의 length, seqno를 비롯한 패킷 구조체의 멤버에 대해 값을 설정해준다. Boot.booted()가 실행되면 SimpleMac.setChannel()을 호출하여 CC2430의 RF 채널을 설정하고, SimpleMac.setTransmitPower()를 호출하여 RF의 출력 파워를 설정한 후 SimplMac.start()을 호출하여 Radio의 기능을 On시킨다.

SimpleMac.setTransmitPower()는 1에서 100까지의 수를 파라미터로 사용할 수 있으며, 이는 실습 13에서 배웠듯이 1~31의 값을 백분율로 나눈 것이다.

SimpleMac.setTransmitPower(TXPWR)에서 RF POWER를 8로 설정한 것은 데이터가 전송되는 거리를 줄여서 플러딩(Flooding)이 되는 것을 확인하고자 함이다. 8로 설정했을 때 노드의 송수신 거리는 5~10cm 정도이다. 만약 RF_POWER를 조정하지 않고, 최대 출력으로 사용한다면 노드와 노드사이의 거리를 최소 20M 이상 두어야 할 것이다.

RF의 설정이 끝나면 Timer를 1000ms에 한 번씩 발생되도록 하여, 타이머 이벤트가 발생할 때마다 데이터 필드(DATA]에 A부터 F까지의 문자를 순차적으로 전송하게 된다.

초기값 설정으로 DATA는 0, TTL은 1, 그리고 UNIQID는 TOS_NODE_ID 1로 설정이 되어 있는데 DATA는 전송 데이터, UNIQID는 데이터의 근원지, TTL은 Time-to-Live를 나타내며, 패킷의 포워딩 횟수를 나타낸다.

상기 내용은 다음과 같다.

```
/opt/tinyos-2.x/apps/Hmote2430/Exercise_15/Flooding/Fld_Src
#define UNIQID  0
#define TTL     1
#define DATA    2
#define TXPWR   8
#define TTL_MAX 20

module SenderP
{
  provides interface Init;
  uses interface Boot;
  uses interface Timer<TMilli> as HTimer;
  uses interface SimpleMac;
  uses interface StdControl as SimpleMacControl;
  uses interface Leds;
}

implementation
{

  uint8_t trasnmitPacket[128];
  packet_t * transmitPacketPtr;

  uint8_t channel;
  uint8_t sequence = 0;
  uint8_t i = 0xA;
```

```
/opt/tinyos-2.x/apps/Hmote2430/Exercise_15/Flooding/Fld_Src
  command error_t Init.init() {
    TOS_NODE_ID = 1;
    transmitPacketPtr = (packet_t *) trasnmitPacket;

    transmitPacketPtr->length = 9 + 3;
    transmitPacketPtr->fcf |= 0x0000;
    transmitPacketPtr->data_seq_no = sequence;
    transmitPacketPtr->dest = 0xFFFF;
    transmitPacketPtr->src = 0;

    transmitPacketPtr->fcs.rssi = 0;
    transmitPacketPtr->fcs.correlation = 0;

    transmitPacketPtr->data[UNIQID] = TOS_NODE_ID;
    transmitPacketPtr->data[TTL] = 0;
    transmitPacketPtr->data[DATA] = 0;
    return SUCCESS;
  }

  event void Boot.booted() {
    channel = 11;
    call SimpleMac.setChannel(channel);
    call SimpleMac.setTransmitPower(TXPWR);
    call SimpleMacControl.start();
    call SimpleMac.rxEnable();

    call Leds.led0On();
    call Leds.led1On();

    call HTimer.startPeriodic(1000);
  }

  task void sendPacketTask() {
    call SimpleMac.sendPacket(transmitPacketPtr);
  }

  event void HTimer.fired() {
    transmitPacketPtr->data[UNIQID] = TOS_NODE_ID;
    transmitPacketPtr->data[TTL] = 0;
    if (i > 0xF)
        i = 0xA;
    transmitPacketPtr->data[DATA] = i;
    i++;
    post sendPacketTask();
  }

  event void SimpleMac.sendPacketDone(packet_t *packet, error_t result) {
    call Leds.led0Toggle();
    transmitPacketPtr->data_seq_no = sequence++;
  }
```

전송부분은 Task 함수를 사용하여 내에서 동작하도록 정의하였다. 패킷 전송이 완료될 때마다 sequence는 하나씩 증가한다.

실습15

/opt/tinyos-2.x/apps/Hmote2430/Exercise_15/Flooding/Fld_Src

```
event packet_t * SimpleMac.receivedPacket(packet_t *packet) {
  call Leds.led1Toggle();

  if(packet->data[UNIQID] == TOS_NODE_ID)
      return packet;

  if(packet->data[TTL] > TTL_MAX)
      return packet;

  transmitPacketPtr->data[UNIQID] = packet->data[UNIQID];
  transmitPacketPtr->data[TTL] = packet->data[TTL] + 0x01;
  transmitPacketPtr->data[DATA] = packet->data[DATA];
  post sendPacketTask();
  return packet;
}
```

(2) 플러딩(Flooding)))/Fld_Hop

SenderAppC는 디버그에 사용할 LED 컴포넌트, 주기적인 송신을 위한 Timer 컴포넌트 및 RF 송수신을 위한 SimpleMacC를 선언하고, 모듈 파일인 SenderP와 Wiring한다.

① SenderAppC.nc

/opt/tinyos-2.x/apps/Hmote2430/Exercise_15/Flooding/Fld_Hop

```
configuration SenderAppC
{
}

implementation
{
  components MainC, SenderP;
  components SimpleMacC;
  components LedsC;

  MainC.SoftwareInit -> SenderP.Init;

  SenderP -> MainC.Boot;
  SenderP.Leds -> LedsC.Leds;
  SenderP.SimpleMacControl -> SimpleMacC.StdControl;
  SenderP.SimpleMac -> SimpleMacC.SimpleMac;
}
```

② SenderP.nc

Init.init()에서는 전송할 패킷의 length, data_seq_no를 비롯한 패킷 구조체의 멤버에 대해 값을 설정해준다. Boot.booted()가 실행되면 SimpleMac.setChannel()을 호출하여 CC2430의 RF 채널을 설정하고, SimpleMac.setTransmitPower()를 호출하여 RF의 출력 전력을 설정한 후 SimplMac.start()을 호출하여 Radio의 기능을 On 시킨다.

패킷을 받았을 때 자신이 보낸 메시지가 그대로 돌아왔다면 아무런 처리도 하지 않는다. 이는 UNIQID를 이용하는데 자신의 유일한 ID와 받은 패킷의 ID가 같은지 비교하는 방식이다.

```
/opt/tinyos-2.x/apps/Hmote2430/Exercise_15/Flooding/Fld_Hop
#define UNIQID  0
#define TTL     1
#define DATA    2
#define TXPWR   8
#define TTL_MAX 20

module SenderP
{
  provides interface Init;
  uses interface Boot;
  uses interface SimpleMac;
  uses interface StdControl as SimpleMacControl;
  uses interface Leds;
}

implementation
{
  uint8_t trasnmitPacket[128];
  packet_t * transmitPacketPtr;

  uint8_t channel;
  uint8_t sequence = 0;

  task void sendPacketTask();

  command error_t Init.init() {
    TOS_NODE_ID = 5;
    transmitPacketPtr = (packet_t *) trasnmitPacket;

    transmitPacketPtr->length = 9 + 3;
    transmitPacketPtr->fcf != 0x0000;
    transmitPacketPtr->data_seq_no = sequence;
    transmitPacketPtr->dest = 0xFFFF;
    transmitPacketPtr->src = 0;

    transmitPacketPtr->fcs.rssi = 0;
    transmitPacketPtr->fcs.correlation = 0;

    transmitPacketPtr->data[UNIQID] = 0;
    transmitPacketPtr->data[TTL] = 0;
    transmitPacketPtr->data[DATA] = 0;
    return SUCCESS;
  }

  event void Boot.booted() {
    channel = 11;
    call SimpleMac.setChannel(channel);
    call SimpleMac.setTransmitPower(TXPWR);
    call SimpleMacControl.start();
    call SimpleMac.rxEnable();

    call Leds.led0On();
    call Leds.led1On();
  }
```

또한 TTL이 20이 되었을 때(즉 홉 카운트가 20이 되었을 때)에도 아무런 처리를 하지 않는다. Fld_Hop은 포워딩이 목적이므로, 받은 패킷의 UNIQID만 제외하고 그대로 전송하게 된다.

```
/opt/tinyos-2.x/apps/Hmote2430/Exercise_15/Flooding/Fld_Hop
  task void sendPacketTask() {
    call SimpleMac.sendPacket(transmitPacketPtr);
  }

  event void SimpleMac.sendPacketDone(packet_t *packet, error_t result) {
    call Leds.led0Toggle();
    transmitPacketPtr->data_seq_no = sequence++;
  }

  event packet_t * SimpleMac.receivedPacket(packet_t *packet) {
    call Leds.led1Toggle();

    if(packet->data[UNIQID] == TOS_NODE_ID)
        return packet;

    if(packet->data[TTL] > TTL_MAX)
        return packet;

    transmitPacketPtr->data[UNIQID] = packet->data[UNIQID];
    transmitPacketPtr->data[TTL] = packet->data[TTL] + 0x01;
    transmitPacketPtr->data[DATA] = packet->data[DATA];
    post sendPacketTask();
    return packet;
  }
}
```

(3) 플러딩(Flooding)))/Fld_Dest

① SenderAppC.nc

```
/opt/tinyos-2.x/apps/Hmote2430/Exercise_15/Flooding/Fld_Dest
configuration SenderAppC
{
}

implementation
{
  components MainC, SenderP;
  components SimpleMacC;
  components LedsC, StdOutC;

  MainC.SoftwareInit -> SenderP.Init;

  SenderP -> MainC.Boot;
  SenderP.Leds -> LedsC.Leds;
  SenderP.SimpleMacControl -> SimpleMacC.StdControl;
  SenderP.SimpleMac -> SimpleMacC.SimpleMac;
  SenderP.StdOut -> StdOutC;
}
```

구성은 Fld_Src와 Fld_Hop와 동일하다.

② SenderP.nc

```
/opt/tinyos-2.x/apps/Hmote2430/Exercise_15/Flooding/Fld_Dest
module SenderP
{
  provides interface Init;
  uses interface Boot;
  uses interface SimpleMac;
  uses interface StdControl as SimpleMacControl;
  uses interface Leds;
  uses interface StdOut;
}

implementation
{
  uint8_t trasnmitPacket[128];
  packet_t * transmitPacketPtr;

  uint8_t channel;
  uint8_t sequence = 0;

  command error_t Init.init() {
    TOS_NODE_ID = 6;
    transmitPacketPtr = (packet_t *) trasnmitPacket;

    transmitPacketPtr->length = 9 + 3;
    transmitPacketPtr->fcf |= 0x0000;
    transmitPacketPtr->data_seq_no = sequence;
    transmitPacketPtr->dest = 0xFFFF;
    transmitPacketPtr->src = 0;

    transmitPacketPtr->fcs.rssi = 0;
    transmitPacketPtr->fcs.correlation = 0;

    transmitPacketPtr->data[UNIQID] = TOS_NODE_ID;
    transmitPacketPtr->data[TTL] = 0;
    transmitPacketPtr->data[DATA] = 0;
    return SUCCESS;
  }

  event void Boot.booted() {
    channel = 11;
    call SimpleMac.setChannel(channel);
    call SimpleMac.setTransmitPower(TXPWR);
    call SimpleMacControl.start();
    call SimpleMac.rxEnable();

    call Leds.led0On();
    call Leds.led1On();
  }

  event void SimpleMac.sendPacketDone(packet_t *packet, error_t result) {
    return;
  }
```

Init.init()에서는 전송할 패킷의 length, data_seq_no를 비롯한 패킷 구조체의 멤버에 대해 값을 설정해준다. Boot.booted()가 실행되면 SimpleMac.setChannel()을 호출하여 CC2430의 RF 채널을 설정하고, SimplMac.start()을 호출하여 Radio의 기능을 On시킨다.

패킷을 받으면 패킷을 전송한 노드의 ID와 그 노드의 목적지 주소, UNIQID, TTL 및 데이터를 출력하게 된다.

```
/opt/tinyos-2.x/apps/Hmote2430/Exercise_15/Flooding/Fld_Dest

event packet_t * SimpleMac.receivedPacket(packet_t *packet) {
  call Leds.led1Toggle();

  if(packet->data[UNIQID] == TOS_NODE_ID)
      return packet;

  if(packet->data[TTL] > TTL_MAX)
      return packet;

  call StdOut.print("========================");
  call StdOut.print("₩r₩n");
  call StdOut.print("Source Address : 0x");
  call StdOut.printHexword(packet->src);
  call StdOut.print("₩r₩n");
  call StdOut.print("Data : 0x");
  call StdOut.printHex(packet->data[DATA]);
  call StdOut.print("₩r₩n");
  call StdOut.print("TTL : ");
  call StdOut.printBase10uint8(packet->data[TTL]);
  call StdOut.print("₩r₩n");
  call StdOut.print("========================");
  call StdOut.print("₩r₩n₩r₩n");

  return packet;
}

async event void StdOut.get(uint8_t data) {
      return;
}
```

③ 프로그램 업로드 및 테스트

Fld_Src, Fld_Hop, Fld_Dest를 각각 빌드하여 Hmote2430에 올린 후 Fld_Dest를 PC와 연결한다. Fld_Hop는 여러 개를 사용할 수 있으며, 패킷의 식별을 위해 TOS_NODE_ID와 UNIQID를 변경하면서 컴파일 및 업로드를 한다.

여기서는 Fld_Hop을 4개를 적용하였다.

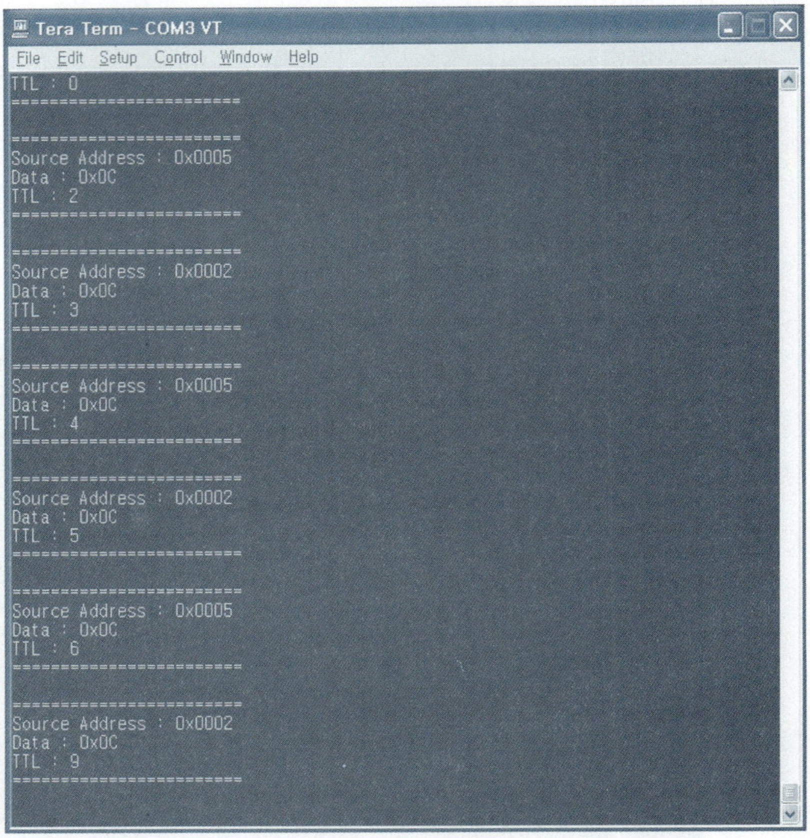

Tera Term을 실행하고 COM Port를 설정하자. 그리고 각각 모트를 리셋시킨다. 위의 그림은 출력되는 결과의 한 부분이다.

위에 출력된 메시지를 보면 이미 Destination 노드는 0x0C라는 데이터를 수신했음에도 불구하고 5번과 2번 노드가 번갈아 가면서 같은 데이터를 계속 포워딩함으로써 TTL이 늘어나는 것을 볼 수 있다. Destination 노드가 Source 노드에서 보내는 패킷보다 더 많은 패킷을 수신하고 있다. 당연히 그에 따른 병목현상도 발생할 것이다.

2) Gossiping Routing Protocol

위에서 실습했듯이 플러딩(Flooding)))은 하나의 패킷을 중복해서 받음으로써 노드간의 부하가 많이 걸리고 목적지에서 병목현상이 생기는 단점이 있다.

이번 실습에서는 이러한 단점을 보완하고자 제안된 프로토콜 중 하나인 Gossiping에 대해 실습해보고자 한다.

위의 이론부분에서 설명했듯이 Gossiping은 플러딩(Flooding)의 단점인 동일 패킷의 중복수신으로 생기는 병목현상을 줄임으로써 불필요한 전력을 줄일 수 있는 효율적인 라우팅 프로토콜이다.

노드간의 인접한 노드를 선택하여 유니캐스트 방식으로 전송하기 때문에 부하를 획기적으로 줄일 수 있다. 하지만 패킷을 전송하기 전에 인접한 노드를 랜덤으로 선택하기 때문에 잘못된 노드를 선택하게 될 경우 라우팅 경로의 오류로 인해 패킷 손실로 이어질 수 있기 때문에 패킷의 목적지 도착률은 플러딩(Flooding)에 비해 떨어진다는 치명적인 단점이 있다.

실습할 Multi-Hop 응용 프로그램은 apps/Hmote2430/Exercise_15/Gossiping의 Gsp_Src와 Gsp_Hop 및 Gsp_Dest이다. Gsp_Src는 데이터를 전송하는 Source 노드용 프로그램이고, Gsp_Hop는 라우팅 노드용 프로그램, Gsp_Dest는 Source노드의 목적지인 Destination 노드용 프로그램이다.

(1) Gossiping/Gsp_Src

① SenderAppC.nc

```
/opt/tinyos-2.x/apps/Hmote2430/Exercise_15/Gossiping/Gsp_Src
configuration SenderAppC
{
}

implementation
{
  components MainC, SenderP;
  components new TimerMilliC() as HTimer;
  components SimpleMacC;
  components LedsC;
  components RandomC;
  components StdOutC;

  MainC.SoftwareInit -> SenderP.Init;

  SenderP -> MainC.Boot;
  SenderP.HTimer -> HTimer.Timer;
  SenderP.Leds -> LedsC.Leds;
  SenderP.SimpleMacControl -> SimpleMacC.StdControl;
  SenderP.SimpleMac -> SimpleMacC.SimpleMac;
  SenderP.Random -> RandomC;
  SenderP.StdOut -> StdOutC;
  SenderP.SeedInit -> RandomC.SeedInit;
}
```

Wiring은 기본적으로 플러딩(Flooding)))과 비슷하다. 다만 RandomC라는 컴포넌트를 사용한다는 차이점이 있다. RandomC는 인접 노드를 선택할 때 사용된다.

- SenderP.nc

```
~ /opt/tinyos-2.x/apps/Hmote2430/Exercise_15/Gossiping/Gsp_Src
#define TYPE    0
#define DATA    1
#define TXPWR   5
#define ID_MAX  5

module SenderP
{
  provides interface Init;
  uses interface Boot;
  uses interface Timer<TMilli> as HTimer;
  uses interface SimpleMac;
  uses interface StdControl as SimpleMacControl;
  uses interface Leds;
  uses interface Random;
  uses interface StdOut;
  uses interface ParameterInit<uint16_t> as SeedInit;
}

implementation
{
  uint8_t transmitPacket[128];
  packet_t * transmitPacketPtr;

  uint8_t channel, j;
  uint8_t sequence = 0;
  uint8_t i = 0xA;
  uint16_t nodeID = 0;
  uint16_t selNode = 0;
  uint16_t IDTable[ID_MAX];
  uint8_t entryCnt = 0;
  bool isAdvPkt = TRUE;
  uint32_t rcnt = 0;

  void selNodeTask();
  task void sendPacketTask();
  task void advertisePacketTask();

  static void updateTableEntry(uint16_t);

  command error_t Init.init() {
    TOS_NODE_ID = 1;
    transmitPacketPtr = (packet_t *) transmitPacket;

    transmitPacketPtr->length = 9 + 2;
    transmitPacketPtr->fcf |= 0x0000;
    transmitPacketPtr->data_seq_no = sequence;
    transmitPacketPtr->dest = 0xFFFF;
    transmitPacketPtr->src = 0;

    transmitPacketPtr->fcs.rssi = 0;
    transmitPacketPtr->fcs.correlation = 0;

    transmitPacketPtr->data[TYPE] = 0;
    transmitPacketPtr->data[DATA] = 0;
```

TOS_NODE_ID를 설정하고 패킷을 초기화시킨다. 패킷의 페이로드를 2byte로 하였다.

여기에는 DATA와 TYPE의 값이 저장된다.

새로운 인터페이스로 Random과 ParameterInit를 선언하였다. Random은 랜덤 함수를 호출하는데 사용되고 ParameterInit는 랜덤 함수 초기화를 위해 사용되는 인터페이스이다.

/opt/tinyos-2.x/apps/Hmote2430/Exercise_15/Gossiping/Gsp_Src

```
  rcnt = call HTimer.getNow();
  call SeedInit.init((uint16_t)rcnt);

  IDTable[0] = 0xFFFF;
  IDTable[1] = 0xFFFF;
  IDTable[2] = 0xFFFF;
  IDTable[3] = 0xFFFF;
  IDTable[4] = 0xFFFF;

  return SUCCESS;
}

event void Boot.booted() {
  channel = 12;
  call SimpleMac.setChannel(channel);
  call SimpleMac.setTransmitPower(TXPWR);
  call SimpleMacControl.start();
  call SimpleMac.rxEnable();
  call SimpleMac.addressFilterEnable();

  call Leds.led0On();
  call Leds.led1On();

  call HTimer.startPeriodic(5000);
}

task void sendPacketTask() {
  call SimpleMac.sendPacket(transmitPacketPtr);
}

task void advertisePacketTask() {
  transmitPacketPtr->dest = 0xFFFF;
  transmitPacketPtr->data[TYPE] = 1;
  transmitPacketPtr->data[DATA] = 0;
  post sendPacketTask();
}

inline void selNodeTask() {
  selNode = call Random.rand16() % entryCnt;
  call StdOut.print("Select Node : ");
  call StdOut.printHexword(IDTable[selNode]);
  call StdOut.print("\r\n");
  transmitPacketPtr->dest = IDTable[selNode];
}
```

Boot.booted()에서 채널과 TX Power를 설정한다. TX Power는 5로 설정하였다. 좀 더 세밀한 Routing을 분석하기 위해 낮게 설정하였다. RF 거리는 대략 5~10cm 정도이다.

타이머는 5초의 주기로 동작하며 타이머 내에서 2분주하여 사용하도록 하였다. 타이머의 최초 오버플로우 이벤트 발생시 Advertise 패킷을 브로드캐스트로 전송하게 된다.

Advertise Packet을 수신한 인접 노드들은 어드레스 필터를 Enable하고 Source 노드로 Ack하게 된다. 이 때 Ack 패킷에 포함된 각각의 인접 노드들의 ID는 ID Table에 순차적으로 저장된다.

5초 후 두 번째 타이머 이벤트 발생시 selNodeTask() 태스크 함수를 쓰고 ID

Table에 저장된 노드 ID들 중 랜덤으로 하나를 선택하게 되고 선택된 노드로 데이터 패킷을 전송하게 된다.

ID Table에 저장될 수 있는 ID 개수는 최대 5개이다. entryCnt라는 변수를 두고 저장될 때마다 하나씩 증가하게 된다. 5 이상이 되면 다시 0으로 초기화한다.

/opt/tinyos-2.x/apps/Hmote2430/Exercise_15/Gossiping/Gsp_Src

```
event void HTimer.fired() {
  if (isAdvPkt == TRUE) {
      for(j = 0; j < entryCnt; j++)
              IDTable[j] = 0xFFFF;
      entryCnt = 0;
      isAdvPkt = FALSE;
      post advertisePacketTask();
  }
  else {
      selNodeTask();
      if (entryCnt != 0) {
        if (i > 0xF)
              i = 0xA;
        call StdOut.print("Dest : 0x");
        call StdOut.printHexword(transmitPacketPtr->dest);
        call StdOut.print("₩r₩n");
        transmitPacketPtr->data[TYPE] = 0;
        transmitPacketPtr->data[DATA] = i;
        call StdOut.print("Data : 0x");
        call StdOut.printHex(transmitPacketPtr->data[DATA]);
        call StdOut.print("₩r₩n₩r₩n");
        i++;
        post sendPacketTask();
      }
      isAdvPkt = TRUE;
  }
  rcnt = call HTimer.getNow();
  call SeedInit.init((uint16_t)rcnt);
}

event void SimpleMac.sendPacketDone(packet_t *packet, error_t result) {
  call Leds.led0Toggle();
  transmitPacketPtr->data_seq_no = sequence++;
}

event packet_t * SimpleMac.receivedPacket(packet_t *packet) {
  call Leds.led1Toggle();

  if (packet->data[TYPE] == 2) {
      nodeID = packet->src;
      updateTableEntry(nodeID);
  }

  return packet;
}
```

```
/opt/tinyos-2.x/apps/Hmote2430/Exercise_15/Gossiping/Gsp_Src
  static void updateTableEntry(uint16_t id) {
    uint8_t a;
    IDTable[entryCnt] = id;
    if (entryCnt++ >= 5)
        entryCnt = 0;
    call StdOut.print("Table Entry list");
    call StdOut.print("\r\n");
    for(a = 0; a < entryCnt; a++) {
        call StdOut.print("[");
        call StdOut.printBase10uint8(a);
        call StdOut.print("] ");
        call StdOut.printHexword(IDTable[a]);
        call StdOut.print("\r\n");
    }
    return;
  }

  async event void StdOut.get(uint8_t data) {
    return;
  }
}
```

② Gossiping/Gsp_Hop

- SenderAppC.nc

```
/opt/tinyos-2.x/apps/Hmote2430/Exercise_15/Gossiping/Gsp_Hop
configuration SenderAppC
{
}

implementation
{
  components MainC, SenderP;
  components new TimerMilliC() as HTimer;
  components new TimerMilliC() as PTimer;
  components SimpleMacC;
  components LedsC;
  components RandomC;
  components StdOutC;

  MainC.SoftwareInit -> SenderP.Init;

  SenderP -> MainC.Boot;
  SenderP.HTimer -> HTimer.Timer;
  SenderP.PTimer -> PTimer.Timer;
  SenderP.Leds -> LedsC.Leds;
  SenderP.SimpleMacControl -> SimpleMacC.StdControl;
  SenderP.SimpleMac -> SimpleMacC.SimpleMac;
  SenderP.Random -> RandomC;
  SenderP.StdOut -> StdOutC;
  SenderP.SeedInit -> RandomC.SeedInit;
}
```

타이머 하나를 더 쓴다는 것 외에는 Gsp_Src와 동일하다.

• SenderP.nc

/opt/tinyos-2.x/apps/Hmote2430/Exercise_15/Gossiping/Gsp_Hop

```
#define TYPE     0
#define DATA     1
#define TXPWR    5
#define ID_MAX   5

module SenderP
{
  provides interface Init;
  uses interface Boot;
  uses interface Timer<TMilli> as HTimer;
  uses interface Timer<TMilli> as PTimer;
  uses interface SimpleMac;
  uses interface StdControl as SimpleMacControl;
  uses interface Leds;
  uses interface Random;
  uses interface StdOut;
  uses interface ParameterInit<uint16_t> as SeedInit;
}

implementation
{
  uint8_t transmitPacket[128];
  packet_t * transmitPacketPtr;

  uint8_t channel, j, TempPkt;
  uint8_t sequence = 0;
  uint16_t nodeID, selNode;
  uint16_t IDTable[ID_MAX];
  uint8_t entryCnt = 0;
  bool isAdvPkt = TRUE;
  bool isFromHop = FALSE;
  uint32_t rcnt = 0;

  void wait(uint16_t);
  void selNodeTask();
  task void sendPacketTask();
  task void advertisePacketTask();

  static void updateTableEntry(uint16_t);

  command error_t Init.init() {
    TOS_NODE_ID = 2;
    transmitPacketPtr = (packet_t *) transmitPacket;

    transmitPacketPtr->length = 9 + 2;
    transmitPacketPtr->fcf |= 0x0000;
    transmitPacketPtr->data_seq_no = sequence;
    transmitPacketPtr->dest = 0xFFFF;
    transmitPacketPtr->src = 0;

    transmitPacketPtr->fcs.rssi = 0;
    transmitPacketPtr->fcs.correlation = 0;

    transmitPacketPtr->data[TYPE] = 0;
    transmitPacketPtr->data[DATA] = 0;
```

Init.init()에서 TOS_NODE_ID를 2로 하였다. 만약에 테스트를 위해 Hop 수를 3개로 할 경우 노드 ID는 2~4까지 정하면 된다.

```
/opt/tinyos-2.x/apps/Hmote2430/Exercise_15/Gossiping/Gsp_Hop
    rcnt = call HTimer.getNow();
    call SeedInit.init((uint16_t)rcnt);

    IDTable[0] = 0xFFFF;
    IDTable[1] = 0xFFFF;
    IDTable[2] = 0xFFFF;
    IDTable[3] = 0xFFFF;
    IDTable[4] = 0xFFFf;
    return SUCCESS;
  }

  event void Boot.booted() {
    channel = 12;
    call SimpleMac.setChannel(channel);
    call SimpleMac.setTransmitPower(TXPWR);
    call SimpleMacControl.start();
    call SimpleMac.rxEnable();

    call Leds.led0On();
    call Leds.led1On();
  }

  task void sendPacketTask() {
    call SimpleMac.sendPacket(transmitPacketPtr);
  }

  task void advertisePacketTask() {
    call SimpleMac.addressFilterEnable();
    wait(1000 * TOS_NODE_ID);
    transmitPacketPtr->dest = 0xFFFF;
    transmitPacketPtr->data[TYPE] = 1;
    transmitPacketPtr->data[DATA] = 0;
    post sendPacketTask();
  }

  inline void selNodeTask() {
    selNode = call Random.rand16() % entryCnt;
    call StdOut.print("Select Node : ");
    call StdOut.printHexword(IDTable[selNode]);
    call StdOut.print("₩r₩n");
    transmitPacketPtr->dest = IDTable[selNode];
  }
```

Advertise 패킷 전송이나 Node 선택은 Gsp_Src와 동일하다.

다만 다른 노드와의 패킷 충돌을 피하기 위해 지정된 wait 시간만큼 대기하도록 하였다.

/opt/tinyos-2.x/apps/Hmote2430/Exercise_15/Gossiping/Gsp_Hop

```
event void HTimer.fired() {
  if (isAdvPkt == TRUE) {
      for(j = 0; j < entryCnt; j++)
            IDTable[j] = 0xFFFF;
      entryCnt = 0;
      isAdvPkt = FALSE;
      post advertisePacketTask();
  }
  else {
      selNodeTask();
      if (entryCnt != 0) {
        call StdOut.print("Dest : 0x");
        call StdOut.printHexword(transmitPacketPtr->dest);
        call StdOut.print("₩r₩n₩r₩n");
        transmitPacketPtr->data[TYPE] = 0;
        transmitPacketPtr->data[DATA] = TempPkt;
        post sendPacketTask();
        if (isFromHop == TRUE )
          call PTimer.startOneShot(3000);
        else
          call SimpleMac.addressFilterDisable();
      } else {
          if (isFromHop == TRUE)
            call PTimer.startOneShot(3000);
          else
            call SimpleMac.addressFilterDisable();
      }
        call HTimer.stop();
        isAdvPkt = TRUE;
  }
  rcnt = call HTimer.getNow();
  call SeedInit.init((uint16_t)rcnt);
}

event void PTimer.fired() {
  call SimpleMac.addressFilterDisable();
}

event void SimpleMac.sendPacketDone(packet_t *packet, error_t result) {
  call Leds.led0Toggle();
  transmitPacketPtr->data_seq_no = sequence++;
}
```

데이터 패킷을 수신하면 타이머를 시작하는데 Gsp_Src와 마찬가지로 2분주해서 사용하도록 하였다. 처음에 advertisePacketTask() 수행하고 두 번째 이벤트 발생 때 selNodeTask()와 데이터 패킷 전송을 수행한다.

전송하기 전에 두 가지를 확인하는데 첫 번째는 advertisePacketTask()를 수행했을 때 인접 노드가 검색되었는지를 확인하는 것이고, 두 번째는 데이터 패킷을 전송한 곳이 Source 노드인지 인접해 있는 Hop 노드인지를 판별하는 것이다. 결론은 Enable되어 있는 어드레스 필터 기능을 Disable하는 것인데 Source 노드와 Hop 노드의 타이머 주기가 다르기 때문에 동기를 맞추기 위해서 이와 같은 확인을 하고 Disable 시점을 정하는 것이다.

/opt/tinyos-2.x/apps/Hmote2430/Exercise_15/Gossiping/Gsp_Hop

```
event packet_t * SimpleMac.receivedPacket(packet_t *packet) {
  call Leds.led1Toggle();

  if (packet->data[TYPE] == 1) {
      call SimpleMac.addressFilterEnable();
      wait(1000 * TOS_NODE_ID);
      transmitPacketPtr->dest = packet->src;
      transmitPacketPtr->data[TYPE] = 2;
      transmitPacketPtr->data[DATA] = 0;
      if (packet->src == 0x0001) {
              isFromHop = FALSE;
              call PTimer.startOneShot(9100);
      } else {
              isFromHop = TRUE;
              call PTimer.startOneShot(2500);
      }
      post sendPacketTask();
  }

  if (packet->data[TYPE] == 2) {
      nodeID = packet->src;
      updateTableEntry(nodeID);
  }

  if (packet->data[TYPE] == 0) {
      TempPkt = packet->data[DATA];
      call StdOut.print("Receive Packet");
      call StdOut.print("₩r₩n");
      call StdOut.print("From ");
      call StdOut.printHexword(transmitPacketPtr->dest);
      call StdOut.print("₩r₩n");
      call PTimer.stop();
      call HTimer.startPeriodic(2000);
  }
  return packet;
}

static void updateTableEntry(uint16_t id) {
  uint8_t a;
  IDTable[entryCnt] = id;
  if (entryCnt++ >= 5)
      entryCnt = 0;
  call StdOut.print("Table Entry list");
  call StdOut.print("₩r₩n");
  for(a = 0; a < entryCnt; a++) {
      call StdOut.print("[");
      call StdOut.printBase10uint8(a);
      call StdOut.print("] ");
      call StdOut.printHexword(IDTable[a]);
      call StdOut.print("₩r₩n");
  }
  return;
}
```

페이로드의 TYPE 필드는 3가지로 구분된다.

0은 데이터 패킷을 의미하고, 1은 Advertise 패킷, 2는 Ack 패킷을 의미한다.

Advertise 패킷을 수신하면 먼저 어드레스 필터 기능을 Enable하고 수신된 패킷이 Source 노드로부터 전송되었는지 인접 노드로부터 전송되었는지 확인을 한 다음 각 조건에 맞게 어드레스 필터 Disable할 시점을 정하고 TYPE을 2로 설정해서 Ack 패킷을 전송하게 된다. 데이터 패킷을 수신할 경우 DATA 필드 부분을 임시 버퍼에 저장한 다음 2초 주기로 타이머를 시작하게 되는데 위에서 설명했던 것처럼 처음에 Advertise 패킷을 전송하면 인접 노드로부터 Ack 패킷을 수신하게 된다.

TYPE이 2인 경우인데 이 때 수신된 패킷의 Source 어드레스를 ID Table에 순차적으로 저장한다.
그 다음 두 번째 타이머 이벤트가 발생할 때 저장된 ID들 중에 랜덤으로 하나를 선택하고 이 어드레스를 Destination 어드레스로 지정한 다음 버퍼에 저장했던 DATA 값을 DATA 필드에 저장하고 패킷을 전송하게 된다.

/opt/tinyos-2.x/apps/Hmote2430/Exercise_15/Gossiping/Gsp_Hop

```
inline void wait(uint16_t u)
{
    uint8_t k;
    uint16_t l;

    u = u >> 3; // devide by 8 ~ 10
    // (u*32) cycles / 10 (cyles/loop)
    for (l = 0; l < u; l++) {
      for (k = 0; k < 32;) {
          k++;
      }
    }
}

async event void StdOut.get(uint8_t data) {
      return;
}
```

위에서 언급했던 wait() 함수이다. for문을 이용하여 소프트웨어 딜레이를 구현한 것이다. 단위는 us 단위이다.

③ Gossiping/Gsp_Dest

- SenderAppC.nc

/opt/tinyos-2.x/apps/Hmote2430/Exercise_15/Gossiping/Gsp_Dest

```
configuration SenderAppC
{
}

implementation
{
  components MainC, SenderP;
  components new TimerMilliC() as PTimer;
  components SimpleMacC;
  components LedsC, StdOutC;

  MainC.SoftwareInit -> SenderP.Init;

  SenderP -> MainC.Boot;
  SenderP.PTimer -> PTimer.Timer;
  SenderP.Leds -> LedsC.Leds;
  SenderP.SimpleMacControl -> SimpleMacC.StdControl;
  SenderP.SimpleMac -> SimpleMacC.SimpleMac;
  SenderP.StdOut -> StdOutC;
}
```

- SenderP.nc

/opt/tinyos-2.x/apps/Hmote2430/Exercise_15/Gossiping/Gsp_Dest

```
#define TYPE    0
#define DATA    1
#define TXPWR   5

module SenderP
{
  provides interface Init;
  uses interface Boot;
  uses interface Timer<TMilli> as PTimer;
  uses interface SimpleMac;
  uses interface StdControl as SimpleMacControl;
  uses interface Leds;
  uses interface StdOut;
}

implementation
{
  uint8_t trasnmitPacket[128];
  packet_t * transmitPacketPtr;
  uint8_t channel;
  uint8_t sequence = 0;
  uint16_t cnt = 0;
  bool isFilterEn = FALSE;

  void wait(uint16_t);
  task void sendPacketTask();

  command error_t Init.init() {
    TOS_NODE_ID = 5;
    transmitPacketPtr = (packet_t *) trasnmitPacket;

    transmitPacketPtr->length = 9 + 2;
    transmitPacketPtr->fcf != 0x0000;
    transmitPacketPtr->data_seq_no = sequence;
    transmitPacketPtr->dest = 0xFFFF;
    transmitPacketPtr->src = 0;

    transmitPacketPtr->fcs.rssi = 0;
    transmitPacketPtr->fcs.correlation = 0;

    transmitPacketPtr->data[TYPE] = 0;
    transmitPacketPtr->data[DATA] = 0;
    return SUCCESS;
  }

  event void Boot.booted() {
    channel = 12;
    call SimpleMac.setChannel(channel);
    call SimpleMac.setTransmitPower(TXPWR);
    call SimpleMacControl.start();
    call SimpleMac.rxEnable();

    call Leds.led0On();
    call Leds.led1On();
  }
```

TOS_NODE_ID는 5로 설정하였다. 패킷 초기화나 Boot.booted() 기술은 Gsp_Src, Gsp_Hop와 동일하다.

```
/opt/tinyos-2.x/apps/Hmote2430/Exercise_15/Gossiping/Gsp_Dest
task void sendPacketTask() {
  call SimpleMac.sendPacket(transmitPacketPtr);
}

event void PTimer.fired() {
  call SimpleMac.addressFilterDisable();
  isFilterEn = FALSE;
}

event void SimpleMac.sendPacketDone(packet_t *packet, error_t result) {
  call Leds.led0Toggle();
  transmitPacketPtr->data_seq_no = sequence++;
  return;
}

event packet_t * SimpleMac.receivedPacket(packet_t *packet) {
  call Leds.led1Toggle();

  if (packet->data[TYPE] == 1) {
      isFilterEn = TRUE;
      call SimpleMac.addressFilterEnable();
      wait(1000 * TOS_NODE_ID);
      transmitPacketPtr->dest = packet->src;
      transmitPacketPtr->data[TYPE] = 2;
      transmitPacketPtr->data[DATA] = 0;
      if (packet->src == 0x0001)
              call PTimer.startOneShot(9500);
      else
              call PTimer.startOneShot(3000);
      post sendPacketTask();
  }

  if (packet->data[TYPE] == 0) {
      if (isFilterEn == TRUE) {
        call StdOut.print("========================");
        call StdOut.print("₩r₩n");
        call StdOut.print("Receive Count = ");
        call StdOut.printBase10uint16(cnt++);
        call StdOut.print("₩r₩n");
        call StdOut.print("Source Address : 0x");
        call StdOut.printHexword(packet->src);
        call StdOut.print("₩r₩n");
        call StdOut.print("Data : 0x");
        call StdOut.printHex(packet->data[DATA]);
        call StdOut.print("₩r₩n");
        call StdOut.print("Type : 0x");
        call StdOut.printBase10uint8(packet->data[TYPE]);
        call StdOut.print("₩r₩n");
        call StdOut.print("========================");
        call StdOut.print("₩r₩n₩r₩n");
      }
  }
  return packet;
}
```

isFilterEn이라는 Bool 변수를 선언하였다.

일종의 Flag 역할을 하는 것인데 다른 인접 노드의 데이터 패킷 전송과정에서 중복 수신되는 것을 막기 위한 장치로 사용하였다.

④ 프로그램 업로드 및 테스트

여기서는 Hmote2430 5개를 사용하여 테스트를 진행하도록 하겠다.

Gsp_Src, Gsp_Dest 모트 하나씩 업로드하고 Gsp_Hop의 TOS_NODE_ID를 2부터 4까지 각각 설정하고 컴파일하여 모트에 업로드한다.

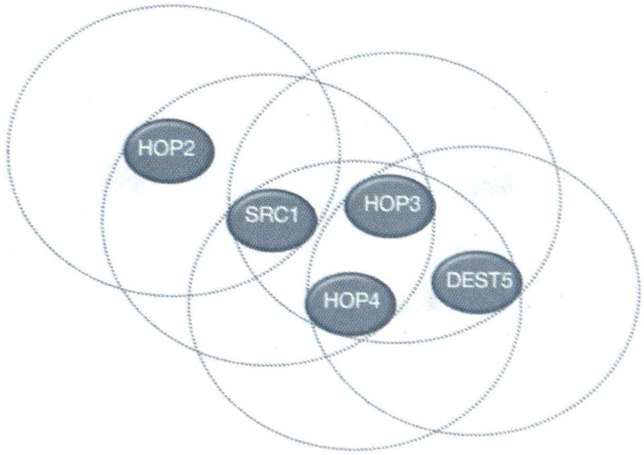

[그림 17] 프로그램 업로드 및 테스트

정확한 테스트를 위해 Gsp_Hop이 업로드된 모트 3개의 전원은 미리 켜놓고 Gsp_Src와 Gsp_Dest가 업로드된 모트는 전원을 Off한 상태에서 [그림 17]과 같이 배치를 한다.

그림에서 타원형들은 각각의 모트들을 의미한다. 뒤에 붙은 숫자는 TOS_NODE_ID를 의미하고 점선으로 된 큰 원은 각각의 모트들의 최대 전송거리를 의미한다.

SRC1을 중심으로 반경 내에 3개의 HOP이 배치되어 있고 SRC1과 HOP3, HOP4는 DEST5와 인접하도록 배치하였다. HOP2는 잘못된 라우팅 경로의 선택을 보기 위해 의도적으로 SRC1하고만 인접하도록 배치하였다.

결과를 미리 예측해보면 SRC1에서 브로드캐스팅으로 Advertise 패킷을 HOP2, HOP3, HOP4로 주기적으로 전송할 것이고 이 패킷을 수신한 노드들은 SRC1로 Ack 패킷에 자신의 노드 ID를 담아서 전송할 것이다. SRC1을 3개의 노드 중 하나를 랜덤으로 선택할 것이며 선택한 노드로 데이터 패킷을 전송하게 될 것이다.

HOP3이나 HOP4로 데이터 패킷을 전송한다면 HOP3이나 HOP4는 인접노드 중 전방 노드인 DEST5로 전송을 할 것이다. 여기서 하나 알아둘 것은 Gossiping 프로토콜의 규칙상 피드백 전송은 불가하며 자신과 동일한 Advertise 패킷을 수신한 노드들은 인접 노드라고 해도 새로운 Advertise 패킷을 수신하기 전까지 서로 통신하지 않아야 한다. 즉 전방 포워딩만 가능한 것이다.

HOP2로 데이터 패킷을 전송할 경우 HOP2의 인접 노드는 SRC1밖에 없다. 조금 전 언급한 피드백 전송은 불가하므로 HOP2는 어느 곳으로도 수신한 데이터 패킷을 포워딩할 수 없게 된다. 결국은 데이터 패킷이 손실되는 결과를 가져올 것이다. 이것은 처음 부분에서 언급했던 것처럼 Gossiping 라우팅 프로토콜의 치명적인 단점이라고 할 수 있다. 확실히 패킷 도착률면에서는 플러딩(Flooding) 프로토콜보다 떨어진다. 하지만 중복된 패킷을 수신하는 경우는 거의 없으므로 패킷 전송의 효율면에서 부하가 걸리는 것 없이 아주 뛰어나다.

이제 이러한 예측이 사실인지 확인을 해보자.

배치가 끝났으면 Tera Term 프로그램을 두 번 실행하고 Gsp_Dest가 업로드된 모트를 먼저 PC와 연결하고 COM Port를 설정한다. 그리고 Gsp_Src가 업로드된 모트의 리셋 버튼을 누른 상태에서 PC와 연결하고 COM Port를 설정한다. 테스트 환경이 완료되었으면 리셋 버튼에서 손을 뗀다.

시리얼 모니터링 프로그램에서 출력되는 패킷 송수신 상태를 살펴보자.

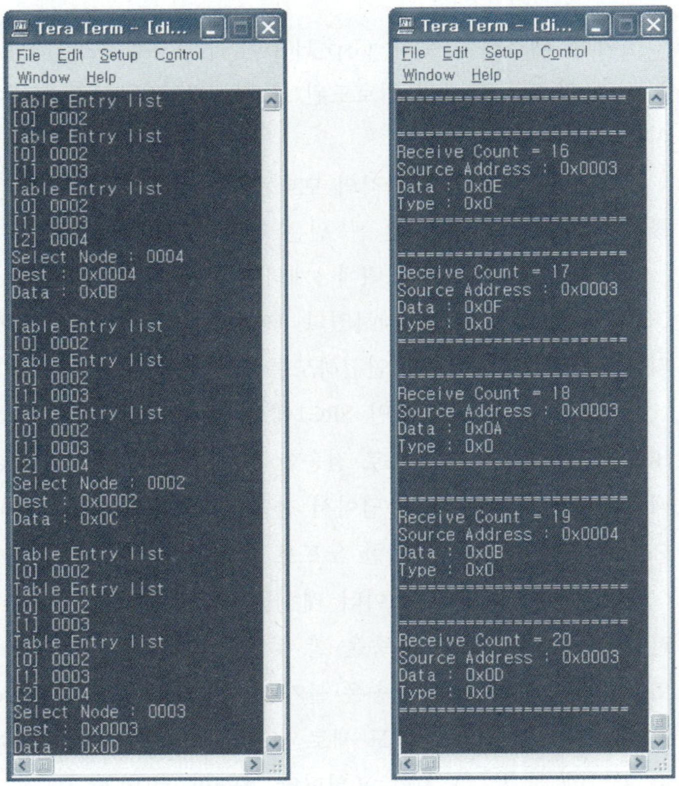

그림의 왼쪽이 SRC1이고 오른쪽이 DEST5이다.

중간 부분에서 캡처를 한 내용을 보여주고 있다.

내용을 간단하게 살펴보면 SRC1에서 주기적으로 Advertise 패킷을 전송하고 Ack

패킷을 받아서 Table Entry에 저장하고 있다. 저장된 인접 노드들 중 하나를 랜덤으로 선택하고 목적지 어드레스로 지정한 다음 Data를 패킷에 담아서 전송하고 있다.

DEST5에서는 들어오는 데이터 패킷의 내용을 출력하는 것을 볼 수 있다.

분석해보면 SRC1에서 처음 부분에 4번 노드를 선택해서 0x0B 데이터 패킷을 전송하고 있다. DEST5에서 밑에서 두 번째 부분을 보면 Receive Count가 19일 때 Source Address는 0x0004이고 Data는 0x0B Type은 0x0으로 출력되는 것을 확인할 수 있다.

마찬가지로 SRC1의 마지막 부분에서도 3번 노드를 선택해서 0x0D 데이터 패킷을 전송하고 있다. DEST5의 마지막 부분에서 Receive Count는 20이고 Source Address는 0x0003 Data는 0x0D Type은 0x0으로 정확히 수신하고 있다는 것을 확인할 수 있다.

여기서 한 가지 의문점이 생길 것이다. SRC1에서 보면 가운데 2번 노드로 전송된 데이터 패킷에 대한 부분이 DEST5에서 출력되지 않았는데 어디로 간 것일까?

답은 이미 예측에 나와 있다.

실제 이와 같은 Gossiping의 단점은 네트워크의 라우팅 구성을 효율적으로 구성함으로써 어느 정도 단점을 커버할 수 있다. 하지만 100% 완벽하다고 보장할 수는 없다. 네트워크 시스템에서는 변수가 많기 때문이다.

이제까지 멀티홉 라우팅 프로토콜의 기본적인 2가지 개념을 익혀보고 실습도 해보았다.

실제로 상황과 환경에 따라 응용되고 있는 기본 프로토콜이고 단점을 개선하기 위해 많은 이론이 제시되었고 지금도 계속 수정 보완해 나가면서 연구하고 있다. 센서 네트워크 분야에서도 멀티홉 개념은 무시할 수 없는 비중을 차지하고 있다. 단순히 센싱만 해서 RF 전송만 하는 것이 아니라 효율적인 네트워크 프로토콜을 연구하고 적용해서 실생활부터 산업에 이르기까지 다양하고 광범위하게 응용될 수 있도록 지속적으로 관심을 가져야 할 것이다.

5. 실습과제

① 플러딩(Flooding)과 Gossiping의 장단점을 비교 분석하여 정리하여라.

② Gossiping의 치명적인 단점을 보완할 수 있는 방안을 모색해 보고 실제로 보완된 라우팅 프로토콜이 있는지 찾아라.

실습 16 센서 네트워크를 위한 FreeRTOS 기반의 NanoStack 포팅과 IPv6 기반의 6LoWPAN UDP 실습

1. 실습목표

Hmote2430에 FreeRTOS 기반의 나노스텍(NanoStack)을 포팅(Porting)하여 6LowPAN의 UDP를 실습한다.

2. 기초지식

- FreeRTOS 개론
- 나노스텍(NanoStack) 레퍼런스
- 6LoWPAN

3. 기초이론

1) FreeRTOS 개론

FreeRTOS는 Richard Barry에 의해 작성되었으며 관련 문서 및 소스에 대한 저작권은 리차즈 배리(Richard Barry)가 가지고 있다.

FreeRTOS는 변형된 GPL 오픈소스 라이센싱에 의거 무료로 다운받을 수 있고, 상업을 목적으로 이용함에 있어서도 별도의 로열티가 없다.

전반적인 FreeRTOS에 대한 문서 및 소스는 www.freertos.org 사이트에서 제공받을 수 있고, 상당히 많은 디바이스를 지원하고 있으며, 업데이트 또한 매우 빠르다.

(1) Design Philosophy

기본적으로 FreeRTOS는 다루기 쉽고, 간편하고, 간결한 코딩이라는 나름대로의 3가지 디자인 철학에 맞추어 작성이 된 오픈소스 운영체제이며 작은 리얼타임 커널을 갖고 있다. 내부 코드는 몇몇 중요한 부분(시스템에 의존적인 부분)에 대해 어셈블러로 구현한 것을 제외한 거의 모든 코드가 C로 작성되어 있으며 소스 자체가 최적화 상태로 구성되어 있지는 않다. 이것은 FreeRTOS를 이용하는 개발자 관점에서 코드를 수정하거나, 유지 내지는 향상시키는데 접근하기가 쉽다는 것을 의미한다. 만약 퍼포먼스 면을 생각한다면 개발자는 언제든지 코드를 쉽게 개선하고 기능을 향상시킬 수 있다.

(2) 특 징

스케줄링 정책(policy)을 선택할 수 있다.

① 선점형 방식(Pre-emptive Method) : 여러 개의 우선순위 리스트를 사용하며 항상 우선순위가 높은 Task가 먼저 수행이 된다. 동일한 우선순위를 공유할 수 있으며 이 경우에 라운드 로빈(Round Robin) 방식으로 전환이 되어 돌아가면서 하나씩 Task가 수행이 된다.

② 협조형 방식(Cooperative Method) : Task가 Block되거나 명백하게 taskYIELD() 함수를 호출할 때 문맥 교환(Context Switch)이 발생한다. 즉 Task 수행이 양보를 통해 Task의 전환이 이루어지는 방식이다.

③ Co-routines : 매우 적은 크기의 RAM에서도 수행될 수 있는 매우 가벼운 Task이다.

④ 메시지 큐(Message queues)

⑤ 세마포어(Semaphores)

⑥ 수행되는 부분을 시각적으로 확인할 수 있다(보다 큰 용량의 램이 요구된다).

⑦ 소스코드가 대부분의 개발자용 컴파일러를 지원한다.

⑧ 넓은 범위의 포트(적용되는 MCU)와 예제 소스를 지원한다.

(3) 태스크(Tasks)

FreeRTOS는 독립적인 Task들의 집합으로 구성되는 리얼 타임 애플리케이션과 연계성을 갖게 되는데 이것은 RTOS의 스케줄러에 의해 사용되는 전통적인 모델을 고려한 것이다.

RTOS를 사용하는 리얼 타임 애플리케이션은 독립적인 Task의 집합들로 구성될 수 있다. 각각의 Task는 시스템 또는 스케줄러 내에 있는 다른 Task들과 동시적인 의존성 없이 하나의 문맥 내에서 수행한다. 오직 애플리케이션 내에 있는 하나의 Task만 그 시점에서 수행할 수 있고 그 Task를 결정하는 것은 리얼 타임 스케줄러의 몫이다.

스케줄러는 애플리케이션을 실행함으로써 각각의 Task에 대해 반복적으로 시작과 정지를 관여하게 된다. Task는 스케줄러의 활동정보를 가지고 있지 않기 때문에 리얼 타임 스케줄러는 Task가 swap될 때 프로세서 문맥(레지스터값, 스텍 내용 등...)을 보장해야 한다. 그러기 위해서 각각의 Task에 스텍이 제공되어야 한다. Task가 실행 문맥으로 swap될 때는 스텍에 Task의 정보가 저장이 되어 이 후에 swapped back이 될 때 스텍으로부터 정보를 로드하여 정확하게 복귀할 수 있다.

(4) Co-routines

Co-routine은 개념적으로 Task와 유사하지만 다음과 같은 근본적인 차이를 가진다.

① 스텍 사용 : 애플리케이션 내의 모든 Co-routine은 싱글 스텍을 공유한다.

② 스케줄링과 우선순위 : Co-routine는 다른 co-routine과 함께 협동형 스케줄링을 사용한다. 그러나 선점형 Task를 사용하는 애플리케이션에 포함되기도 한다.

③ 매크로 수행 : : Co-routine 수행은 매크로를 통해 이루어진다.

④ 사용에 따른 제약 : Co-routine이 구축되는 방법에서 몇몇 엄격한 제한을 둠으로써 RAM 사용에 있어서 사이즈의 낭비를 줄일 수 있다.

2) 나노스텍(NanoStack)

(1) 개 요

나노스텍은 6loWPAN과 IEEE 802.15.4 MAC을 지원하는 IP기반의 무선 센서 네트워킹 프로토콜 솔루션이다. 6loWPAN은 ZigBee 네트워킹의 대안으로 저전력 802.15.4 네트워크상에서 IP 네트워킹을 제공하는 프로토콜이다.

(2) 나노스텍의 구성 파일(NanoStack Configuration Files)

나노스텍은 다양한 계층들의 구성을 가진다.

Compile-time Preprocessor 정의는 크게 FreeRTOS 구성과 나노스텍 프로토콜 스텍 구성으로 구분될 수 있다.

나노스텍은 또한 드라이버들의 런타임 구성과 프로토콜 모듈들을 위한 다양한 API들을 가진다.

(3) 나노스텍의 시작(Starting NanoStack)

나노스텍 기반의 애플리케이션은 총 4개의 절차로 시작된다.

하드웨어 초기화 → 초기 Task 생성 → FreeRTOS 스케줄러 시작 → 나노스텍 시작

하드웨어 초기화는 bus_init() 함수에 의해 수행된다. 이 함수는 /Platform/nano/bus.c에 정의되어 있고 애플리케이션의 main.c에서 main 함수 내에 첫 부분에서 호출된다.

bus_init() 함수는 일반적으로 시스템 클럭 소스 설정과 같은 단지 본질적인 초기화 단계만을 포함한다. 핀 설정이나 드라이버 모듈에서 초기화하지 않는 부분 같은 부가적

인 초기화는 main() 함수에서 수행된다. 만약 디버그 라이브러리(디버깅 모니터링)가 사용된다면, debug_init(speed) 함수는 bus_init() 함수가 실행된 후에 이루어진다. 여기서 Speed는 Serial Port의 Baud Rate를 말한다.

main() 함수에서 초기 애플리케이션 Task 생성이 수행되어야 한다.

```
플랫폼 하드웨어 초기화
bus_init();

Task 생성의 프로토타입 선언 예
static void application_task( void *pvParameters);

main() 함수 내부에서 Task 생성
xTaskCreate(application_task,"App",<stack size>,<task parameter>,<task priority>, NULL );

main() 함수에서 스케줄러 시작
vTaskStartScheduler();
```

나노스텍은 stack_start() 함수에 의해 시작된다. 이 함수는 프로토콜 스텍 코어와 RF 드라이버에서 요구되는 모든 자원들을 초기화한다. 나노스텍 API 호출은 아마도 stack_start() 함수가 실행되기 이전에는 없을 것이다.

함수는 애플리케이션 Task 내에서 실행되어야 한다. 만약 NULL 값이 Parameter로써 넘겨진다면 start_stack() 함수는 app.rules에 정의된 현재 MAC 모드에 해당하는 초기값을 사용할 것이다.

```
typedef struct
{
        log_dev_type_t      type;
        uint8_t             channel;
        uint8_t             pan_id[2];
        uint8_t             short_address[2];
        uint8_t             use_sw_mac;
        uint8_t             mac_address[8];
        uint8_t             pending_ttl_time;
}
stack_init_t;
```

타입 필드는 다음의 동작 모드들 중 하나를 명시한다.

```
AD_HOC_DEVICE                   Device in Ad-Hoc mode
BEACON_ENABLE_CLIENT            A client in a coordinated network
BEACON_ENABLE_COORDINATOR       Network coordinator/router
BEACON_ENABLE_GATEWAY           Gateway device, gathering data from
coordinators
```

채널의 유효한 값은 11 - 26이다. PAN ID와 MAC 어드레스 필드는 코디네이터와 게이트웨이 디바이스에 대한 어드레스를 설정하는 데 사용된다. use_sw_mac를 0으로 설정하고 MAC 어드레스는 자동적으로 설정 또는 직접 1로 설정한다. Pending_ttl_time은 코디네이터가 Child 디바이스에 대한 Data Packet을 저장할 시간을 명시한다. 시간은 15초 이내의 값을 가져야 하는데 초기값은 5로 되어 있다.

애플리케이션 Task와 같은 Task는 무한 루프에서 동작한다.

Sleeping은 Queue, Semaphore상에서 Blocking이 되거나 vTaskDelay(), vTaskDelayUtil() 함수를 명확하게 호출할 때 발생한다.

(4) 나노스텍의 통신(NanoStack Communication Basics)

나노스텍 통신은 Socket API를 통하여 접근된다.

① Creating a socket

socket() 함수를 호출할 때 2개의 Parameter를 인자로 사용한다.

프로토콜 타입:
- 소켓이 사용할 프로토콜, 예를 들면 MODULE_CUDP

Handler 함수 포인터:
- 만약 "callback" 내에서 수신하고자 한다면 여기에 Handler 함수 포인터를 삽입한다.

NULL 포인터는 Callback이 사용되지 않는다는 것을 의미한다.

소켓이 생성된 후 2개의 Parameter와 함께 socket_bind() 함수를 호출하여 추가적으로 프로토콜 Multiplexer를 명시할 수 있다.

소켓의 포인터 (이전 socket() 함수의 반환 값)
Port Field에 있는 포트 번호를 포함하는 sockaddr_t 구조체의 포인터

클라이언트 타입 애플리케이션 레벨에서 단지 Sending만을 위한 경우 socket_

bind() 함수를 호출할 필요가 없다. 랜덤 포트는 첫 번째 Packet이 보내졌을 때 할당된다.

② 나노스텍의 포트(Ports)

나노스텍에서 포트 범위는 TCP/IP 스텍의 포트 범위와 동일한 개념으로 사용된다. 비압축 모드에서 UDP를 사용할 때는 5-65536의 16bit 포트범위, 6LoWPAN의 명세로 압축 모드에서 UDP를 사용할 때 포트는 61616-61631의 4bit 범위로 제한된다. 포트 1~4는 소켓 제어로 사용을 위해 비워둔다.

③ 어드레스의 구조(Address structure)

소켓 API에 의해 사용되는 어드레스 구조는 sockaddr_t라고 부르고 다음 필드들을 포함한다.

```
typedef struct {
addrtype_t addr_type;                    /* Type of address */
address_t address;            /* Source or destination address */
uint16_t port;                           /* Source or destination port */
} sockaddr_t;
```

addr_type 필드는 포함되는 어드레스의 종류가 무엇인지를 정의하고, 포트 필드는 위에서 정의된다. 어드레스 타입들은 다음과 같이 정의된다.

```
ADDR_NONE                     No address
ADDR_802_15_4_LONG            64-bit 802.15.4 address
ADDR_802_15_4_SHORT           16-bit 802.15.4 address
ADDR_802_15_4_PAN_SHORT       16-bit PAN with 16-bit 802.15.4 address
ADDR_802_15_4_PAN_LONG        16-bit PAN with 64-bit 802.15.4 address
ADDR_SHORT                    8-bit address in octet 0
ADDR_PAN                      16-bit PAN-id
ADDR_DATA                     Attribute-based data-centric query
ADDR_BROADCAST                Broadcast address
ADDR_COORDINATOR              Coordinator address only for Beacon enable mode
```

④ 수신(Receiving)

소켓으로부터 수신되는 Data는 2개의 옵션들을 가진다.

socket_read() 함수를 사용
socket() 함수에 Parameter로써 주어지는 Callback 함수를 사용

socket_read() 함수는 buffer_t 구조체의 포인터(Data가 수신됨) 또는 0(시간초과)을 반환합니다. 함수는 2개의 Parameter를 가진다.

소켓의 포인터 (이전에 socket()를 호출함으로써 반환되는 값)
Millisecond 단위의 Timeout 값 (0값은 "poll" 소켓으로 사용될 수 있다.)

모든 수신에 사용된 버퍼들은 한 차례 Data가 다루어졌다면 socket_buffer_free() 함수를 사용하여 버퍼를 해제해야 한다. 버퍼가 Data를 Sending하기 위해 재사용되기도 하는데 이 경우에는 버퍼를 해제하지 않는다.

Callback 수신의 경우 사용자는 다음의 반환 타입과 Parameter들과 함께 Handler 함수를 수행해야 한다.

```
portCHAR my_handler_function_name(buffer_t *buffer)
```

Callback 함수의 예를 들면

```
portCHAR my_handler_function_name(buffer_t *buffer)
{
        /* parse and handle received data here */
        <your application code>
        /* free buffer */
        socket_buffer_free(buffer);
        return pdTRUE;
}
```

Handler 함수는 결코 Block되지 않는다. 함수는 프로토콜 스택 Task로부터 호출된다. 만약 함수가 Block된다면 프로토콜 코어와 드라이버들은 그 시간 동안 정지될 것이다.

⑤ 송신(Sending)

Data는 socket_sendto() 함수를 사용하는 소켓에 의하여 전송된다. 함수는 성공할 때 pdTRUE를 실패할 때는 pdFALSE를 반환한다. 실패할 경우 애플리케이션은 버퍼의 Data를 재전송하거나(되도록이면 약간의 Delay를 줍니다) 버퍼를 해제하게 된다. 성공할 경우 버퍼는 Packet을 전송한 후 RF 드라이버에 의해 해제된다. 이후에 버퍼의 Data를 재전송해야 한다면 버퍼를 해제하지 않는다.

송신(Sending)의 예를 들면

```
buffer_t *buffer = socket_buffer_get(socket, timeout);
int retry = 0;
sockaddr_t dest_address;

if (buffer) {
<code fills in the address data>
<code creates the data packet>
while ( (socket_sendto(socket, &dest_address, buffer) == pdFALSE) && (retry++ < 3)) {
        vTaskDelay(5);                                  /*wait for 5 ticks on failure*/
}
if (retry >= 3) socket_buffer_free(buffer);             /*sending failed*/
}
```

⑥ 제어 소켓(Ctrol Sockets)

소켓은 전송하는데 사용되고 나노스텍 내부의 프로토콜 모듈들로부터 제어 메시지들을 수신한다. 제어 소켓은 모듈과 더불어 메시지를 전송 또는 수신하기 위해 모듈 식별자를 사용한다. 게다가 포트(1~4)는 제어 소켓으로 사용하기 위해 남겨둔다. 해당하는 소켓 타입을 사용하고 포트는 제어 소켓과 함께 정의한다.

- 제어 소켓 포트 정의

```
ICMP_CTRL_PORT          1
CUDP_CTRL_PORT          2
CIPV6_CTRL_PORT3
MAC_CTRL_PORT           4
```

- 제어 인터페이스와 관련

```
MODULE_ICMP, MODULE_CUDP, MODULE_CIPV6, MODULE_MAC
```

⑥ 응용 애플리케이션(Notes on application design)

애플리케이션 메인 함수 내에 많은 변수들(지역변수)을 선언하는 것은 RAM의 관리 면에서 좋은 방법이 아니다. 이러한 변수들은 애플리케이션이 실행되는 동안만 유지되기 때문에 RAM의 사용을 측정하기가 Static으로 선언될 때보다 어렵다. 변수를 Static으로 선언함으로써 스텍 사용이 줄어들게 되고 링커는 RAM의 사용초과로 인한 에러를 유저에게 알려줄 수 있다. 이 경우에 Static 변수들을 위한 메모리 공간을 제공하기 위해 동적 RAM의 사이즈를 조정할 수 있다. 또한 애플리케이션 개발을 간단하게 한다. RAM의 관리를 간단하게 하는 또 다른 방법은 보다 큰 Data 구조체가 임시로 요구되는 경우 socket_buffer_get() 함수를 사용하여 버퍼들을 할당하는 것이다.

(5) 나노스텍의 런타임 구성(NanoStack Run-time Configuration)

많은 나노스텍 모듈들은 런타임 구성 API를 가진다. 이러한 API들은 상위계층 모듈(응용계층)들을 위해 사용된다. 함수들은 애플리케이션에 의해 직접적으로 호출된다. 그러나 애플리케이션 개발자는 Parameter 설정부분에 있어서 충돌을 피하기 위해 프로토콜 모듈들의 기능을 잘 알고 있어야 한다.

(6) Function APIs

① 6loWPAN 헤더 압축 옵션 제어

```
For cIPv6:
        cipv6_compress_mode(mode) (1=on, 0=off)
For cUDP6:
cudp_compress_mode(mode) ( 1=on, 0=off)
```

압축은 IPv6와 UDP 모듈 둘 다 애초 사용이 가능하다. 그리고 수동적으로 설정할 필요가 없다.

② MAC module configuration API

```
코디네이터 어드레스를 얻는다. (클라이언트 입장에서):
portCHAR get_coord_address(sockaddr_t *address)
```

③ RF driver configuration AP

```
Transmit Power 설정(0-100%):
int8_t rf_power_set(uint8_t new_power)

channel 설정, 유효채널(11-26):
int8_t rf_channel_set(uint8_t channel)

Turn off Receiver (radio shutdown):
portCHAR rf_rx_disable(void)

Turn Receiver back on:
portCHAR rf_rx_enable(void)

Set MAC address:
void rf_set_address(sockaddr_t *address)
```

(7) 라우팅(Routing) 모듈

cIPv6 나노메시 라우팅 모듈은 제어 소켓을 사용하여 설정된다. 제어 소켓 메시지 타입은 control.message.h에 정의된다. 제어 소켓은 socket(MODULE_CIPV6, handler)을 호출하여 생성된다.

소켓은 다음 메시지 타입들을 가진다.

```
Router_DISCOVER : 게이트웨이 발견 절차를 시작한다.
Router_DISCOVER_RESPONSE : 이것은 게이트웨이 발견 결과를 포함한다.
Router_ADVERT_SEND : 게이트웨이는 이 메시지를 사용하여 네트워크에 자신을 알린다.
```

(8) 라우팅 에러(Routing errors)

ICMP 모듈은 라우팅 에러를 다룰 의무가 있다. 제어 소켓은 socket(MODULE_ICMP,

handler)을 호출하여 생성된다. 소켓은 다음 메시지 타입들을 가진다.

ICMP_ERROR: ID 필드는 에러 타입을 포함한다.
BROKEN_LINK: 연결될 수 없는 Peer의 어드레스를 반환한다.

라우팅 수행중 Packet Data 손실이 발생할 때 코디네이터는 200ms 동안 재전송을 허용하도록 한다. 에러 Packet은 ICMP 메시지의 Data 필드 내에 애플리케이션 Data를 포함할 것이다. 이 Data는 애플리케이션에 의해 재전송되어야 한다.

(9) SDCC 컴파일러 노트(Compiler notes)

인터럽트(Interrupt)는 SDCC를 사용할 때 특별한 고려가 필요하다. 애플리케이션에서 Interrupt를 생성할 때 Interrupt의 프로토 타입과 더불어 애플리케이션(main.c)에 포함된 헤더 파일을 생성해야만 한다. 그렇지 않으면 Interrupt vector가 SDCC에 등록되지 않아 컴파일시 에러가 발생한다.

3) 6LoWPAN

(1) 6LoWPAN 개요

기존의 센서 네트워크는 Non-IP 기술을 활용하고, 게이트웨이를 통해 IP 네트워크와 연동되는 형태로 자체 프로토콜을 이용하는 센서노드는 인터넷과 직접 연동되지 않는 구조이다. 그러나 최근 IETF에서 표준화가 진행되고 있는 6LoWPAN(IPv6 over Low power WPAN의 약자)은 센서 네트워크와 IPv6 네트워크를 직접 연동하는 기술로, 개별 센서노드까지 IPv6 스텍을 보유하는 형태이다.

IETF의 6LoWPAN Working Group은 지난 1여년 동안 IPv6용 Adaptation Layer 기술 표준에 주력하였다. 구체적으로 IPv6를 IEEE 802.15.4 기반 Low-Rate WPAN에 어떻게 적용할 것인지를 연구하였으며, [그림 18]과 같이 IPv6 Packet 전달을 위해 IEEE 802.15.4 MAC 계층과 IPv6 계층 사이에 Adaptation Layer를 두어 아래와 같은 기능들을 수행하도록 하였다.

- IPv6 Header Compression
- UDP/TCP/ICMPv6 Header Compression
- Adaptation Layer를 통한 Mesh Routing
- IEEE 802.15.4의 16비트, 64비트 주소를 이용한 IPv6 주소 자동생성방법

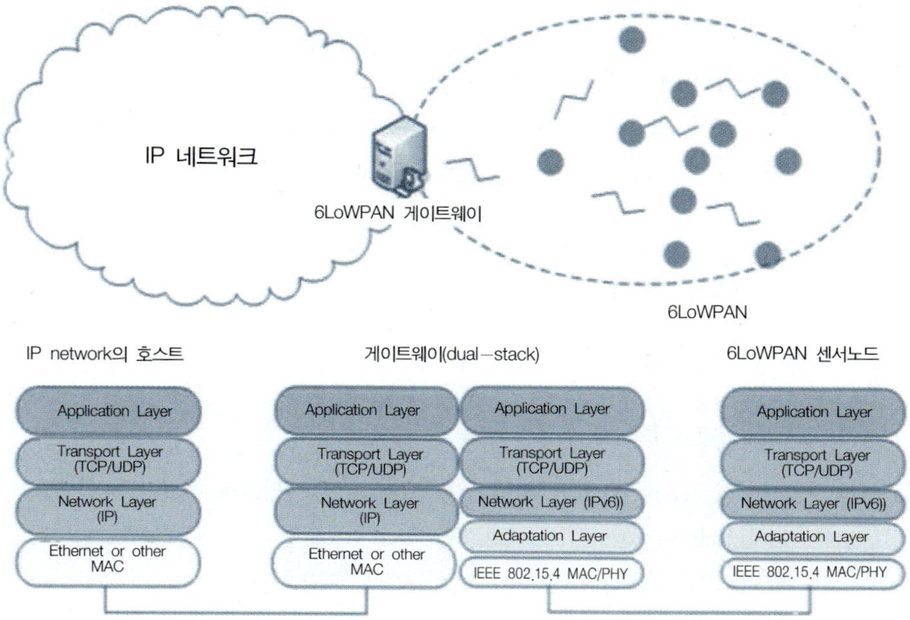

[그림 18] LoWPAN 프로토콜 스텍 구조

6LoWPAN이 사용하고 있는 IEEE 802.15.4 기술은 이미 ZigBee에서 채택되어 사용되고 있는 기술이다.

지그비(ZigBee)는 현재 자체적인 네트워크 계층(Network Layer)를 통해 네트워킹 기능을 제공하고 있으며 6LoWPAN 기술들은 지그비의 네트워크 계층(Network Layer)를 대체하고자 개발되고 있으므로 향후 6LoWPAN 기술을 통해 USN 사용자는 어디서든 IPv6를 통한 통신이 가능하게 될 것으로 예상된다.

(2) IEEE 802.15.4상에 IP에 대한 요약

① 헤더(Header)

- 표준 IPv6 헤더는 40bytes[RFC 2460]
- 802.15.4 MTU는 127bytes[IEEE Std]로 구성
- 자주 쓰는 데이터 페이로드(data payload)는 작다.

② Fragmentation

- Interoperability means that applications need not know the constraints of physical links that might carry their packets

- IP packets may be large, compared to 802.15.4 max frame size
- IPv6 requires all links support 1280 byte packets [RFC 2460]

③ Allow link-layer mesh routing under IP topology

- 802.15.4 subnets may utilize multiple radio hops per IP hop
- Similar to LAN switching within IP routing domain in Ethernet

④ Allow IP routing over a mesh of 802.15.4 nodes

- Localized internet of overlapping subnets

⑤ Energy calculations and 6LoWPAN impact

(3) IEEE 802.15.4 프레임 포맷(Frame Format)

- 저대역폭(Low Bandwidth) ; (250kbps), 저전력(low power) ; (1mW)무선
- Moderately spread spectrum(QPSK) provides robustness
- 일반적인 사용에 대한 간단한 MAC을 허용한다.

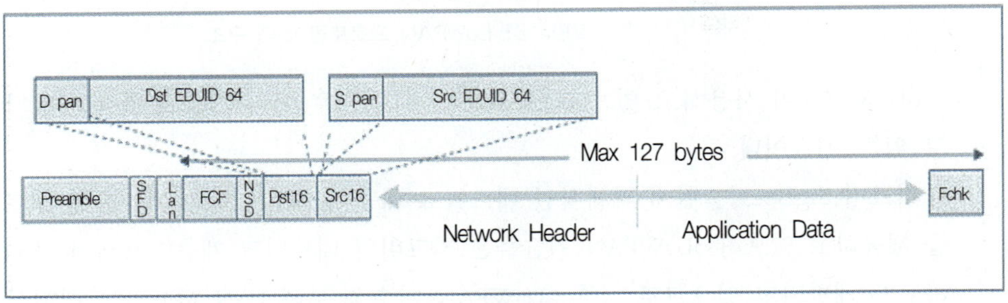

  –많은 TinyOS기반 프로토콜 ;(MintRoute, LQI, BVR, …), TinyAODV, Zigbee, SP100.11, Wireless HART, …
  –6LoWPAN => IP는 많은 반도체 중에서 선택한다.
- 패킷 에러 비율이 적은 것을 유지하기 위해 작은 패킷과 미디어 공유를 허용한다.

4. 실습내용

1) 나노스텍(NanoStack) 포팅

(1) 환경구축

나노스텍 포팅을 위해서는 다음과 같은 준비사항이 필요하다.

- Cygwin Installation Program
- NanoStack 소스
- NanoStack Hybus Patch 소스
- FreeRTOS 소스
- SDCC Installation Program
- SDCC Library Patch File
- Smart RF04 Programmer Tool

제공되는 H2430 CD에서 H2430_NanoStack 폴더로 이동하면 위의 준비사항의 목록 중 Cygwin Installation Program과 SmartRF04를 제외한 나머지 모든 항목이 포함되어 있다.

H2430_NanoStack 폴더에 있는 내용들을 확인해보자.

- NanoStack : 나노스텍 v1.0.1 원본소스
- NanoStack_Patch : 나노스텍 패치파일
- NanoStack_Hybus : Hybus에서 제공하는 풀버전 나노스텍
- FreeRTOS : FreeRTOS v4.1.3 원본 소스
- sdcc-2.7.0-setup : SDCC 컴파일러 Setup 파일
- sdcc_lib_large_stack_auto : SDCC 컴파일러 라이브러리 패치파일
- Documents : 나노스텍, FreeRTOS, 6LowPAN 관련 문서

나노스텍, FreeRTOS, SDCC 패치파일은 아래 사이트에서 다운받을 수 있다.

- http://www.sensinode.com/top/information.php?info_id=10

모든 준비과정이 끝났다.

이제 본격적으로 환경구축을 시작해보자.

Cygwin의 경우 실습 1의 TinyOS-2.x 환경구축 과정에서 이미 설치하였기 때문에 설치 방법은 여기서 생략한다. 또한 Hex 파일을 프로그래밍을 위한 SmartRF04 툴 또한 이전에 설치를 하였기 때문에 생략한다. 먼저 나노스텍을 설치하도록 하자.

설치방법은 두 가지이다.

첫 번째, 풀버전 NanoStack_Hybus 압축 파일을 이용하는 방법

- Cygwin 폴더 /opt에 압축해제를 한다.

두 번째, 원본 소스들을 이용해 설치하고 패치하는 방법

- NanoStack 압축 파일을 /opt에 압축해제한다.
- FreeRTOS 압축 파일을 /opt/NanoStack에 압축해제한다.
- NanoStack_Patch 압축 파일을 /opt에 압축해제 및 덮어쓰기를 한다.

나노스텍 설치가 끝났다.
다음은 SDCC 컴파일러 설치이다. dcc-2.7.0-setup 파일을 실행한다.
그림에서 보여주는 것과 같이 설치를 진행한다.

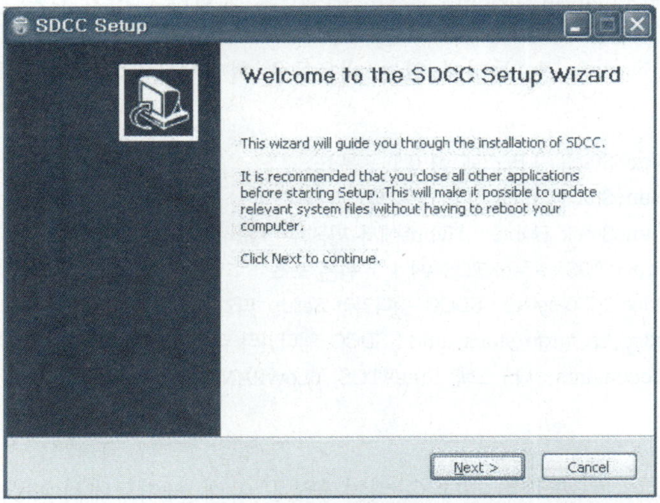

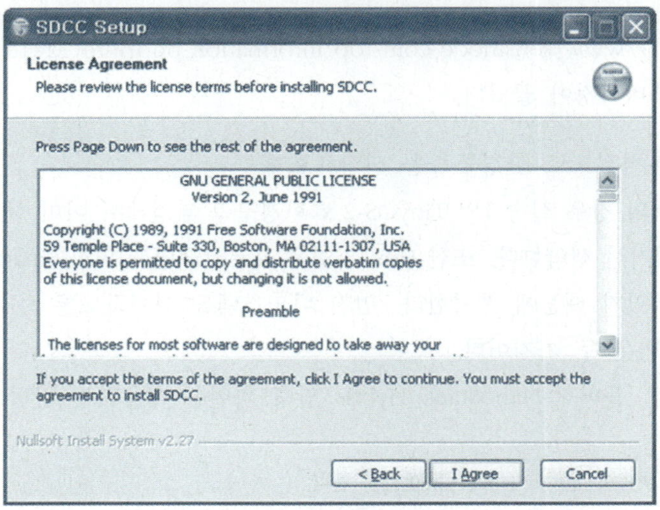

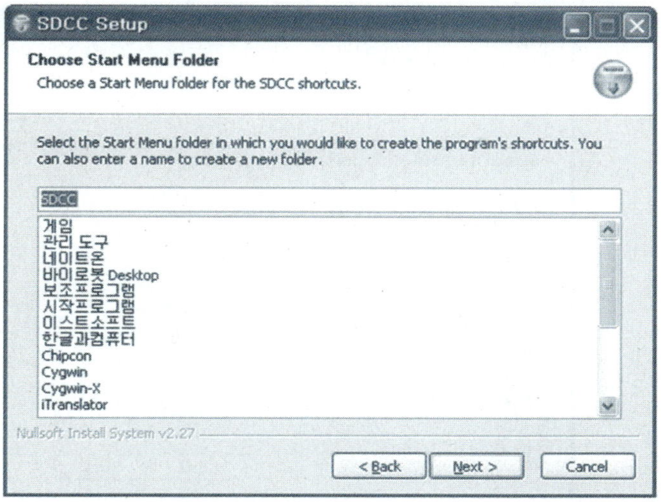

설치 타입을 풀버전으로 선택한다.

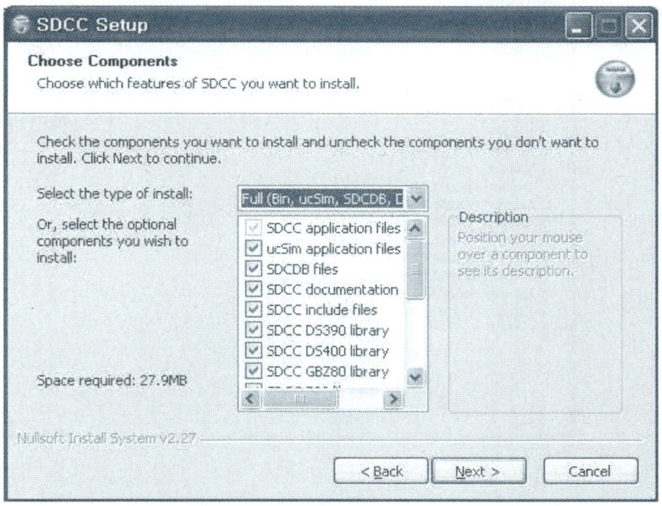

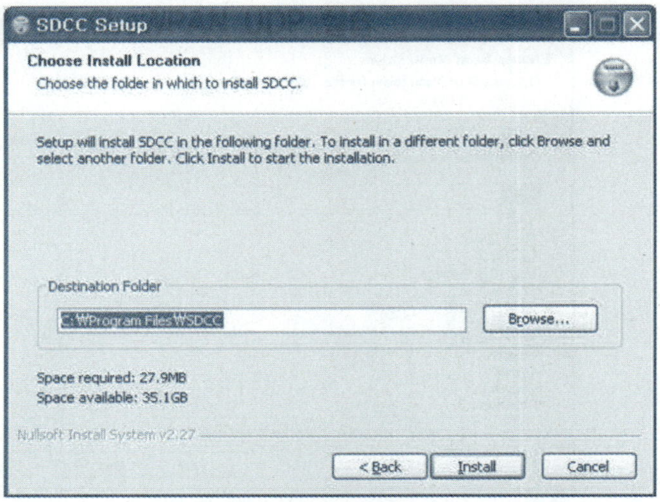

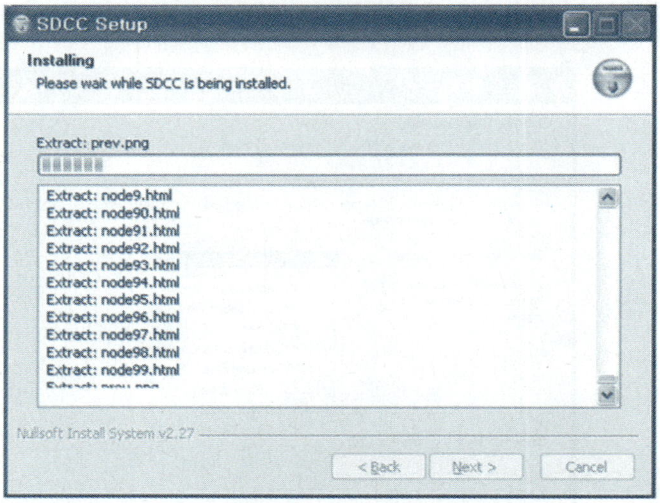

경로 추가 부분에서 반드시 '예'를 클릭하도록 한다.

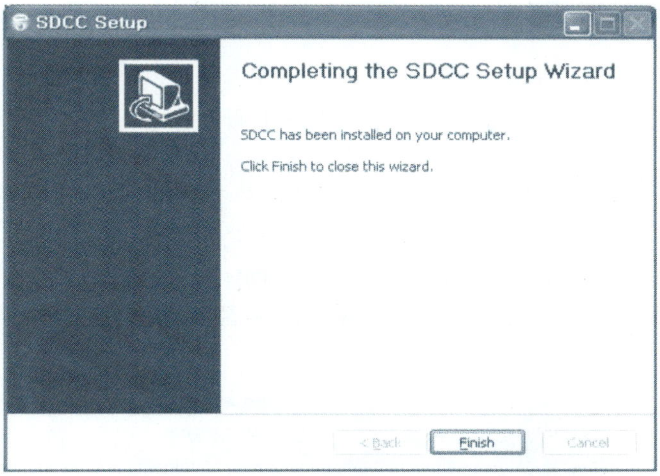

SDCC 설치가 끝났다. 마지막으로 SDCC 라이브러리 패치를 해야 한다.

sdcc_lib_large_stack_auto 압축 파일을 해제하고 생성된 large-stack-auto 디렉토리를 다음과 같이 SDCC/lib 밑에 압축해제한다.

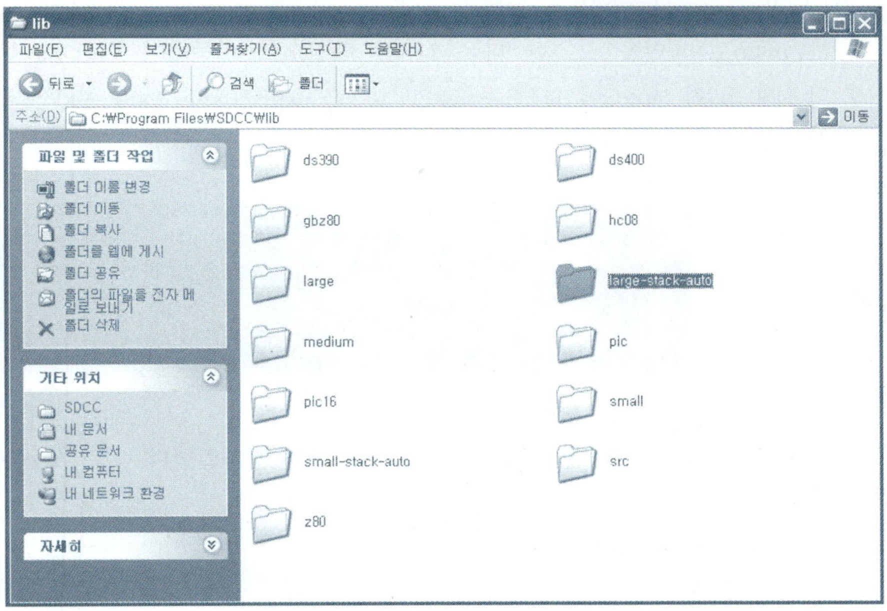

(2) 컴파일 및 포팅

Cygwin 프로그램을 실행한다.

/opt 밑에 설치한 나노스택이 존재하는지 확인한다.

/opt/NanoStack/Examples 위치로 이동을 한 후 다음의 데모 애플리케이션을 확인한다.

- h2430_bs : Ipv6 패킷을 수신하여 모니터링하는 베이스스테이션 역할의 프로그램
- h2430_client : Ipv6 기반의 패킷을 전송하는 클라이언트 역할의 프로그램

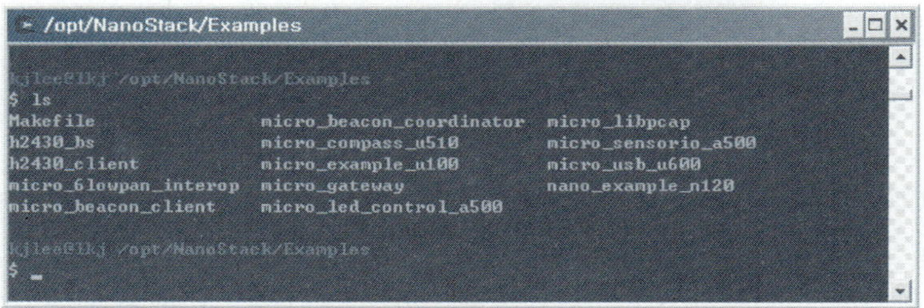

① 베이스스테이션 컴파일 및 포팅

main.c 파일을 오픈한 다음 113번 라인으로 이동하여 어드레스를 확인한다. h2430_bs의 Mote 어드레스는 {0xFF, 0xFF, 0xFF, 0xFF, 0xFF, 0xFF, 0x00, 0x00}, 61620이다.

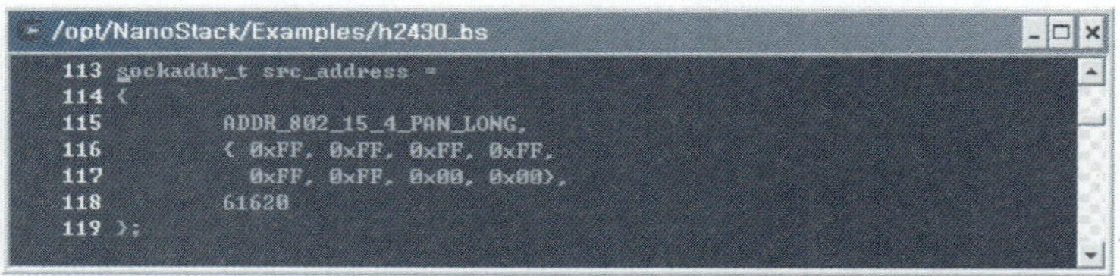

확인이 되었으면 먼저 h2430_bs로 이동하여 컴파일한다.

```
$ cd /opt/NanoStack/Example/h2430_bs
$ make
```

컴파일이 완료되면 'Build complete'라는 메시지가 출력되며 Hex 파일이 생성된다.

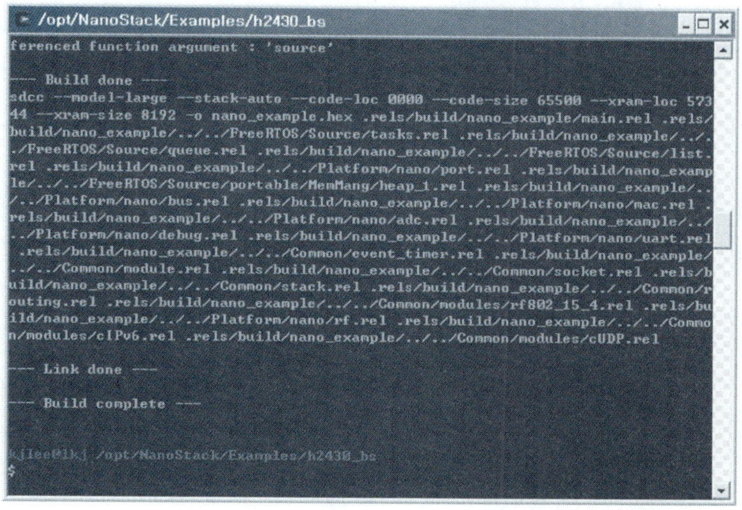

nano_example.hex 파일이 생성되었는지 확인한다.

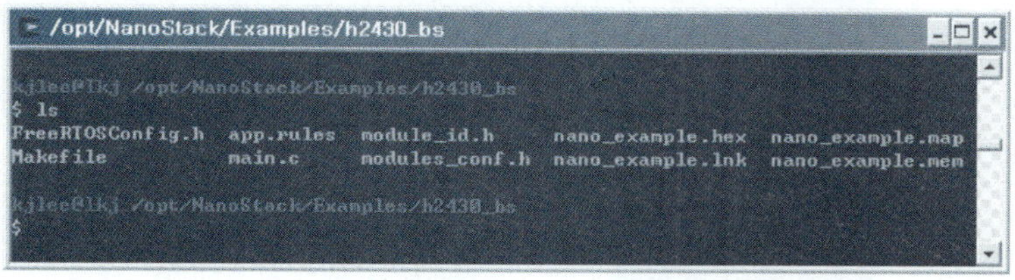

생성된 Hex 파일을 SmartRF04 툴을 이용하여 업로딩한다.

업로딩이 성공적으로 완료되었으면 모트의 어드레스를 설정해야 한다.

마찬가지로 SmartRF04 프로그래머에서 설정을 하는데 설정방법은 다음과 같다.

Read IEEE 버튼을 클릭하여 IEEE의 값을 읽어온다.

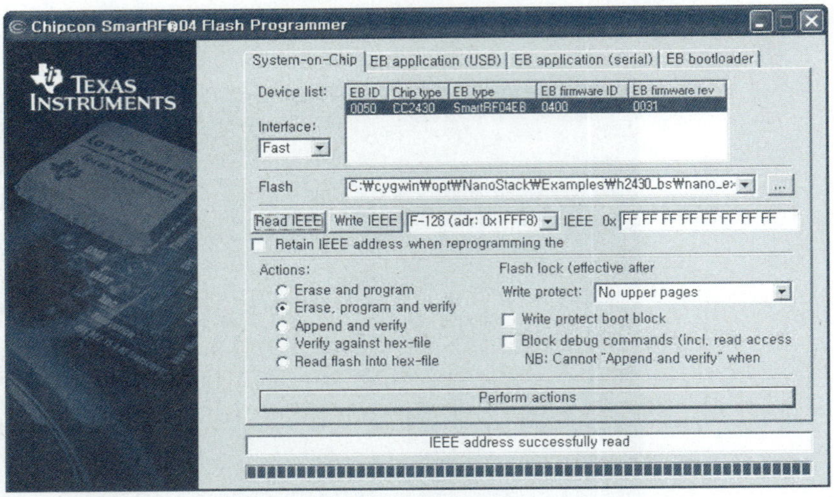

IEEE 0x FF FF FF FF FF FF FF FF 값을

IEEE 0x FF FF FF FF FF FF 00 00으로 변경한 다음 Write IEEE 버튼을 클릭한다.

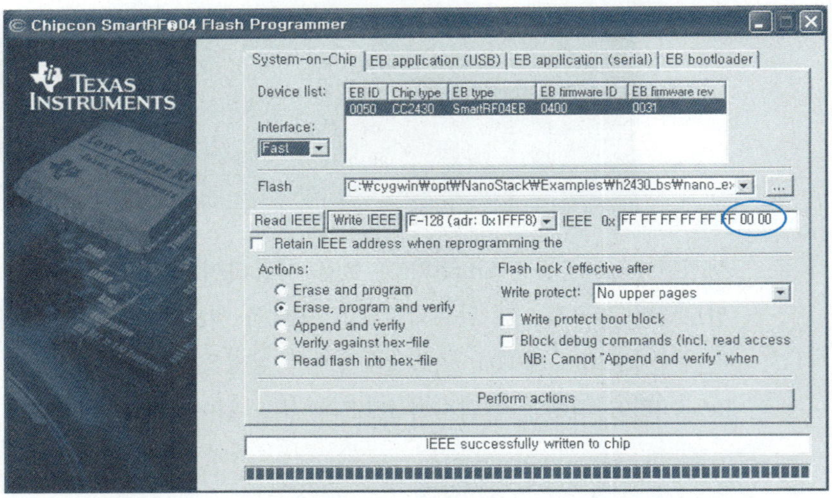

이렇게 해서 베이스스테이션 역할을 수행하게 될 Hmote2430 Mote 하나가 성공적으로 포팅되었다.

② 클라이언트 컴파일 및 포팅

이번에는 클라이언트 역할을 하는 프로그램을 포팅하자.

Cygwin에서 h2430_client가 있는 곳으로 이동하여 main.c 파일내용을 확인한다. 78번 라인으로 이동하여 src_address를 확인한다.

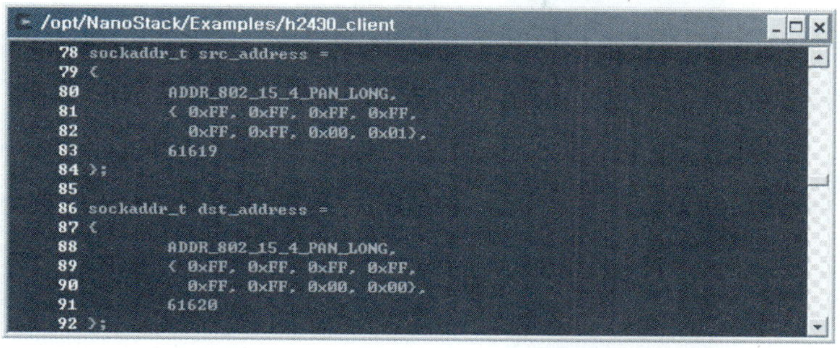

h2430_client의 Mote 어드레스는 {0xFF, 0xFF, 0xFF, 0xFF, 0xFF, 0xFF, 0x00, 0x01}, 61619이다.

컴파일을 수행하고 nano_example.hex 파일이 생성되었는지 확인한다.

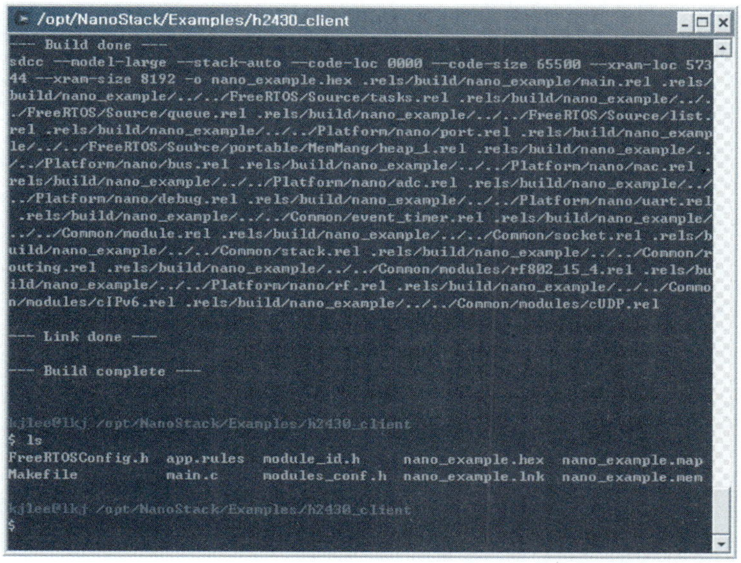

확인하였으면 SmartRF04 프로그래머를 이용해 Hex 파일을 다른 모트에 업로딩한다.

업로딩이 완료되었으면 마찬가지로 어드레스를 설정한다.

Read IEEE 버튼을 클릭하여 IEEE 값을 읽어온다.

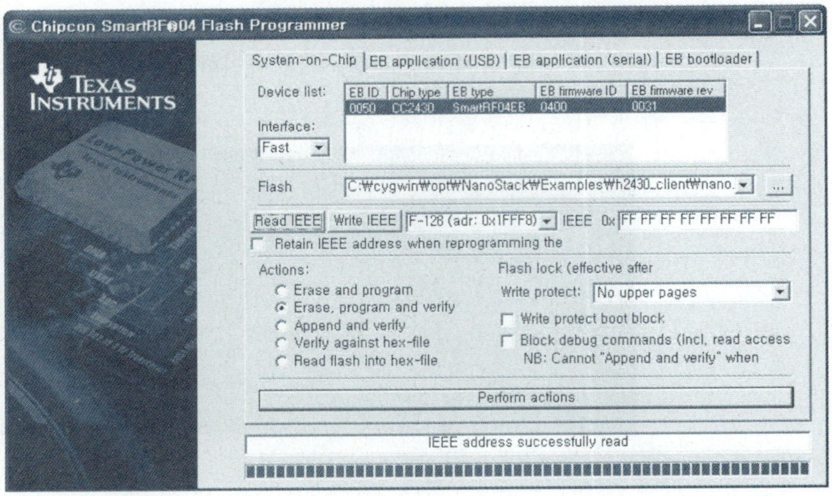

IEEE 0x FF FF FF FF FF FF FF FF 값을

IEEE 0x FF FF FF FF FF FF 00 01으로 변경한 다음 Write IEEE 버튼을 클릭한다.

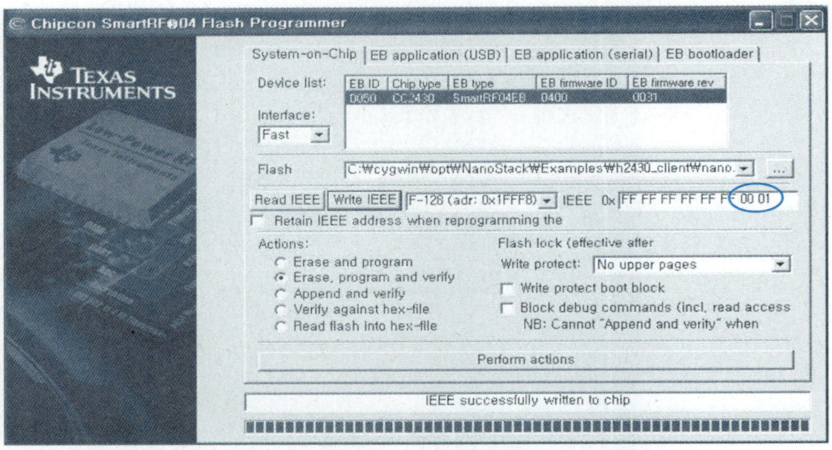

이렇게 해서 클라이언트 역할을 수행하게 될 H2430 Mote 하나가 성공적으로 포팅되었다. 이제 테스트를 해보자.

h2430_bs가 업로딩된 모트를 PC의 USB 포트와 연결하고 시리얼 모니터링 프로그램을 실행하자.

COM 포트와 Baud Rate 115200을 설정한 다음 Connection을 하자.

그리고 h2430_client가 업로딩된 모트의 전원을 켠다.

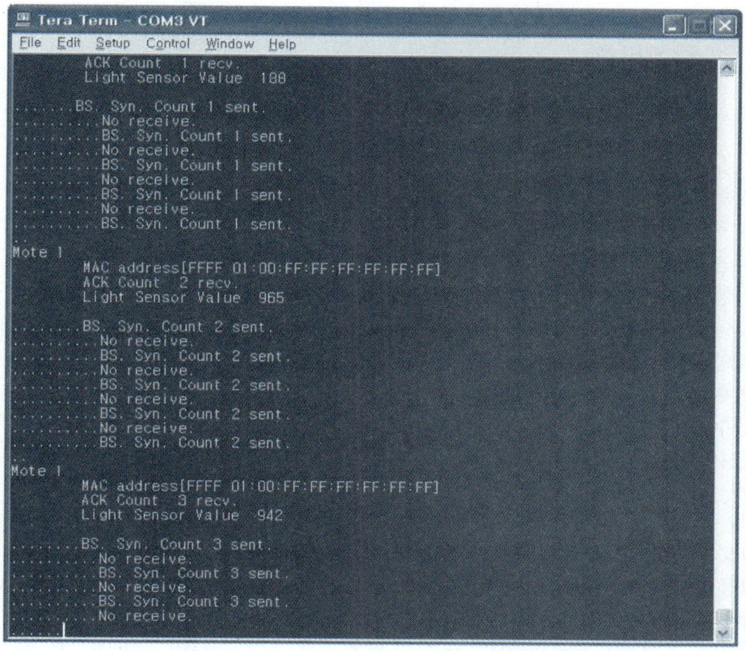

두 모트 간 거리는 20cm 미만으로 유지하도록 하고 통신이 되는지를 확인한다. h2430_bs에서는 순차적으로 모트 1번부터 5번까지 UDP 패킷을 검사하여 해당 모트의 패킷이 수신될 경우 출력하도록 되어 있다.

5. 실습과제

Hmote2430 모트를 하나 더 사용하여 어드레스를 00 02로 할당한 다음 h2430_bs에서 UDP 패킷이 Mote 2로 수신이 되는지 확인해보아라.

참고문헌

[1] 강정훈 외, '센서 네트워크 및 애플리케이션 기술 동향', 전자공학회지, 제32권 7호, 2005년
[2] 강정훈, 센서네트워크 기술 동향과 응용서비스 구현 사례, 한국전자부품연구원, EIC기술 세미나, 2005. 5. 12.
[3] 권혜연 외 5인, "이동 Ad-Hoc 네트워크 기술 동향", 전자통신동향분석, 제18권 2호, 2003. 4.
[4] 김기형 외 6인, "USN 기술 동향 분석 연구", 한국전산원 연구보고서, 2005. 10
[5] 김대영 외, '센서 네트워크 운영체제 미들웨어 기술동향', 주간기술동향 제1221호, pp.25~36, 2005. 11. 9일.
[6] 김대영, 센서 네트워크 최신 기술 동향, USN 기반기술동향 세미나, 2004. 10. 21.
[7] 김민수 외 'USN 기반 차세대 텔레매틱스 서비스 연구동향', 주간 기술동향 제1207호, p.13, 2005. 8. 3.
[8] 김민수 · 김광수 · 이용준, "USN 미들웨어의 특징 및 기술개발 동향", IITA, 주간기술동향, 통권 1284호, 2007. 2.
[9] 김민수 · 이은규 · 장병태, "USN 기반 차세대 텔레매틱스 서비스 연구 동향", IITA, 주간기술동향, 통권 1207호, 2005. 8.
[10] 김민수 · 이은규, "유비쿼터스 환경에서의 센서 데이터베이스 기술", IITA 주간 기술동향 통권 1187호, 2005. 3.
[11] 김성진 외, 'RFID/USN 산업동향 및 발전보상', 전자통신동향분석 제20권 제3호, pp.43~55, 2005. 6.
[12] 김영길 · 류기열 · 신영균 · 조위덕, 'Multi-modal RFID Platform 기술', 한국통신학회, VOL. 21, No.6, pp.128~142, June, 2004.
[13] 김영만, "센서 네트워크 미들웨어 구조 및 연구 현황", 한국정보과학회지, 제22권 제12호 통권 제187호, 12. 2004.
[14] 김완석, 'RFID 제조업체 현황', 주간기술동향 제1159호, 2004. 8. 18.
[15] 김완석, '각국의 유비쿼터스 컴퓨팅 개념 비교,' TTA, IT Standard Weekly 2003-16호, 2003. 4. 21.
[16] 김완석, "유비쿼터스 프로젝트와 IT 메가 트랜드", http://justit.gigaro.net/, 2003. 10
[17] 김완석 · 박태웅 · 이성국, 'Ubiquitous Computing의 개념과 업계 동향,' 한국전자통신연구원, 주간기술동향 제1035호, 2002. 2. 27.
[18] 김재윤, "유비쿼터스 컴퓨팅: 비즈니스 모델과 전망", 삼성경제연구소, 2003. 12.
[19] 김정석, 유비쿼터스 센서 네트워크 구축을 위한 정책 방향, 정보통신부, 2004. 2. 16.
[20] 김종원, "WiMedia 기반 무선USB 기술", WPAN 표준기술 워크샵, 2006. 4.
[21] 김종천 외, 'Ad-Hoc 통신망 프로토콜 개발 동향', SK Telecom Review 제12권 3호, pp.298~331, 2002.
[22] 김형수, "무선LAN의 기술과 시장 전망", 한국전파진흥협회, 2003. 8.
[23] 김호원 · 이석준 · 오경희, "센서 네트워크 보안 기술 개발동향", 정보보호학회지, 제18권 제2호, 2008. 4.
[24] 노무라종합연구소, '유비쿼터스 네트워크와 시장창조,' 전자신문사, 2002. 11.
[25] 노무라종합연구소, '유비쿼터스 네트워크와 신사회 시스템,' 전자신문사, 2003. 2.
[26] 몬타비스타 소프트웨어 코리아㈜, "몬타비스타, 임베디드용 리눅스 제품군", Real-Time Embedded World, Vol.9, pp.110~114, Sep, 2003.
[27] 박범준 · 권준철, "RFID-USN과 Ubiquitous-City Information System", 한국통신학회지(정보통신 제2권 7호 2005. 7)
[28] 박석지, '유비쿼터스 환경의 도래와 IT산업의 발전전략,' 소프트웨어 공제조합 세미나, 2003. 11. 27.
[29] 박석지 · 유종현, 'U-센서 네트워크 산업의 개념과 발전 동향', 주간기술동향 1135호, 2004. 3. 2.
[30] 박성수 · 현석봉, "무선 PAN 기술 동향", 한국통신학회지 19권 5호 2002. 5
[31] 박승창, '반도체 메모리와 센서노드 관련 국내외 제품들의 최근 동향분석과 전망', 주간기술동향 제11219호, pp.13~24, 2005. 10. 26.
[32] 박승창, USN 상황인식 컴퓨팅 기술의 최근 동향 분석, 주간기술동향 제1155호, pp.1~15, 2004. 7. 21.
[33] 박승창, 스마트 홈을 위한 근거리 u-IT 영역의 Tag 서비스, EIC IT리포트, 2004. 3. 28.

[34] 박승창, 유비쿼터스 모바일 컴퓨팅, 진한도서, 2003. 10. 10.
[35] 박종현, "u-City 핵심 기술 동향", 한국정보산업연합회 정보산업지 2006. 7.
[36] 사카무라 켄, '유비쿼터스 컴퓨팅 혁명,' 동방미디어, 2002. 8.
[37] 서운석 · 신순자 · 구자동 · 임진수, "유비쿼터스 컴퓨팅 환경에서 보안 및 인증서비스 방향 연구", 한국전산원, 2004.
[38] 신동윤, "보안기술의 변화 이끄는 네트워크 컨버전스", 2007. 4.
[39] 신요안 · 양석철 · 오종옥, "IEEE 802.15 WPAN 기술 표준화 동향", Telecommunications Review 87호, 2003. 11
[40] 앨릭슨, U-City 응용서비스 모델 연구 한국전산원 연구보고서, 2005. 10
[41] 양대헌 외 4인, "차세대 컴퓨팅 환경에서 디바이스 인증을 위한 PKI 적용기술 연구", 한국정보보호진흥원, 2003. 12.
[42] 연승준 · 박상현 · 하원규, "유비쿼터스 컴퓨팅의 시스템적 함의와 관련기술 동향", 전자통신동향분석 제19권 제2호, pp.1~8, 2004. 4.
[43] 연합뉴스, 세브란스 병원 '유비쿼터스 병원' 변모, 2005. 5.
[44] 오경희, 김태성, 김호원, "공개 암호 키를 사용한 센서 네트워크에서의 키 분배 구현", 한국방송공학회, pp.95~98, 2008.
[45] 오세원 · 표철식 · 채종석, "RFID 표준화 및 기술 동향", 전자통신동향분석 제20권 제3호, 2005. 6.
[46] 원광호 · 김재호 · 유준재, "지그비(ZigBee)", TTA 저널 제4호 2004. 7.
[47] 윤명현, "IEEE 802.15.4 무선 PAN 기술", 전자부품연구원(KETI), 2005. 7.
[48] 윤준, "Bluetooth 및 휴대장비 보안", 한국정보보호진흥원, 2002. 9.
[49] 이근호 외 3 공역, "RFID HANDBOOK", 영진.com, 2004.
[50] 이근호, "무선식별 RFID 기술", TTA 저널 제89호, 2003. 10.
[51] 이동훈, 'USN 정보보호 기술동향', 주간 기술 동향, 제1213호, pp.22~31, 2005. 9. 14.
[52] 이병길 · 김호원, "센서노드 관리를 위한 보안 인터페이스 설계", IPIU2008, p.184, 2008.
[53] 이상오, 무선LAN 시장의 구조와 전개방향, KISDI IT FOCUS 2001년 6월호, pp.5-33.
[54] 이수진, "국내외 USN 표준화 단체 동향", 2008. 2.
[55] 이신경 · 이석준 · 김호원, "센서 네트워크 관리를 위한 라우팅 공격 모델 설계", IPIU2008, p.208, 2008.
[56] 이우용, "IEEE802.15 WPAN 표준화 동향", WPAN 표준기술 워크샵 2006. 4.
[57] 이재용, "RFID/USN", 표준기술동향, TTA 저널, 제100호, 2005. 8.
[58] 이재용, "유비쿼터스 센서 네트워킹 기술", TTA 저널 제95호, 2004. 10.
[59] 이재현, "USN 기술동향", IITA 주간 기술동향, 통권 1165호, 2004. 9. 30.
[60] 이정구, "BQTF 국제 시험서비스 및 Bluetooth 표준화 동향", TTA 저널 제 92호, 2004. 4.
[61] 임미숙, 해외U-City 사례 2005. 11. 정보과학회지 제3권 제1호, pp.27~37
[62] 임영희, "Bluetooth Protocol Stack", IT Standard Weekly 76호 2001. 7.
[63] 장병준 · 이윤덕, "RFID/USN 기술의 텔레매틱스 활용 방안", IITA 주간 기술동향 통권1180호, 2005. 1.
[64] 전자신문 2004년 6월 관련 기사
[65] 전자신문, 연대 세브란스 '유비쿼터스 병원' 개원, 2005. 5.
[66] 정보통신부 "IT 신성장동력 마스트 플랜", 2004. 6.
[67] 정보통신부, 'Digital Life 실현을 위한 Digital Home 구축계획,' 2003. 5.
[68] 정보통신부, 'u-센서 네트워크 구축 기본계획', 2004. 2. 17.
[69] 정부만, 국내-City 추진현황 및 전략 U-City 기술워크샵 발표자료, 2005. 9. 5.
[70] 조위덕 · 이상학 · 강정훈, 센서 네트워크 기술 개요, KETI, 2003. 5. 21.
[71] 채동현, 한규호, 임경수, 안순신, "센서 네트워크의 개요 및 기술동향", 정보과학회지 제 22권 제 12호, 2004. 12.
[72] 최봉문 · 임영택, "최근의 U-City 건설동향 분석과 도시 계획적 대응 방안에 관한 연구", 목원대 도시 공학과 한국공간정보 시스템학회 '2005년 추계 학술대회', 2005. 11. 18.

[73] 최상성, "UWB 표준 MAC/PHY 네트워킹 기술", WPAN 표준기술 워크샵 2006. 4.

[74] 최용제, 김호원, "센서 네트워크용 타원곡선 암호 프로세서 구현", IEEK, 2007.

[75] 표철식 · 채종석 · 김창주, "RFID 시스템 기술", 헌국전자파학회지 Vol.15, No.2, 2004. 4.

[76] 하원규 · 김동완 · 최남희, '유비쿼터스 총서, 유비쿼터스 IT혁명과 제3공간,' 전자신문사, 2002. 11.

[77] 한국전산원 u-전략팀 김정미 · 정필운, "U-City로 바라보는 미래도시의 모습과 전망, 유비쿼터스 사회 연구 시리즈 제8호, 2005. 10. 28.

[78] 한국전자통신연구원, '무엇이든 어디서나 유비쿼터스 네트워크의 실현을 향해, 일본총무성 2002년 6월 11일,' 정책지원자료, 2002. 7. 3.

[79] 한국전자통신연구원, '사카무라켄 동경대 교수의 유비쿼터스 컴퓨팅 혁명,' 정책지원자료, 2002. 11. 18.

[80] 한국전자통신연구원, '유비쿼터스 네트워크 기술의 미래전망에 관한 검토 사항, 일본 유비쿼터스 네트워크기술의 미래 전망에 관한 조사 연구회 사무국, 2002년 4월 15일 일본 총무성,' 정책지원자료, 2002. 6. 25.

[81] 한국전자통신연구원, '유비쿼터스 컴퓨팅의 연구동향,' 정책지원자료, 2002. 10. 7.

[82] 한국전파진흥협회 "한국 UWB 표준화 포럼 운영에 관한 연구", 한국정보통신기술협회 2005. 12.

[83] 한국정보통신기술협회 "IT 839 전략 표준화 로드맵 종합 보고서", 2003. 12.

[84] 한동국 · 장상운 · 윤기순 · 장남수 · 박영호 · 김창한, "XTR을 가장 효율적으로 구성하는 확장체", 한국정보보학회논문지, 제12권 제6호, 2002.

[85] 홍승표 · 정현수, 무선 LAN 기술의 개요 및 시장 동향, IT Find Mailzine, 2002. 12. 66호

[86] A. Baptista, T. Leen, Y. Zhang, A. Chawla, D. Maier, W. Feng, W. Feng, J. Walpole, C. Silva, and J. Freire, "Environmental Observation and Forecasting Systems: Vision, Challenges and Successes of a Prototype", Encyclopedia of Physical Science and Technology (R.A. Meyers, Ed.), Academic Press, Third Edition, Vol.5, pp.565-581.

[87] A. Boulis, C.C. Han, and M. B. Srivastava, "Design and Im plementation of a Framework for Programmable and Efficient Sensor Networks", In The First International Conference on Mobile System, Applications, and Services (MobiSys), 2003.

[88] A. Mainwaring, J. Polastre, R. Szewczyk, and D. Culler, "Wireless Sensor Networks for Habitat Monitoring", ACM, Sensor Networks and Applications, Sep. 2002, pp.88-97.

[89] A. Murphy and W. Heinzelman, "MiLAN : Middleware Linking Applications and Networks", TR-795, University of Rochester, Computer Science, Nov. 2002.

[90] A. Perrig, D. Wagner, and J. Stankovic. "Security in Wireless Sensor Networks", In Communications of the ACM, 2004.

[91] A. Perrig, D. Wagner, and J. Stankovic. "Security in Wireless Sensor Networks", In Communications of the ACM, 2004.

[92] A. Perrig, R. Szewczyk, V. Wen, D. Culler, and J. Tygar, "SPINS: Security protocols for sensor networks", Wireless Networks Journal, 2002.

[93] A. Perrig, R. Szewczyk, V. Wen, D. Culler, and J. Tygar, "SPINS: Security protocols for sensor networks", Wireless Networks Journal, 2002.

[94] A. Woo and D. Culler, "A Transmission Control Scheme for Media Access in Sensor Networks", Intl. Conf. on Mobile Computing and Networks (MobiCom 2001), Rome, Italy, July 2001.

[95] A. Wood. J. Stankovic, and S. Son, "JAM: A mapping service for jammed regions in sensor networks", In Proceedings of the IEEE Real-Time Systems Symposium, 2003.

[96] A. Wood. J. Stankovic, and S. Son, "JAM: A mapping service for jammed regions in sensor networks", In Proceedings of the IEEE Real-Time Systems Symposium, 2003.

[97] Adam T. Lindsay & Alan P. Parkes, Rosemary Fitzgerald, 'Description-driven Context –Sensitive Effects, Proceedings of the 6th International Conference on Digital Audio Effects(DAFX-03), London, UK, September 8-11, 2003

[98] Aleksandar Milenković Chris Otto, and Emil Jovanov, "Wireless Sensor Networks for Personal Health Monitoring: Issues and an Implementation", ELSEVIER, Computer Communications, In Press, Corrected Proof, Available online 6 Mar. 2006.

[99] Andrew Christian, Jamey Hicks, OST/HP Labs, "Fingertips of the Network: Featherweight Communicators and Sensors", HP TechCon 2005, 20-23 Mar. 2005

[100] Arati Manjeshwar et al., "APTEEN: A Hybrid Protocol for Efficient Routing and Comprehensive Information Retrieval in Wireless Sensor Networks", IEEE Proc. Of the Int'l. Parallel and Distributed Processing Symposium(IPDPS'02), Apr. 2002, pp.195-202.

[101] Arati Manjeshwar et al., "TEEN: A Routing Protocol for Enhanced Efficiency in Wireless Sensor Networks", Proc. Second Int'l Workshop Parallel and Distributed Computing Issues in Wireless Networks and Mobile Computing, 2001.

[102] Ari Juels and Ronald L. Rivest and Michael Szydlo, "The Blocker Tag: Selective Blocking of RFID Tags for Consumer Privacy", RSA Laboratory, MIT

[103] Bob Heile, "Emerging Standards: Where does ZigBee fit", ZigBee Alliance, 10. 2004.

[104] Brett Sheppard, CEO & Founder, Absolutely Inc. "Leading ZigBee Applications in 2005-2006 and Beyond", ZIGBEE OPENHOUSE, 14 Sep. 2005

[105] C. Intanagonwiwat et al., "Directed diffusion for wireless sensor networking", Ieee/Acm Transactions on Networking, Vol.11, No.1, Feb. 2003, pp.2-16.

[106] C. Intanagonwiwat, R. Govindan, and D. Estrin, "Directed Diffusion: A Scalable and Robust Communication Paradigm for Sensor Networks", Intl. Conf. on Mobile Computing and Networks(MobiCom 2000), Boston, Massachusetts, Aug. 2000.

[107] C. Karlof and D. Wagner, "Secure Routing in Wireless Sensor Networks: Attacks and Countermeasures", SNPA, 2003.

[108] C. Lanfear and S. Balacco, "VDC Whitepaper : Wind River supports Linux", http://www.linuxdevices.com/articles/AT7681747954.html, Sep. 2003.

[109] C. Perkins, E. Belding-Royer, S. Das, "RFC 3561 : Ad hoc On-Demand Distance Vector (AODV) Routing", 2003. 7.

[110] C. Sadler, P. Zhang, M. Martonosi, and S. Lyon, "Hardware Design Experiences in ZebraNet", ACM Sensys, Nov. 2004.

[111] C.K. Toh, "Ad-hoc Mobile Wireless Networks: Protocols and System", Addison-Wesley

[112] C.W.Johnson, 'Mobile Interaction', http://www.dcs.gla.ac.uk/~johnson, October, 2001

[113] CC2420 DataSheet, "CC2420, 2.4GHz IEEE 802.15. 4/ZigBee-ready RF Transciever", Chip-con, 2006.

[114] Chalermek Intanagonwiwat, Ramesh Govindan, Deborah Estrin, "Directed Diffusion: A Scalable and Robust Communication Paradigm for Sensor Networks", MOBICOM 2000, 2000

[115] Charles E. Perkins, "Ad-Hoc Networking", Addison-Wesley, 2001. 6.

[116] Chien-Chung Shen, "Sensor Information Networking Architec ture and Applications", IEEE Personal Communications, Augus t 2001.

[117] Chris Karlof et al., "TinySec: A Link Layer Security Architecture for Wireless Sensor Networks", Sen-Sys'04, Nov. 2004.

[118] Cliff Randell, Henk Muller, 'Context Awareness by Analyzing Accelerometer Data', http://www.cs.bris.ac.uk/Tools/Reports, August, 2000

[119] D. Liu and P. Ning, "Establishing Pairwise Keys in Distributed Sensor Networks", ACM CCS, 2003.

[120] Deukjo Hong et al., "HIGHT: A New Block Cipher Suitable for Low-Resource Device", CHES'06, LNCS 4249, 2006.

[121] Fan Ye, et al., "A scalable solution to minimum cost forwarding in large sensor networks", Proc. Tenth International Conference on Computer Communications and Networks, 2001, pp.304-309.

[122] Fan Ye, Haiyun Luo, Jerry Cheng, Songwu Lu, Lixia Zhang, "ATwo-Tier Data Dissemination Model for Large-scale Wireless Sensor Networks", MOBICOM 2002, 2002. 11.

[123] Ganesan et al., "Analyzing and Modeling Encryption Overhead for Sensor Network Nodes", WSNA'03, Sep. 2003.

[124] Gunnar Gaubatz et al., "Public Key Cryptography in Sensor Networks|Revisited", ESAS'04, 2004.

[125] H. Chan, A. Perrig, and D. Song, "Random Key Predistribution Schemes for Sensor Networks", IEEE Symposium on Security and Privacy, 2003.

[126] Hylke W. van Dijk, Henk. J. Sips, and Ed F. Deprettere, 'On context-aware process networks', Ubi-com Publication 2002. 17

[127] I.F. Akyildiz, W. Su, Y. Sankarasubramaniam, and E. Cayirci, "A Survey on Sensor Networks", IEEE Communication Magazine, Aug. 2002.

[128] IEEE, "802.15.4 Wireless Medium Access Control(MAC) and Physical Layer(PHY) Specifications for Low-Rate Wireless Personal Area Networks(LR-WPANs)", IEEE Computer Society, 2003. 10.

[129] IT 차세대 성장동력 기획보고서(RFID/USN), IITA, 2004. 12.

[130] IT 차세대 성장동력 기획보고서(텔레매틱스), IITA, 2003. 11.

[131] IT 839 전략, 정보통신부.

[132] IT 전략 이슈 05-전략 09/ 2005. 09 - 한국형 U-City 모델 제안

[133] J. Deng, R. Han, and S. Mishra, "A performance evaluation of intrusion-tolerant routing in wireless sensor networks", IPSN, 2003.

[134] J. Gehrke and S.Madde, "Query Processing in Sensor Networks", Pervasive Computing, 2004.

[135] Jeffrey Hightower, 'Investigatting an indoor 3D Location Sensing Technology based on RF signal strength, Ph. D Qualifying Exam Presentation, December 8, 1999

[136] Jini(tm) Architecture Specification, Sun Microsystems, June. 2003.

[137] Joanna Kulik, Wendi Rabiner Heinzelman, Hari Balakrishnan, "Negotiation-based Protocols for Disseminatin Information in Wireless Sensor Networks", Kluwer Academic Publishers, Wireless Networks 8, 169-185, 2002

[138] Joseph P. Macker, M. Scott Corson, "Mobile Computing and Communications Review", Vol.2, No.4.

[139] K. Kim, S. Yoo, H. Kim, S. Daniel Park, J. LEE, "Interoperability of 6LoWPAN", 2005. 7. (download available at http://www.ietf.or g/internet-drafts/draft-daniel-6lowpan-interoperability-01.txt)

[140] K. Kim, S. Yoo, H. Lee, S. Daniel Park, J. LEE, "Simple Service Location Protocol (SSLP) for 6LoWPAN", 2005. 7. (download availab le at http://www.ietf.org/internet-drafts/draft-daniel-6lowpan-sslp-00.txt)

[141] K. Kim, S. Yoo, J. Park, S. Daniel Park, J. LEE, "Hierarchical Routing over 6LoWPAN (HiLow)", 2005. 7. (download available at http://www.ietf.org/internet-drafts/draft-daniel-6lowpan-hilow-hierarchical-routing-00.txt)

[142] K. Kim, S. Yoo, S. Daniel Park, G. Montenegro, "6LoWPAN Ad Hoc On-Demand Distance Vector Routing (LOAD)", 2005. 7. (download available at http://www.ietf.org/internet-drafts/draft-daniel-6lowpan-load-adhoc-routing-01.txt)

[143] K. Sohrabi, J. Gao, V. Ailawadhi, and G.J. Pottie, "Protocols for Self-Organization of a Wireless Sensor Network", IEEE Personal Communications, Vol.7, No.5, Oct. 2000.

[144] K. Sorabi et al., "Protocols for Self-Organization of a Wireless Sensor Network", IEEE Personal Communication, Vol.7, No.5, 2000, pp.16-27.

[145] Kang Lee, "A Synopsis of the IEEE P1451 - Standards for Smart Transducer Communication, National Institute of Standa rds and Technology", 1999.

[146] Kang Lee, "IEEE 1451: A Standard in Support of Smart Transducer Networking", IEEE Instrumentation and Measurement Technology Conference, May 1-4, 2000,

[147] Kang Lee, "Introduction to IEEE 1451 - Family of Standards", Wireless Sensor Standard Workshop/Meeting Sensors Expo/Conference, June 7, 2004.

[148] Ken Sakamura, 'Ubiquitous Computing from Vision to Reality', TRON Project Forum Workshop, 2003
[149] L. Eschenauer and V. D. Gligor, "A Key-Management Scheme for Distributed Sensor Networks", ACM CCS, 2002.
[150] Lars Erik Holmquist, Friedemann Mattern, Bernt Schiele, Petteri Alahuhta, Michael Beigl, and Hans-W. Gellersen, 'Smart-Its Friends : A Technique for Users to easily establish connections between smart artifacts, Proceedings of Workshop on Interactive Distributed Multimedia System, 2002
[151] Lidong Zhou, Zygmunt J. Haas, "Securing Ad-Hoc Networks", IEEE Network 1999.
[152] M. Feldhofer, J. Wolkerstorfer, and V. Rijmen, "AES Implementation on a Grain of Sand", IEE Proc. on Information Security, Vol.152, Issue 1, 2005, pp.13-0.
[153] Michael Beigl, Albert Krohn, Tobias Zimmer, Christian Decker, Philip Robinson, 'AwareCon : Situation Aware Context Communication, Proceeding of SPC 2003
[154] Michael R. Moore, "Wireless Interface Options for 1451", Wireless Sensing Workshop Sensors Expo/2001, June 4, 2001.
[155] Mote system, http://www.xbow.com/
[156] N. Kushalnagar, G. Montenegro, "6LoWPAN: Overview, Assum ptions, Problem Statement and Goals", 2005. 7. (download ava ilable at http://tools.ietf.org/id/draft-ietf-6lowpan-problem-00.txt)
[157] N. Kushalnagar, G. Montenegro, "Transmission of IPv6 Packets over IEEE 802.15.4 Networks", 2005. 7. (download available at http://tools.ietf.org/id/draft-ietf-6lowpan-format-00.txt)
[158] N. Xu et al., "A Wireless Sensor Network for Structural Monitoring", ACM Sensys, Nov. 2004, pp.13-24.
[159] Nano Qplus, http://www.qplus.or.kr/
[160] Nano-24, http://www.octacomm.co.kr/
[161] nesC 1.1 Language Reference Manual
[162] P. Levis and D. Culler. "Mate: A Virtual Machine for Tiny Networked Sensors", Proc. of ACM Conf. Architectural Support for Programming Languages and Operating Systems, Oct. 2002.
[163] Philip Robinson, 'Context-Awareness in trust management for Business Applications', I-trust workshop, September, 2003
[164] R. Anderson, H. Chan, and A. Perrig, "Key Infection: Smart Trust for Smart Dust", In 12th IEEE International Conference on Network Protocols, 2004.
[165] Ravi Kumar Dasari, Wireless Sensor Network, EECE505 Term Project
[166] Rick Lehrbaum, "EDC: Embedded Linux remains #1 choice of developers -- despite tools dissatisfaction", http://www.linuxdevices.com/articles/AT4787985721.html.
[167] Rick Lehrbaum, "Snapshot of the Embedded Linux market", LinuxDevices.com, May, 2003, http://www.linuxdevices.com/articles/AT7301151332.html.
[168] Robert N. Johnson, "Defining the Core Features of Smart Sensors to Facilitate Brader Adoption", Sensors Expo, Chicago,June 3, 2003,
[169] S. Li, S. Son, and J. Stankovic, "Event Detection Services Using Data Servcie Middleware in Distributed Sensor Networks", Int'l Workshop on Information Processing in Sensor Netwo rks(IPSN'03), Palo Alto, CA, Apr. 2003.
[170] S. Madden, M. J. Franklin, and J. M. Hellerstein, "The Design of an Acquisitional Query Processor for Sensor Networks", ACM Sensys, 2003.
[171] S. Shavor, J. D'anjou, S. Fairbrother, etc., "The Java Developer's Guide to Eclipse", Addison Wesley, 2003.
[172] S.H. Lee, N.J. Park, and D.H. Choi, "Security Management for Sensor Network", ICHIT2008, HanNam Univ., 2008.
[173] S.R. Madden, M.J. Franklin, and J.M. Hellerstein, "TinyDB: An Acquisitional Query Processing System for Sensor Networks", ACM TODS, Vol.30, No.1, 2005, pp.122-73.
[174] Salem Hadim and Nader Mohamed, "Middleware Challenges and Approaches for Wireless Sensor Networks", IEEE Distributed Systems Online, Vol.7, No.3, 2006.

[175] Shuoqi Li, Sang H. Son, and John A. Stankovic, "Event Detection Services Using Data Service Middleware in Distributed Sensor Networks", Information Proc. in Sensor Networks, Apr. 2003, LNCS 2634, pp.502-517.

[176] Simon Bichler, 'Ubiquitous and Context Aware Computing: Overview and Systems', 2ndJoint Advanced Summer School 2004 Course 3 : May, 2004

[177] SIPAC 뉴스레터, 2004년 3월호

[178] Stan P. Woods, Janusz Bryzek, "IEEE-P1451.2 Smart Trans ducer Interface Module", Proceeding Sensors Expo Philadelphia, October, 1996.

[179] Stephen A. Weis, "Security and Privacy in Radio-Frequency Identification Devices", MIT, 2003. 3.

[180] Steven Chan, "Update on the IEEE 1451 Smart Transducer Interface Standard", AEPTEC Microsystems/3E Technologies

[181] T. Liu and M. Martonosi, "Impala: A Middleware System for Managing Autonomic, Parallel Sensor Systems", Proc. of ACM SIGPLAN symposium on Principles and practice of parallel programming, pp.107-118, 2003.

[182] The nesC Language: A Holistic Approach Networked Embedded Systems

[183] TinyECC: A Configurable Library for Elliptic Curve Cryptography in Wiress Sensor Networks, Ver 1.0, http//discovery.csc.ncsu.edu/software/TinyECC, 2007. 2. 11.

[184] TinyOS, http://www.tinyos.net/

[185] W. Du, J. Deng, Y.S. Han, and P.K. Varshney, "A Pairwise Key Pre-distribution Scheme for Wireless Sensor Networks", ACM CCS, 2003.

[186] W. Du, J. Deng, Y.S. Han, S. Chen, and P.K. Varshne, "A Key Management Scheme for Wireless Sensor Networks Using Deployment Knowledge", IEEE INFOCOM, 2004.

[187] W. Heinzelman, A. Murphy, H. Carvalho and M. Perillo, "Mid dleware to Support Sensor Network Applications", IEEE Network Magazine Special Issue.

[188] W.R. Heinzelman, A. Chandrakasan, and H. Balakrishnan, "Energy-Efficient Communication Protocol for Wireless Microsensor Networks", Hawaii Intl. Conf. on System Sciences, Maui, Hawaii, Jan. 2000.

[189] W.R. Heizelman et al., "Adaptive Protocols for Information Dissemination in Wireless Sensor Networks", Proc. ACM Mobicom' 99, 1999, pp.174-185.

[190] Wendi B. Heinzelman et al., "An Application-Specific Protocol Architecture for Wireless Microsensor Networks", IEEE Trans. on Wireless Communications, Vol.1, No.4, Oct. 2002, p.10, pp.660-670.

[191] William Stallings, "Data & Computer Communications"-Six Edition, Prentice Hall, 2000

[192] Y. Kim, M. Kim, D. Lee, and C. Kim, "A Key Management Scheme for Commodity Sensor Networks", ADHOC NOW, 2005.

[193] Y. Yao and J. Gehrke, "The cougar Approach to In-Network Query Processing in Sensor Networks", SIGMOD, Mar. 2002.

[194] Yan Yu, Ramesh Govindan, Deborah Estrin, "Geographical and Energy Aware Routing: a recursive data dissemination protocol for wireless sensor networks"

[195] Yong Yao and J.E. Gehrke, "The Cougar Approach to In-Network Query Processing in Sensor Networks", SIGMOD RECORD, Vol.31, No.3, Sep. 2002.

[196] Yoshihiro KAWAHARA, Masateru MINAMI, Hiroyuki MORIKAWA and Tomonori AOYAMA, Design and Implementation of a Sensor Network Node for Ubiquitous Computing Environment, In Proceedings of IEEE Semiannual Vehicular Technology Conference (VTC2003-Fall), Orland, USA, October 2003

[197] ZigBee Alliance, "ZigBee Specification v1.0", 2005. 6.

[198] ZigBee v1.0 Specification, ZigBee Alliance

[199] "The Embedded Software Strategic Market Intelligence Program 2002/2003", VDC(Venture Development Corporation), Feb. 2003.

[200] http://eclipse.org

[201] http://eecs.harvard.edu/~mdw/proj/codeblue/, Division of Engineering and Applied Sciences in Harvard

University
[202] http://ieee1451.nist.gov/, NIST
[203] http://mediacup.teco.edu/overview/engl/overview.html, 독일 Karsruhe 대학교
[204] http://nescc.sourceforge.net
[205] http://oxygen.lcs.mit.edu/Overview.html
[206] http://pads.east.isi.edu/
[207] http://robotics.eecs/
[208] http://sandbox.xerox.com/weiser/10year/sl d001.htm
[209] http://today.cs.berkeley.edu/
[210] http://tron.um.u-tokyo.ac.jp/TRON/overview.html
[211] http://tronweb.super-nova.co.jp/projecthistory.html
[212] http://windriver.com/announces/workbench/
[213] http://wins.rockwellscientific.com/WST_Survey.html, Rock well Scientific Company LLC
[214] http://www.alanco.com/headcount-hitech.asp, Head count goes high-tech
[215] http://www.bluetooth.org
[216] http://www.cc.gatech.edu/fce/eclass/goals.html
[217] http://www.cooltown.hp.com
[218] http://www.cs.berkeley.edu/~binetude/ggb/
[219] http://www.cs.berkeley.edu/~culler
[220] http://www.cs.cornell.edu/database/cougar/
[221] http://www.disappearing-computer.net/
[222] http://www.dustnetworks.com
[223] http://www.helicomm.com/?page=2-35", 8051 based modules
[224] http://www.ietf.org
[225] http://www.ietf.org, The Internet Engineering Task Force
[226] http://www.ietf.org/html.charters/6lowpan-charter.html, IPv6 over Low power WPAN(6LoWPAN) Working Group
[227] http://www.itfind.or.kr
[228] http://www.jlhlabs.com
[229] http://www.maxfor.co.kr
[230] http://www.merl.com/projects/scpzigbeebridge/, ZigBee/SCP for Home Automation
[231] http://www.merl.com/projects/zigbeehvac/, ZigBee HVAC Application Profile Development
[232] http://www.merl.com/projects/zigbeeipm/, ZigBee for Indu strial Plant Monitoring
[233] http://www.moteiv.com
[234] http://www.nist.gov/smartspace/
[235] http://www.nuritelecom.com, 누리텔레콤 홈페이지
[236] http://www.oki.com/en/press/2005/z04123e.html, Oki Elect ric Starts Experiment for ZigBee ensor Network Using Solar Batteries at Kobe City, 24 Jan, 2005
[237] http://www.research.microsoft.com/easyliving.
[238] http://www.tinyos.net
[239] http://www.tscsystems.com, TSC시스템 홈페이지
[240] http://www.uk.research.att.com/bat/, An archive of AT&T Laboratories Cambridge
[241] http://www.upnp.org/standardizeddcps/default.asp
[242] http://www.xbow.com

[243] http://www.zigbee.org, ZigBee Alliance web page
[244] http://www-rtsl.cs.uiuc.edu
[245] http://cse.ohio-state.edu/siefast/nest/nest_webpage/ALineIn TheSand.html, The Ohio State Univerwity NEST team
[246] http://renewableenergyaccess.com/rea/news/story?id=21407, Renewable energy ACCESS, Solar Powered Wireless Tested in Japan, 25 Jan. 2005
[247] http://sensorwebs.jpl.nasa.gov/resources/huntington_sw31.shtml, NASA의 Jet Propulsion Laboratory
[248] http://teams.gemstone.umd.edu/~chemsense/project/gallery/, University of Maryland Chemsense Team
[249] http://teams.gemstone.umd.edu/~chemsense/project/intro duction/, University of Maryland Chemsense Team
[250] http://www.Chipcon.com/files/CC2430_Data_Sheet_1_02.pdf, CC2430 block diagram
[251] http://www.citris.berkeley.edu/applications/disaster_response/smartbui ldings.html, UC Berkeley, CITRIS(Center for Infor mation Technology Research n the Interest of Society) program
[252] http://www.severance.or.kr/hos_intro/main_building/ubiquitous/, 세브란스병원
[253] www.chipcon.com, Chipcon사의 홈페이지
[254] www.hanback.co.kr, 한백전자사의 홈페이지
[255] www.kipa.or.kr
[256] www.korwin.co.kr, 코윈사의 홈페이지
[257] www.moteiv.com, MoteIV사의 홈페이지
[258] www.octacomm.net
[259] www.radiopulse.co.kr, 라디오펄스사의 홈페이지
[260] www.sipac.org
[261] www.ukoreaforum.or.kr
[262] www.xbow.com, Crossbow사의 홈페이지

저자 약력

■ 남 상 엽

- 공학박사
- 삼성종합기술원 정보시스템연구소 근무
- 모토로라 반도체통신(주) 기술연구소 근무
- 국제대학 IT계열 교수(현)

■ 이 경 근

- 서울대학교 전자공학과 졸업(B.S.)
- 한국과학기술원(KAIST) 전기 및 전자공학과 졸업(M.S.)
- 미국 Cornell University, School of Electrical Engineering 졸업(Ph.D.)
- 삼성전자 정보통신본부 수석연구원(1981~1998)
- Samsung Network Labs, Gaithersburg, MD, Principal Engineer(1994~1995)
- University of Southern California, CA, Visiting Scholar(2004~2005)
- SOC Solution Group, Inc., Cerritos, CA, Consultant(2008~2009)
- IEEE, ACM, IEICE, 통신학회, 전자공학회, 정보과학회, 정보처리학회 회원
- 논문지 JCN 및 ICPADS, JCCI, HSN, ICOIN 등 국내외 학술대회 운영위원 역임
- 세종대학교 정보통신공학과 교수(현)
- 관심분야 : 차세대통신, 네트워크 프로토콜, IPv6, 무선 인터넷, 네트워크 관리, 홈네트워크 등

■ 하이버스(주) 기술연구소

USN 설계와 응용

2010년 7월 30일 1판 1쇄 발행

저 자 남 상 엽·이 경 근
하이버스(주) 기술연구소
발행인 남 승 우

발행처 도서출판 상尙 학學 당堂
서울특별시 동작구 사당3동 220-43
TEL : 02) 595-1692~4
FAX : 02) 595-1394
E-mail : namdoo6@unitel.co.kr
신고 : 2-155호 (1968. 11. 29)

(CD 포함) **정가 29,000원**

ISBN 978-89-93383-84-3 93560